房屋建筑工程施工技术指南

主　编　赵资钦
副主编　刘联伟　徐天平

中国建筑工业出版社

图书在版编目(CIP)数据

房屋建筑工程施工技术指南/赵资钦主编.—北京:
中国建筑工业出版社,2005
ISBN 7-112-07533-5

Ⅰ.房...　Ⅱ.赵...　Ⅲ.建筑工程—工程施工—
指南　Ⅳ.TU7-62

中国版本图书馆 CIP 数据核字(2005)第 081596 号

房屋建筑工程施工技术指南
主　编　赵资钦
副主编　刘联伟　徐天平
*
中国建筑工业出版社出版、发行(北京西郊百万庄)
新　华　书　店　经　销
广东昊盛彩印有限公司印刷
*
开本:787×1092 毫米　1/16　印张:23¾　字数:578 千字
2005 年 9 月第一版　　2005 年 9 月第一次印刷
印数:1—4500 册　　定价:**38.00** 元

ISBN 7-112-07533-5
(13487)

本社网址:http://www.china-abp.com.cn
网上书店:http://www.china-building.com.cn

本书以可持续发展战略为指导，力求与国家有关城镇房屋建筑施工管理的政策相衔接，既注重系统性和时效性，更注重实用性和可操作性，结合最新颁布的"建筑业10项新技术"，重点介绍房屋建筑施工中成熟适用的建筑施工新技术、新工艺及新材料、新制品。全书分为八章：地基基础施工技术、混凝土结构施工技术、钢结构施工技术、机电设备安装技术、建筑装饰施工技术、建筑材料及制品应用技术、建筑机械技术、建筑施工管理技术。书中溶入了近年来作者及同事们在房屋建筑工程施工实践与研究方面的成果，同时力求反映我国建筑施工质量管理水平和国家有关政策法规要求，紧密结合新标准、新规范的要求，对房屋建筑工程施工技术与施工管理技术进行深入浅出地讲解和介绍。

本书可供有关建设行政主管部门的管理人员、建筑工程施工企业的技术人员、质量管理人员及建设监理人员使用。特别适用于工作在第一线的施工管理人员。

*　　*　　*

责任编辑　常　燕

主　编：赵资钦
副主编：刘联伟　徐天平
编　委：陈守辉　黄伟江　王新祥　邵孟新　文　扬
　　　　邓智文　梁剑明　吴宗泽　邱　黎　谭　山
　　　　钟显奇　丘秉达　何汉林　赖伟雄　文　冠
　　　　陈春光　庞　骏　赖小江

序

　　党的十六大提出了全面建设小康社会的奋斗目标:发展小城镇、加快城镇化建设,不断提高广大人民群众的生活水平。这个目标给建筑业提出了新的历史使命。而建筑工程质量直接关系到人民生命财产安全,确保工程质量,是广大建筑工程技术管理人员责无旁贷的义务。为此,进一步提高建筑工程施工技术水平和管理水平,推广先进的施工新技术和科学的施工管理技术,加快科技进步和技术创新,是摆在广大建筑工程技术管理人员面前亟待解决的重要任务。

　　作者根据我国法律法规和技术标准,从地基基础、建筑结构、建筑装饰、机电设备安装、建筑材料以及建筑施工管理技术等方面对房屋建筑工程主要施工技术进行了深入浅出的介绍,内容包括各种施工技术的主要内容、技术特点、选用原则和注意事项,对重点、难点技术予以必要的说明,既注重系统性和时效性,更注重实用性和可操作性。书中还溶入了近年来作者及同事们在房屋建筑工程施工实践的经验与研究的成果,同时力求反映我国建筑施工质量管理水平和国家有关政策法规要求,紧密结合新标准、新规范的要求,是房屋建筑工程施工技术与施工管理技术方面比较有特色的一部书。适合建设行政主管部门管理人员、施工企业技术和管理人员及建设监理等有关人员阅读。

　　我相信,该书的出版对促进我国建筑工程技术的不断繁荣与发展,提高我国建筑工程施工技术水平和管理水平将起到有益的作用。

中国工程院院士

2005 年 6 月

前　言

　　我国当前已经进入加快城乡建设、加快中心镇发展、推进大型城市健康发展的城镇化快速发展阶段,亟待加强城市施工管理。为推进城镇化进程,加强和提高房屋建筑工程施工的管理和技术水平,根据《中华人民共和国建筑法》、《中华人民共和国安全生产法》、《1996~2010 中国建筑技术政策》、《建设工程质量管理条例》、《建设工程安全生产管理条例》、《房屋建筑工程和市政基础设施工程竣工验收暂行规定》等法律法规以及相关建筑安装施工规程规范标准的规定,本书对房屋建筑工程涉及的主要施工技术进行综合概括,包括对相应施工技术的基本理论、主要内容、技术特点、选择原则和注意事项进行综合总结,并列举工程实例予以说明,还针对不同施工技术逐项列出涉及的相关国家规程、规范、标准清单,为有关建设行政主管部门、施工管理部门、建筑工程施工企业的技术人员、质量管理人员及建设监理人员,特别是工作在第一线的施工管理人员和技术人员分析处理建筑施工技术问题提供借鉴和参考。

　　房屋建筑工程施工技术是综合性的应用技术,应结合各地的自然条件、生态环境状况、经济社会发展水平和科技能力,充分考虑环境保护和防灾需要,正确地选择技术发展方向,确定不同时期的技术进步目标,因地制宜、突出重点、以线串点、以点带面,加快应用新技术、新工艺、新材料、新设备,发展社会化生产、专业化协作和商品化供应,实现建筑工业化和施工技术现代化,达到提高工程质量、缩短工期、降低能源和原材料消耗、提高劳动生产率和综合效益并满足可持续发展的目的。

　　为了充分利用现有的技术成果,改变房屋建筑工程施工中至今仍是以手工、半机械化为主的劳动密集型作业以及各地施工中技术含量发展极不平衡的现状,应当提高推广应用施工新技术的自觉性,通过采用先进的施工新技术和科学的建筑施工管理技术,提高建筑施工的劳动生产率,优化施工管理,防治质量通病,实现安全生产,确保竣工工程质量全部达到国家标准要求。

　　在房屋建筑工程施工技术的具体应用过程中,应针对不同类型建筑物的有关规划和设计的要求,结合施工现场的周边环境和所在地区的地理、地质、水文、气候特点以及自然灾害情况,充分考虑气候特点和岩土工程特点,因时、因地、因条件制宜,合理选用施工方法,制定施工方案,科学组织,精心施工。施工中应用已有的技术成果的重点为:合理使用钢材、木材、水泥,加大标准化、系列化构配件、制品和设备的应用量,发展地基加固、桩基础和基坑工程施工新技术,提高钢筋混凝土施工技术水平,发展钢结构制造和安装施工新技术,确保主体结构工程质量;大力应用安全环保型化学建材,提高防水、装饰工程质量;研发建筑安装新技术、新工艺;提高建筑企业的计算机应用水平、机械化装备水平和管理现代化水平。

　　房屋建筑工程施工技术主要内容包括单项施工技术和施工管理技术,其中单项施工技术主要指完成一个主要工序或分项工程施工所采用的技术,施工管理技术是指通过优化组合单项施工技术,科学地实施物料与劳动的结合,最后形成建筑产品。选用建筑施工技术应以设计图纸、施工技术规范、质量验收标准、有关定额、施工图预算以及施工组织设计等为依据。

　　本书在阐述具体施工技术和管理技术的编排模式上，注重实用性和现实指导意义，注意与国家有关城市房屋建筑施工管理的政策相衔接，以可持续发展战略为指导，既注重系统性和时效性，更注重实用性和可操作性，结合最新颁布的"建筑业10项新技术"，重点介绍房屋建筑施工中成熟适用的建筑施工新技术、新工艺及新材料、新制品，在遵循现行城市建设施工法规的基础上，侧重于以国家技术政策和技术法规为导向，针对建筑施工技术现状和建设施工技术管理方面存在的突出问题，对与房屋建筑工程施工有关的施工技术与施工管理技术的主要内容、选用原则、技术特点和注意事项予以重点论述，在附件中对该项技术涉及的相关规范和标准予以介绍，同时对施工技术涉及的相关术语进行必要的解释，并通过工程实例对如何选用相应的施工技术并对应用该技术的注意事项等进行详细的分析说明。

　　本书全书分为八章：地基基础施工技术、混凝土结构施工技术、钢结构施工技术、机电设备安装技术、建筑装饰施工技术、建筑材料及制品应用技术、建筑机械技术、建筑施工管理技术。书中溶入了近年来作者及同事们在房屋建筑工程施工实践与研究方面的成果，同时力求反映我国建筑施工质量管理水平和国家有关政策法规要求，紧密结合新标准、新规范要求，对房屋建筑工程施工技术与施工管理技术进行深入浅出地讲解和介绍。

目　录

第1章 地基基础施工技术

1.1 地基处理技术

1.1.1 主要内容

地基处理技术主要包括换填垫层、强夯和强夯置换、排水固结、真空预压法、碎石桩和砂桩、夯实水泥土桩、水泥土搅拌桩、高压旋喷桩。

1.1.2 选用原则

地基处理技术的选用原则：

1. 换填垫层法适用于淤泥、淤泥质土、素填土、杂填土地基及暗沟、暗塘等的浅层处理，常用于低层房屋地坪处理、堆料场地及道路工程等，处理深度通常控制在3m以内较为经济合理。

2. 强夯法适用于处理碎石土、砂土、低饱和度的粉土与黏性土、杂填土和素填土等地基。强夯置换法适用于高饱和度的粉土与黏性土地基。

3. 排水固结法适用于处理淤泥、淤泥质土和冲填土等饱和黏性土地基。砂井法特别适用于存在连续薄砂层的地基，有机质土一般采用砂井联合超载预压的方法。真空预压法适用于均质黏性土及含薄粉砂夹层黏性土等地基的加固，尤其适用于新吹填土地基的加固。对于砂性土地基，加固效果不甚理想。一般认为有效加固深度在10m以内。对于在加固范围内有足够水源补给的透水层而又没有采取隔断水源补给的措施时，不宜采用真空预压法。对渗水系数小的软黏土地基，真空预压和砂井或塑料排水带等竖向排水相结合方能取得良好的加固效果。

4. 碎石桩适用于砂性土、非饱和黏性土，以炉渣、建筑垃圾为主的杂填土及松散的素填土。砂桩用于加固松散砂土、人工填土。对于在饱和黏性土地基上变形控制要求不严的工程也可采用碎石桩。

5. 水泥土搅拌桩适用于处理淤泥、淤泥质土、粉土和含水量较高且地基承载力标准值不大于120kPa的黏性土地基，当地下水具有侵蚀性时，宜通过试验确定其适用性。

6. 高压旋喷桩适用于淤泥、淤泥质土、黏性土、粉土、砂土、人工填土等地基。不宜用于含有较多的大粒径块石、坚硬黏性土、大量植物根茎或有过多有机质的地基，不能用于地下水流速过大和已涌水的工程。

7. 水泥粉煤灰碎石桩(CFG桩)

水泥粉煤灰碎石桩适用于淤泥、淤泥质土、黏性土、粉土、砂性土、杂填土及湿陷性黄土地基中以提高地基承载力和减少地基变形为主要目的的地基加固,对于松散的砂性土或粉土,应考虑采用非排土成桩工艺施工。若以挤密或消除液化为目的时,采用 CFG 桩不太经济。

8. 夯实水泥土桩

夯实水泥土桩适用于粉土、黏土、素填土、杂填土、淤泥质土等地基,通常复合地基承载力可达 180~300kPa。根据目前施工机具水平,多用于地下水位埋藏较深的地基土,当有地下水时,适用于渗透系数小于 10~5cm/s 的黏性土及桩端以上 50~100cm 有水的地质条件。当天然地基承载力标准值 $f_k < 60$kPa 时可考虑挤土成孔以利于桩间土承载力的提高和发挥。

1.1.3 注意事项

地基处理技术的注意事项:

1. 换填垫层

(1) 换填垫层施工应合理选用垫层材料并根据不同的换填材料选择施工机械,其分层铺填厚度、每层压实遍数等宜通过试验确定,对于存在软弱下卧层的垫层,应针对不同施工机械设备的重量、碾压强度、振动力等因素确定垫层底层的铺填厚度。

(2) 为获得最佳夯压效果,宜采用垫层材料的最优含水量作为施工控制含水量。

(3) 对垫层底部的下卧层中存在的软硬不均点,应根据其对垫层稳定及建筑物安全的影响确定处理方法。

(4) 严禁扰动垫层下卧层的软弱土层。

2. 强夯和强夯置换法

(1) 夯锤大小决定于要求处理的深度和起重设备起吊高度。夯锤底面形状一般为圆形,夯锤中设若干个与其顶面贯通的排气孔。

(2) 强夯施工宜采用带有自动脱钩装置的履带式起重机,要采取安全措施防止落锤时机架倾覆。

(3) 强夯施工前应查明场地范围内的地下管线的位置,并采取措施避免损坏。应在现场有代表性的场地选取试验区进行试夯或试验性施工,以确定相应的施工参数。

(4) 应评估强夯施工所产生的振动对周围建筑物的影响,必要时应采取防振或隔振措施。

(5) 强夯施工应做好监测工作,包括锤重、落距、夯点放线、每个夯点的夯击次数和每击的夯沉量。

3. 排水固结法

排水固结法施工包括排水系统施工和预压施工。排水系统包括砂垫层和竖向排水体两部分。

(1) 砂井成孔方法有两种:沉管法和水冲法,砂井的灌砂量,应按井孔的体积和砂在中密时的干密度计算,其实际灌砂量不得小于计算值的 95%;袋装砂井施工所用钢管内径略大于砂井直径,所选用的砂宜用干砂,并应灌制密实。

(2) 塑料排水板应有良好的透水性,有足够的湿润抗拉强度和抗弯曲能力。

（3）真空预压的总面积不得小于建筑物基础外缘所包围的面积,且应超出建筑物基础外缘 2～3m。每块薄膜覆盖的面积应尽可能大,如需分块预压时,每块间距不宜超过 2～4m,且每块预压区应至少设置两台真空泵。

（4）真空预压的抽气设备采用射流真空泵。真空管路的连接点应严格进行密封,管路中设置止回阀门和截门。水平向分布滤水管一般设在排水砂垫层中,密封膜一般铺设 3 层。

（5）真空预压的密封膜应采用抗老化性能好、韧性好、抗穿刺能力强的不透水材料,一般采用密封性聚乙烯薄膜或线性聚乙烯专用薄膜。密封膜热合时宜用两条热合缝的平搭接,搭接长度应大于 15mm。

（6）加载预压工程应分级逐渐加载,在加载过程中应每天进行竖向变形、边桩位移及孔隙水压力等项目的观测。

4. 碎石桩和砂桩

（1）施工前需进行成桩挤密试验,以确定桩间距、填砂石量等有关参数。

（2）施工顺序应间隔进行,孔内实际填砂石量不少于设计值的 95%。

（3）振动法施工时应采取有效措施保证挤密均匀和桩身的连续性。锤击法挤密根据锤击的能量,控制分段的填砂石量和成桩的长度。

5. 水泥土搅拌桩

（1）施工前通过成桩试验确定搅拌桩的配比和施工工艺。

（2）所使用的固化剂浆液严格按预定的配合比拌制,泵送时需连续。

（3）当遇到较硬土层下沉太慢时,可适量冲水,但需考虑冲水成桩对桩身强度的影响。

（4）搅拌机喷浆提升的速度和次数要符合工艺的要求。

6. 高压旋喷桩

（1）高压旋喷桩依据喷射流的不同,分为单管法、二重管法和三重管法。

（2）可根据需要在水泥浆中加入适量的外加剂（由试验确定）,以改善水泥浆液的性能。

（3）水泥浆液的水灰比越小,其处理地基的强度越高,但常用的水灰比取 1.0。

（4）通常在底部和顶部进行复喷,其次数根据工程要求决定。

（5）高压旋喷注浆过程中出现压力骤然下降、上升或大量冒浆等异常情况时,需查明原因并及时采取措施。

7. 水泥粉煤灰碎石桩（CFG 桩）

（1）单桩承载力应通过现场载荷试验确定,试验桩数一般为总桩数的 1% 并不少于 3 根。

（2）施打顺序一般有连续施打和间隔跳打两种。在软土中,桩距较小时,连续施打可能造成缩颈,宜采用隔桩跳打;施打新桩时与已打桩间距时间不应少于 7d。在饱和的松散粉土中,因松散粉土的振密效果较好,先打桩施工完后,土体的密度会明显增加,当桩距较小时,补打新桩沉管十分困难,并非常容易造成已打桩断桩,因而宜采用连续施打的工序。

（3）拔管速率过快会造成桩径偏小或缩颈甚至断桩;太慢可能造成浮浆,使桩端石子与水泥浆离析,导致桩身强度低。一般拔管速率宜控制在 1.2~1.5m/min 左右,密实电流控制在 50~55A 为宜。如遇淤泥土或淤泥质土,拔管速率可适当放慢。

8. 夯实水泥土桩

(1)可采用人工或机械夯实法夯实成桩,夯实压实系数应大于 0.93,保证桩体设计强度。

(2)对于没有振密和挤密效应的地基宜采用排土法成孔,一般用长螺旋钻和洛阳铲成孔。对于有挤密和振密效应的地基,当需要提高桩间土承载力时,可用挤土法成孔,一般采用锤击式打桩机或振动打桩机成孔。

(3)夯实水泥土桩复合地基中褥垫层是不可缺少的一部分,它具有保证桩土共同承担荷载,减少基础底面应力集中,调整桩土垂直和水平荷载分担的作用。

1.1.4 附件

地基处理技术涉及的相关规范和标准主要有:

(1)《建筑地基处理技术规范》JGJ 79—2002;

(2)《建筑地基基础设计规范》GB 50007—2002;

(3)《建筑地基基础工程施工质量验收规范》GB 50202—2002。

1.1.5 术语

地基处理技术涉及的相关术语主要有:

(1)地基处理:用各种换料、掺入料、化学剂、电热等方法或机械手段来提高地基土强度,改善土的变形特征或渗透性的处理技术。

(2)淤泥:在静水或缓慢流水环境中沉积、经生物化学作用形成的土。

(3)黏性土:颗粒间具有黏聚力的土。

(4)软弱夹层:岩体中夹有的强度较低或被泥化、软化、破碎的薄层。

(5)强夯法:用重量达数十吨的重锤自数米高处自由下落,给地基以冲击力和振动,从而提高一定深度内地基土的密度、强度并降低其压缩性的方法。

(6)排水砂井:在软土地基中成孔,填以砂砾石,形成排水通道,以加速软土排水固结的地基处理方法。

(7)塑料排水:将塑料板芯材外包排水良好的土工织物排水带,用插带机插入软土地基中代替砂井,以加速软土排水固结的地基处理方法。

(8)预压法:在软黏土上堆载或利用抽真空时形成的土内外压力差加载,使土中水排出,以实现预先固结,减小建筑物地基后期沉降的一种地基处理方法。

(9)真空预压法:在软黏土中设置竖向塑料排水带或砂井,上铺砂层,再覆盖薄膜封闭,抽气使膜内排水带、砂层等处于部分真空,利用膜内外压力差作为预压荷载,排除土中多余水量,使土预先固结,以减少地基后期沉降的一种地基处理方法。

(10)夯实水泥土桩:是用人工或机械成孔,选用相对单一的土质材料,与水泥按一定配比,在孔外充分拌和均匀制成水泥土,分层向孔内回填并强力夯实,制成均匀的水泥土桩。桩、桩间土和褥垫层一起形成复合地基。

(11)水泥土搅拌法:利用水泥、石灰或其他材料作为固化剂,通过特别的深层搅拌机械,将其与地基深层土体强制搅拌,经物理-化学作用、硬化形成加固体。水泥土搅拌法分为深层搅拌法和粉喷搅拌法。

（12）高压喷射注浆法:采用注浆管和喷嘴,用相当高的压力将气、水和水泥浆从喷嘴射出,直接破坏地基土体,并与之混合,硬凝后形成固结体,以加固土体和降低其渗透性的方法。旋转喷射的称旋喷法,定向喷射的称定喷法,摆设一定角度喷射的称摆喷法。

1.1.6 工程实例

实例1:超载预压（设竖向塑料排水板）加固深厚淤泥软土地基

1. 工程概况

拟建 9 000t/年烟酰胺项目厂区,位于广州市南沙经济技术开发区,占地总面积约 52 000m²。本工程场地位于小虎岛的中部,现地面高程为 4.04～5.34m,平均约 4.8m,设计地坪面标高为 7.3m。

场地为近期冲—淤积而成的山间平地,位于耕植土之下的淤泥土层埋深 0.5～1.5m,厚度 6.4～16.2m,淤泥呈流塑状,其物理力学性质见表 1.1.6。

淤泥物理力学性质 表 1.1.6

地　层	含水量 ω（%）	重度 γ（kN/m³）	孔隙比 e	液性指数 I_L	压缩模量 E_S（MPa）	凝聚力 C（kPa）	内摩擦角 ϕ（°）
淤泥	105	14.3～15.6	2.814	3.67	1.17	1.3	5.7

2. 地基处理方案

由于场地淤泥层较为深厚,压缩性大、承载力低,不能满足使用要求,经多方论证,决定采用插塑料排水板堆载预压排水固结法进行地基处理,采用 B 型塑料排水板,呈梅花形布置（图 1.1.6－1）,间距为 1.0m,每根的长度 10～19m,本工程应用的总长度约 96 万 m。本工程采用超载预压,吹填终标高为 10.3m。堆载材料采用吹填中细砂（局部为中粗砂）,吹填砂方量约 16 万 m³（图 1.1.6－2）。

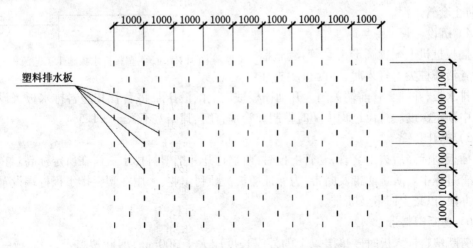

图 1.1.6－1 塑料排水板梅花形布置图

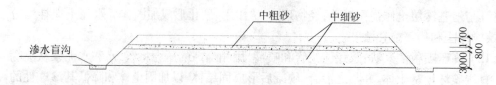

图 1.1.6 - 2 吹填砂处理剖面图

地基处理达到以下要求:(1)设计荷载:活载达到汽车——超 20 级,均载达到 15kPa;(2)固结沉降:吹填至 +7.8m 堆载预压 90d 的固结度达 90%,剩余沉降量小于 15cm,加固处理后两年内剩余沉降量在 100m 范围内差值小于 10cm;(3)填土密实度:密实度 >85%;(4)承载力:卸载后载荷试验地基承载力 >120kPa。

3. 软基加固施工

塑料排水板施工工艺流程如图 1.1.6 - 3 所示。

(1)塑料排水板施工

1)测量放样

根据已布设的测量基点,分区用经纬仪和钢尺按正方形布置,按设计间距测放出塑料排水板的打设板位(误差控制在 +30mm),并用竹竿插入砂垫层作标记。

2)插板机就位

根据板位标记进行插板机定位。施工塑料排水板过程中,插板机定位时,调整桩机的位置使管靴与板位标记的偏差控制不大于 70mm,再调整桩架的垂直度。

3)装排水板桩靴

将塑料板带从套管上端入口处穿入套管至桩头,并与管靴连接好,与管套扣紧,防止套管进泥。

4)沉设套管

插板桩机上配置圆形钢套管,套管前端设置活瓣桩尖。打入时,活瓣桩尖夹住

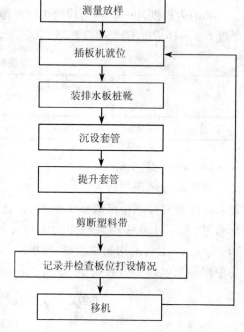

图 1.1.6 - 3 塑料排水板施工工艺流程

塑料排水板,并把套管前端关闭。开动插板桩机上的液压泵将套管和塑料排水板沉设插入土中预定深度。打设过程中随时控制套管垂直度,其偏差不大于 ±1.5%。

5)提升套管

插板到标高后拔出套管,套管上拔时,前端打开并把塑料排水板留在所定标高。在拔出套管过程中要防止回带及断带,为保证插板机顺利作业,采用在塑料排水板桩端设置桩靴的办法,以减少回带及断带。

6)剪断塑料带

剪断塑料排水板时砂垫层以上的外露长度应大于 300mm,剪断塑料带,即完成一根塑料排水板的施工工作。

7）记录并检查板位打设情况

打设过程中，逐板进行自检，并要做好施工记录。一个区段塑料排水板验收合格后，应及时用砂垫层仔细填满打设板周围形成的孔洞，并将塑料排水板埋置于垫层内。

8）移机

完成一根塑料排水板的施工工作后，按照预定桩机行走路线，移动到下一排水桩位。

（2）超载预压施工

吹填砂由绞吸式挖泥船直接接管到吹填区；管道的架设：海面部分采用油桶和钢筋组合成浮箱，结合吹砂管的长度、重量和位置，进行吹砂管的架设；进入陆域的管道采用砂包架设吹砂管。吹砂管经过施工现场内外的临时道路时则挖槽埋管通过。

吹填砂分三层进行：第一层由自然地面（平均 +4.8m）吹填至 +7.8m，吹填厚度为3m，要求采用中细砂，机械碾压；第二层吹填至 +8.6m，平均吹填厚度0.8m，采用含泥量<5%的中粗砂，机械碾压；第三层吹填至 +10.3m，平均吹填厚度1.7m。考虑到第三层吹填前，在第一、二层厚度为3.8m的吹填砂荷载作用下的固结沉降，要求采用中细砂。

第一层和第二层吹填之间，进行塑料排水板施工，待塑料排水板施工完成后才进行第二层吹填；第二层吹填完毕，进行盲沟施工，完毕后才进行第三层吹填。

4. 加固效果

预压加固后，直插排水板区域，卸载前累计沉降1.1~2.3m，平均孔隙比由2.814降低到1.67。吹填至 +7.8m 堆载预压90d 的固结度达90%，剩余沉降量12cm，截至2005年1月剩余沉降量在100m 范围内差值3.3~5.7cm，加固效果良好。

实例2：旋喷与压力注浆联合加固岩溶地基

1. 工程概况

某厂建在岩溶发育的石灰岩地区，在基岩的上覆土层中，裂缝较多，土洞、软弱土洞穴及软化土带比较发育。为保证上部已建构筑物的安全使用，要求对距地表22m 深以内的土洞、洞穴进行填实，此范围内的软弱土带进行加固。

2. 地基处理方案

（1）方案选择

由于厂区施工场地狭小，大型机械设备进出困难，同时考虑到旋喷设备简单，分件体积小，受施工空间限制较小，适合于既有建筑物狭小空间条件下的岩溶软弱地基处理。因此，最终决定此范围内的软弱土采用旋喷与压力注浆联合加固处理方案。

（2）旋喷

在已揭示有不良地质现象的钻探孔周围，以孔距1.0m 并逐步扩展的布孔方式清查它们的立体分布形式。根据查明的土洞、洞穴及软弱土带的分布，在其中选择合适的孔位进行旋喷。旋喷从软弱土带或洞穴的底部以下40cm 左右的孔段开始，直至土洞顶板以上40cm 左右结束。仅有软弱土洞穴或软化土带的钻孔则从其底部40cm 左右的孔段开始旋喷至软化土洞穴或土带以上100cm 左右结束。

（3）压力灌浆

因固结体收缩等原因，在固结体顶部会出现凹穴，凹穴的出现对地基加固效果的不良影响是很大的。因此，在旋喷之后10~20d，在旋喷孔的附近重新钻孔，一方面可以出旋喷注浆的质量和效果;另一方面,这些钻孔可作为压力灌浆孔,进行孔口封闭的全孔段压力灌浆,以更浓的水泥浆液对土体中的孔隙、裂缝与固结体凹穴进行充填(水灰比≤0.8)。压力灌浆结束后,则用具有一定流动性的水泥砂浆对各钻孔进行封孔,并进行捣实,防止地表水以钻孔为通道对地基产生不利影响。

3. 施工

(1) 旋喷注浆

采用三重管喷射设备,正式施工前在浅层黏性土中进行了两个孔旋喷实验,实验及参数结果如下:

地层:硬塑粉质黏土含少量碎石、卵石;

旋喷深度:4～10m;

高压水压力:29～30MPa;

流量:65～75L/min;

气压力:0.6～0.8MPa;

空气流量:0.4～1.0m³/min;

浆液流量:约702L/min;

水泥浆相对密度(普硅32.5级):约1.57;

转速:10r/min;

提升速度:约7cm/min;

内喷嘴直径:ϕ1.9mm 2个;

中、内喷嘴环状间隙:2mm。

经检测:固结体直径1.35～1.45m,平均1.4m,单轴抗压强度(21d)为11.2MPa。集中的卵石、碎石聚集,形成比中心强度更高的胶结体。

根据试验结果确定:选用1.5～2.0m的孔距进行旋喷,采用25～27MPa的水压力,其他参数与试验孔相同,施工工艺流程如图1.1.6-4所示。

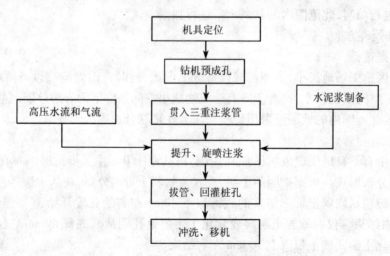

图1.1.6-4 三重管旋喷桩施工工艺流程图

（2）压力注浆

压力注浆一般在旋喷注浆后 10~20d 左右进行。对灌浆孔的钻探可以检查出旋喷效果。灌浆孔深度一般略浅于旋喷孔,孔口下置 3~5m 深的套管。灌浆前 3~5d,用水泥砂浆将套管周围 ϕ600mm 以内,50cm 深左右的土体被挖除后的凹坑进行充填封闭,防止灌浆时,浆液沿套管壁向外流出。

压力灌浆设进浆和回浆两道管路系统,并在孔口的回浆管路上设置有阀门和压力表。灌浆时,将灌浆孔的套管口封闭,待孔内或土体内固结而析出的水分从旁孔冒出地面或从裂缝孔隙中排走并在旁孔冒出正常的水泥砂浆后,将旁边的所有孔进行封闭。使灌浆压力逐渐上升,最后控制在 0.1MPa 左右;灌注 30min 结束。

水泥浆液的相对密度起始在 1.6 左右,后控制在 1.65 左右。灌注结束后,对地基土内的孔隙裂隙及固结体凹穴的充填即告完成。

4. 效果检验

在旋喷完成 10d 后,布置检查孔兼压力注浆孔,结果表明,旋喷后地层中的空洞已被填实,软弱土带形成了水泥土固结体,局部未胶结的水泥浆,经较长时间后可能产生一定固结,并在其上部形成凹穴,但经压力注浆后,凹穴可以被充填,地基土可得到进一步加固。处理后的地基可作为良好的天然地基。

1.2 基础工程施工技术

1.2.1 主要内容

基础分为浅基础和深基础。

浅基础根据它的开头和大小可以分为:刚性基础、扩展基础、筏板基础、箱形基础等。深基础主要指各种桩基础。

1.2.2 选用原则

基础工程施工技术选用原则

1. 刚性基础:又称为无筋扩展基础,适用于地基坚实、均匀、上部荷载较小,六层和六层以下的一般民用建筑和墙承重的轻型厂房。

2. 扩展基础:多为钢筋混凝土锥形基础,适用于六层和六层以下的一般民用建筑和整体式结构厂房承重的柱基和墙基,地基承载力一般不低于 80kPa。

3. 筏板基础:又称为满堂红基础。钢筋混凝土片筏、格构式基础,适用于地基土质软弱又不均匀、有地下室或当柱子或承重墙传来的荷载很大的情况,或建造六层或六层以下横墙较密集的民用建筑。一般在荷载不很大、柱网较均匀、且间距较小的情况下采用平板式,荷载较大的情况采用梁板式。

4. 箱形基础:适用于作软弱地基上的面积较大、平面形状简单,荷载较大或上部结构分布不均匀的高层建筑物的基础和对建筑物沉降有严格要求的设备基础或特种构筑物基础。

5. 桩基础：

（1）钻（冲）孔桩：冲孔桩适用于黄土、黏性土或粉质黏土和人工杂填土，特别适于有孤石的砂砾石层、漂石层、坚硬土层、岩层，对流砂层亦可克服，但对淤泥质土则须十分慎重，对地下水大的土层不宜采用。钻孔桩适用于地下水位较高的软、硬土层，如淤泥、黏性土、砂土、软质岩层。

（2）人工挖孔桩：适用于桩直径1 200mm以上，持力层较浅、地下水位低、土质好、单桩承载力要求较高的工程。

（3）预制桩：主要有钢桩、钢筋混凝土方形桩和预应力混凝土管桩等，其中最常用的沉桩方法有锤击法和静压法。预制桩宜以较厚较均匀的强风化或全风化岩、坚硬黏性土层、密实碎石土、砂土、粉土层作桩端持力层。在下列情况下不宜采用：施工场地地面的地耐力较低、土层中含有较多较难清除障碍物。

（4）沉管灌注桩：主要有锤击沉管和振动沉管混凝土灌注桩，适用于不存在特殊硬夹层的各类软弱地基，可进入硬黏性土、密实砂土或碎石土等，但不宜用于标准贯入击数 N 大于12的砂土、N 大于15的黏性土和碎石土。

（5）灌注桩后注浆技术：适用性较大，几乎可用于各种土层，并适用于各种机械成孔灌注桩，只要成桩前预留注浆通道即可。

1.2.3 技术特点和注意事项

基础工程施工技术的技术特点和注意事项：

1. 刚性基础：这种基础的特点是抗压性能好，而整体性、抗拉、抗弯、抗剪性能差。施工时基槽应进行验槽，局部软弱土层应挖去。

2. 扩展基础：验槽同刚性基础；垫层混凝土在基坑验槽后应立即浇筑，以免地基土被扰动；基础混凝土宜分层连续浇筑完成。

3. 筏板基础：基础的整体性好，抗弯刚度大，可调整和避免结构物局部发生显著的不均匀沉降。施工时应注意：

（1）地基开挖时，地下水位应降至基坑底50cm以下，还要注意保持坑底土的原状结构。

（2）筏板基础很长（40m以上）时，应留设贯通后浇缝带；对超厚的筏板基础，应考虑采取降低水泥水化热和浇筑入模温度措施。

4. 箱形基础：具有整体性好，刚度大，调整不均匀沉降能力及抗震能力强，可消除因地基变形使建筑物开裂的可能性，减小基底处原有地基自重应力，降低总沉降量等特点。注意：

（1）基坑开挖时，地下水位应降至基坑底50cm以下，还要注意保持坑底土的原状结构。

（2）基坑开挖时，应验算边坡稳定性。

（3）基坑开挖到设计基底标高经验收后，应随即浇筑垫层和箱形底板，防止地基土被破坏。

（4）基础很长（40m以上）时，应留设贯通后浇缝带；对超厚的筏板基础，应考虑采取降低水泥水化热和浇筑入模温度措施。

5. 桩基础：

（1）钻（冲）孔桩：钻（冲）孔桩设备构造简单，适用范围广，操作方便，能制成较大直径和各种长度，能满足不同承载力的要求，穿透旧基础、大孤石等障碍物的能力强。基本不受施工场地限制，但成孔质量和水下灌注混凝土质量需严格控制，应加强泥浆处理措施以防污染环境。

（2）人工挖孔桩：具有施工设备简单、质量容易控制、无噪声、单桩承载力高、造价低等优点，但工人作业环境差、伤亡事故多。应注意防止塌孔、混凝土坍落度配比、地下水及流砂处理。该桩型属于限制使用技术。

（3）预制桩：具有施工速度快、造价低的特点，但穿透力较低，施工时应通过工程试桩确定收锤或施压标准。

（4）沉管灌注桩：设备简单、操作方便、施工速度快、造价低，但桩径不大、单桩承载力较小、振动大、噪声高、质量不易保证，应防止产生缩径、断桩等问题。

（5）灌注桩后注浆技术：具有单桩承载力大，可消除钻孔桩桩底沉渣与桩侧泥皮的缺陷，成桩质量好，节约工程造价，缩短工期等优点。缺点是压力注浆必须在桩身混凝土强度达到一定值后方可进行，故施工周期较长。

1.2.4　附件

基础工程施工技术涉及的相关规范和标准：

（1）《建筑地基基础设计规范》GB 50007—2002；

（2）《建筑地基基础工程施工质量验收规范》GB 50202—2002；

（3）《建筑桩基技术规范》JGJ 94—94；

（4）《建筑地基处理技术规范》JGJ 79—2002；

（5）《钻孔灌注桩施工规程》DZ/T 0155—95；

（6）《建筑地基基础施工及验收规程》DBJ 15—201—91；

（7）《大直径锤击沉管混凝土灌注桩技术规程》DBJ/T 15—17—96；

（8）《预应力混凝土管桩基础技术规程》DBJ/T 15—22—98。

1.2.5　术语

基础工程施工技术涉及的相关术语主要有：

（1）刚性基础：又称无筋扩展基础，系指由砖、毛石、混凝土或毛石混凝土、灰土和三合土等材料组成，具有较高整体刚性的墙下条形基础或柱下独立基础。

（2）扩展基础：系指柱下钢筋混凝土独立基础和墙下钢筋混凝土条形基础。

（3）筏板基础：通常就是一块支承着许多柱子或整个结构的大的钢筋混凝土板。

（4）箱形基础：是由顶板、侧墙、底板和一定数量的内隔墙构成的整体刚度较好的单层或多层钢筋混凝土基础，空间部分可结合建筑使用功能设计成地下室，是多层和高层建筑中广泛采用的一种基础形式。

（5）桩基础：是指深入土层的柱形构件即桩与连接桩顶的承台组成的深基础。

（6）灌注桩后注浆技术：是指钻孔、冲孔或挖孔等灌注桩在成桩后，将高压水泥浆送进预埋的压浆管，使浆液对桩端土层及桩端附近的桩周土层起到渗透、填充、压密和固结等作用,提高桩的承载能力。

1.2.6 工程实例

实例1:冲孔与钻孔配合成桩实例

1. 工程概况

某工业园地处××市区,该工程楼层较高,对承载力要求较高。施工场地宽阔,场地内分布的地层主要有人工填土层(层厚2.7～10.3m)、第四系海漫滩相沉积层及残积层(层厚2.9～16.1m),下伏基岩为加里东期混合花岗岩(顶面埋深为14.0～22.0m)。填土层存在孤石,且回填界面不清,部分孤石埋藏较深。

2. 方案选择

由于该工程承载力要求较高,宜选用下伏基岩为持力层。又根据该持力层分布较深,填土层中存在孤石,且回填界面不清,部分孤石埋藏较深,工程位处市区,施工场地宽阔等特点,采用钻(冲)孔桩基础较为理想。实际施工中采用冲孔与钻孔配合成桩。即填土层采用冲孔施工,而填土层以下采用钻孔施工。

3. 施工

(1) 工程的施工流程见图1.2.6-1。

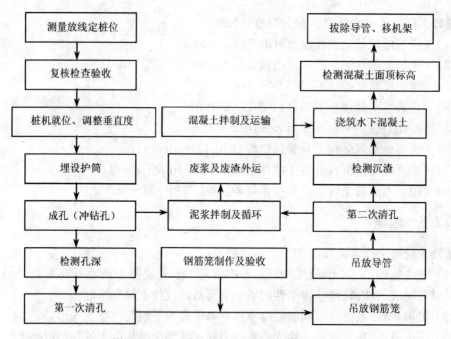

图1.2.6-1 冲孔与钻孔配合成桩施工流程

(2) 施工要点

1) 对场地地表层的孤石,采用挖掘机进行清理,并在钻(冲)桩施工前采取人工挖孔施工钢筋混凝土护圈或钢护筒。护圈孔径比桩径大30cm,深度为1.5～2.0m,护圈厚度为10cm。护圈顶部开设有两个溢浆孔,护圈应高出地面0.15～0.3m。保持孔内泥浆面高于地下水位1.0m以上。

2）采用穿岩性能良好的冲桩机对填土层进行成孔，待穿过孤石层后改用钻桩机进行施工。冲孔直径应比设计桩径大20cm，以防换用钻桩机时卡钻。

3）制作护壁和排碴用的泥浆：循环泥浆相对密度应控制在1.1～1.3；为了使泥浆有较好的技术性能，可适当掺入碳酸钠、碳酸氢钠等分散剂，其掺量为加水量的0.5%左右。泥浆的控制指标为黏度18～22s，含砂率不大于8%，胶体率不小于90%；施工过程中应经常测定泥浆相对密度、黏度、含砂率和胶体率。施工过程中要根据不同地层的地质条件控制泥浆相对密度，以提高成孔质量和进尺速度。

4）钻机的钻速：在淤泥和淤泥质土层中，应根据泥浆补给情况，严格控制钻进速度，一般不宜大于1m/h，在松散砂层中，钻进速度不宜超过3.0m/h；在硬土层或岩层中的钻进速度以钻机不发生跳动为准。

5）清孔：当钻孔至入岩深度达到设计要求时，经监理验收合格后，进行第一次清孔。清孔采用抽浆换浆法施工。即钻孔完成后，提起钻锤至距底约20～30cm，然后以相对密度较低的泥浆压入，逐步把钻孔内浮悬的泥渣和相对密度较大的泥浆换出。清后孔内泥浆的各项指标及沉渣厚度符合规范及设计要求。

6）灌注水下混凝土采用φ250～φ300导管。导管使用前和使用一段时间后要进行水密性和承压性试验，导管下放至距孔底部约30～40cm。灌注前应检查孔底沉渣情况，如下放钢筋笼时间过长，应进行二次清孔，导管内吊放混凝土柱状塞头，开塞前储料斗应有足够的混凝土初灌量才能剪塞。保证混凝土灌注后导管埋管1.5m以上，浇筑过程严格控制导管埋深在2～4m的范围内，灌注后混凝土面要比设计桩顶标高高出0.5～0.8m。

实例2：浅基础工程实例

1. 工程概况

某建筑物地上17层，地下1层，并有两层裙房。该工程所处场地地形平坦，地面标高为3.25～3.35m，地下水位标高为2.62～2.77m，水质不具有侵蚀性。场地土层依次为粉质黏土填土（层厚2.1m）、淤泥质粉质黏土（层厚3.4m）、可液化细粉砂（层厚2.7m）、黏土（层厚7.6m）、细粉砂（层厚9.1m）、粉质黏土（层厚9m）等。

2. 方案选择

该工程所处场地的上层土质差，地下水位高，基岩很深，并且该建筑属小高层，承载力要求较高。建筑物既有地下室，又有裙房，要求基础具有良好整体性、刚度大、抗不均匀沉降能力及抗震能力强，用以消除因地基变形使建筑物开裂的可能性。根据上述选用原则，基础选型时首先应考虑选择采用箱形基础。其结构平、剖面示意图如图1.2.6－2、图1.2.6－3所示。

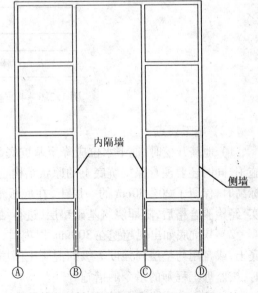

图1.2.6－2　箱形基础平面示意图

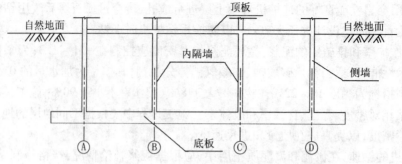

图 1.2.6-3　箱形基础剖面示意图

3. 施工

（1）工程施工工艺流程图（图1.2.6-4）

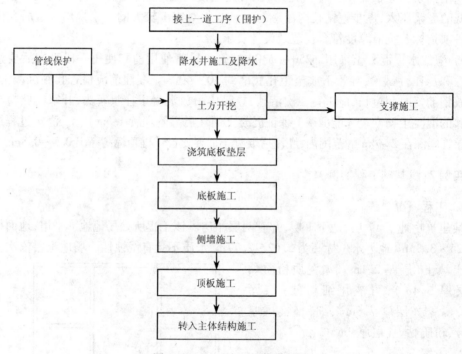

图 1.2.6-4　施工工艺流程图

（2）施工要点

1）地基开挖时，地下水位应降至基坑底50cm以下，以保证基坑干燥有利于地下工程施工，同时还要注意保持坑底土的原状结构。基底土不得扰动或被水浸泡，挖至接近基底标高时，保留了20~30cm的一层土，在底板混凝土垫层施工前人工突击挖除，并整平夯实，经检验合格后，随即浇筑基础垫层，进行结构底板混凝土施工。

2）基坑底如出现超挖在300mm以内时，可用原状土回填压实，密实度不得低于原基底土，或者用与垫层同强度等级的混凝土回填，或用砂石料回填压实；超挖在300mm以上时，按监理工程师的指令的措施处理。

3）基坑支护结构应根据当地工程经验，综合考虑水文地质条件、基坑开挖深度、场地条件及周围环境因地制宜进行设计。

4）箱形基础很长（40m 以上）时，应留设贯通后浇缝带；对超厚的箱形基础，应考虑采取降低水泥水化热和浇筑入模温度措施。

1.3 基坑支护技术

1.3.1 主要内容

基坑支护技术的主要内容包括：支护体系技术、地下水控制技术和土石方开挖技术。支护体系按其工作机理和材料特性，分为水泥土挡墙体系、排桩和板墙式支护体系和边坡稳定式三类。

1.3.2 选用原则

基坑支护技术的选用原则

1. 水泥土挡墙式支护技术

（1）深层搅拌水泥土桩一般适用于基坑开挖深度小于 7m，基坑红线位置和周围环境允许的情况下，适合在素填土、淤泥质土、流塑及软塑状的黏土、粉土及粉砂性土等软土地区采用；不适用于厚度较大的可塑及硬塑以上的软土、中密以上的砂土和地下有块石、碎砖等障碍物的地层中。

（2）高压旋喷桩一般适用于软弱土层，基坑开挖深度不深的地区，一般运用在排桩之间，作为桩间止水桩，同排桩一起共同起止水作用，不单独用作支护结构形式。

2. 桩（板）墙支护技术

（1）钢板桩用于开挖深度较浅，地下水位较深的、工程量较小的工程中。

（2）钢筋混凝土板桩是一种传统的支护结构围护墙，截面带有企口，有一定挡水能力，用后不再拔出，永久留在地基土中。在建筑施工中目前运用较少，只用于施工后钢板桩难以拔除的地段和一些特殊情况的工程中。

（3）型钢横挡板围护墙多用于土质较好、地下水位较深的地区。

（4）钻孔灌注桩可用于各类土质条件的地区，但其止水效果较差，一般在桩间施工搅拌桩或旋喷桩进行止水。

（5）人工挖孔桩一般适用于地下水量较少、土质好且稳定的地层中，属于限制使用技术。

3. 土钉喷锚支护技术

一般适用于可塑、硬塑或坚硬的黏性土，胶结或弱胶结的粉土、砂土和角砾，填土，风化岩层，允许土体有一定量的变形移位；开挖深度一般不宜大于 12m 的基坑。

4. 锚杆施工技术

适用范围较广，通常与排桩或墙板结构联合用于深基坑支护中，一般锚固在土质条件较好的地层或岩层中，施加预应力后有助于限制支护结构变形移位。

5. 组合式支护结构技术

一般适用于基坑范围大、开挖深度深(或超大、超深)的基坑;环境要求严格,用常规的单排桩(墙)或重力式挡墙不能满足强度和变形控制要求;加内支撑或锚杆难以实施或周围环境不允许;施工工期有明确的限制,坑内不允许有障碍;常规围护结构方案经济效益欠佳时采用的一些特殊的围护结构形式。

6. 地下连续墙施工技术

适用于基坑开挖深度大,止水要求严格,土层复杂,周围环境复杂并对四周变形要求严格的工程中。

7. 型钢水泥土复合搅拌桩支护结构技术

适用于基坑开挖深度较大,止水要求较高的软土地层中。

8. 冻结排桩法施工技术

冻结排桩法适用于砂性土、黏性土(包括砂层、淤泥质土等)及强风化基岩,地基土的含水量>10%,地下水的临界流速<2m/d的地质条件下的基坑中。

9. 土石方施工技术

包括放坡开挖、直立壁无支撑开挖、直壁内支撑开挖和直壁拉锚开挖技术,根据基坑开挖的深度和所处工程地质情况,选用不同的开挖形式。放坡开挖技术一般适用于基坑周边开阔,满足放坡条件的较浅基坑;不宜用于淤泥、流塑土层及地下水位高于开挖面且未经降水处理的基坑。

10. 地下水控制技术

包括采用集水明排、井点降水和基坑周边止水防渗等技术。

1.3.3 技术特点和注意事项

基坑支护技术的技术特点和注意事项

1. 水泥土挡墙式支护技术

(1)深层搅拌水泥土桩的技术特点:一般坑内无支撑,便于机械化快速挖土;具有挡土、止水的双重功能;一般情况下较为经济。其缺点是位移相对较大,围护结构厚度较大,而且在施工时要注意防止影响周围环境。

注意事项:保证设计规定的水泥掺合量;要严格控制桩位和桩身垂直度;水泥浆的水灰比要控制;关键是要搅拌均匀,成桩应采用二次搅拌工艺,喷浆搅拌时控制好钻头的提升或下降的速度;要限制相邻桩的施工间歇时间,以保证搭接成整体。

(2)高压旋喷桩的技术特点:具有挡土和止水的双重功能,但桩身强度较低,桩径难以控制;在流塑状的淤泥中易产生颈缩现象;在有机质含量过高的土中,有机质可能会对水泥土强度的增长造成不良影响;在腐殖土和块石过多、直径过大时,会影响成桩效果。另外,造价高,施工速度慢,噪声较大,有泥浆污染等,限制了其在工程中的大量运用。

2. 桩(板)墙支护技术

(1)钢板桩的技术特点:钢板桩的优点是材料质量可靠,在软土中施工方便,施工速度快而且简便;可多次重复使用,其缺点是:一般钢板桩的刚度不够大,用于较深的基坑支护时,支撑(或拉锚)的工程量大;止水效果较差;拔除时易带土,如处理不当会引起土层移动,可能危害周围的环境。

(2)钢筋混凝土板桩的技术特点:施工简便,但施工时有噪声;止水效果较差,需要辅以止水措施;自重大,受起吊设备限制,不适合大深度基坑。现已较少运用在工程中。

（3）灌注桩的技术特点:施工时无振动、无噪声、无挤土,对周围环境影响小;墙身强度高、刚度大,支护稳定性好,变形小;灌注咬合桩也能起到止水效果。其缺点是:桩间可能会造成水土流失,桩与桩之间主要通过桩顶冠梁和围檩连成整体,因而相对整体性较差。

3. 土钉喷锚施工技术特点:施工设备少,操作方便,工艺简单,用电和用水量少,环境无污染,噪声较低,施工速度快,造价低廉。

注意事项:喷锚支护应该在充分降、排水的前提下采用;不得用于没有自稳能力的淤泥和饱和软土中;应慎重考虑喷锚支护的变形对环境的影响,并应加强对喷锚支护的基坑进行监测。

4. 锚杆施工技术特点:施工噪声和振动很小,适用性强;可以灵活地与其他支护措施结合使用,明显减小支护结构尺寸,节约工程材料,可以有针对性地施加预应力,有效控制基坑支护结构及邻近建筑物的变形量,为地下工程施工提供开阔的工作面,改善施工条件,加快工程进度,经济效益显著。

注意事项:

（1）应注意对锚杆伸出建筑红线以外的限制要求及其对周边地下管线和地下埋设物或地下结构的影响。

（2）采用密集锚杆时,应当采取防止群锚效应相互影响的措施。

5. 组合式支护结构一些特殊的围护结构形式。技术的特点:能充分发挥各类建筑材料的力学性能,使其"各在其位,各尽其能"。使围护结构具有尽可能大的效能,作为一个围护结构,其效能主要表现在有足够的强度和刚度。大多数组合支撑围护结构都采用了各种构造措施,使它们连接成整体,系统内部各构件能协同工作,共同发挥作用,使构件具有较好的整体性,其空间效应非常明显,从而保证了围护结构应具有的稳定性。

6. 地下连续墙的施工技术特点:施工时振动少,噪声低,可减少对周围环境的影响,能紧邻建筑物和地下管线施工。地下连续墙刚度大、整体性好、变形相对较小,可用于深基坑的支护中。缺点是其单独用作围护结构墙则成本较高,施工时需泥浆护壁,泥浆要妥善处理,否则会影响环境。

7. 型钢水泥土复合搅拌桩支护结构技术特点:不仅能大大提高墙体的抗弯与抗剪能力,而且连续性好,抗渗能力强,对周围环境挤土作用较小。型钢水泥土复合搅拌桩支护结构与拱形水泥土搅拌桩围护结构相比,挡墙较薄,节约空间;与地下连续墙围护结构相比,无需泥浆处理,造价较低,仅为壁式地下连续墙的60%,如果钢材能回收,造价还可降低一半。与柱列式连续墙加搅拌桩围护结构相比,全过程只有一种施工工艺,工艺简单,操作方便,总工期短,而且无需泥浆处理;与钢板桩或预制板桩相比,对环境挤土作用较小,而且抗渗漏能力较强。

注意事项:

（1）水泥浆中掺加剂除掺入一定量的缓凝剂外,宜掺入一定量膨润土,利用膨润土的保水性增加水泥土的变形能力,防止墙体变形后过早开裂影响其抗渗性;

（2）对于不同工程不同的水泥浆配合比,在施工前应作型钢抗拔试验,再采取涂减摩剂等一系列措施保证型钢顺利回收利用。

8. 冻结排桩法施工技术特点：

（1）其稳定性、可控性好。土体冻结后其强度比未冻土增大几倍、数十倍，乃至上百倍，从而起到结构支承墙作用。通过地温监测指导施工，承重墙的安全度相当高；

（2）具有良好的隔水性能，冻土中的冰晶充填了空隙，可隔断地下水在空间上的联系，达到截水的目的；

（3）可在密集建筑区和现有工程建筑物下施工，不需进行基坑排水，可避免因抽水引起地基沉降造成对周围建筑物的不利影响，还可以用于危急工程整治；

（4）无支衬、无拉锚，可进行敞开式施工并扩大建筑面积，缩短工期；

（5）可根据基坑形状布设冻结孔，节省冷能消耗；

（6）用电能换取冷能，不污染大气环境；

（7）用冻土墙围护，节约三材和运输费。

注意事项：

（1）做好现场监测是冻结法施工成败的关键步骤之一。

（2）地基土的冻结膨胀和解冻后的收缩及其对临近建筑物的影响。

（3）做好主体工程施工和冻结施工两者的密切配合是完成冻结法施工的必要条件，否则会造成人力、物力浪费，甚至会导致工程失败。

9. 土石方施工技术特点：合理的分层、分区、对称、均衡开挖，做到快速、合理、控制好基坑的稳定和变形，保护好工程桩。

放坡开挖技术特点：放坡开挖是最简单的基坑开挖方法，技术要求不高，施工难度较低，工程质量易于控制保证。其注意事项是：加强对基坑边坡稳定、周围建筑物、构筑物及道路管线设施的监测；基坑周边严禁超堆荷载；边坡的部分层、段开挖完成后，宜及时做好边坡护面结构，以避免大面积坡面长时间暴露。

对于有支护的基坑土石方开挖，应注意：

（1）配合支撑的加设，先撑后挖。

（2）考虑时空效应，合理安排挖土顺序。

（3）防止挖土后坑底回弹变形过大。

10. 地下水控制技术特点：对于放坡开挖的基坑，可截住基坑坡面和坑底的渗水，防止土粒流失，增加边坡的稳定性和防止坑底隆起；对有支护开挖的基坑，可减少围护墙的侧向压力，降低土的含水量，使土壤产生固结，有利于土壤的被动抗力，也有利于机械施工。

1.3.4　附件

基坑支护技术涉及的相关规范和标准：

（1）《建筑基坑支护技术规程》JGJ 120—99；

（2）《建筑基坑工程技术规范》YB 9258—91；

（3）《建筑地基基础设计规范》GB 50007—2002；

（4）《锚杆喷射混凝土支护技术规范》GDJ 86—85；

（5）《土层锚杆设计与施工规范》CECS 22：90。

1.3.5 术语

基坑支护技术涉及的相关术语主要有：

（1）建筑基坑：为建筑基础或地下室（统称为地下工程）的施工而开挖的地面以下空间。

（2）支护工程：为保证建筑基坑的安全、并为相邻建筑物和地下设施提供可靠保护而对基坑土（岩）体采取支挡、加固和保护措施，控制基坑变形，保持基坑稳定性。

（3）支护结构：支护工程中用于挡土、截水的各种结构。

（4）基坑变形：由于基坑开挖引起的支护结构、基坑周围土体和基坑底部土体的变形，包括水平位移和沉降变形。

（5）放坡开挖：采用控制基坑边坡坡高和坡度以保持基坑整体稳定的施工方法。

（6）重力式挡土结构：依靠挡土结构自重保持基坑稳定的支护结构。主要包括水泥土挡土结构和挖土填料式挡土结构。

（7）排桩支护结构：单排队列式布置的钢筋混凝土挖孔灌注桩、钻孔灌注桩、锤击沉管灌注桩、钢筋混凝土板桩、钢板桩等形成的支护结构。

（8）地下连续墙：通过先成孔（槽）后浇筑钢筋混凝土或插入预制板等手段在地下构筑的连续墙体，可用于挡土、截水、承重等。

（9）喷锚支护结构：喷锚支护结构（简称喷锚结构）由设置于基坑边坡中的锚杆（锚索、土钉）、钢筋网喷射混凝土面层和被加固土（岩）体组成的支护结构体系。包括普通喷锚结构和土钉墙。

（10）普通喷锚结构：由间距较大（相对于土钉墙而言）、锚固于稳定土层的锚杆和足以承受土压力、锚杆拉力的面层组成的拉锚式支护结构体系。

（11）土钉墙：由间距较小、长度较短（相对于普通喷锚结构而言）的土钉（注浆锚杆）、喷射混凝土面层和被加固土体组合而成的加筋式符合土体的支护结构体系。

（12）组合式支护结构：由两种或两种以上支护结构形式组合而成的支护结构体系。

（13）锚杆：埋入基坑土（岩）体中承受拉力、剪力以维持边坡稳定的杆件。常用注浆锚杆。

（14）支撑：在基坑内设置的主要由水平（或斜向）杆或板组成、提供水平支承力的结构或构件。

（15）降水：采用井点抽水措施，将基坑范围内的地下水位降低到基坑底面以下，或将基坑底下的承压水头降低一定深度。

1.3.6 工程实例

实例：某地铁站基坑支护工程

1. 工程概况

某地铁站设地下三层，自上而下分别为地下交通层、站厅层和站台层，其中后两者合称为车站主体。车站主体的大小为长×（标准段）宽×高＝353.48m×32.95m×13.04m，交通层的长×（最）宽×高＝411.98m×111.20m×6.40m，两者成22°的夹角，总建筑面积

$41\ 598\mathrm{m}^2$。其平面如图 1.3.6 - 1 所示。

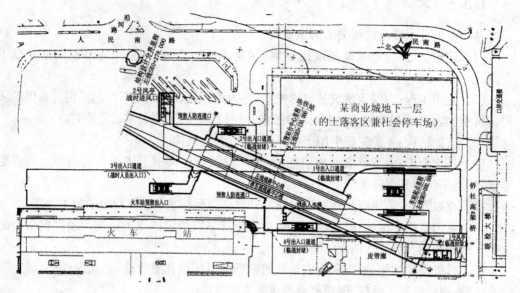

图 1.3.6 - 1　某地铁站基坑平面图

2. 基坑工程的特点和难点

（1）工程量大，工期紧

车站主体的大部分位于交通层的下面，且里程碑工期要求在 13 个月内实现车站主体结构封顶，须完成的工作内容有施工准备、交通层支护结构周长约 450m、车站主体的支护结构周长约 480m、土石方开挖约 22 万 m^3 和车站主体结构 233m，工程量大且工期极紧张，尤其支护结构的工期最关键。

（2）基坑开挖深度大且深浅不一，周边环境复杂，施工场地狭窄

交通层基坑深 7m，车站主体基坑深 20m，出入口深 13.5m。基坑紧临建筑物、市政道路、地下管线，周边环境复杂。施工围挡面积约 $30\ 000\mathrm{m}^2$，基坑面积约 $25\ 000\mathrm{m}^2$，施工用地狭窄且分散。

（3）地质条件复杂，水文条件差

北侧的岩层深，且上覆有最大厚度达 9m 的中粗砂层及砾砂层，南侧的强风化层最小埋深仅 1m 多，入岩量大。地下水位埋深 1.4～6.2m，砂层具强透水性且与河涌有水力联系，中风化岩层具有中等透水性；车站北侧横贯有岩石破碎、结构松散的 F12 断层，因此围护结构必须能有效地处理砂层潜水、岩层裂隙水和破碎带的丰富集水。

（4）支护结构采用设计施工总承包的管理模式

由总承包单位提出支护结构方案和报价，中标报价即为合同价，施工过程中不再作任何调整，因此方案应既经济合理又安全可靠。

3. 支护方案

（1）支护结构方案的确定

经综合考虑施工工期、工程造价、地质和水文条件、施工资源投入、主体结构建筑设计特点以及周边环境等因素，决定在不同的地段有针对性地采用人工挖孔咬合桩 + 锚杆

（或钢支撑）和土钉墙的支护结构形式，详见表 1.3.6－1，其平面布置如图 1.3.6－2 所示。

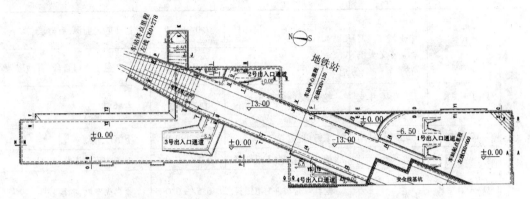

图 1.3.6－2　地铁站基坑支护结构平面图

1）选择人工挖孔桩的理由是：① 桩体有较大的水平刚度，可以满足周边环境的要求，同时地质条件允许；② 分批成孔作业，施工工期短，满足极为紧张的工期要求；③ 施工设备简单，要求的作业空间小，施工适应性强，可以在火车站和商业城的高架走廊下方、联检大楼前高架桥下方等作业空间受限制的部位施工；④ 经济性好，可以降低工程造价，而且符合最大限度地降低重叠范围上部空孔造价的要求。存在问题是：① 必须考虑在砂层中成孔作业的辅助措施；② 应针对 F12 断层破碎带采取必要的措施；③ 充分考虑大量地抽取地下水对周边环境产生影响。

某地铁站支护结构说明表　　　　　　　　　　表 1.3.6－1

部位	剖面编号	位置描述	围护结构型式	基坑深度/基底标高(m)	说　　明
交通层及2号风井	A－A、B－B	南端，临近联检大楼	挖孔咬合桩＋1 道锚杆（钢支撑）	7.5/ ±0.0	正对联检大楼出口，地下管线众多
	C－C	某商业城西侧，土层厚度0.4～3.2m，风化岩面高	挖孔咬合桩＋1 道钢支撑	7.5/ ±0.0	紧临一自动扶梯
	Y1－Y1		土钉墙	7.5/ ±0.0	岩面高，邻近商业城地下室
	D－D		挖孔咬合桩＋3 道锚杆	13.6/ －6.5	岩面高，与 1 号出入口重合段
	E－E		挖孔咬合桩＋1 道锚杆	7.0/ ±0.0	岩面高，钢筋混凝土桩与素混凝土桩间隔布置
	F－F		挖孔咬合桩＋4 道锚杆	20.0/ －13.0	岩面高，挖深与车站主体相同

21

部位	剖面编号	位置描述	围护结构型式	基坑深度/基底标高(m)	说　明
交通层及2号风井	G-G、I-I	中部东面,商业城北侧、紧临公交大巴站场	挖孔咬合桩+1道锚杆	7.0/±0.0	I-I的岩面深,有砂层
	H-H		挖孔咬合桩+3道锚杆	13.0/-6.5	与2号出入口合段,有砂层
	J-J、K-K、L-L	2号风井支护结构	挖孔咬合桩+3道钢支撑	13/-6.5	有砂层
	Y2-Y2	北侧东面	土钉墙	6.5/±0.0	下沉广场侧
	M-M、N-N	北端	挖孔咬合桩+1道锚杆	6.5/±0.0	外侧为市政道路
	O-O、P-P	北侧西面,火车站东侧	挖孔咬合桩+1道锚杆	6.5/±0.0	紧靠火车站,砂层较厚
	Q-Q	中部西侧,火车站南侧	挖孔咬合桩+3道锚杆	13.5/-6.5	与4号出入口重合段,外侧管线众多
车站主体	R-R	与交通层非重叠段	挖孔咬合桩+4道钢支撑	20.0/-13.0	断层位置底部5m灌浆封堵
	S-S	与交通层重叠段北边部分	挖孔咬合桩+3道钢支撑	13.5/-13.0	桩顶标高为交通层底标高
	T-T	与交通层重叠段	挖孔咬合桩+3道锚杆	13.5/-13.0	断层位置底部5m灌浆封堵
	U-U	与2、3号出入口的接口	挖孔咬合桩+1道锚杆	6.5/-13.0	桩顶标高为出入口底标高
	V-V	与交通层支护结构重合	挖孔咬合桩+4道锚杆	20.0/-13.0	岩面高,紧临57m跨钢桥基础
	Y3-Y3	南段二级基坑	土钉墙	13.0/-13.0	喷锚面埋管导流,基底设排水系统,必要时进行岩层灌浆堵水
	Y4-Y4	与1、4号出入口的接口	土钉墙	6.5/-13.0	

2）岩层埋深较浅的车站中部及南部采用土钉墙支护技术。土钉墙的施工工艺简单,施工进度有保证,而且造价经济,但针对岩层具有中等透水性的特点必须考虑合适的地下水处理方法。

（2）地下水的处理

1）车站主体南侧土钉墙支护范围的风化岩具中等透水性,基岩裂隙水沿节理裂隙及构造裂隙接受海水补给。施工时根据裂隙水量的大小分别或联合采取针对性措施:① 坡面设置泄水孔将岩层裂隙水引入基底排水系统;② 坡顶设置降水井将地下水位降至基底面以下;③ 必要时进行外侧岩层注浆形成止水帷幕。

2）车站主体北侧的人工挖孔桩互相咬合形成止水帷幕,其中有钢筋混凝土桩和素混凝土桩之间的咬合,也有钢筋混凝土桩间的咬合,互相咬合的钢筋混凝土桩分为Ⅰ型桩和Ⅱ型桩,如图1.3.6-3所示。

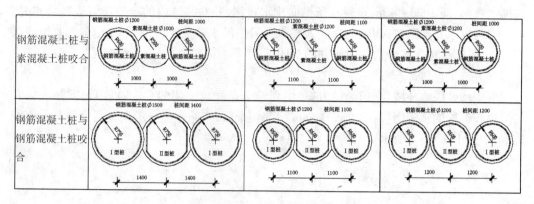

图1.3.6-3 挖孔桩咬合形式图

（3）其他特殊措施

1）交通层与车站主体支护结构的重合段（见图1.3.6-2中Ⅴ-Ⅴ剖面）

该段是基坑开挖最深处。其外侧紧临一单跨57m的临时钢便桥,日均人流量10万以上,钢便桥采用 ϕ1 200mm 的人工挖孔桩基础,桩长15m。为确保该处安全,该处采用 ϕ1 500@1 400mm 的人工挖孔咬合桩,设四道锚杆。

2）针对断层破碎带的施工对策

F12断层破碎带经过本场区的车站北段,倾角约42°,断层主要由糜棱岩组成,呈土状及碎块状,结构松散。为防止产生基坑突水,影响基坑稳定及施工安全,本方案采取在断层发育范围内从地表设置若干注浆孔位,对基坑底板以下5m进行水泥黏土固化注浆,以封堵断层赋水带的透水通道的措施,如图1.3.6-4所示。F12断层的注浆施工在支护结构施工期间进行,于土方开挖前完成。

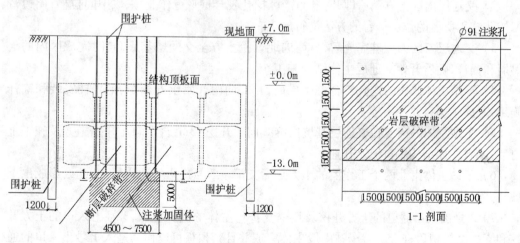

图1.3.6-4 断层破碎带注浆封堵示意图

3）基坑底裂隙水的处理方法

人工挖孔咬合桩的止水和降排水施工的实施,车站主体基坑底以下大部分的岩层裂隙水将得到有效控制,少部分则采用排水疏解的方法:垫层施工前,在基底设置3~4条纵向排水盲沟,间距20~40m设置一条横向排水盲沟,并在基坑内的合适位置设置集水井,将盲沟与集水井连通,盲沟中的水流入集水井后用潜水泵抽排,将地下水位降到基坑底以下1m。主体结构完成后进行集水井的封闭。

（4）施工总体部署

根据场区周边环境、交通疏解方案、里程碑工期和总工期的要求、场内地质情况以及与两相邻标段的施工衔接,将交通层分成南北两个区,车站主体分成南北两个段分别组织施工,如图1.3.6-5所示。

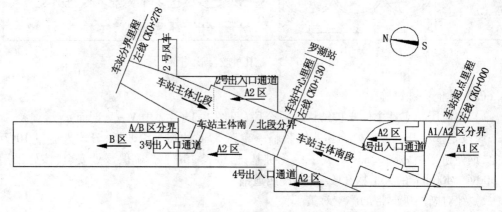

图1.3.6-5 施工分区分段图

施工总体部署及流程:

1）首先施工交通层南区的挖孔咬合桩,接着施工降水井和车站主体的挖孔咬合桩。同时完成钢支撑立柱桩、F12破碎带的堵水灌浆。

2）交通层南区土方稍后即开挖,与南区挖孔咬合桩平行作业,采取中间拉槽,周边暂留挖孔施工所需的作业平台的方法进行施工。

3）交通层南区围护桩完成后,自南向北开挖土方至交通层基底,同时完成区内的土钉墙和锚杆,随后开始交通层主体结构施工。

4）车站主体北段的挖孔咬合桩完成后,自北向南开始土方开挖、钢立柱安装和锚杆施工,主体结构自北往南施工。

5）车站主体的南段在交通层基坑内继续向下开挖13m,自南向北开挖土方及施工土钉墙,接着主体结构跟进流水作业。

6）车站主体南北两个工作面的土方最后交汇于3号出入口通道处,在此处形成出土坡道并外运。

7）2号出入口通道的土方开挖及喷锚支护与主体的同时完成,3号出入口的土方开挖和支护结构稍后进行。待车站南段主体完成并且其顶板可以作为进入1号出入口的通道后及时进行1号出入口的施工,然后进行4号出入口通道的施工。

8）车站主体围护结构完成后,进行2号风井、风道的人工挖孔桩施工,车站主体施作完成后进行2号风井的基坑开挖和主体结构施工。

9）交通层北区支护结构受交通疏解、相邻标段施工进度的影响,安排在最后施工。

4. 施工监测与方案优化

在支护结构及土方开挖的过程中,根据已掌握的地质情况、工程监测数据并结合工程施工经验,方案做了局部的调整,比如桩间距、桩长、嵌固深度等。但从实施情况来看,图1.3.6-2所示的支护结构方案合理,能较好地结合工程地质和水文地质条件、施工工期要求、周边环境条件,做到经济合理,施工快捷方便。能在四个月时间内顺利地完成车站的全部和交通层的大部分支护结构,体现了方案的科学性和合理性,并为车站主体结构于12月28日顺利封顶,比合同工期提前106d奠定了坚实的基础。

在方案的实施过程中,本工程对支护结构、周边建(构)筑物等做了全面的施工监测,其内容主要有:桩(坡)顶水平位移及沉降,支护桩变形(测斜),支护桩内力,钢支撑轴力,锚杆应力,相邻地层沉降,相邻房屋的垂直沉降、倾斜和裂缝,坑外地下水位。

施工监测不仅可以反映出支护结构和周边建(构)筑物的变形和受力状况,而且本工程还将监测数据反馈于优化支护方案,指导施工。其中钢支撑和锚杆的优化调整是信息法施工在本工程中的具体体现。

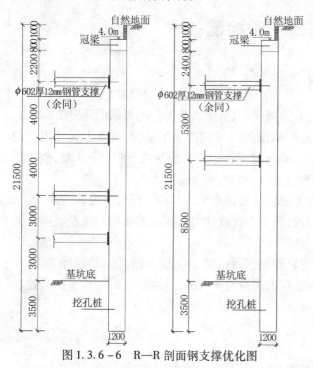

图 1.3.6-6 R—R剖面钢支撑优化图

R-R剖面的钢支撑原设计方案共设置了四道钢支撑,如图1.3.6-6所示。当安装了一、二道钢支撑且土方开挖至-9m时,监测数据反映出的第一道钢支撑的轴力为438.3kN,第二道钢支撑的轴力为206.4kN,桩身的钢筋拉应力最大为21.73kN,桩顶位移7.8mm,桩身的最大挠曲变形位于-5.5m处,为9.5mm。监测数据表明,与设计轴力约100kN相比,支撑轴力较小,同时桩身的深度挠曲变形较小,钢筋应力值也较小。最后经综合分析,认为完全可以取消下面两道钢支撑,并最终将其取消。当开挖至基坑底后,监测到的第一道钢支撑的最大轴力为863.5kN,

第二道钢支撑的最大轴力为585.9kN,桩身钢筋的最大拉应力为28.65kN,桩顶最大位移为8.81mm,桩身的最大挠曲变形位于-7.5m处,为24mm。

经过同样的监测和分析,S-S剖面也由三道钢支撑改为一道钢支撑。用类比的方法进一步进行分析,T-T剖面的锚杆由三道改为两道。

本工程借助信息法施工进行优化的内容较多,包括土钉长度的优化调整,锚杆长度的优化调整,U-U剖面锚杆的取消,B-B、C-C剖面钢支撑的取消等内容,信息法施工在本工程的支护结构施工过程中得到了充分的应用。

5. 施工小结

通过某地铁站支护结构体系的成功实践,总结了以下几点施工体会和建议,供大家参考:

(1) 支护结构的方案必须在全面分析地质资料、周围环境,从造价、工期、安全性诸方面统筹考虑,并结合类似工程的经验,确定最合理的方案。

(2) 信息法施工是深基坑施工中应该采取的重要手段,通过掌握支护结构及周边环境的变化和安全情况,调节施工节奏,采取施工技术措施,使支护结构始终处于有效的监控之中,确保施工顺利。同时,监测数据可以反馈于支护结构的调整,使之更合理,从而节省工程投入,并为后续工序的施工创造更有利的条件。

(3) 基坑开挖是一个综合性的岩土工程课题,要求设计和施工能密切联系,且设计人员必须具备较丰富的工程经验。本工程在地铁施工领域首次采用了总承包的施工管理模式,使支护结构能根据施工过程作进一步的优化调整,为保证工程进度,提高工程的经济效益做出了有益的尝试,笔者认为支护结构总承包的经验值得推广。

1.4 基础工程检测技术

1.4.1 地基加固效果的检测

1. 填砂垫层可用贯入仪或钢筋检验垫层质量,压实系数的检验可采用环刀法。

2. 强夯施工质量检验,一般工程选用原位测试和室内土工试验,重要工程除用上两种方法外,也可做现场大压板载荷试验。每栋建筑物地基的检验点不应少于3处,检验深度不小于设计处理的深度。

3. 排水固结处理后的地基应进行十字板抗剪强度试验和取土进行室内试验。

4. 砂石桩处理地基可采用标准贯入、静力触探或动力触探等方法检测桩及桩间土的挤密质量。

5. 水泥土搅拌桩在成桩后7d内用轻便触探器钻取桩身加固土样,判断桩身强度。

6. 高压旋喷桩采用钻孔取芯和标准贯入法检验单孔固结体质量,采用载荷试验检验地基处理质量。

1.4.2 桩基础检测

一般有单桩静载试验,钻芯法,低应变法,高应变法,声波透射法等。

(1) 静载试验:① 单桩竖向抗压静载试验:适用于检测单桩的竖向抗压承载力;② 单桩竖向抗拔静载试验:适用于检测单桩的竖向抗拔承载力;③ 单桩水平静载试验:适用于桩顶自由时的单桩水平静载试验。

(2) 钻芯法:适用于检测混凝土灌注桩的桩长、桩身混凝土强度、桩底沉渣厚度和桩身完整性,判定或鉴别桩底持力层岩土性状。

(3) 低应变法:适用于检测混凝土桩的桩身完整性,判定桩身缺陷的程度及位置。

(4) 高应变法:适用于检测基桩的竖向抗压承载力和桩身完整性;监测预制桩打入时

的桩身应力和锤击能量传递比,为沉桩工艺参数及桩长选择提供依据。

(5)声波检测法:适用于已预埋声测管的混凝土灌注桩桩身完整性检测,判定桩身缺陷的程度并确定其位置。

1.4.3 锚杆的检测

施工前应对工程原材料的主要技术性能进行检验;锚杆的承载力主要是根据经验或通过实验确定,实验项目包括基本试验、验收试验、蠕变试验;锚杆锁定质量通过在锚头安装测试元件进行检测。

1.4.4 基坑工程的监测

(1)基坑工程的监测主要是对支护结构顶面水平位移监测、支护结构的侧向变形监测、支撑监测、基坑回弹监测及对周边地层变形、临近建(构)筑物沉降和倾斜监测、临近地下管线沉降与位移监测等。

(2)混凝土灌注桩和水泥土墙的质量检测可采用钻芯法和低应变法进行检测。

(3)喷锚支护工程的质量检测包括对土钉的抗拔力进行检测和采用钻孔法对墙面喷射混凝土厚度进行检验。

(4)对基坑周边止水帷幕的止水效果,采用在基坑开挖前进行抽水实验检测。

(5)对钢筋混凝土支撑结构或钢支撑焊缝施工质量的检测,可采用超声探伤等非破损方法进行。

(6)支护工程使用的水泥、钢筋、型钢等原材料和加工的成品,按现行的有关施工验收规范和标准进行检验。

1.4.5 附件

基础工程施工技术涉及的相关规范和标准:
(1)《建筑基桩检测技术规范》JGJ 106—2003;
(2)《锚杆喷射混凝土支护技术规范》GDJ 86—85;
(3)《土层锚杆设计与施工规范》CECS 22:90;
(4)《建筑地基处理技术规范》JGJ 79—2002;
(5)《建筑基坑支护技术规程》JGJ 120—99。

1.4.6 术语

基础工程检测技术涉及的相关术语主要有:
(1)静载试验:在桩顶部逐级施加竖向压力、竖向上拔力或水平推力,观测桩顶部随时间产生的沉降、上拔位移或水平位移,以确定相应的单桩竖向抗压承载力、单桩竖向抗拔承载力或单桩水平承载力的试验方法。

(2)钻芯法:用钻机钻取芯样以检测桩长、桩身缺陷、桩底沉渣厚度以及桩身混凝土的强度、密实性和连续性,判定桩端岩土性状的方法。

(3)低应变法:采用低能量瞬态或稳态激振方式在桩顶激振,实测桩顶部的速度时程曲线或速度导纳曲线,通过波动理论分析或频域分析,对桩身完整性进行判定的检测方法。

（4）高应变法：用重锤冲击桩顶，实测桩顶部的速度和力时程曲线，通过波动理论分析，对单桩竖向抗压承载力和桩身完整性进行判定的检测方法。

（5）声波透射法：在预埋声测管之间发射并接收声波，通过实测声波在混凝土介质中传播的声时、频率和波幅衰减等声学参数的相对变化，对桩身完整性进行检测的方法。

第2章 混凝土结构施工技术

2.1 模板技术

2.1.1 主要内容

模板技术的主要内容包括:模板及支撑体系的选用、模板设计和制作、模板及支撑架安装、模板拆除。

2.1.2 选用原则

模板的选用原则是:

1. 模板材料,宜选用钢材、胶合板、竹胶板、塑料,模板支架宜选用钢材(型钢、钢管)、钢木结合,选用木材其材质不宜低于Ⅲ等材。选用的模板应尺寸准确,板面平整,支撑系统具有足够的承载力、刚度和稳定性,能可靠地承受新浇筑混凝土的自重和侧压力以及在施工中所产生的荷载;同时应选用构造简单,装拆方便的模板及支撑体系,便于钢筋的绑扎、安装和混凝土的浇筑、养护。

2. 模板选择:墙模板可选用大钢模板、小钢模板、木制大模板、拼装式钢竹组合大模板;柱模板可选定型钢模板、多层板和双面覆膜竹胶板组拼;梁、楼板模板可选择双面覆膜竹胶板、多层板;门窗洞口模板可采用便于拆装的木模;电梯井筒模可采用整体式筒模;楼梯模板可采用定型钢制模板;后浇带及施工缝位置可采用快易收口网作为永久性模板。

3. 选用模板及其支撑体系,应依据工程结构形式、各项荷载、地基土类、施工方法等条件进行设计计算,并应符合国家规范、标准。模板及支撑体系的计算内容包括:

(1) 混凝土侧压力及荷载计算;

(2) 板面强度及刚度验算;

(3) 次龙骨强度及刚度验算;

(4) 主龙骨强度及刚度验算;

(5) 穿墙螺栓强度的验算;

(6) 支撑架的强度及刚度的验算;

(7) 大模板自稳角的验算。

4. 模板及其支撑架设计应考虑的荷载有:

(1) 模板及其支架自重;

(2) 新浇筑混凝土自重;

（3）钢筋自重；

（4）施工人员及施工设备荷载；

（5）振捣混凝土时产生的荷载；

（6）浇筑混凝土时对模板侧面的压力；

（7）倾倒混凝土所产生的荷载。

5. 所选用的模板结构应构造合理，强度、刚度满足要求，牢固稳定，拼缝严密，兼顾其后续工程的适用性和通用性，宜多标准型、少异型、多通用、多周转，不断改进和创新。封闭型模板，宜加排气孔。新模板使用前，应检查验收和试组装，并按其规格、类型编号和注明标识。

6. 选用毛面混凝土模板，内衬网格布、钢丝网，应与内模固定牢固，既便于拆模或揭除，又要防止振捣移位、滑落。

7. 选用早拆支撑体系可以在混凝土强度等级达到50%即可拆除模板和横梁，只保留支撑楼板的柱头和立柱到养护结束时再拆除，加快模板周转，减少模板投入，缩短工期。

2.1.3 技术特点和注意事项

模板技术的技术特点和注意事项主要有：

1. 模板安装

（1）模板安装前先放控制轴线、边线和模板控制线。模板安装前先检查安装位置、轴线、标高、垂直度应符合设计要求和标准；模板安装应拼缝严密、平整，不漏浆，不错台，不涨模，不跑模，不变形。

（2）模板安装支架、拉杆、斜撑符合基本规定，牢固稳定；模板竖向支撑架的支承部位，当安装在土层地基时，基土必须坚实，且有排水措施，支架支柱与基土接触面加设垫板。

（3）在安装上层梁、板底模及其支架时，下层楼板应具有足够的强度，能承受上层荷载，否则下层楼板结构的支撑系统不能拆除，同时上下层支柱应在同一垂直线上。

（4）现浇钢筋混凝土梁、板，当跨度等于或大于4m时，梁、板的底模板应按设计要求起拱，当设计无具体要求时，起拱高度宜为全跨长度的1/1000～3/1000。模板起拱实行中间起拱，用木楔间距1 000mm钉进主龙骨和面板的中间使模板中间抬高至所需起拱高度。

（5）层间高度大于4.5m时，应编制专项高支模施工方案，内容包括支撑系统的承载稳定验算及预防坍塌事故的安全技术措施。支撑系统宜采用多层支架或桁架支模，并应保持横垫板平整，上下层支柱垂直在同一中心线上，拉杆、支撑牢固稳定。

（6）后浇带、加强带和施工缝应按规范或设计规定的位置、形式留置，模板固定牢固，确保留茬截面整齐和钢筋位置准确。

（7）模板安装后，应进行自检、互检和专业检查验收。

2. 模板拆除

（1）新浇筑的混凝土其强度必须达到设计或规范要求的强度等级后才能拆除。

（2）拆除模板的顺序和方法，应按模板设计的规定进行，若设计无规定时，应遵循先支后拆，后支先拆；先拆不承重的模板，后拆承重部分的模板；自上而下，先拆侧向支撑，后拆竖向支撑的原则。侧模板拆除时的混凝土强度应能保证其表面及棱角不受损伤。

（3）对后张法混凝土预应力结构构件，侧模宜在预应力张拉前拆除；底模支架的拆除应按专项施工方案执行，当无具体要求时，不应在结构构件建立预应力前拆除。

（4）模板拆除时，不应对楼层形成冲击荷载。拆除的模板和支架宜分散堆放并及时清运。

（5）结构拆除底模后，其结构上部的荷载应控制在设计允许范围内，当必须超载时应经过计算，加设临时钢支撑。

（6）模板拆除前必须经监理工程师批准同意，并办理书面手续后才能拆除。

3．地下室侧壁模板的对拉螺栓必须加设止水环。地下室水池侧壁模板采用一次性不带套管的对拉螺栓，模板拆除后再对此处进行防水处理。

4．推广应用新型模板体系：覆面木胶板模板及无框木胶板模板体系；钢框胶合板模板体系；55 型宽面钢模板和 70 型钢模板。

5．推广应用新支模方法：台模、滑模、爬模、筒模、大模板等施工方法，推广工具式大模板和楼板模板的早拆支撑体系。

2.1.4 附件

模板技术涉及的相关规范和标准主要有：
（1）《混凝土结构工程施工质量验收规范》GB 50204—2002；
（2）《建筑施工门式钢管脚手架安全技术规范》JGJ 128—2000；
（3）《建筑施工扣件式钢管脚手架安全技术规范》JGJ 130—2001；
（4）《高层建筑混凝土结构技术规程》JGJ 3—2002；
（5）《组合钢模板技术规范》GB 50124—2001；
（6）《建筑工程大模板技术规程》JGJ 74—2003，J 270—2003；
（7）《竹胶合板模板》JG/T 156—2004。

2.1.5 术语

模板技术涉及的相关术语主要有：

（1）早拆体系：由平面模板、模板支架、早拆柱头、横梁和底座等组成。在工期紧的情况下，为了加快模板和支撑体系材料的周转，在施工阶段人为地减小结构跨度，梁、板支撑体系采用带快拆头的碗扣式钢管脚手架或采用另加钢支撑的方式，待混凝土达到设计强度的 50% 即可拆除模板而保留养护支撑的施工方法。其特点为装拆工效高、缩短工期、减少模板用量、加快周转、降低劳动强度等。

（2）台模：也称飞模，由面板和支架两部分组成，可以整体安装、脱模和转运，利用起重设备在施工中层层向上转运使用。台模可以一次组装，多次重复使用，节省装拆时间，施工操作简便，具有很显著的优越性。

（3）滑升模板：简称滑模，由模板结构系统和提升系统两部分组成，在液压控制装置的控制下，千斤顶带着模板和操作平台沿爬杆连续或间断自动向上爬升。主要用于筒塔、烟囱和高层建筑。

（4）爬升模板：由大模板、爬升系统和爬升设备三部分组成，以钢筋混凝土墙体为支承点,利用爬升设备自下而上地逐层爬升施工,不需要落地脚手架。主要适用于筒仓、烟囱和高层建筑等形状简单、高度较大,墙壁较厚的模板工程。

(5)大模板:模板面积较大,模板上的混凝土侧压力由较强的支撑系统承担,模板上有脚手架。模板组装、拆除和搬运都较方便,工人操作简便。主要适用于浇筑混凝土墙体,有全钢大模板、钢木大模板、钢竹大模板。

(6)筒模:由模板、角模和紧伸器等组成,采用大型钢模板或钢框胶合板模板拼装而成。主要适用于电梯井内模的支设,同时也可用于方形或矩形狭小建筑单间、建筑构筑物及筒仓等结构。具有结构简单、装拆方便、施工速度快、劳动工效高、整体性能好、使用安全可靠等特点。

(7)对拉螺栓:连接模板承受新浇混凝土产生侧压力的专用螺栓。

2.1.6 工程实例

实例1:SP-70模板及早拆支撑技术的应用

某大型工程地下室4层,地上56层,总建筑面积约为13万 m²,建筑总高度为269.20m,结构体系为外框内筒结构。梁、板结构模板系统采用碗扣式脚手架及酚醛复膜胶合板,并应用模板早拆支撑技术,即在楼板混凝土浇筑后强度达到50%时即可拆除模板而只留下支撑立柱,支柱保持到混凝土的养护期达到设计要求后方能拆除,从而加快模板的周转。

该工程在主楼结构工程施工中,仅配1.5层模板、2.5层支柱就可满足6d完成一层结构的快速施工需要,同时也适应了后张预应力和泵送混凝土的施工特殊要求。在常温条件下,不必加添早强剂而仅掺高效减水剂,浇筑楼板混凝土3d后,便可先拆除模板用于上一楼层支模施工,而支柱保留到楼板预应力张拉后才拆除。

该工程墙、柱模板采用了SP-70模板,装拆比普通模板更为简便。安装时只需将模板块用插销连接、穿上对拉螺栓并配置少量的横楞(模板块竖拼时)或竖楞(模板块横拼时)和斜支撑就足以组成可承受高达58kPa的混凝土侧压力的墙体模板,从而节省支撑材料约70%。

实例2:移置组合钢模板的施工技术

某水泥厂水泥生料贮存库工程,其筒仓外直径18m,筒高48.30m,筒体壁厚380mm,混凝土结构施工利用现有的组合钢模板体系和塔吊提升系统采用移置模板的施工方法。通过自下而上逐层(每层1 200mm高)移置组合钢模板施工方法,筒壁内外均采用200mm宽,1 200mm高的组合钢模板。钢模板通过锚固于下二层筒壁的一组槽钢立柱作为支撑点,随着钢模板的向上移置,钢立柱也不断地向上提升。

为保证移置组合钢模板支模的稳定以及模板连续周转以保证施工进度,内外组合钢模板需配备三层共3.60m高,每层组合钢模板内外各配置用∟65×5角钢制作的钢围圈两度作为沿圆弧上组合钢模板的支承点,∟65×5角钢围圈由沿圆周等距设置的48对双[80槽钢制作的钢立柱固定于下层混凝土筒壁上,每对钢立柱用φ14穿墙螺栓锚固于下二层混凝土筒壁上,见图2.1.6。为保证筒仓壁厚准确和防止筒壁渗水,螺栓两端焊上φ16mm短筋,并在外壁加木垫圈,待混凝土壁板拆模后把木垫圈挖出,割除螺栓头,用水泥砂浆抹平,$\phi14mm$ 螺栓杆一次摊销。

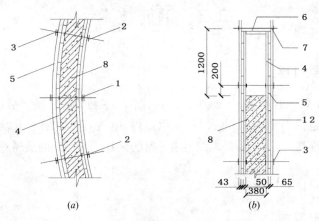

图 2.1.6　模板安装示意图

(a)平面图;(b)纵剖面图

1—第一组 24 对钢立柱;2—第二组 24 钢立柱;3—锚固钢立柱用螺栓;

4—50×200×1 200组合钢模板;5—∟65×5 钢围圈每层设两度;

6—壁厚定位临时木卡板;7—每层模板安装时定位用螺栓;

8—C20 钢筋混凝土 380 厚筒壁

实例3:密肋梁板玻璃钢模壳施工

某建筑工程密肋楼盖共有 34 层,每层面积为 $6.6m^2 \times 104m^2$,密肋间距均为 $1.5m \times 1.5m$,跨度为 8m。施工中采用了两种类型的玻璃钢模壳,即 $1.45m \times 1.45m$ 和 $0.95m \times 0.95m$,支撑体系采用通用的门式脚手架附加新型的早拆托头和 GZL 型箱式支撑梁。由于实行了以上技术措施,使得楼板混凝土可在浇捣 3d 后即可拆除模壳,但仍保持门式脚手架支撑着密肋梁。这样加快了模壳的周转,提高使用效率。这种体系,支模简单方便,工人易于掌握,外加气动拆模,加快了施工速度,保证了工程如期完成。

施工要点:

(1)铺设模壳,模壳表面须保持平整,接缝处要紧密;然后检查模壳的气孔中是否存在异物,清除异物后封堵气孔,接着刷脱模剂,同时进行堵缝工作,若堵缝不严,将造成流浆,直接影响到拆模工作。以上工作完成后,即可绑扎钢筋,安置管线,浇捣混凝土,然后进行混凝土的养护。

(2)玻璃钢模壳拆卸:混凝土在浇捣后 3d 即可拆除玻璃钢模壳。首先敲击早拆托头使其下降,箱式钢梁随之下降,但门式架支撑仍撑着密肋梁;接着拆下钢梁,打气入模壳气孔,拆卸模壳。拆卸工作是施工的重点和难点。由于玻璃钢模壳造价高,能否增加它的使用次数直接影响到工程的施工成本,而其破损主要由拆卸造成。

(3)混凝土浇捣 14d 后拆除支撑架,以便周转至下一层使用。

玻璃钢模壳适用于密肋梁板结构,它在我国北方发展很快。对建筑设计而言,密肋楼盖可以增大柱距,节约钢材、水泥,但增加了施工难度、降低施工速度。然而,随着玻璃钢模壳的诞生,这个施工难题得以解决,特别是采用与之配套的 M2 模壳早拆支撑技术,施工速度能成倍地加快。

2.2 钢筋技术

2.2.1 主要内容

钢筋技术的主要内容包括:钢筋加工、钢筋焊接、钢筋机械连接、钢筋绑扎、植筋技术。

1. 钢筋焊接包括闪光对焊、电弧焊、电阻点焊、电渣压力焊和气压焊。

2. 钢筋机械连接包括滚压直螺纹连接、剥肋滚压直螺纹、钢筋锥螺纹、钢筋冷挤压连接。

3. 植筋以胶种植筋为主。

2.2.2 选用原则

钢筋技术的选用原则是:

1. 当钢筋直径≥22mm 以上,宜选用机械连接。

2. 直径 14~40mm 的竖向钢筋连接可采用电渣压力焊。

3. 闪光对焊用于钢筋纵向连接及预应力钢筋与螺丝端杆的焊接。

4. 钢筋网片可采用电阻点焊。

5. 钢筋保护层可选用砂浆垫块、混凝土垫块、成品塑料垫块进行控制。由于成品塑料垫块容易安装,控制质量较好,目前已在很多建筑工程施工中逐步推广使用。

6. 结构补强加固可采用植筋技术。

2.2.3 技术特点和注意事项

钢筋技术的技术特点和注意事项是:

1. 钢筋的级别、种类和直径应按设计要求采用,当需要代换时,应征得设计单位的同意。

2. 钢筋进场须有出厂合格证或试验报告单,材质证明上必须注明钢筋进场时间、进场数量、炉批号、原材编号、经办人。对进场钢筋必须按炉罐(批)号及直径分批检验,检验内容包括查对标志,外观检查,并按现行国家有关部门标准的规定抽样复试,合格后方可使用。如不符合技术标准要求,应从同一批中另取双倍数量试件重做各项试验,当仍有一个试件不合格,则该批钢筋为不合格品,不得直接使用到工程上。

3. 进口钢材焊接前,应进行化学成分分析及可焊性试验。

4. 原材复试应符合有关规范要求,且应实行见证取样。

5. 原材试验报告单的分批必须正确,同炉号、同牌号、同规格、同交货状态、同冶炼方法的钢筋不大于60t 可作为一批;同牌号、同规格、同冶炼方法而不同炉号组成混合批的钢筋不大于60t 可作为一批,但每炉号含碳量之差应不大于0.02%、含锰量之差应不大于0.15%。

6. 钢筋加工的形状、尺寸必须符合设计要求。钢筋的表面应洁净、无损伤,油渍、漆污和铁锈等应在使用前清除干净,带有颗粒状或片状老锈的钢筋不得使用。

7. 严格控制钢筋半成品加工质量,钢筋平直、切断、弯曲、焊接、连接质量,必须符合规范、规程、标准和抗震要求。钢筋半成品加工工艺设备和操作方法应符合规程要求,专业工种人员均应经过技术培训,特殊工种均持岗位资格证上岗。

8. 钢筋焊接:

(1) 焊接的接头形式、焊接工艺和质量验收,应符合有关规定。

(2) 钢筋焊接前必须根据施工条件进行试焊,合格后方可施焊,接头的试验方法应符合有关规定。采用钢筋气压焊时,其施工技术条件和质量要求应符合规定。

(3) 冷拉钢筋的闪光对焊或电弧焊,应在冷拉前进行冷拔低碳钢丝的接头,不得焊接。

(4) 当受力钢筋采用焊接接头时,设置在同一构件内的焊接接头应相互错开。在任一焊接接头中心至长度为钢筋直径 d 的 35 倍且小于 500mm 的区段 L 内,同一根钢筋不得有两个接头;在该区段内有接头的受力钢筋截面面积占受力钢筋总截面面积的百分率,应符合:非预应力筋受拉区不超过 50%、预应力筋受拉区不超过 25%,当有可靠保证措施时,可为 50%。

9. 钢筋机械连接:

(1) 根据抗拉强度以及高应力和大变形条件下反复拉压性能差异,接头可分为 I 级、II 级、III 级。混凝土结构中要求充分发挥钢筋强度或对接头延性要求较高的部位,应采用 I 级或 II 级接头;对钢筋应力较高但对延性要求不高的部位可采用 III 级接头。

(2) 采用机械连接接头形式施工时,技术提供单位应提交由有相应资质等级的检测机构出具的接头形式检验报告。

(3) 对钢筋直螺纹接头应在正式施工前进行工艺检验,确定其各项工艺参数。每种规格钢筋接头试件不应少于 3 根;钢筋母材抗拉强度试件不应少于 3 根,且应取自接头试件的同一根钢筋。接头试件应达到《钢筋机械连接通用技术规程》JGJ 107—2003(行业标准)相应等级的强度要求。

(4) 滚扎钢筋直螺纹时,采用水溶性切削润滑液,不得用机油作切削润滑液或不加润滑液滚扎丝头。钢筋套丝完成后,要求用牙形规、环规逐个检查钢筋丝头的加工质量。自检合格的丝头套上保护帽和连接套。

(5) 连接钢筋规格必须与连接套规格一致;连接水平钢筋时,必须从一头往另一头依次连接,不得从两头往中间或中间往两端连接。连接钢筋时,一定要先将待连接钢筋丝头拧入同规格的连接套之后,再用工作扳手拧紧钢筋接头,以防损坏接头;连接成型后用红油漆作出标记,以防遗漏。

(6) 受力钢筋机械连接接头的位置应相互错开。在任一接头中心至长度为钢筋直径 35 倍的区段范围内,有接头的受力钢筋截面面积占受力钢筋总截面面积的百分率应符合下列规定:

1) 接头宜设置在结构构件受拉钢筋应力较小部位,当需要在高压力部位设置接头时,在同一连接区段内 III 级接头的接头百分率不应大于 25%;II 级接头的接头百分率不应大于 50%;I 级接头的接头百分率可不受限制。

2) 接头宜避开有抗震设防要求的框架的梁端、柱端箍筋加密区;当无法避开时,应采用 I 级或 II 级接头,且接头百分率不应大于 50%。

3）受拉钢筋应力较小部位或纵向受压钢筋,接头百分率可不受限制。

4）对直接承受动力荷载的结构构件,接头百分率不应大于50%。

（7）钢筋连接质量检查:随机抽取同规格接头数的10%进行外观检查,钢筋与连接套规格一致,接头外露完整丝扣不大于3扣。

（8）现场检验:应进行外观质量检查和单向拉伸试验。现场检验按验收批进行,同一施工条件下采用同一批材料的同等级、同形式、同规格接头,以500个为一个验收批进行检验与验收,不足500个也作为一个验收批。对接头的每一验收批,必须在工程结构中随机截取3个接头试件做抗拉强度试验,按设计要求的接头等级进行评定。对抽检不合格的接头验收批,应由建设方会同设计等有关方面研究后提出处理方案。

10. 钢筋焊接网:

（1）应有出厂试验报告及原材料质量证明书,运抵工地现场时,应认真检查钢筋的外观质量、几何尺寸和钢筋直径的允许偏差;现场进行抽样复检。

（2）焊接网采用厂内批量生产,按施工进度要求进场。制作前先根据工程特点及设计图纸绘制钢筋面网、底网安装图及编制钢筋网制作表。

（3）网片现场堆放立放应有支架,平放时应垫平,垫木应上下对正,吊装时应使用网片架。

（4）施工前应根据焊接网的划分与搭接要求,详细制订铺设顺序的施工方案。

（5）焊接网搭接接头应设置在受力较小处,搭接采用平接法。平接法使分布筋、受力筋在同一平面内,消除由钢筋在不同高度形成有效高度 h_0 的不同对承载力的不利影响,但钢筋 $d > 8mm$ 时,搭接长度应增加 $5d$。焊接网搭接时,在搭接处应用铁丝扎牢。

（6）对两端须插入梁内锚固的焊接网,若网片纵向钢筋的直径较小,可把焊接网中部往上弯起,使两端能先后插入梁内,然后铺平网片;若焊接网不能弯曲,可把焊接网的一端减少 1～2 条横向筋,先插入该端,然后退插另一端,必要时用绑扎方法补回所减少的横向筋。

（7）焊接网的现场验收应进行外观质量检查和力学性能试验。现场检验按验收批进行,每批由不多于20t 同一牌号、同一规格、同一生产工艺的焊接网组成。

1）外观检查:每批抽查数量不少于5 片,钢筋表面不得有裂纹,钢筋交叉点开焊数量不得超过整个网片交叉点总数的3%,并且不得出现相邻两点同时开焊;焊接网最外边钢筋上的交叉点不得开焊。

2）在每验收批的焊接网中,随机抽取一焊接网片,并截取一组钢筋(两个试样)进行强度和拉长率试验,每个钢筋试样应含有不少于一个焊接点。试验结果应符合相关规范要求。

11. 钢筋安装:钢筋的规格、形状、尺寸、位置、排距、间距、数量、节点构造、锚固长度、搭接长度、接头错位和绑扎牢固以及保护层控制措施等,必须符合规范、规程、设计等要求。

12. 锥螺纹接头由于接头属于薄弱点,较易出现在接头区域拉断,其可靠性较直螺纹接头和冷挤压接头低,目前使用面在逐步缩小。

13. 钢筋半成品加工、连接接头和绑扎质量,必须坚持自检、互检和专业检查验收,办理隐蔽工程验收记录。

14. 植物筋技术的钢筋、孔径和孔深应符合设计要求。钻孔应采用冲击电钻,注胶应采用专用注射器。清孔不宜用水冲洗。植筋完成 48h 后,方可进行后序工序施工。植筋技术的抗拔试验目前尚未有相应的操作规程,其张拉程序可参考预应力锚杆验收试验规程或后埋件抗拔试验规程进行。

15. 推广高效钢筋(冷轧带肋钢筋以及焊接钢筋网):冷轧带肋钢筋其钢材强度较高、粘接锚固性能良好、钢筋伸长率较大。焊接钢筋网可进行专业化工厂生产,可大量减少钢筋安装工,采用小直径加密间距减少混凝土裂缝的产生和发展,适用于大面积混凝土工程。

2.2.4 附件

钢筋技术涉及的相关规范和标准主要有:
(1)《混凝土结构工程施工质量验收规范》GB 50204—2002;
(2)《钢筋机械连接通用技术规程》JGJ 107—2003;
(3)《钢筋焊接及验收规程》JGJ 18—2003;
(4)《钢筋锥螺纹接头技术规程》JGJ 109—96;
(5)《钢筋焊接网混凝土结构技术规程》JGJ/T 114—97;
(6)《带肋钢筋套筒挤压连接技术规程》JGJ 108—96;
(7)《冷轧带肋钢筋混凝土结构技术规程》JGJ 95—2003;
(8)《冷轧扭钢筋混凝土结构技术规程》JGJ 115—97;
(9)《焊接网混凝土结构技术规程》DBJ/T 15—16—95。

2.2.5 术语

钢筋技术涉及的相关术语主要有:
(1)焊接网:具有相同或不同直径的纵向和横向钢筋分别以一定间距垂直排列,全部交叉点均用电阻电焊在一起的钢筋网片。
(2)冷轧带肋钢筋:热轧圆盘条经冷轧减径并在其表面形成三面或两面月牙形横肋的钢筋。
(3)平接法:指钢筋焊接网片长度或宽度不够时,按一定要求将两张网片互相叠合或镶入而形成的连接。
(4)钢筋机械连接:指通过连接件的直接或间接的机械咬合作用或钢筋端面的承压作用将一根钢筋中的力传递至另一根钢筋的连接方法。
(5)带肋钢筋挤压连接:是将两根需连接的钢筋插入钢套筒,利用压钳沿径向压缩钢套筒,使之产生塑性变形,靠变形后的钢套筒与被连接的钢筋紧密结合为整体的连接方法。
(6)钢筋滚压螺纹:根据钢筋规格选取相应的滚丝轮,装在专用的滚丝机上,将以压圆端头的钢筋由尾端卡盘的通孔中插入至滚丝轮的引导部分并夹紧钢筋,然后开动电动机,在电动机旋转的驱动下,钢筋轴向自动旋进,即可滚压出螺纹来。
(7)连接套筒:用以连接钢筋并有丝头螺纹相对应内螺纹的连接件。

2.2.6 工程实例

实例1:冷轧带肋钢筋焊接钢网的应用

某综合厂房为六层钢筋混凝土框架结构,建筑面积17 280m²,框架柱网为8m×10m,楼板大部分为2.6m×10m和2.7m×10m单向板,楼面板筋采用冷轧带肋钢筋焊接钢网(规格为$\phi LL5.5 \sim \phi LL11$),消耗量达192t。

(1)钢网制作:采用厂内批量生产,制作前先根据工程特点及设计图纸绘制钢筋面网、底网安装图及编制钢筋网制作表。本工程每层分两个施工段流水施工,生产厂家按两个施工段制作钢网,分批运送至施工现场。

(2)钢网铺设:钢网由塔吊直接吊至楼面。在模板或垫层面上进行底网、面网编号并与钢网安装图一一对应安放。

① 底网安装:

A. 单向板:底网少1条分布筋一端先伸入梁内并摆平,另一端拉入梁内且注意受力筋两端锚固长度符合要求;摆放直条,与底网交叉全部绑扎,分布筋方向支座处加设附加钢网(图2.2.6-1)。

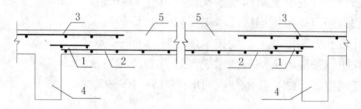

图 2.2.6-1 单向板钢网安装
1—附加钢网;2—底网;3—面网;4—梁;5—板

B. 双向板:先短向钢网,后放长向网,受力筋伸入支座,两片单网交叉周边适当绑扎,防止浇筑混凝土时钢网移位。

② 面网:

A. 面筋通长布置,先铺板支座面网,后铺跨中面网,钢网搭接接头应设置在受力较小处,搭接长度$b \geq 20d$且≥ 200mm(图2.2.6-2)。钢网搭接采用平接法(图2.2.6-3)。平接法使分布筋、受力筋在同一平面内,消除由钢筋在不同高度形成有效高度h_0的不同对承载力的不利影响,但钢筋$d > 8$mm时,搭接长度应增加5d。

B. 楼板面网与柱的连接:将少1条受力筋的面网伸入柱内,摆放直条并全部交叉绑扎(图2.2.6-4)。

C. 每隔1 000mm间距

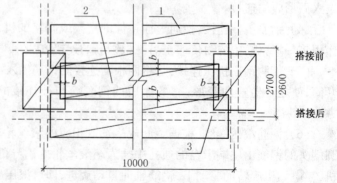

图 2.2.6-2 面筋通长情况搭接
1—支座面网;2—跨中面;3—梁

将面网与梁面筋绑扎,保证面筋不移位。

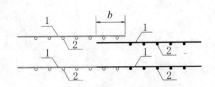

图 2.2.6-3 钢网平接法
1—分布筋;2—受力筋

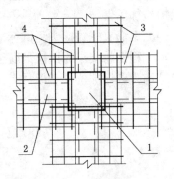

图 2.2.6-4 面网与柱交接示意图
1—柱;2—梁;3—支座面网;4—直条

③ 当楼板上开孔洞时,将通过洞口的钢筋切断,运用等强度设计原则增加附加绑扎短钢筋加强,做法同普通钢筋。

④ 底网每隔 1000mm×1000mm 间距设置水泥砂浆保护层垫块,板负筋应短向钢筋两端沿钢筋方向或通长面网每隔 600~900mm 设"凳仔筋"。

实例 2:直螺纹钢筋机械连接的应用

某大院地下停车库工程总建筑面积 17 042m²;建筑基底面积 152m²;建筑总高度 5.1m,地上 1 层,地下 3 层;车库有 499 个停车泊位。该工程竖向钢筋连接方式采用直螺纹机械连接。

(1)钢筋直螺纹接头制作工艺

钢筋直螺纹接头制作加工在现场加工;加工设备包括锯机、液压冷锻压床、套丝机和磨削成型机,其制作工艺流程为:用锯机将钢筋端部锯成垂直面,把钢筋端部放入液压冷锻压床将其扩大至预定直径,最后将其扩大的钢筋端部放入套丝机,按标准尺寸加工成直螺纹接头。螺纹直径不得小于钢筋的公称直径。

(2)钢筋直螺纹接头安装工艺

根据待接钢筋转动难易程度,施工现场分别采用以下四种安装方法:

1)待接钢筋易于转动时,将套筒装在已在现场安装好的固定钢筋上,旋上待接钢筋,并用扳手拧紧接头;

2)待接钢筋长而重,较难转动时,将待接钢筋端部螺纹加长,转动套筒至加长螺纹尽头,再反向转动套筒,将已在现场安装好的固定钢筋连接起来;

3)两端钢筋均无法转动(如弯筋)时,将其中一钢筋端部螺纹加长,转动锁紧螺母和套筒至加长螺纹尽头,再反向转动套筒,使其套住另一端钢筋,最后反向转动锁紧螺母以锁紧套筒;

4)两端钢筋均无法转动但可纵向挪动时,将套筒螺纹加工成正、反两种螺纹,钢筋两端则分别加工成相应方向的螺纹。安装时靠转动套筒来就位。

以上安装工艺简单,只需要使用普通扳手即可完成。

(3)钢筋直螺纹接头保护措施

为避免运输过程中损坏钢筋头,套筒和钢筋头分别用塑料螺纹头保护套和套筒内螺纹保护盖加以保护。

(4)钢筋直螺纹接头测试标准

本工程钢筋接头的抗拉强度至少应不小于母材的抗拉强度,即合格钢筋接头的抗拉试验结构为破坏部位位于母材上。

2.3 混凝土技术

2.3.1 主要内容

混凝土技术的主要内容包括:混凝土原材料选用、混凝土配合比设计、混凝土配制、混凝土运输、混凝土浇筑、混凝土养护。按使用性能可分为预拌(商品)混凝土、现场搅拌混凝土。

2.3.2 选用原则

混凝土技术的选用原则是:

(1)在建筑工程应用中,必须根据工程要求选用合适的混凝土规格品种。商品混凝土(预拌混凝土)由于生产质量稳定、工业化程度高以及环保等方面的优点,应优先使用。对于现场搅拌的混凝土,必须经过试配满足工程所要求的技术经济指标方能使用,并且必须即拌即用。

(2)高性能混凝土。在大幅度提高普通混凝土性能的基础上采用现代混凝土技术制作的混凝土,以耐久性、工作性、体积稳定性及强度等作为设计的主要指标,是混凝土技术的发展方向。

(3)防水混凝土。普通混凝土往往由于不够密实,在压力水作用下会造成透水现象,同时水的浸透将加剧溶出性侵蚀等。所以经受压力水作用的工程和构筑物所用混凝土必须提高起自身的抗渗性能,以达到防水要求,这种混凝土称之为防水混凝土。一般是通过改善混凝土组成材料的质量、合理选择混凝土配合比以及掺加适量的外加剂等方法达到混凝土内部密实或堵塞混凝土内部毛细管通道,使混凝土具有较高的抗渗性能。目前常用的防水混凝土按配制方法大体可分4类:集料级配法防水混凝土、普通防水混凝土、掺外加剂防水混凝土和采用特种水泥的防水混凝土。

(4)轻骨料混凝土。用轻粗、细骨料和水泥配制的混凝土,密度不大于1 900kg/m³。轻骨料混凝土可降低钢筋混凝土结构的质量30%~50%,增大装配式构件的尺寸,改善建筑物的保温和抗震性能,同时还可降低工程造价。

(5)喷射混凝土。将预先配好的水泥、砂、石和一定量的速凝剂装入喷射机,利用压缩空气将其送至喷头与水混合后,以很高的速度喷向工作面所形成的混凝土。

(6)膨胀混凝土。用膨胀剂或膨胀水泥配制的混凝土。用于有抗裂、防渗、接缝、填充要求的混凝土工程或水泥制品,特别适用于地下、水下、水池、储罐等结构自防水工程、二次浇筑和补强接逢工程等。

（7）沥青混凝土。以沥青为胶结料的混凝土，主要用于道路工程。热拌热铺是沥青混凝土的主要施工方法，新近发展的冷拌冷铺沥青或乳化沥青配制，具有施工安全、方便的优点，但需采用价格较贵的稀释剂。

2.3.3　注意事项

混凝土技术的注意事项是：

1. 工程项目现场必须配置与现场试验相适应的试验室和相应试验设备及标准养护室（养护箱）。现场试验人员（含制作试块），必须经过专业培训考核，具备相应的试验工作资格。

2. 原材料：

（1）水泥：均应按厂别、品种、批号、强度等级提供水泥出厂合格证，或由供应部门提供转抄（复印）件给用户单位。合格证应加盖厂家质量检查部门印章。进场水泥必须进行检验，检验项目必须齐全，包括细度、凝结时间、安定性、抗压强度、抗折强度等。

（2）骨料：其最大颗粒粒径不得超过结构截面最小尺寸的 1/4，且不得超过钢筋间距的 3/4。对混凝土实心板，骨料最大粒径不宜超过板厚的 1/2，且不得超过 50mm。混凝土强度等级高于或等于 C30，砂的含泥量不应大于 3%；混凝土强度等级等于或低于 C30，含泥量不大于 5%；有抗冻、抗渗或其他特殊要求的混凝土用砂，其含泥量不应大于 3%。

（3）水：宜采用饮用水。当采用其他来源的水，水质必须符合国家现行标准《混凝土拌合用水标准》JGJ 63—89 的规定。

（4）外加剂：外加剂的品种及掺量必须根据对混凝土性能的要求、施工及气候条件、混凝土所采用的原料及配合比等因素经试验确定。在蒸汽养护的混凝土和预应力混凝土中，不宜掺用引气剂或引气减水剂。当掺用含氯盐的外加剂，应符合《混凝土结构工程施工质量验收规范》GB 50204—2002 的有关规定。

（5）混凝土掺入粉煤灰的技术要求，应符合《用于水泥和混凝土中的粉煤灰》GB 1599—91 的规定。

3. 混凝土制备：

（1）混凝土配合比应根据设计的混凝土强度等级和质量检验以及混凝土施工和易性的要求确定，并应符合合理使用材料和经济的原则，对有抗冻、抗渗等要求的混凝土，尚应符合有关的规定。

（2）普通混凝土和轻骨料混凝土的配合比，应分别按国家现行标准《普通混凝土配合比技术规程》和《轻骨料混凝土技术规程》进行计算，并通过试配确定。

（3）泵送混凝土配合比规定：骨料最大粒径与输送管内径之比，碎石不宜大于1:3，卵石不宜大于 1:2.5。通过 0.315mm 的筛孔的砂不应少于 15%；砂率宜控制在 40%～50%；最小水泥用量宜为 300～550kg/m³；混凝土的坍落度宜为 80～180mm；混凝土内宜掺加适量外加剂；泵送轻骨料混凝土的原材料选用和配合比应通过试验确定。

（4）混凝土搅拌：原材料的计量应建立岗位责任制，应配备标准计量量具；外加剂应用台秤计量；应在拌制点和浇筑点定时分别检查混凝土的坍落度或工作度；当拌制混凝土受外界因素影响时，应及时调整和修正配合比，使混凝土达到设计的要求。

施工现场搅拌混凝土：

① 其配合比必须由有相应资质的试验室提供。

② 水泥、外加剂、掺合料入库房(棚),砂石在硬底场地堆放,并有料堆避免淋水、排水措施,现场搅拌设备应安装在防风雨的搅拌房内,工艺设备合格,上料系统合理有效运行,计量系统先进准确,并经计量检验合格。

4. 混凝土运输:运送混凝土宜采用搅拌运输车,如果运距不远,也可采用翻斗车。混凝土运至浇筑点,应具有浇筑所规定的坍落度。如果产生分层离析现象,浇筑前必须进行二次搅拌。

泵送混凝土必须保证混凝土泵的连续工作;输送管道宜直,转弯宜缓;进行泵送混凝土之前,应预先用水泥砂浆润滑输送管道内壁。如果发现混凝土离析时,应用高压水冲洗管内残留的混凝土;泵送混凝土的受料斗内应经常有足够的混凝土,以防止吸入空气阻塞输送管道。

5. 混凝土浇筑前准备工作:

(1)制定混凝土浇筑和泵送混凝土施工的专项施工方案以及对施工班组进行技术交底。

(2)检查施工机具的完好性,准备随时投入使用。检查模板安装的支撑系统稳定性和对钢筋工程、预埋件等进行隐蔽验收,对产生偏差的部位及时进行整改,并办理隐蔽验收的书面手续。

(3)清除模板内的木屑、垃圾、杂物等,并浇水湿润。

(4)施工缝位置应清理浮浆,剔凿露出石子和松动砂石,用水冲洗干净,对地下室外墙结构应安装好止水钢板或止水条,已浇筑混凝土强度等级已达到1.2MPa。

(5)混凝土泵、泵管铺设、塔吊、吊斗等已准备就绪。

6. 混凝土浇筑:

(1)混凝土浇筑应连续进行。当必须间歇时,其间歇时间宜缩短,并应在前层混凝土凝结之前,即将次层混凝土浇筑完毕。

(2)混凝土运输、浇筑及间歇的全部时间不得超过混凝土初凝时间,当超过时应留置施工缝。

(3)施工缝施工:

1)施工缝的留设必须遵守设计要求和规范的规定。施工缝的位置应在混凝土浇筑前确定,并应留置在结构受剪力较小且便于施工的部位。

2)施工缝施工时,应在已硬化的混凝土表面上,清除水泥浮浆和松动石子以及软弱混凝土层,同时加以凿毛,用水冲洗干净并充分湿润,一般不宜少于24h,残留在混凝土表面的积水应予清除。并在施工缝处铺一层水泥浆或与混凝土内成分相同的水泥砂浆。注意施工缝位置附近需弯钢筋时,要做到钢筋周围的混凝土不受松动和损坏。钢筋上的油污、水泥砂浆及浮锈等杂物也应清除。

(4)后浇带施工:

1)后浇带的留置位置、留置时间应按设计要求和施工技术方案确定。当后浇带的保留时间设计无要求时,宜保留42d以上。后浇带的宽度宜为700~1000mm。

2)后浇带在混凝土浇筑前应将表面按照施工缝要求进行处理,并采用高一级的补偿混凝土浇筑,保持至少28d的湿润养护。

3）当后浇带用膨胀加强带代替时,膨胀加强带应提高膨胀率0.02%。

（5）混凝土浇筑：

1）混凝土自吊斗口下落的自由倾落高度不宜超过2m。

2）为保证混凝土的密实性和强度,混凝土应分层浇筑和振捣,并根据不同的振捣方法和使用不同的振捣工具限制投料厚度。

3）梁、板与柱和墙连成整体同时浇筑时,必须在柱和墙混凝土浇筑完毕后停歇1~1.5h,使柱和墙的混凝土达到一定强度后,再连续浇筑梁和板的混凝土。浇筑方法应由一端开始用"赶浆法",即先浇筑梁,根据梁高分层阶梯形浇筑,当达到板底位置时再与板的混凝土一起浇筑,随着阶梯形不断延伸,梁板混凝土浇筑连续向前推进。

4）和板连成整体高度大于1m的梁,允许单独浇筑。浇筑时,浇筑与振捣必须紧密配合,第一层下料慢些,梁底充分振实后再下第二层料,用"赶浆法"保持水泥浆沿梁底包裹石子向前推进,每层均应振实后再下料,梁底及梁帮部位应振密实,振捣时不得触动钢筋及预埋件。

5）对小截面及钢筋密集部位可采取与母体相同强度等级的细石混凝土浇筑,采取人工捣固工具配合机械振捣。

6）浇筑板混凝土的虚铺厚度应略大于板厚,用平板振捣器垂直浇筑方向来回振捣,厚板可用插入式振捣器振捣,并用铁插尺检查混凝土厚度,振捣完毕后用木抹子抹平。施工缝处或有预埋件及插筋处用木抹子找平。浇筑板混凝土时严禁用振捣棒铺摊混凝土。

7）当柱与梁、板混凝土强度等级差二级以内时,梁柱节点核心区的混凝土可随楼板混凝土同时浇筑,但在施工前应核算梁柱节点核心区的承载力,包括抗剪、抗压应满足设计要求;当柱与梁、板混凝土级差大于二级时,应先浇筑节点混凝土,强度与柱相同,必须在节点混凝土初凝前,浇筑梁板混凝土。

8）楼梯段混凝土自下而上浇筑,先振实底板混凝土,达到踏步位置时再与踏步混凝土一起浇捣,不断连续向上推进,并随时用木抹子（或塑料抹子）将踏步上表面抹平。

（6）泵送混凝土施工：

1）当采用输送管输送混凝土时,应由远至近浇筑。

2）同一区域的混凝土,应先竖向结构后水平结构的顺序,分层连接浇筑。

3）当不允许留施工缝时,区域之间、上下层之间的混凝土浇筑间歇时间,不得超过混凝土初凝时间。

（7）混凝土振捣：

1）混凝土应采用机械振捣器包括平板式振捣器和插入式振捣器进行振捣密实。只有在工程量很小或不能使用振动器才允许采用人工捣固。

2）插入式振捣器在混凝土内振捣时间,每插点约20~30s,见到混凝土不再显著下沉,不出现气泡,表面泛出水泥浆和外观均匀为止。振捣时将振动棒上下抽动50~100mm,使混凝土振实均匀。

3）平板振动器振捣混凝土,应使平板底面与混凝土全面接触,每一处振动到混凝土表面泛浆,不再下沉后,即可缓缓向前移动,移动速度以能保证每一处混凝土振实泛浆为准。移动时应保证振动器的平板覆盖已振实部分的边缘。在振的振动器不得放在已初凝的混凝土上。

7. 混凝土养护：

（1）常温下养护方法有覆盖浇水养护、薄膜布养护、薄膜养生液养护、蓄水养护等。

（2）混凝土应在浇筑完毕后的 12h 以内对混凝土加以覆盖并保湿养护。

（3）混凝土浇水养护时间：对采用硅酸盐水泥、普通硅酸盐或矿渣硅酸盐水泥拌制的混凝土，不得少于 7d；对掺用缓凝型外加剂或有抗渗要求的混凝土，不得少于 14d；当采用其他品种水泥时，混凝土的养护应根据所采用水泥的技术性能确定。

（4）浇水次数应能保持混凝土处于湿润状态；混凝土养护用水应与拌制水相同。

（5）当温度低于 5℃时，不得浇水养护混凝土，应采取加热保温养护或延长混凝土养护时间。

（6）混凝土强度达到 1.2N/mm² 前，不得在其上踩踏或安装模板及支架。

8. 模板拆除：

待混凝土强度达到设计或规范《混凝土结构工程施工质量验收规范》（GB 50204—2002）要求的拆模强度才能拆除；拆模必须经监理工程师签字同意才能进行。混凝土的拆模强度应根据同条件养护的标准尺寸试件的混凝土强度确定。结构拆模后应由监理（建设）单位、施工单位等各自对外观质量和尺寸偏差进行检查，做出记录，并应及时按施工技术方案对缺陷进行处理。

9. 混凝土试块留置：

（1）每拌制 100 盘且不超过 100m³ 的同配合比的混凝土，其取样不少于一次。

（2）现浇结构每一楼层同配合比的混凝土，其取样不少于一次；同一单位工程每一验收项目中同配合比的混凝土，其取样不得少于一次。

（3）每次取样至少留置一组标准试块。

（4）一般每一个工程同一强度等级的混凝土，留置的同条件养护试件，一般不宜少于 10 组，且不应少于 3 组。

10. 大体积混凝土施工：

（1）大体积混凝土施工前，施工单位应编制体现技术先进、可行、可确保工程质量且经济的施工方案报施工监理批准后实施。施工组织设计应对混凝土在施工过程中的温度和最后的收缩应力进行双控计算，采取有效的技术措施控制有害裂缝的产生。

（2）配合比要求：在保证混凝土强度和抗渗性能的条件下应尽可能添加掺合料，粉煤灰应不低于二级，其掺量不宜大于 20%，硅粉掺量不应大于 3%。当有充分根据时掺合料的掺量可适当提高。最小水泥用量不低于 300kg/m³，掺活性粉料或用于补偿收缩混凝土的水泥用量不少于 280kg/m³。水灰比控制在 0.45 ~ 0.5 之间，最高不超过 0.55。砂率控制在 35% ~ 45%，灰砂比宜为 1:2 ~ 1:2.5。混凝土初凝时间控制在 6 ~ 8h 之间，混凝土终凝时间应在初凝后 2 ~ 3h。

（3）施工流水段长度不宜超过 40m。采用补偿收缩混凝土不宜超过 60m，混凝土宜跳仓浇筑。在取得设计部门同意时，宜以加强带取代后浇带，加强带间距 30 ~ 40m，加强带的宽度宜为 2 ~ 3m。采用补偿收缩混凝土无缝施工的超长底板，每 60m 应设加强带一道。加强带衔接两侧先后浇筑混凝土的间隔时间不应大于 2h。后浇带和加强带均应用钢丝网支挡。

（4）混凝土浇筑：厚 1.0m 以内宜采用平推浇筑法，同一坡度，薄层循序推进依次浇筑到顶。厚 1.0m 以上宜分层浇筑,在每一个浇筑层采用平推浇筑法。厚度超过 2m 时应考虑留置水平施工缝,间断施工。尽量避开高温时间浇筑混凝土。

(5) 养护:当气温高于 30℃ 以上可采用预埋冷水管降温法或蓄水法施工;当气温低于 30℃ 以下常温应优先采用保温法施工。蓄水养护应进行周边围挡与分隔,并设供排水和水温调节装备。必要时可采用混凝土内部埋管冷水降温与蓄热结合或与蓄水结合的养护法。混凝土养护时间使用普通硅酸盐水泥不少于 14d,使用其他水泥不少于 21d,炎热天气适当延长。养护期内混凝土表面应始终保持温热潮湿状态(塑料薄膜内应有凝结水),对掺有膨胀剂的混凝土尤应富水养护;但气温低于 5℃ 时,不得浇水养护。

(6) 测温:

1) 当设计无特殊要求时,混凝土硬化期的实测温度应符合下列规定:混凝土内部温差(中心与表面下 100 或 50mm 处)不大于 20℃;混凝土表面温度(表面下 100 或 50mm 处)与混凝土表面外 50mm 处的温差不大于 25℃;对补偿收缩混凝土,允许介于 30~35℃ 之间;混凝土降温速度不大于 1.5℃/d;撤除保温层时混凝土表面与大气温差不大于 20℃。

2) 玻璃温度计测温:每个测温点位由不少于三根间距各为 100mm 呈三角形布置,分别埋于距板底 200mm,板中间距 500~1000mm 及距混凝土表面 100mm 处的测温管构成。测温点位间距不大于 6m,测温管可使用水管或铁皮卷焊管,下端封闭,上端开口,管口高于保温层 50~100mm。

3) 电子测温仪测温:建议使用用途广、精度高、直观、操作简单、便于携带的半导体传感器、建筑电子测温仪测温。每一测温点位传感器由距离板底 200mm,板中间距 500~1000mm,距板表面 50mm 各测温点构成。各传感器分别附者于 $\phi16$ 圆钢支架上。各测温点间距不大于 6m。

4) 不宜采用热电阻温度计测温,也不推荐热电偶测温。

5) 测温延续时间自混凝土浇筑开始至撤保温后为止,同时应不少于 20d。测温时间间隔,在混凝土浇筑后 1~3d 为 2h,4~7d 为 4h,其后为 8h。

11. 斜屋面混凝土施工:当坡度小于 26° 时,可采用单面模板法施工;当坡度大于 26° 时,应采用双面模板法(封闭法)施工。

(1) 单面模板法施工控制混凝土坍落度为 30~50mm,在混凝土入模时适时振捣和及时控制上下段板混凝土浇筑厚度,随捣随用 1:2.5 水泥砂浆抹平。

(2) 双面模板法混凝土坍落度一般控制在 50~70mm,当人工振捣时,可适当加大。使用小振动棒按序插振,防止漏振,对无法振到的部位应采用板外振、开窗口、人工插钎插捣等方式,将混凝土振捣密实。研制和利用大流动性的高性能混凝土或免振捣自密实混凝土更利于斜屋面混凝土施工。

12. 推广应用高强高性能混凝土,其广泛应用于高层、超高层建筑的钢筋混凝土结构、钢管混凝土结构、钢骨混凝土结构及特殊功能要求的钢筋混凝土结构。高性能混凝土在配制上的特点是低水胶比,选用优质原材料,并在水泥、水、骨料基础上,掺加足够数量的磨细矿物掺合料和高性能外加剂,以达到高耐久性、高强度、高工作性、经济性的性能要求。在高层、超高层建筑竖向构件中应用高性能混凝土,可有效缩小竖向构件的断面尺寸,获得更大跨度以及比普通混凝土更长的使用寿命。

2.3.4 附件

混凝土技术涉及的相关规范和标准主要有：

（1）《高强混凝土结构技术规程》CECS 104:99；

（2）《轻骨料混凝土技术规程》JGJ 51—2002　J 215—2002；

（3）《高层建筑混凝土结构技术规程》JGJ 3—2002；

（4）《混凝土泵送施工技术规程》JGJ/T 10—95；

（5）《混凝土结构工程施工质量验收规范》GB 50204—2002；

（6）《建筑用卵石、碎石》GB/T 14685—2001；

（7）《建筑用砂》GB/T 14684—2001；

（8）《混凝土外加剂》GB 8076—97；

（9）《混凝土质量控制标准》GB 50164—92；

（10）《普通混凝土配合比设计规程》JGJ 55—2000　J 64—2000；

（11）《普通混凝土拌合物性能试验方法标准》GB/T 50080—2002；

（12）《普通混凝土力学性能试验方法标准》GB/T 50081—2002；

（13）《混凝土外加剂应用技术规范》GB 50119—2003；

（14）《预拌混凝土》GB/T 14902—2003；

（15）《钢筋焊接网混凝土结构技术规程》JGJ 114—2003；

（16）《冷轧带肋钢筋混凝土结构技术规程》JGJ 95—2003；

（17）《混凝土界面处理剂》JC/T 907—2002。

2.3.5 术语

混凝土技术涉及的相关术语主要有：

（1）施工缝：在混凝土浇筑过程中，因设计要求或施工需要分段浇筑而在先、后浇筑的混凝土之间所形成的接缝。

（2）大体积混凝土：最小断面任何一个方向尺寸大于 0.8m 以上的混凝土结构，其尺寸已大到必须采取相应的技术措施降低其温度，控制温度应力与裂缝开展的混凝土。

（3）补偿收缩混凝土：以膨胀剂取代部分水泥或采用水泥拌制的具有膨胀性能的用于补偿混凝土收缩变形、减少无害裂缝或消除有害裂缝的混凝土。

（4）预拌混凝土：相对现场搅拌而言，在具有严格管理，设备完善的专业搅拌站，实行工厂化生产的混凝土，又称商品混凝土。

（5）后浇带：整体结构中，只在施工期间保留的，为减少温度收缩与不均匀沉降而设置的临时性的变形缝。

（6）加强带：分块施工改变为整体混凝土连续浇筑施工，原伸缩缝、后浇带、施工缝用大膨胀率混凝土取代原设计需增加混凝土膨胀率的部分。

（7）混凝土的龄期：自浇筑混凝土时起算所经历的日期。

（8）覆盖浇水养护：利用平均气温高于 +5℃ 的自然条件，用适当的材料对混凝土表面加以覆盖并浇水，使混凝土在一定的时间内保持水泥水化作用所需要的适当温度和湿度条件。

（9）薄膜布养护：在有条件的情况下，可采用不透水、汽的薄膜布（如塑料薄膜）养护。用薄膜布把混凝土表面敞露的部分全部严密地覆盖起来，保证混凝土在不失水的情况下得到充分的养护，但应保持薄膜布内有凝结水。

（10）薄膜养生液养护：混凝土的表面不便浇水或使用塑料薄膜养护时，可采用涂刷薄膜养生液，以防止混凝土内部水分蒸发的方法进行养护。

（11）高性能混凝土：是一种新型的高技术混凝土，是在大幅度提高普通混凝土性能的基础上采用现代混凝土技术制作的混凝土，它以耐久性作为设计的主要指标，针对不同用途要求，保证混凝土的适用性和强度达到高耐久性、高工作性、高体积稳定性和经济性。

2.3.6 工程实例

实例1：高性能钢管混凝土柱的施工技术

某工程地下室4层，地上56层，总建筑面积约为13万 m^2，结构体系为外框内筒结构。在地下四层至地上十一层框架结构中，设计采用了22条 $\phi400mm$、$\phi500mm$ 大直径钢管混凝土柱，柱内混凝土为C70强度等级高性能混凝土。

（1）原材料

水泥：采用42.5（Ⅱ）型硅酸盐水泥；

微细掺合料：采用细磨矿渣和Ⅰ级粉煤灰。

砂、石：选用流溪河砂，细度模数为2.90~3.10，含泥量≤1%，石子为5~25mm花岗岩碎石，针片状颗粒含量10.2%，瓜米石掺量为25%。

外加剂：选用FDN高效减水剂。使用前必须在试验室检验其减水、缓凝等性能，务必达到配合比要求的性能。

（2）操作工艺

① 钢管柱用 $\phi1\,400$~$\phi1\,500$ 直径、20~24厚16锰钢在工厂制作，现场安装拼接。钢管柱必须安装定位校核准确，接驳口焊接验收应达到施工验收规范要求。

② C70高性能混凝土配合比：C70高性能混凝土配合比按试验室确定进行，（经模拟试验试生产满足强度、流动性、工作性与体积稳定性的要求）。

③ 混凝土配料

配料顺序：水泥＋砂＋掺合料＋水＋减水剂→石；

采用湿式搅拌，搅拌方式：水泥＋砂＋掺合料＋水＋外加剂→搅拌90s→石→搅拌60s→进车→车内捣拌60s→出厂。

④ 混凝土浇筑

A. 浇筑前在钢管柱顶部搭设施工操作平台。

B. 每段钢管柱混凝土浇筑高度均超过6m，采用塔吊吊斗吊送卸料，利用钢串筒投料。

C. 为避免自由下落的混凝土粗骨料产生弹跳现象，首次投料时串筒离混凝土面高度应≤1\,000mm。

D. 混凝土应分层浇筑，分层振捣，振捣采用插入式高频振动器，振动时间每点控制在20~30s，以混凝土表面已呈现浮浆和不再沉落、不冒出气泡为止。

E. 为了更好地控制高频振动器按梅花点位置准确下振，保证振动均匀，操作人员采用拉绳控制振动棒下振点。

F. 当混凝土浇筑至钢管内环肋位置时,必须停止浇筑,并沿内肋环向加强振动,使混凝土内气泡通过内肋排气孔排出,防止内肋下气泡聚集使混凝土产生空鼓现象。

G. 每次浇筑混凝土完成面应低于管面标高 200mm,当浇筑混凝土到完成面标高时,改用普通型振动器振捣,并适当控制振捣时间,使混凝土胶凝体中石子不完全下沉,呈均匀分布。若表面出现少量浮浆,则可用人工刮除浮浆至完成标高,并将混凝土表面刮花处理。

⑤ 混凝土养护:

高性能混凝土施工时基本不泌水,混凝土浇筑后必须立即采取措施防止蒸发失水造成表面开裂;从水泥水化作用的角度看,高性能混凝土本身用水量极小,更需要采取良好的养护手段,保证水泥的完全水化作用。因此,混凝土施工完成后随即用湿麻包袋覆盖混凝土完成面,并用钢板封盖管顶。混凝土终凝前,每半小时用人工淋湿麻包袋,保持麻包袋饱和水状态。混凝土终凝后,完成面仍盖麻袋并淋水养护,直至上一层混凝土浇筑前。

实例 2:商品混凝土的施工技术

某工程地下 2 层,地上由 5 层裙楼,7 栋 35 层塔楼组成,总建筑面积为195 594.40m²。该工程采用商品混凝土。混凝土的垂直运输采用 HBT60 型泵机泵送与塔吊配合的运输方法。商品混凝土的制备与运输,混凝土的泵送,混凝土的浇筑,混凝土的养护等方法如下:

(1)商品混凝土的制备与运输

制备商品混凝土的各种材料:包括水泥、砂、石、外加剂、掺合料等应有出厂合格证或试验报告。水泥质量证书中各项品质指标应符合标准中的规定。

混凝土的配合比由实验室经试配确定,配合比设计符合《普通混凝土配合比设计技术规程》的要求和现场施工的实际需要。

采用容量6m³ 的混凝土搅拌运输车运输至工地现场,运输途中,拌筒应以1 ~ 3r/min 速度进行转动,防止离析。搅拌车卸料前,应使拌筒以 8 ~ 12r/min 转 1 ~ 2min,然后再进行反转卸料。

混凝土卸料前不得出现离析和初凝现象,为满足混凝土泵送的需要,混凝土坍落度应保持在 14 ~ 18cm。

(2)混凝土的泵送

混凝土采用 HBT60 型泵机泵送,达到一次泵送到位。混凝土输送管选用 φ125 的专用压力管,并配有各种拐弯角度的短管。管道铺设的原则是"路线短、弯道少、接头严密"。

(3)混凝土的浇筑

先用塔吊运输,浇筑全部柱混凝土。

待每一个区段的楼面模板安装好后,钢筋绑扎完毕,布设管道泵送混凝土,按照由远至近的原则,逐段浇筑墙、梁、板的混凝土。墙、柱浇筑混凝土时应分段分层进行,每层浇筑高度控制在 500mm 左右。

在柱、墙与梁、板的交接位置,混凝土强度等级不同的节点处,利用塔吊配合浇筑该部位强度等级较高的混凝土,并在节点的梁、板位预先安设双层 15mm × 15mm 网眼钢丝网阻挡混凝土,特别注意要控制塔吊配合浇筑的时间,以便在该部位混凝土初凝前泵机泵送的混凝土就位。该节点部位的混凝土浇筑如图 2.3.6 所示。

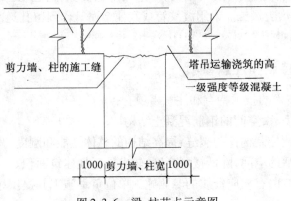

图 2.3.6 梁、柱节点示意图

（4）混凝土的养护

混凝土浇筑完毕后，须在 12h 内加以覆盖，并浇水养护。采用塑料薄膜覆盖时，其四周应压至严密，并应保持薄膜内有凝结水。

混凝土浇水养护日期一般不少于 7d，掺用缓凝型外加剂或有抗渗要求的混凝土的养护日期不少于 14d。

2.4　预应力混凝土技术

2.4.1　主要内容

预应力混凝土技术的主要内容包括：预应力筋的制作、运输，预应力锚具、夹具、连接器的选用，预应力的施加，混凝土的浇筑。

预应力混凝土工程按照预应力施加方式分为机械张拉和电热张拉、化学张拉三类；按照施加预应力的时间，分为先张拉和后张拉两类，在后张法中，预应力又分为有粘结和无粘结两种。

2.4.2　选用原则

预应力混凝土技术的选用原则是：

1. 预应力混凝土技术适用于多层及高层建筑大跨度、大柱网、大开间楼盖体系；现浇连续梁、框架及预制梁式结构；管桩基础。

2. 预应力筋的制作与钢筋的直径、钢材的品种、锚具的形式、张拉工艺有关，目前常用的预应力钢筋有单根钢筋、钢筋束（钢绞线束）和钢丝束三类。

3. 预应力筋锚具应按设计要求采用。锚具按锚固性能不同分为两类：Ⅰ类锚具适用于承受动载、静载的预应力混凝土结构；Ⅱ类锚具仅适用于有粘结预应力混凝土结构，且锚具只能处于预应力筋应力变化不大的部位。

4. 用于后张法的预应力筋连接器，必须符合Ⅰ类锚具的锚固性能要求；用于先张法的预应力筋连接器必须符合夹具的锚固性能要求。

5. 采用冷拉钢筋作预应力筋的结构,可采用电热法张拉,当对严格要求不出现裂缝的结构,不宜采用电热法张拉。采用波纹管或其他金属管作预留孔道的结构,不得采用电热法张拉。

2.4.3 技术特点和注意事项

预应力混凝土技术的技术特点和注意事项有:

1. 适用于大跨度、大空间的钢筋混凝土结构。

2. 施工预应力能控制构件的裂缝,提高结构的整体性能和刚度、减小挠度。

3. 提供使用灵活的空间,降低楼层高度,较多地增加建筑面积。

4. 预应力工程应由有相应资质的专业施工单位负责施工并提供相关的技术资料。

5. 预应力筋的制作、运输:

(1) 预应力筋的制作与钢筋的直径、钢材的品种、锚具的形式、张拉工艺有关,按施工图上的结构尺寸和数量,考虑预应力筋的曲线长度、张拉设备及不同形式的组装要求,每根预应力筋的每个张拉端预留张拉长度进行下料。

(2) 预应力筋及配件运输及吊装过程中尽量避免碰撞挤压。对无粘结筋应尽量避免外皮破损,破损处及时用胶带缠好。对有粘结筋应尽量避免波纹管挤压变形。

6. 预应力筋锚具、夹具和连接器:

(1) 预应力筋锚具应按设计要求采用。

(2) 预应力筋锚具、夹具和连接器验收批的划分,在不同材料和同一生产条件下,锚具、夹具应以不超过 1 000 套组为一个验收批,连接器应以不超过 500 组套为一个验收批。

(3) 预应力筋锚具、夹具和连接器应有出厂合格证,并在进场时按规定进行外观检查、硬度检查、静载锚固性能试验等。

7. 预应力施加:

(1) 施加预应力的机具设备及仪表应定期维护和校验。张拉设备应配套校验,以确定张拉力与仪表读数的关系曲线。

(2) 安装张拉设备时,直线预应力筋,应使张拉力的作用线与孔道中心线重合;曲线预应力筋,应使张拉力的作用线与孔道中心线末端的切线重合。

(3) 预应力筋的张拉控制应力,应符合设计要求;当施工中预应力筋需超张拉时,可比实际要求提高 5%,持荷时间为 2min,但最大张拉控制应力不得超过相关规定要求。

(4) 当采用超张拉方法减少预应力筋的松弛损失时,预应力筋的张拉程序宜为:从零应力开始张拉至 1.05 倍预应力筋的张拉控制应力 σ_{con},持荷 2min 后,卸荷至预应力筋的张拉控制应力;或从应力为零开始张拉至 1.03 倍预应力筋的张拉控制应力(其中的 σ_{con} 为预应力筋的张拉控制应力)。

(5) 当采用应力控制方法张拉时,应校核预应力筋的伸长值。如实际伸长值比计算伸长值大于 10% 或小于 5%,应暂停张拉,在采取措施予以调整后,方可继续张拉。

(6) 张拉过程中预应力钢材(钢丝、钢绞线或钢筋)断裂或滑托的数量,对后张法构件,严禁超过结构同一截面预应力钢材总根数的 3%,且一束钢丝只允许一根;对先张法构件,严禁超过结构同一截面预应力钢材总根数的 5%,且相邻两根断裂或滑脱。先张法构件在浇筑混凝土前发生断裂或滑脱的预应力钢材必须予以更换。

（7）预应力筋张拉和放张时，均应填写施加预应力记录表，其格式按规范表格要求。

8. 先张法施工：

（1）先张法工艺流程

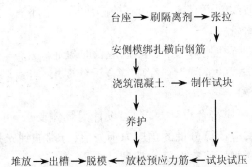

（2）先张法镦式台座的承力台墩承载能力和刚度必须满足要求，且不得倾覆和滑移，其抗倾覆和滑移安全系数，应符合现行国家标准《建筑地基基础设计规范》的规定，台座的构造，应适应构件生产工艺的要求；台座的台面宜采用预应力混凝土。

（3）铺放预应力筋时，应采取防止隔离剂沾污预应力筋的措施。

（4）当同时张拉多根预应力筋时，应预先调整初应力，使其相互之间的应力一致。

（5）张拉后的预应力筋与设计位置的偏差不得大于5mm，且不得大于构件截面最短边长的4%。

（6）放张预应力筋时，混凝土强度必须符合设计要求，当设计无专门要求时，不得低于设计和混凝土强度标准值的75%。

（7）预应力筋的放张顺序，应符合设计要求；当设计无专门要求时，应符合下列规定：对承受轴心预压力的构件（如压杆、桩等），所有预应力筋应同时放张；对承受偏心预压力的构件，应先同时放张预应力较小区域的预应力筋，再同时放张预压力较大区域的预应力筋；当不能按上述规定放张时，应分阶段、对称、相互交错地放张。

（8）放张后预应力筋的切断顺序，宜由放张端开始，逐次切向另一端。

9. 有粘结预应力施工：

（1）有粘结预应力工艺流程

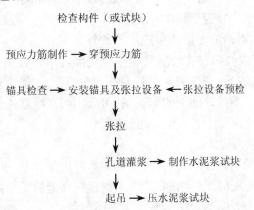

（2）预留孔道的尺寸与位置应正确，孔道应平顺。端部的预埋钢板应垂直于孔道中心线。

（3）孔道可采用预埋波纹管、钢管抽芯、胶管抽芯等方法成形。固定各种管道用的钢筋井字架间距：钢管不宜大于 1m；波纹管不宜大于 0.8m；胶管不宜大于 0.5m，曲线孔道宜加密。灌浆孔间距：预埋波纹管不宜大于 30m；抽芯成形孔道不宜大于 12m；曲线孔道的曲线波峰部位，宜设置泌水管。

（4）孔道成形后，应立即逐孔检查，发现堵塞，应及时疏通。

（5）预应力筋张拉时，结构的混凝土强度应符合设计要求，当设计无具体要求时，不应低于设计强度标准值的 75%。

（6）预应力筋的张拉顺序应符合设计要求，当设计无具体要求，可采取分批、分阶段对称张拉。采用分批张拉时，应计算分批的预应力损失值，分别加到先张拉预应力筋的张拉控制应力值内，或采用同一张拉值逐根复拉补足。

（7）预应力筋张拉端的设置，应符合设计要求，当设计无具体要求时，应符合下列要求：

① 抽芯成形孔道：对曲线预应力筋和长度大于 24m 的直线预应力筋，宜在两端张拉；对长度不大于 24m 的直线预应力筋，可在一端张拉。

② 预埋波纹管孔道：对曲线预应力筋和长度大于 30m 的直线预应力筋，应在两端张拉；对长度不大于 37m 的直线预应力筋，可在一端张拉。当同一截面中有多根一端张拉的预应力筋时，张拉端宜分别设置在结构的两端。当两端同时张拉同一根预应力筋时，宜先在一端锚固，再在另一端补足张拉力后进行锚固。

③ 平卧重叠浇筑的构件，宜先上后下逐层进行张拉。为了减少上下层之间因摩阻引力的预应力损失，可逐层加大张拉力。底层张拉力，对钢丝、钢绞线、热处理钢筋，不宜比顶层张拉力大 5%；对冷拉 HRB335、HRB400、RRB400 钢筋，不宜比顶层张拉力大 9%。

④ 预应力筋锚固后的外露长度，不宜小于 30mm，锚具应用混凝土保护，当需长期外露时，应采取防止锈蚀措施。

（8）孔道灌浆

① 预应力筋张拉后，孔道应及时灌浆。用连接器连接的多跨连续预应力筋的孔道灌浆，应张拉完一跨随即灌注一跨，不得在各跨全部张拉完毕后，一次连续灌浆。

② 灌浆应采用强度不低于 32.5 级普通硅酸盐水泥配制的水泥浆，水灰比宜为 0.4 左右，搅拌后 3h 泌水率宜控制在 2%，最大不得大于 3%，当需要增加孔道灌浆的密实性时，水泥浆中可掺入对预应力筋无腐蚀作用的外加剂。

③ 灌浆前孔道应湿润、洁净，灌浆顺序宜先灌注下层孔道；灌浆应缓慢均匀地进行，不得中断，并应排气通顺；在灌满孔道并封闭排气孔后。宜再继续加压至 0.5～0.6MPa，稍后再封闭灌浆孔。不掺外加剂的水泥浆，可采用二次灌浆法。

④ 当采用电热法时，孔道灌浆应在钢筋冷却后进行。

10. 无粘结预应力施工：

（1）无粘结筋的锚具性能，应符合Ⅰ类锚具的规定。

（2）铺设双向配筋的无粘结筋时，应先铺设标高低的无粘结筋，再铺设标高较高的无粘结筋。宜避免两个方向的无粘结筋相互穿插编结。

（3）混凝土达到设计要求的强度方可进行预应力筋张拉,具体张拉时间按土建施工进度要求。张拉时的混凝土强度应有书面试压强度报告。

（4）由于无粘结预应力筋一般为曲线配筋,故应采用两端同时张拉,张拉顺序应根据其铺设顺序,先铺设的先张拉,后铺设的后张拉。

（5）一般预应力筋张拉可根据平面图依次顺序进行,设计有特殊要求及预应力张拉对结构或构件有较大影响的张拉部位,应制定详细的张拉方案,按方案依次张拉。

（6）根据设计要求的预应力筋控制应力取值,实际张拉力根据实际状况进行1%～3%的超张拉。

（7）对于预应力筋张拉端外露锚具的情况,用机械方法,将外露预应力筋切断,且保留在锚具外侧的外露预应力筋长度不应小于3cm,然后用加注油脂的专用塑料帽将锚具封闭严密,最后根据设计要求封锚。

（8）对于预应力筋张拉端在板面的情况,若预应力筋外露长度由于变角张拉后预应力筋外翘,使预应力筋超出板面,先将其超出部分用机械方法切断,然后用加注油脂的专用塑料帽将锚具封闭严密,最后根据设计要求浇筑预留槽混凝土。

2.4.4　附件

预应力混凝土技术涉及的相关规范和标准主要有:
（1）《混凝土结构工程施工质量验收规范》GB 50204—2002;
（2）《混凝土结构设计规范》GB 50010—2002;
（3）《预应力筋用锚具、夹具和连接器》GB/T 14370—2000;
（4）《预应力筋用锚具、夹具和连接器应用技术规程》JGJ 85—2002;
（5）《预应力混凝土用钢绞线》GB/T 5224—2003;
（6）《预应力混凝土用钢丝》GB/T 5223—2002;
（7）《预应力用液压千斤顶》JG/T 5028—1993;
（8）《预应力用电动油泵》JG/T 5029—1993;
（9）《预应力用钢筋、钢丝液压墩头器》JG/T 5030—1993;
（10）《无粘结预应力混凝土结构技术规程》JGJ/T 92—1993;
（11）《无粘结预应力筋专用防腐润滑脂》JG 3007—1993;
（12）《钢绞线、钢丝束无粘结预应力筋》JG 3006—1993;
（13）《预应力混凝土用金属螺旋管》JG/T 3013—1994。

2.4.5　术语

预应力混凝土技术涉及的相关术语主要有:

（1）锚具:在后张法结构或构件中,为保持预应力筋的拉力并将其传递到混凝土上所用的永久性锚固装置。

（2）夹具:在张拉千斤顶或设备上夹持预应力筋的临时性锚固装置。

（3）先张法施工:在混凝土浇筑前张拉预应力筋临时固定在台座或钢模上,然后浇筑混凝土,待混凝土达到一定强度(一般不低于设计强度标准值的75%),保证预应力筋与混凝土有足够的粘结力时,放松预应力筋,借助混凝土与预应力筋的粘结,使混凝土产生预应压力。

（4）后张法施工：是在浇筑混凝土构件时，在放置预应力筋的位置处留设孔道，待混凝土达到一定强度（一般不低于设计强度标准值的 75%），将预应力筋穿入孔道进行张拉，然后用锚具将预应力筋锚固在构件上，最后进行孔道灌浆。

2.4.6 工程实例

实例：有粘结和无粘结预应力混凝土技术的应用

某大院地下停车库工程总建筑面积 17 042m²，地上 1 层，地下 3 层。该工程地下二层至首层部分框架梁及底板采用有粘结预应力混凝土技术，地下二层至首层部分次梁及侧壁采用无粘结预应力混凝土技术。

该工程预应力钢筋全部采用 $\phi^s 15.24$ 钢绞线，抗拉强度标准值 $f_{ptk} = 1860MPa$，预应力筋张拉控制应力 $\delta_{con} = 1395MPa$，单根预应力筋张拉力 $N_{con} = 195.3MPa$。

锚具一律采用 I 级锚具，其中有粘结预应力张拉端须采用五孔群锚，固定端采用挤压锚具，无粘结预应力张拉端须采用夹片锚，固定端采用挤压锚具；锚具的静载锚固性能应同时满足下列要求：锚固效率系数 $\eta_a \geq 0.95$，极限拉力时总数 $\varepsilon_{apu} \geq 2.0\%$，锚具的质量检验和合格验收符合国家现行标准《预应力筋用锚具、夹具和连接器》（GB/T 14730—2000）的规定。

（1）预应力梁施工流程：

1）底板有粘结预应力施工工艺流程

预应力筋下料组装、绑扎板底普通钢筋→布设板内预应力筋马凳→布设板内波纹管→留泌水孔→布设板内有粘结预应力筋→安装板内预应力筋张拉端配件→绑扎板顶普通钢筋→隐蔽工程检查验收→浇筑混凝土→混凝土达到 90% 设计强度后张拉板内预应力筋→波纹管孔道灌浆→切除张拉端外露多余预应力筋→预应力筋张拉端封锚。

2）楼面框架梁有粘结预应力施工工艺流程

预应力筋下料组装、支梁底模→绑扎梁中普通钢筋→安装梁中预应力筋控制点支架→布设梁内波纹管→留泌水孔→布设梁内有粘结预应力筋→安装梁内预应力筋张拉端配件→支梁侧模、板底模→绑扎板普通钢筋→隐蔽工程检查验收→浇筑混凝土→混凝土达到 90% 设计强度后张拉梁内预应力筋→波纹管孔道灌浆→切除张拉端外露多余预应力筋→预应力筋张拉端封锚。

3）楼面次梁无粘结预应力施工工艺流程

预应力筋下料组装、支梁底模→绑扎梁中普通钢筋→安装梁中预应力筋控制点支架→布设梁内无粘结预应力筋→安装梁内预应力筋张拉端配件→支梁侧模、板底模→绑扎板普通钢筋→隐蔽工程检查验收→浇筑混凝土→混凝土达到 75% 设计强度后张拉梁内预应力筋→切除张拉端外露多余预应力筋→预应力筋张拉端封锚。

4）地下室侧壁无粘结预应力施工工艺流程

预应力筋下料组装、绑扎侧壁内普通钢筋→安装侧壁中预应力筋控制点支架→布设侧壁内预应力筋→安装侧壁内预应力筋张拉端配件→隐蔽工程检查验收→合侧模→浇筑混凝土→混凝土达到 75% 设计强度后张拉侧壁内预应力筋→切除张拉端外露多余预应力筋→预应力筋张拉端封锚。

另外跨过后浇带的预应力筋,须等后浇带浇筑完毕,方可张拉预应力筋,之后,才可拆除模板。

（2）施工要求及技术措施

1）非预应力筋绑扎

普通钢筋定位应确保准确,以保证预应力筋和波纹管位置准确;在梁内预应力筋就位前不得绑扎梁内水平拉结筋;预应力梁内箍筋弯钩在跨中1/3段应朝上,在靠近支座1/3段应朝下。

2）预应力筋布筋

A. 对有粘结预应力筋应先从梁或底板一端穿入波纹管,边穿边用连接套管连接,连接套管两端应用粘胶带缠绕密实;波纹管就位后按照图纸要求将规定数量钢绞线打开并整理成束后从一端穿入波纹管并从另一端穿出,穿筋时注意不要戳伤波纹管且两端外露的钢绞线长度要相等。单端张拉预应力筋应先套好P锚垫板再从固定端波纹管穿入。

B. 对无粘结预应力筋可将钢绞线打开后从固定端穿入梁（侧壁）内并从张拉端穿出,全部穿完后再按照规定数量将钢绞线绑扎成捆。穿筋时注意不要戳伤预应力筋外皮,如有破损应用胶带缠好。

C. 预应力布筋技术要点

波纹管拼装时取大于主管3mm波纹做连接头,接头长度取250mm。管接口用胶带密封,以防接口漏浆。波纹管在孔道端部与预埋垫板喇叭管相接,并对接缝进行密封以防漏浆。固定端P锚波纹管端部应用水泥浆密封,P锚垫板与波纹管端部钢绞线裸露自由段长度对5束孔取不小于300mm。

设置泌水排气孔。锚垫板上设有灌浆兼排气孔,单端张拉排气孔设在固定端端部,另直线孔道每隔20m设一排气孔,曲线孔道在每一波峰位置设一排气孔。

预应力筋铺放完毕之后,应逐根检查曲线、矢高、反弯点位置及高度,检查支垫高度和支垫点是否绑牢,对波纹管或无粘结预应力筋外皮破损处应用塑料水密性胶带缠绕修补（波纹管连接见图2.4.6）。

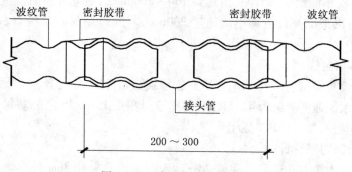

图2.4.6　波纹管连接大样图

3）浇筑混凝土

A. 全部钢筋铺放完成后,应由质量检查部门、监理会同设计单位进行隐检验收,确认合格后,方可浇筑混凝土。

B. 土建单位浇混凝土,应认真振捣,保证混凝土的密实,尤其是承压板,锚板周围的混凝土严禁漏振,不得出现蜂窝或孔洞。振捣时,应尽量避免踏压碰撞预应力筋、支撑架以及端部预埋部件。

C. 混凝土中不得带有含氯离子等对预应力筋有侵蚀性的物质。

D. 在预留混凝土试块时应至少多留出两组试块作同条件养护以确定张拉日期。

4)预应力张拉锚固

A. 张拉顺序:预应力筋张拉总体顺序为先张拉下层预应力筋,再张拉上层预应力筋;同一层预应力筋可采用顺序张拉的方式从一边向另一边进行张拉,对有粘结预应力筋应待灌浆完成后方可拆除梁下模板。

B. 张拉前的准备工作

a. 张拉设备校验:预应力张拉前所有张拉千斤顶都须与油表配套到试验室进行标定校验,并根据校验报告计算出张拉力所对应的油表读数进行控制;校验周期不大于六个月,如千斤顶大修或更换油表则应重新进行校验。

b. 工具准备:卷尺、100cm 直尺、笔记本、笔及安全用品。

c. 清理张拉槽孔(模板和混凝土)。

d. 锚具夹片安装:将夹片放入锚杯内挤紧,且夹片应间隙均匀,楔平。

e. 油泵加满油,油为液压油或 20 号机油。

f. 张拉控制应力:$\sigma_{con} = 1302 N/mm^2$。

g. 张拉程序:$0 \rightarrow 0.1\sigma_{con} \rightarrow 100\% \sigma_{con}$锚固(有粘结)。

$0 \rightarrow 100\% \sigma_{con}$锚固(无粘结)。

C. 张拉过程

张拉过程中以应力控制为主通过油表读数及伸长值测量对预应力筋张拉实行双控管理,其实际伸长值应不大于理论伸长值的 6% 或小于 6%。本工程预应力筋根据图纸采用一端或两端张拉的施工方式。一端张拉时用 1 台千斤顶在构件一侧进行张拉;两端张拉时用 1 台千斤顶在构件一侧张拉完成后再在另一侧补拉。张拉时对于较短的预应力筋可以一次张拉到位并锚固。当预应力筋长度超过一定长度时(一端张拉 30m,两端张拉 60m)张拉力一次不能到位,但伸长值达到 150～200mm 时应立即回油,进行第二次、甚至第三次张拉,每次张拉伸长值均不能超过 200mm,并随时用尺测量检查,以免发生意外事故。

5)孔道灌浆封锚

有粘结钢绞线张拉后停置 12h,以观察钢绞线锚固情况,如无异常情况则可准备进行灌浆。灌浆用水泥强度等级为 42.5R,水灰比控制在 0.4～0.45 之间。每个孔道灌浆应一次完成,直至另一端冒出浓浆为止。

6)预应力筋切割及封锚

有粘结预应力筋在孔道灌浆完成 24h 后即可对锚具夹片 3cm 外多余预应力筋进行切割。无粘结预应力筋在张拉完成 24h 后即可对锚具夹片 3cm 外多余预应力筋进行切割。切割采用角磨机逐根进行,不得采用气割或电焊。

切割完成后应尽快进行封锚工作。

2.5 防水工程技术

2.5.1 主要内容

防水工程技术的主要内容包括:

1. 按照工程所在部位可分为四个分项工程,包括地下防水技术、屋面防水技术、厕浴厨房防水技术、外墙防水技术及板缝防水密封技术。

2. 按材料性能可分为防水混凝土、卷材防水、涂膜防水、防水板、密封材料等。

2.5.2 选用原则

防水技术的选用原则是:遵循"防、排、截、堵相结合,刚柔并济,因地制宜,综合治理"的原则,在具体实施中应根据建筑功能及使用要求,按现行国家标准规范结合地形地貌、水文地质、工程地质等自然条件以及结构形式、选用材料、施工工艺等,合理确定防水方案。

1. "刚柔并用"即采用刚性与柔性防水相结合的方式是我国最为常见和较为有效的防水方法。

2. 根据建筑物的防水等级,在一至三类建筑中均应另设三道至一道防水层。

3. 地下工程的防水设计和施工应以防水混凝土为主,在防水混凝土的主体结构外加覆柔性防水层的刚柔结合的做法是目前地下防水较好的处理方式。

4. 外防水设置在结构的迎水面,内防水设置在结构的背水面。

5. 卷材防水层:应铺设在混凝土结构主体的迎水面上。用于建筑物地下室应铺设在结构主体底板垫层至墙体顶端的基面上,在外围形成封闭的防水层。卷材防水层应选用高聚物改性沥青类或高分子类防水卷材。

6. 涂料防水层:包括无机防水涂料和有机防水涂料。

(1) 无机防水涂料可选用水泥基防水涂料、水泥基渗透结晶型涂料。有机涂料可选用反应型、水乳型、聚合物水泥防水涂料。

(2) 无机防水涂料宜用于结构主体的背水面,有机防水涂料宜用于结构主体的迎水面。用于背水面的有机防水涂料应具有较高的抗渗性,且与基层有较强的粘接性。

(3) 潮湿基层宜选用与潮湿基面粘结力大的无机涂料或有机涂料,或采用先涂水泥基无机涂料而后涂有机涂料的复合涂层。

(4) 冬期施工宜选用反应型涂料,如用水乳型涂料,温度不得低于5℃。

(5) 埋置深度较深的重要工程、有振动或有较大变形的工程宜选用高弹性防水涂料。

(6) 有腐蚀性的地下环境宜选用耐腐蚀性较好的反应型、水乳型、聚合物水泥涂料并做刚性保护层。

7. 立墙迎水面的柔性防水层宜采用粘贴聚乙烯泡沫片材做保护层,当采用砖砌保护墙时,可在砖墙与防水层之间留50mm空隙并同时填塞松散材料或石灰砂浆。

8. 塑料防水板可选用乙烯—醋酸乙烯共聚物(EVA)、乙烯—共聚物沥青(ECB)、聚氯乙烯(PVC)、高密度聚乙烯(HDPE)、低密度聚乙烯(LDPE)类或其他性能相近的材料,铺设在初期支护与内衬砌间。

9. 屋面防水多道设防时,可将卷材、涂膜、细石防水混凝土、瓦等材料复合使用,也可使用卷材叠层。

10. 建筑密封材料按产品形式可分为三大类:定型密封材料(止水带、密封圈、密封带、密封件);半定型密封材料(遇水膨胀胶条);无定型密封材料(密封膏)。止水带和膨胀止水条主要用于地下防水工程的施工缝止水处理,密封膏和密封带主要用于外墙板缝的密封、门窗与墙面连接部位的密封、屋面、厕浴间、地下防水工程节点部位的密封、卷材防水的端部密封以及各种缝隙及裂缝的密封。

2.5.3 技术特点和注意事项

防水工程技术的技术特点和注意事项主要有:

1. 防水材料应有明确说明书和合格证。进场材料应抽样经检测机构复检合格后方可使用。防水工程使用的辅助材料、配套材料、配件应与防水材料配套使用。

2. 推广应用五种类别的新型防水材料:① 高聚物改性沥青类防水卷材;② 合成高分子防水卷材;③ 防水涂料;④ 密封材料;⑤ 刚性防水材料。

3. 地下防水工程:

(1) 地下防水工程施工过程中,地下水位应降至防水层以下300mm处,并保持至土方回填完毕。

(2) 防水混凝土:

① 防水混凝土宜掺入外加剂和外掺料,必须采用机械搅拌,搅拌时间不应少于2min。掺外加剂时,应根据外加剂的技术要求确定搅拌时间。

② 固定模板时,宜采取工具式螺栓法。当螺栓穿过防水层时,应在螺栓中部设置止水环,当采用钢板止水环,钢板与螺栓必须满焊,拆模时拧去螺栓两端活动拉杆头,清理干净并干燥后,先用密封材料封堵,再用聚合物水泥砂浆或膨胀水泥砂浆堵实抹平。

③ 浇筑防水混凝土时遇密集管群、预埋件及钢筋密集处,应采用强度等级相同的细石混凝土进行浇筑。

④ 防水混凝土结构底板应连续浇筑,不得留置施工缝。在墙体上的水平施工缝应留在高出底板面不小于300mm及顶板梁底100mm处;竖向施工缝应留在结构变形缝处。

⑤ 底板混凝土宜采用蓄水养护方法。混凝土养护时间不得少于14d。

(3) 地下室侧壁外防水有"外防外贴法"和"外防内贴法"两种,外防外贴法在地下室结构完成后土方回填前进行施工,外防内贴法先做防水层再进行侧壁混凝土结构施工。在施工场地许可条件下应采用外贴法。

(4) 地下室底板垫层混凝土平面部位的卷材宜采用空铺法或点粘法,其他与混凝土结构相接触的部位应采用满粘法。从底面折向立面的卷材与永久性保护墙的接触部位应采用空铺法施工。

(5) 后浇带应在浇筑两侧混凝土不少于八周后浇筑,后浇带应采用掺膨胀剂的混凝土。

(6) 为避免地下室出现过多的施工缝形成漏水隐患,可采用无缝施工,以加强带取代后浇带的施工方法,混凝土一次浇筑成型。

(7) 大面积柔性防水层施工前,应先对节点、阴阳角进行密封和附加增强层处理,在三面交角处宜采用定型制品或采用涂料多道涂刷予以增强。

(8) 迎水面防水时,底面柔性防水层完成后,应做不小于40mm厚的刚性保护层,避免绑扎钢筋和浇筑混凝土时损坏防水层。地下室侧壁宜采用软保护(聚苯乙烯泡沫塑料保护层)或砌砖保护墙(120厚砖墙,边砌边填实)和铺抹30mm厚的水泥砂浆。

(9) 涂膜防水由于厚度比较难控制,且材料抵抗结构变形能力差,与潮湿基层粘结力差等缺点,所以在地下结构中必须配合卷材共同工作以保证整体防水效果。

4. 屋面防水工程:

(1) 水落口、伸出屋面管道、屋面上部设备基础和预埋件等应先安装,后浇筑结构混凝土。

(2) 当有高低跨时,应按"先高后低"原则,在同一跨中应按"先远后近"的原则,从最低标高处开始。

(3) 在坡度较大的屋面上进行防水层施工时,必须采取可靠的防滑和拦挡等安全措施。

(4) 屋面卷材施工:当屋面坡度小于3%时,卷材宜平行屋脊铺帖;当屋面坡度为3%~15%时,卷材可平行或垂直于屋脊铺帖;屋面坡度大于15%或受振动时,沥青卷材应垂直于屋脊铺帖,高聚物改性沥青卷材和合成高分子卷材可平行或垂直屋脊铺贴。但上下层卷材不得相互垂直铺贴。

(5) 屋面涂膜施工:

① 大面积涂膜施工前,应先对水落口、板端缝、阴阳角、天沟、檐口等节点部位做附加增强处理,铺设二层胎体增强层,板缝处要作空铺附加层。板端缝和阴阳角增强层和空铺层铺设胎体材料时,距中心每边宽度应不小于80mm。铺贴时要松弛,不得拉伸过紧和皱折。

② 基层清扫干净后,应先测试基层的干燥程度,合格后方可涂刷涂料。

③ 防水涂膜应分遍涂刷,涂刷时,应待先涂的涂料干燥(固化)成膜后,方可涂刷后一遍涂料,每遍涂刷的方向应与前一遍相垂直。

④ 当采用细砂、蛭石等粒料做保护层时,应在涂刷最后一遍涂料时均匀撒布粒料,不得露底。待涂膜干燥后,将多余的粒料清除。

⑤ 当用水泥砂浆、块体或细石混凝土做保护层时,应待涂膜完全干燥,并铺(抹)隔离层后,方可抹水泥砂浆或细石混凝土。砂浆和细石混凝土要压光并应按要求分格。

⑥ 找平层宜留设分格缝,纵横间距不宜大于6m,并嵌填密封材料。

⑦ 采用柔性防水层且设置刚性面层时,两者之间应设隔离层。

⑧ 屋面节点应有三道以上设防,并加大排水坡度,严禁积水。

⑨ 屋面的女儿墙内侧及压顶必须做防水处理。

(6) 种植屋面施工:

采用刚性防水时,应在养护后、覆土前进行蓄水试验;采用柔性防水或刚柔多道防水时,应在细石混凝土保护层施工前进行蓄水试验。蓄水静置时间不应少于24h,经验收合格后方可覆盖种植介质。

5. 外墙防水工程：

（1）外墙找平层宜采用掺防水剂、抗裂剂或减水剂等材料的水泥砂浆，不得采用掺黏土类的混合砂浆。

（2）外墙不同材料交接处（如砌体与混凝土）宜在找平层中附加金属网，网的宽度宜为200～300mm。超过9层的住宅、24m以上的公共建筑或防水要求高的部分外墙找平层抹灰应满挂金属网。

（3）外墙防水砂浆层、饰面层应留置分格缝，纵横间距不宜大于3m，缝宽宜为8～10mm，并嵌填高弹性密封材料。

（4）外墙饰面砖不宜采用无缝拼贴，宜用聚合物水泥砂浆或聚合物水泥浆作胶结材料，且胶结层宜薄。

（5）空心砌块外墙门窗洞周边200mm内的砌体应用实心砌块砌筑或用C20细石混凝土填实。

6. 厕、浴、厨房防水工程：

（1）应采取迎水面防水，地面防水层应设在结构层的找平层上面，并沿墙面高出地面150mm。

（2）地面及墙面找平层均应采用1:2.5～1:3水泥砂浆，水泥砂浆中宜掺外加剂，不得掺入黏土。

（3）墙面的防水层应由顶板底做至地面，地面为刚性防水层时，应在地面与墙面交接处预留10mm×10mm凹槽，嵌填防水密封材料。地面柔性防水层应覆盖墙面防水层150mm。柔性防水层上，应先做水泥砂浆保护层，后做面层。

（4）餐厅厨房的排水明沟坡度不得小于3%，并应有刚柔两道防水设防。

7. 防水板施工：

（1）应在支护结构基本稳定并经验收合格后进行铺设。铺设防水板前应先铺缓冲层，缓冲层应用暗钉圈固定在基层上。

（2）铺设防水板时，边铺边将其与暗钉圈焊接牢固。两幅防水板的搭接宽度应为100mm，搭接缝应为双焊缝，单条焊缝的有效焊接宽度不应小于10mm，焊接严密，不得焊焦焊穿。环向铺设时，先拱后墙，上部防水板应压住下部防水板。

（3）防水板的铺设应超前内衬混凝土的施工。

8. 检验数量：防水层的施工质量检验数量应每100m² 抽查一处，每处10m² 且不得少于3处。

9. 防水施工完成后应以闭水试验或淋水试验等方式对防水层的施工效果进行检查，有问题应及时进行修补。淋水试验持续时间不得少于2h，蓄水时间不得少于24h。

10. 防水工程的找平、找坡、保温、防水附加层及防水各层均需要分别单独做隐蔽记录。

11. 防水工程完成后要及时验收并根据设计要求做保护层。

2.5.4 附件

防水工程技术涉及的相关规范和标准主要有：

（1）《建筑防水工程技术规程》DBJ/T 15—19—97；

（2）《PUK 聚氨酯涂膜防水工程技术规程》DBJ/T 15—10—94；

（3）《地下工程防水技术规范》GB 50108—2001；

（4）《屋面工程质量验收规范》GB 50207—2002；

（5）《地下防水工程质量验收规范》GB 50208—2002；

（6）《高分子防水材料（第二部分止水带）》GB 18173.2—2000；

（7）《高分子防水材料（第三部分止水带）》GB 18173.2—2002；

（8）《弹性体改性沥青防水卷材》GB 18242—2000；

（9）《塑性体改性沥青防水卷材》GB 18243—2000；

（10）《聚氨酯防水涂料》JC/T 500—1992（1996）；

（11）《建筑防水沥青嵌缝膏》JC 207—1996；

（12）《建筑防水涂料试验方法》GB/T 16777—1997。

2.5.5　术语

防水工程技术涉及的相关术语主要有：

（1）地下防水工程：指对工业与民用建筑地下工程、防护工程、隧道及地下铁道等建（构）筑物，进行防水设计、防水施工和维护管理等各项技术工作的工程实体。

（2）防水等级：根据地下工程的重要性和使用中对防水的要求，所确定结构允许渗漏水量的等级标准。

（3）刚性防水层：采用较高强度和无延伸能力的防水材料，如防水砂浆、防水混凝土所构成的防水层。

（4）柔性防水层：采用具有一定柔韧性和较大延伸率的防水材料，如防水卷材、有机防水涂料所构成的防水层。

（5）塑料防水板防水层：采用由工厂生产的具有一定厚度和抗渗能力的高分子薄板或土工膜，铺设在初期支护与内衬砌间的防水层。

（6）加强带：在原留设伸缩缝或后浇带的部位，留出一定宽度，采用膨胀率大的混凝土与相邻混凝土同时浇筑的部位。

2.5.6　工程实例

实例 1：膨润土防水毡与排水组合（防水板）的应用

某超高层建筑，总建筑面积约为 11 万 m²，建筑总高度为 269.8m，地下室每层建筑面积约为 3 000m²。地下室采用防排结合的防水新方法。底板采用膨润土防水毡，地下连续墙与衬墙之间采用排水组合，通过排水组合以及导水管把地下连续墙可能产生的渗漏水引至地下室排水沟，从而达到地下室的防水效果。

（1）膨润土防水毡施工流程

地下室桩台垫层→桩承台砖模施工→地下室底板 3～5cm 碎石找平层 10cm 厚→15cm 厚石粉铺填，并用水泥砂浆填平找平→阴阳角位铺贴附加防水毡、桩头周边填防水粉→铺贴防水毡（施工缝位置预留 300mm）→桩头周边加涂防水浆→底板混凝土垫层（保护层）浇筑→承台内砌 6cm 厚砂砖保护层，面批 1：2.5 水泥砂浆 20 厚。

（2）排水组合施工流程

地下室衬墙为现浇钢筋混凝土墙，C40 混凝土，抗渗等级 P_8，350mm 厚，排水组合做在衬墙外侧，地下室地下连续墙内侧，滤层土工布面向地下室连续墙。

地下室连续墙锚杆拆除→锚杆头止水及施工面的处理→排水组合的施工→衬墙钢筋的绑扎→衬墙模板的安装→衬墙混凝土的浇捣。

（3）施工要点

① 防水毡铺贴时"黑色面"向混凝土结构，"灰白色面"向迎水面（即土面）施工时每幅防水毡可根据需要任意裁割。铺贴时按品字形排列，使缝上错开，并且每幅防水毡要求互相搭接，搭接长度不少于100mm，相邻两缝错开300mm。

② 防水毡周边搭接位置用钢钉及胶垫圈固定，间距为300mm，且防水毡中间均匀用钢钉钉固，约600mm×600mm 设一度，以便更好地稳固防水毡。

③ 排水组合安装时由下至上排列，每幅材料互相紧贴，无须重叠搭口。每幅排水组合的滤层织物，四边都有75mm 多的伸延，把每幅排水组合紧贴排列后，把伸延的边拉出相互覆盖，留意必须上覆下的形式。

④ 排水组合每幅材料用钢钉加上垫圈稳固，每口钉距离约250mm，务求把排水组合牢固在立面上。

⑤ 将PVC 管锯成2m 长的分段，并锯成1cm 宽通长缺口。排水组合安装时滤层织物向迎水面，每幅排水组合可以随意裁减以配合不同的环境需要，但裁减后必须将割口封好，以避免混凝土浆渗入堵塞。

⑥ 节点处理：

A. 桩承台位置：应先环绕桩头周边涂上防水粉厚度为50mm，铺贴防水毡后，再在防水毡面上环绕桩头涂上50mm 厚防水浆，如图2.5.6－1 所示。

B. 阴阳角位：所有地下室底板阴阳角位置均要做弧形或钝角，并铺贴一幅每边宽150mm 的附加防水毡（材料一样），固定后才能覆盖整幅防水毡。如图2.5.6－2 所示。

C. 底板施工缝位置：在第二次浇筑混凝土前，先清理施工缝面，待干燥后，涂上止水条粘贴剂，约10～15min 后把止水条紧按其上，每条止水条无需贴叠，只要求末段紧贴即可，覆于止水条的混凝土，每边不少于100mm。如止水条遇水膨胀后，体积超过一倍半时，必须更换。底板防水毡的铺贴应伸出施工缝位置300mm，以便搭接，如图2.5.6－2 所示。同时对伸出施工缝的防水毡必须用5mm 厚木夹板加以覆盖保护，并应设置排水沟保证防水毡不受水浸泡。后段施工前必须清理干净后才能继续铺贴。

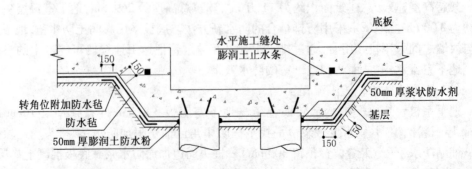

图2.5.6－1　桩承台施工大样

62

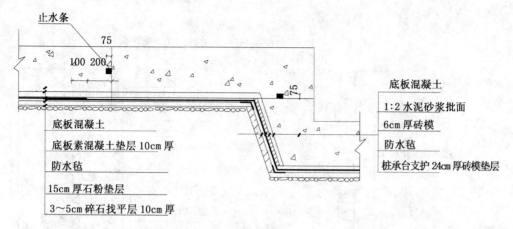

图 2.5.6-2　阴阳角位施工大样

D. 底板与外壁板节点处理

防水毡铺设至衬墙施工缝上 100mm 处,并在施工缝上设止水条,立面的排水组合安装至离底板面 300mm 处(即施工缝处),并在该处水平向沿地下室周边设一条直径为 40mm 的 PVC 管,PVC 管割开 10mm 宽通长缺口,将排水组合底板插入,滤层织物裹住 PVC 管,端口用铁线扎牢,再用胶带纸封好。每隔 2000mm 用 PVC 三通将水导出,引入排水沟(图 2.5.6-3,图 2.5.6-4)。

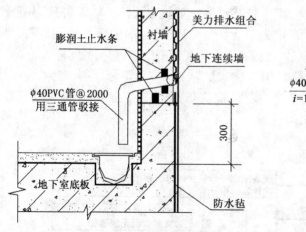

图 2.5.6-3　衬墙与底板节点大样

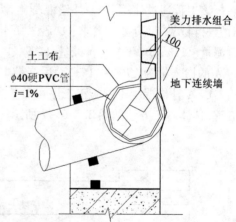

图 2.5.6-4　排水组合低端开口大样

E. 梁节点处理

地下室各层主次梁要求伸至连续墙位置,作为地下室外围地下连续墙的支撑点。故凡在有梁位置,均须切断排水组合,将滤层织物反向覆盖住排水组合的底板,并用胶带纸封好,最后沿梁周边敷设止水胶条(图 2.5.6-5)。

F. 顶部节点处理

排水组合安装至衬墙暗梁底,将滤层织物向下覆盖住排水组合的底板,并用胶带纸封好,以防止水泥浆或其他杂物进入,在衬墙顶部二次灌浆施工缝处加设止水胶条(图

2.5.6-6)。

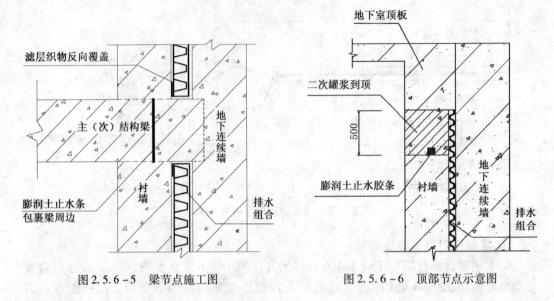

图 2.5.6-5　梁节点施工图　　　　图 2.5.6-6　顶部节点示意图

实例 2：UEA 补偿混凝土自防水应用技术

某大型建筑为提高地下室外墙及后浇带混凝土的防水性能，避免产生收缩裂缝，经设计同意，地下室的底板、外墙及后浇带均采用 UEA 补偿混凝土。

该工程通过使用 UEA 补偿混凝土，大大提高混凝土的抗裂性能。UEA 补偿混凝土对原材料及掺量有如下要求：① 砂采用中砂，且含泥量 <3%；② 采用 2~4cm 的碎石，且含泥量 <1%；③ UEA 的含碱量 <1%；④ 底板属于大体积混凝土，其初凝时间应大于 6h，UEA 的掺入量为 10%~11%，而后浇带中 UEA 掺入量为 11%~12%。

UEA 补偿混凝土的施工工序可分投料、搅拌、浇筑与养护、施工缝处理、冷缝处理等五道，具体施工方法如图 2.5.6-7 所示。

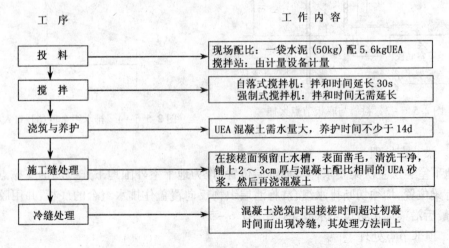

图 2.5.6-7　UEA 补偿混凝土施工工序示意图

2.6 砌体施工技术

2.6.1 主要内容

砌体施工技术的主要内容包括：

1. 砖、石砌体：包括烧结普通砖、烧结多孔砖、蒸压灰砂砖、粉煤灰砖、料石砌体等。

2. 轻质填充墙砌体：包括空心砖、蒸压加气混凝土砌块、轻骨料混凝土小型空心砌块。

2.6.2 选用原则

砌体施工技术的选用原则是：

1. 砌筑砂浆可选用水泥砂浆、水泥混合砂浆。推广使用预拌砂浆和干混砂浆。

2. 砖、石砌体用作内外承重墙或围护墙及隔墙，厚度应根据承载力及高厚比的要求确定，但外墙厚度往往还需考虑保暖及隔热的要求，砖、石砌体一般多砌成实心墙，在有水或潮湿的地方，适宜选用。

3. 多层、高层及超高层房屋框架结构、框剪结构及筒体结构的填充墙一般采用轻质填充墙砌块砌筑。

2.6.3 技术特点和注意事项

砌体施工特点和注意事项主要有：

1. 砌体工程所用的材料应有产品的合格证书、产品性能检测报告。块材、水泥、钢筋、外加剂等尚应有材料主要性能的进场复验报告。严禁使用国家明令淘汰的材料。

2. 砌筑砂浆：

（1）砌筑砂浆应通过试验确定配合比。当砌筑砂浆的组成材料有变更时，其配合比应重新确定。当砂浆用砂的含水率发生变化时，其配合比也应重新确定。

（2）凡在砂浆中掺入有机塑化剂、早强剂、缓凝剂、防冻剂等，应经检验和试配符合要求后，方可使用。有机塑化剂应有砌体强度的形式检验报告。

（3）施工中当采用水泥砂浆代替水泥混合砂浆强度时，应重新确定砂浆强度等级。

（4）砌筑砂浆应采用机械现场拌制，各组分材料应采用重量计量。自投料完算起，搅拌时间应符合下列规定：水泥砂浆和水泥混合砂浆不得少于 2min；掺有外加剂的砂浆不得少于 3min；掺用有机塑化剂的砂浆，应为 3～5min。

（5）砂浆应随拌随用，水泥砂浆和水泥混合砂浆应分别在 3h 和 4h 内使用完毕；当施工期间最高气温超过 30℃ 时，应分别在拌成后 2h 和 3h 内使用完毕。对掺用缓凝剂的砂浆，其使用时间可根据具体情况延长。

（6）砌筑砂浆的验收批，同一类型、强度等级的砂浆试块应不少于 3 组。当同一验收批只有一组试块时，该组试块抗压强度的平均值必须大于或等于设计强度等级所对应的立方体抗压强度。

（7）预拌砂浆、干混砂浆的拌合料及固化后的砂浆硬化体的技术性能均应符合设计及国家有关标准规定。预拌砂浆的存放时间要求由供需双方协商确定，但一般不大于24h。干混砂浆的凝结时间要求由供需双方协商确定，但一般不大于8h。

3. 砖、砌块施工：

（1）砖、砌块的生产厂家应具备相应生产资质，且产品应具备有效质量合格证书、产品性能（抗压强度、含水率、抗渗性等）的检测报告等；用于砌筑清水外墙的砖或砌块应特别注意外观质量，抽验合格后方可进场；进场后按批量复试合格方可使用。

（2）混凝土砌块及蒸压（养）砖必须满足28d龄期。在砌筑时，必须保证砌块的含水率符合规范要求：空心砖宜为10%～15%；轻骨料混凝土小砌块宜为5%～8%；气温过高、干燥时，普通混凝土小型砌块砌筑时表面应浇水湿润。

（3）在排砖摆底时，当发现门窗位置线与砌块模数不符时可采取定做、加工异形砌体或移动少量（不得超过2cm）位置线的方法。

（4）砌筑时应严格控制墙体平整度和垂直度，根据墙体厚度可采取单面或双面挂线的砌筑方法；挂线时注意两头皮数杆标高要一致，较长的墙体中间应加支撑点，以防由于线长出现塌腰的现象。

（5）砌体转角处和纵横墙交接处应同时砌筑。严禁无可靠措施的内外墙分砌施工。对不能同时砌筑而又必须留置的临时间断处应砌成斜槎，斜槎水平投影长度不应小于高度的2/3。

（6）墙体砌筑采用三——灌缝砌筑方法，即一铲灰、一块砖、一揉压，再增加一灌缝的动作，确保灰缝饱满度。

（7）多孔砖的孔洞应垂直于受压面砌筑。混凝土小砌块应底面朝上反砌于墙上。

（8）基础应采取实心砖或其他材料，不得使用多孔砖。

4. 石砌体施工：

（1）石砌体工程所用的材料应有产品的合格证书、产品的性能检测报告。料石、水泥、外加剂等应有材料主要性能的进场合格证书及复验报告。

（2）基底标高不同时，应从低处砌起，并应由高处向低处搭砌，当设计无要求时，搭接长度不应小于基础扩大部分的高度。

（3）石砌体的转角处和交接处应同时砌筑。当不能同时砌筑时，应按规定留槎、接槎。

（4）设计要求的洞口、管道、沟槽应于石砌体砌筑前正确留出或者预埋。未经设计同意，不得打凿石墙体或在石墙体开凿水平沟槽。

（5）石材表面如有泥印浮土或影响砂浆粘结的脏迹，在砌筑前应用水洗刷净。在炎热天气中或高温环境里，砌筑前应用水适当将石块淋湿。

（6）砂浆拌制工艺与砌砖工程砂浆拌制工艺相同。但砂浆稠度宜为3～5cm。砌筑毛石时可按"手握成团，落地开花"的经验判断。雨天施工时，砂浆稠度要适当提高，要做好防雨措施，防止雨水落入基槽。已完成的砌体要覆盖。

5. 轻质填充墙砌体施工：

（1）用于填充墙的混凝土砌块必须满足龄期28d。同时在砌筑时，必须保证砌块的含水率符合规范要求：空心砖宜为10%～15%；轻骨料混凝土小砌块宜为5%～8%；气温过高、干燥时,普通混凝土小型砌块砌筑时表面应浇水湿润。

（2）填充墙砌体砌筑前应提前 2d 浇水湿润。蒸压加气混凝土砌块砌筑时,应向砌筑面适量浇水。

（3）用轻骨料混凝土小型空心砌块或蒸压加气混凝土砌块砌筑墙体时,墙底部应砌烧结普通砖或多孔砖,或普通混凝土小型空心砌块,或灰砂砖,或现浇混凝土坎台,其高度不宜小于 200mm。

（4）蒸压加气混凝土砌块砌体和轻骨料混凝土小型空心砌块砌体不应与其他块材混砌。

（5）填充墙砌至接近梁、板底时,应留一定空隙,待填充墙砌筑完并应至少间隔 7d 后,再用配套实心小砌块斜砌挤紧,倾斜度宜为 60°左右,砌筑砂浆应饱满。

（6）切锯砌块应使用专用工具,不得用瓦刀随意砍劈。

6. 砌体与砌体、砌体与梁、柱间的施工要点:

（1）预埋在柱中的拉结钢筋,必须准确地砌入墙的灰缝中,埋置长度符合设计及规范要求。

（2）墙与柱之间缝隙应采用砂浆填实饱满。

（3）砌块之间应错缝搭砌,灰缝厚度符合施工规范要求。

（4）砌体转角处,丁字交接处,应隔皮纵、横砌块相互搭砌。

（5）墙体洞口按设计及规范要求放置钢筋。

（6）砌块每天砌筑高度不宜超过 1.8m。

7. 设置在潮湿环境或有化学侵蚀性介质的环境中的石砌体灰缝内的钢筋应采取防腐措施。

8. 施工中异形砖、砌块应定做加工,现场切割应采用专用机械加工,注意加工质量,保证砖、砌块棱角完好方正、尺寸准确。

9. 砌体施工时,楼面和屋面堆载不得超过楼板的允许荷载值。施工层进料口楼板下,宜采取临时加撑措施。

2.6.4 附件

砌体施工技术涉及的相关规范和技术标准主要有:
（1）《砌体工程施工质量验收规范》GB 50203—2002;
（2）《砌体工程现场检测技术标准》GB/T 50315—2000;
（3）《混凝土小型空心砌块试验方法》GB/T 4111—1997;
（4）《混凝土小型空心砌块建筑技术规程》JGJ/T 14—2004;
（5）《砌筑砂浆配合比设计规程》JGJ 98—2000;
（6）《预拌砂浆应用技术规程》DBJ/T 15—37—2004;
（7）《干混砂浆应用技术规程》DBJ/T 15—36—2004。

2.6.5 术语

砌体工程技术涉及的相关术语主要有:
（1）砌筑砂浆:将砖、石、砌块粘结成为砌体的砂浆,主要有水泥砂浆、水泥混合砂浆。

（2）掺加料：为改善砂浆和易性而加入的无机材料，例如：石灰膏、电石膏、粉煤灰、黏土膏等。

（3）外加剂：在拌制砂浆进程中掺入，用以改善砂浆性能的物质。

（4）型式检验：确认产品或过程应用结果适用性所进行的检验。

（5）蒸压加气混凝土砌块：以水泥、矿渣、砂、石灰、粉煤灰、铝粉等为原料，经磨细、计量配料、搅拌浇筑、发气膨胀、静停切割、蒸压养护、成品加工、包装等工序制造而成的多孔混凝土砌块。

（6）轻骨料混凝土小型空心砌块：以浮石、火山渣、煤渣、自燃煤矸石、陶粒为骨料制作的混凝土小型空心砌块。

（7）烧结空心砖：以黏土、页岩、煤矸石等为主要原料，经焙烧而成的空心砖。

2.6.6 施工实例

实例：轻质加气混凝土砌块的应用

广州某工程内外墙均采用轻质加气混凝土砌块砌筑，内墙厚度为 180mm 和 120mm，所用加气混凝土砌块规格分别为 600mm×180mm×150mm、600mm×120mm×150mm，表观密度为 600kg/m³，抗压强度≥3.5MPa。外墙厚度为 240mm，直形墙所用砌块规格为 600mm×240mm×150mm，弧形墙所用砌块规格为 300mm×240mm×150mm，表观密度为 700kg/m³，抗压强度≥7.5MPa。本工程共使用加气混凝土砌块 3 250m³。

内外墙砌筑砂浆均采用 M5 水泥石灰砂浆，内墙抹灰砂浆采用 1:1:6 水泥石灰砂浆打底，厚度≤10mm，1:2 石灰砂浆罩面；外墙面批 1:2 水泥砂浆，厚度为 20mm，分二次涂抹。

施工要点及技术措施：

（1）砌块砌筑前，视砌块的干湿程度，决定是否要淋水湿润。若砌块干燥，则需向砌块适量淋水，以保证砌块形成砌体后粘结牢固，但一定要掌握好浇水量，不能浇得太湿，含水率以不大于 20% 为宜，只要表面湿润 8～10mm 即可，炎热干燥时可适当洒水后再砌筑。

（2）砌第一皮砌块时，砌块面一定要通线调平，否则影响整幅墙砖缝的横平竖直。

（3）一次铺设砂浆的长度不宜超过 800mm，铺设后应立即放置砌块，要求一次摆正找平，如砂浆已凝固，砌块砌筑后若有移动或松动时，均应铲除原有砂浆重新砌筑。

（4）为减少施工中的现场切锯工作量，避免浪费，便于配料，在砌筑前，应根据墙的长度、高度进行平面、立面砌块排列，上下错缝搭接长度不小于砌块长度的 1/3。有门窗洞口时从门窗洞口边砌起。

（5）由于砌块模数与墙的净高不能完全吻合，因此墙顶剩余高度为 300mm 高的墙体，至少须隔日，待下部砌体变形稳定后再砌筑，砌体必须与梁、板底挤紧，可用辅助实心小砌块斜砌挤紧。

（6）砌体转角及纵横交接处，要咬槎砌筑，墙体施工缝处必须砌成斜槎，不能留直槎。

（7）砌筑墙端时砌块必须与框架柱靠紧，填满砂浆，并将柱上预留的锚固筋展平，砌入水平灰缝中。

（8）门窗洞口过梁的做法：门窗洞口宽小于 1 000mm 时，采用钢筋砖过梁，用1:1水泥砂浆配3φ10钢筋,钢筋入两端墙各不小于500mm,门窗洞口宽度大于1 000mm时,用预制钢筋混凝土过梁,各入端墙250mm,安装时在支承处浇水2~3遍,略干后批1:1水泥砂浆。

(9)墙体基层处理及抹灰砂浆的操作方法:为了防止抹灰层空鼓、开裂,根据加气混凝土砌块吸水先快后缓、吸水量大、延续时间长的特点,采取了如下措施:在抹灰前一天,是否需对墙面进行均匀的淋水,应视砌块的干湿程度而定,如砌块砌筑时已经很湿,则不能淋水,更不能抹灰,要等到湿的墙体风干一段时间后再进行抹灰,如果墙体比较干燥,淋水时间宜为3~5min,湿水深度以8~10mm为宜。在抹灰前1h再淋水一遍以墙体湿润为宜,然后刷1:4比例的108胶水泥溶液一道,边刷边抹,防止水泥浆干后起粉。底层砂浆用掺有108胶(占水泥用量的15%)的1:1:6水泥砂浆,一次抹灰厚度不超过10mm。

(10)在外墙挂石处做法:根据花岗石的尺寸以及螺栓的固定支点位置设置圈梁及构造柱,以使螺栓锚固在圈梁或构造柱上。

(11)砌筑过程中,应随时检查墙体表面的平整度、垂直度、灰缝的均匀度及砂浆饱和度等,及时校正所出现的偏差。

2.7 脚手架技术

2.7.1 主要内容

脚手架技术的主要内容包括:构架基本结构、整体稳定和抗侧力杆连墙件和卸载装置、作业层设施、其他安全防护设施等。

按设置形式划分为单排脚手架、双排脚手架、满堂脚手架。

按支固方式划分为落地式脚手架、悬挑式脚手架、附墙式脚手架、悬吊式脚手架。

2.7.2 选用原则

脚手架技术的选用原则是:

1. 传统落地式钢管脚手架可搭设在坚固地基土层上。

2. 当结构楼层出现平面悬挑或因施工场地限制可采用悬挑式脚手架。

3. 附墙式脚手架适用于剪力墙结构或框架剪力墙结构外墙部位的施工。

4. 多功能爬架适用于剪力墙、框架、框剪、筒体等各种不同结构形式的高层、超高层建筑物、构筑物的结构与外装修(包括悬挑大阳台、圆弧等)的施工。

2.7.3 技术特点和注意事项

脚手架技术的技术特点和注意事项是:

1. 建筑施工脚手架的设计包含以下三项相互关联的内容:

(1)设置方案的选择,包括:① 脚手架的类别;② 脚手架构架的形式和尺寸;③ 相应的设置措施(基础,支承、整体拉结和附墙连接,进出(或上下)措施等)。

(2)承载可靠性验算,包括:① 构架结构验算;② 地基、基础和其他支承结构的验算;③ 专用加工件验算。

（3）安全使用措施，包括:① 作业面的防(围)护;② 整架和作业区域(涉及的空间环境)的防(围)护;③ 进行安全搭设，移动(升降)和拆除的措施;④ 安全使用措施。

2. 建筑施工脚手架必须按规范要求进行计算，验算合格后方可进行搭设和使用。脚手架构架结构的计(验)算项目:

（1）构架的整体稳定性计算，可转化为立杆稳定性计算;

（2）单肢立杆的稳定性计算。当单肢立杆稳定性计算已包括在整体稳定性计算中，且立杆未超出构架的计算长度和使用荷载时，可以略去次项计算;

（3）平杆的抗弯强度和挠度计算;

（4）连墙件的强度和稳定验算;

（5）抗倾覆验算;

（6）悬挂件、挑支撑拉杆的验算。

3. 双排脚手架的立杆纵距和水平杆步距应不大于 2.0m。

4. 当架高不小于 6m 时，必须设置均匀分布的连墙点:扣件式或碗扣式钢管落地脚手架，当架高不大于 20m 时，不小于 40m² 一个点，且连墙点的竖向间距应不大于 6m;当架高大于 20m 时，不小于 30m² 一个点，且连墙点的竖向间距应不大于 4m;脚手架上部未设置连墙点的自由高度不得大于 6m;当设计位置及其附近不能装设连墙件时，应采取其他可行的刚性拉结措施予以弥补。

5. 脚手架应根据确保整体稳定性和抵抗侧力作用的要求，按规范规定设置剪刀撑或其他有相应作用的整体性拉结杆件:周边交圈设置的单、双排扣件式脚手架，当架高为 6~25m 时，应于外侧面的两端和其间按不大于 15m 的中心距并自上而下连续设置剪刀撑;当架高大于 25m 时，应于外侧面满设剪刀撑。剪刀撑的斜杆与水平面的交角宜在 45°~60°之间，水平投影宽度不小于 2 跨或 4m 和不大于 4 跨或 8m。斜杆应与脚手架基本构架杆件加以可靠连接，且斜杆相邻连接点之间杆段的长细比不得大于 60。

6. 在脚手架立杆底端之上 100~300mm 处一律遍设纵向和横向扫地杆，并与立杆连接牢固。

7. 脚手架的杆件连接构造应符合:多立杆式脚手架左右相邻立杆和上下相邻平杆的接头应相互错开并置于不同的构架框格内;搭接杆件接头长度应不小于 0.8m;杆件在结扎处的端头伸出长度应不小于 0.1m。

8. 满堂脚手架应按构架稳定性要求设置适量的竖向和水平整体拉结杆件。

9. 外脚手架高层卸载拉结杆的设置要根据脚手架高度和作业卸载而定，一般每 30m 高卸载一次，但总高度在 50m 以下的脚手架可不用卸载，但必须进行地基承载力验算。卸荷层应将拉结杆同每一根立杆连接卸荷，设置时，将拉结杆一端用预埋件固定在墙体上，另一端固定在脚手架横杆层下碗扣底下，中间用索具螺旋调节拉力，以达到悬吊卸荷目的。卸荷层要设置水平廊道斜杆，已增强水平框架刚度。另外要用横托撑同建筑物顶紧，以平衡水平力。上下两层增设连墙撑。

10. 外脚手架必须按规定满挂安全网和设置安全防护措施，以确保架上作业和作业影响区域内的安全:作业层距地(楼)面高度大于或等于 2.5m 时，在其外侧边缘必须设置挡护高度不小于 1.1m 的栏杆和挡脚板，且栏杆间的净空高度应不大于 0.5m。

2.7.4 附件

脚手架技术涉及的相关规范和标准主要有:

(1)《建筑施工门式钢管脚手架安全技术规范》JGJ 128—2000;

(2)《建筑施工碗扣式钢管脚手架安全技术规范》JGJ 130—2001;

(3)《建筑施工安全检查标准》JGJ 59—99;

(4)《建筑施工附着升降脚手架管理暂行规定》建建【2000】230号。

2.7.5 术语

脚手架工程技术涉及的相关术语主要有:

(1)脚手架:为建筑施工而搭设的上料、堆料与施工作业用的临时结构架。

(2)单排脚手架:只有一排立杆,横向水平杆的一端搁置在墙体上的脚手架。

(3)双排脚手架:由内外两排立杆和水平杆等构成的脚手架。

(4)扫地杆:贴近地面,连接立杆根部的水平杆。

(5)连墙件:连接脚手架与建筑物的构件。

(6)剪刀撑:在脚手架外侧面成对设置的交叉斜杆。

(7)抛撑:与脚手架外侧面斜交的杆件。

2.7.6 工程实例

实例1:悬吊式单杆双排扣件钢管脚手架的应用

某工程是目前国内规模较大的超高层建筑,高度为200.8m,外脚手架面积约20 000m²。该工程采用的是悬吊式单杆双排扣件钢管脚手架系统(图2.7.6-1)。

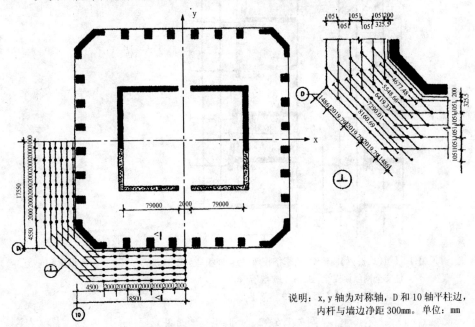

说明:x,y轴为对称轴,D和10轴平柱边,
内杆与墙边净距300mm。单位:mm

图2.7.6-1 外脚手架立杆布置平面示意图

考虑到建筑物独特的外形,施工后期脚手架的底部分别设在结构第9层、第12层和第22层的悬挑阳台上。这样既节省了施工用地,又不必进行脚手架基础处理。由于脚手架高达200m,除自重和施工荷载外,风载也是一个重要因素,故采用了悬吊卸载措施,外脚手架沿竖向分段,每五层构架悬吊一次,将脚手架的荷载部分传给结构物(图2.7.6-2)。

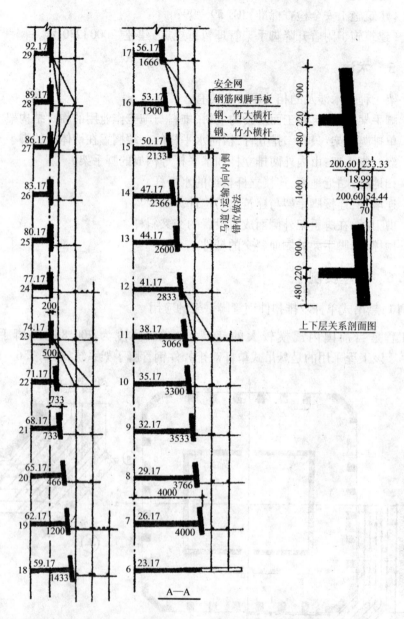

说明:1.马道(运桥)向内错时,要求搭接两层,且外侧马道顶部应按有钢筋桥板网做法,上铺安全网以策安全,如13~15层所示。

2.各立杆脚一律套在预埋 φ12 钢筋上。

图 2.7.6-2　外脚手架剖面图

72

脚手架钢管采用壁厚 3.5mm、ϕ51 无缝钢管。立杆纵间距 2m,平桥宽 1m,大、小横杆和平桥竖向间距皆为 3m(同楼层高)。为了适应预应力楼板的后张拉工艺,平桥低于楼面 300mm。钢筋网脚手板隔一层铺一层,脚手架外立面满挂封闭式安全网。

为了加强脚手架的整体稳定性,在脚手架外侧设置全覆盖式钢管剪刀撑,剪刀撑与地面成 45°~60°,四个大面各两排,切角处设一排,各个剪刀撑节点连接,纵横连续。由于切角处风载涡流较正面大,因此为了加强其与正面脚手架连接的刚度,在切角转弯处,每五层设置钢管水平支撑两根。另外,按水平间距 4m、竖向间距 6m,呈梅花状布设附墙杆,可有效地防止脚手架的内、外移动。

架设时考虑到脚手架自重、风压及施工荷载诸因素,在 43 层外脚手架平桥底部设置向下拉杆,下拉点设在脚手架外立杆节点处外端横杆,具体做法同向上拉吊杆。

卸载设置,向上斜拉吊杆为 ϕ12 圆钢加 ϕ16 花篮螺栓和 ϕ12.5 钢丝绳,每隔五层(15m)设置一道,内、外立杆为一对,高度为一个楼层,下端吊住立杆和大、小横杆的节点,(大、小横杆分别用扣件与立杆连结,钢丝绳绕过大、小横杆);上端吊在结构物预埋的 ϕ16 吊环上。脚手架因斜吊产生的向内水平拉力,是通过下吊点在外墙混凝土内埋设的 4.5mm×40mm 的扁钢、环形钢扣和小横杆抵墙来实现的,使它们形成一个完整的悬吊式三角形受力体系。见图 2.7.6 – 3。

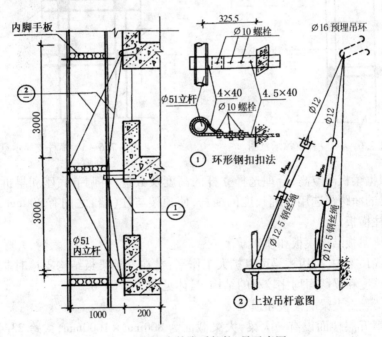

图 2.7.6 – 3　外脚手架拉、吊示意图

实例 2:碗扣式顶架系统的施工技术

某超高层建筑物层高为 3.05m、3.3m 及 4.5m 等;在 5 层处有截面为 800mm×1600mm 的大梁,大梁悬空离地 18m,跨距为 23.4m;在 45 层处设有半径为 14.7~16.8m 的旋转餐厅。该工程应用碗扣式顶架作为模板支撑系统。

碗扣式顶架主要包括立杆、横杆、斜杆、可调底座、U形可调上托、早拆装置、连接棒以及搭边挑梁等装置。

（1）普通梁板结构模板和顶架

根据不同的梁高，采用立杆和横杆两种不同的受力方式。当梁高 $H \leqslant 600mm$ 时，采用横杆受力。当梁高 $H > 600mm$ 时，则采用立杆受力。在布置顶架时，尽量使梁顶架同板顶架连接起来，没法连接的也要用钢管拉结，以保证顶架的稳定性。用横杆支撑时，同时用立杆配合早拆头支撑板。具体布置方式见图2.7.6－4、图2.7.6－5。

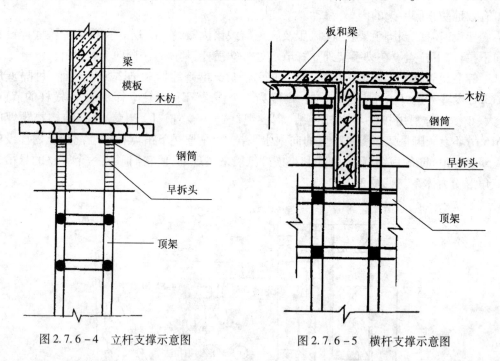

图2.7.6－4　立杆支撑示意图　　　图2.7.6－5　横杆支撑示意图

其次，根据梁板净空高，合理选择立杆的高度及数量，再调节底座和早拆头的高度。另外，根据梁的净跨距选用合理长度的横杆，使顶架与柱（墙）之间有300mm左右距离，以便于装拆柱横板。

（2）悬挑梁板结构模板和顶架

在碗扣式顶架中，搭边挑梁可以扩大工作平台，在悬挑梁板结构支撑时非常方便，主要用于悬挑长度和梁截面均比较小的结构，具体见图2.7.6－6。

（3）主楼悬空大梁的模板和顶架

该工程第五层楼面设有一大梁，大梁截面为 800mm×1600mm，梁跨23.4m，悬空高18m；与大梁相邻的还有两个跨度为7.8m的大梁，截面也是 800mm×1600mm，悬空18m。

沿纵方搭设顶架，横杆为1.2m长，在接近大梁两端的柱子时采用0.9m长的横杆；沿横向则搭设0.9m长的横杆。每搭设4.5m左右的高度，则设置一道钢管水平拉杆，并用十字扣扣牢。顶架搭设至四楼时，适当调整四楼面顶架的底座高度，用纵横水平杆将大梁顶架与四楼面顶架连成一体，从而加强了顶架的稳定性。

在整个大梁顶架搭至近工作面时，安装上早拆头、钢通和木枋，再安装大梁模板，用立杆支承梁底部。为保持顶架稳定性，早拆头高度调节在300mm以内。然后在顶架外搭挑梁,以扩大工作平台,方便工人操作,见图2.7.6-7。

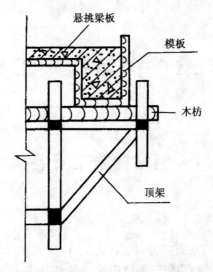

图2.7.6-6 悬挑梁板结构模板和顶架示意图

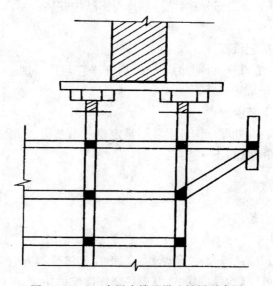

图2.7.6-7 大梁支撑及搭边挑梁示意图

为加强整体稳定性,除设置纵横水平拉杆、扫地杆并与四楼面顶架拉结外,在正立面和侧立面方向布置多道剪刀撑。正立面方向的剪刀撑布置在一个平面内,钢通要从底到顶贯通,不得间断。侧立面方向的剪刀撑布置在多个平行的平面内。

大梁顶架搭设完毕,经检查合格后方可进行下一道工序。在浇筑大梁混凝土时,由于是反梁结构,采取分两步浇筑的方法,第一次浇至五层楼面,第二次浇完整个大梁。在浇筑过程中,随时派专人检查顶架的变形情况。

混凝土浇筑后,确保大梁混凝土强度达到100%方可拆除顶架。

第3章　钢结构施工技术

3.1　钢结构施工安装技术

3.1.1　主要内容

钢结构施工安装技术的主要内容：

1. 民用建筑钢结构工程主要有：钢结构球节点网架、钢结构桁架（立柱、梁、金字架）、实腹型钢（柱、梁）、钢结构储罐、平台梯子。

2. 钢结构工程施工分二部分：钢结构制作与钢结构安装。

3. 工艺流程

（1）钢结构制作工艺流程

材料检验、试验→平直→放样与号料→开料→平直与边缘加工、制孔→表面处理（除锈、防腐）→组对→焊接成形→矫正。

（2）钢结构安装工艺流程

基础测量验收及表面处理→构件安装测量定位→吊装设备、设施选定及定位→吊装就位→构件坐标、标高测量校正→连接固定。

3.1.2　选用原则

钢结构的选用原则是：

1. 钢结构材质的选用

（1）母材的选用。应从符合性、科学性、合理性、经济性等方面考虑，材料的代用必须取得原设计部门的认可。防腐涂料的选择应符合环境保护法律、法规，防火涂料的选择应符合消防法律、法规。一般平台梯子无特殊要求的通常选用 Q235 优质碳素结构钢、大型金属储罐及普通非承压容器一般选用 Q235 优质碳素结构钢、大型承重构件一般选用强度较高的 Q345 优质碳素结构钢（B 类）或其他高强度的低合金钢。广东奥林匹克体育场主场馆的大型钢屋盖桁架选用的型钢材质是抗拉强度比较高的 Q345。主要是由于其关键的受力构件主桁架采取了悬臂梁形式，臂长约 60m，弯矩超过 $6 \times 10^5 \text{kg} \cdot \text{m}$。为了减少构件的截面积，采用了抗拉强度较高的 Q345 材质。

（2）焊接连接材料的选用。用作钢结构焊接连接的连接材料应与被连接材料所采用的钢材材质相适应。将两种不同强度的钢材相连接时，可采用与低强度钢材相适应的连接材料。手工电弧焊应采用符合国家标准《碳钢焊条》或《低合金钢焊条》，选择的焊条型号应与构件钢材的强度相适应。对 Q235 钢构件宜选用 E43××型焊条,对 Q345 钢构件宜选用 E50××型焊条。自动焊或半自动埋弧焊应采用与构件材料相适应的焊丝和焊剂,对 Q235 构件一般可采用 H08、H08A、H08E 焊丝配合高锰型焊剂,或采用 H08MN、H08MNA 焊丝配合无锰型或低锰型焊剂。对 Q345 构件可采用 H08A、H08E 配合高锰型焊剂,或采用 H08MN、H08MNA 焊丝配合中锰型或高锰型焊剂,或采用 H10MN2 焊丝配合无锰型或低锰型焊剂。

(3) 普通螺栓和高强度螺栓连接。普通螺栓连接主要用于沿其杆轴方向受拉的连接,高强螺栓用于主要受力构件的连接,分为承压型、承拉型、抗剪型高强螺栓,分别用于受压、受拉、受剪的构件中。

2. 钢结构施工工艺的选用应从科学、合理、人员素质、经济节约、企业经验、企业装备等方面考虑。钢结构的主要施工工艺包括:焊接工艺、吊装工艺、测量、防焊接变形、变形矫正、装配组对工艺、表面处理与涂装、下料及边缘加工等。

(1) 焊接方法的选用。一般民用建筑(包括工业厂房)的钢结构焊接方法主要有:手工电弧焊、手工电弧气体保护焊、半自动埋弧焊。母材主要是优质碳素钢(Q235 等)、低合金钢(16Mn、15MnV、0Cr18Ni9Ti、1Cr18Ni9Ti 等)。焊接量大、焊缝比较规则应尽量选择埋弧自动焊,有利于提高工效、降低劳动强度、提高焊接质量。譬如:组合型钢的 T 型焊缝、大直径钢管的纵向直焊缝及横向环形焊缝、大型金属储罐壁板的立缝及环形焊缝等在焊接设备、人员经验有条件的情况下应选用埋弧自动焊。焊接量不大或者焊缝不规则、分散,一般采用手工电弧焊。

(2) 吊装方法的选择。钢结构工程的吊装方法一般有:移动式机械吊装、桅杆吊装两种(液压提升、气吹法、水浮法等是属于比较专业的方法)。随着科学技术的不断进步,移动式机械吊装装备的吊装能力日益增强,使用范围更加宽广。钢结构工程吊装方法的选择不是孤立的问题,在大型钢结构工程中它直接涉及到大型结构的分块、分段方式的选择。而且需要综合考虑各方面的因素,如经济效益、工艺技术、装备能力、工期时间、现场环境、风险大小等。在各方面条件成熟的情况下,移动式机械吊装工效高,尤其适用于现场环境好、吊装量大、吊装位置分散、工期紧的工程项目。譬如:广东奥林匹克主场馆大型钢结构屋盖、深圳会议展览中心大型钢结构屋盖的吊装均采用了移动式机械吊装方法。这两个工程项目的用钢量均超过一万吨(深圳会议展览中心的用钢量约 25 000t)。广东奥林匹克主场馆大型钢结构屋盖,单件吊装构件的重量不超过 135t,但吊装构件的数量接近一万件,吊装工期不到四个月。在这种情况下只有采用移动式机械吊装才能保证工期,该工程选用了二台 500t、一台 300t、二台 250t、二台 150t 的履带式吊车。对于吊装位置高度超过移动式机械吊装设备能力或吊装现场不允许使用移动式机械吊装设备的钢结构吊装,只能选择桅杆吊装方法。譬如:番禺商贸展览中心 34 层楼面的不锈钢避雷针(约 3.5t、长约 12m)吊装采用了人字桅杆方法吊装。

3. 钢结构结构型式的选用应从符合性、安全性、先进性、经济性等方面考虑。在保证强度、刚度、整体稳定性的前提下通过结构型式、截面形状的优化减少用钢量、方便施工、降低成本。轻型钢结构厂房立柱一般采用型钢(最常用的是工字钢、H 型钢,除此之外还有方钢、圆管),如南沙电装工程的轻型钢结构厂房的立柱选用的是 H 型钢。H 型钢立柱上比工字钢立柱二向稳定性能均匀。因此,轻型厂房的立柱应优先选用 H 型钢(或方钢、圆管)。大型钢结构厂房立柱(特别是立柱上有工作强度达到中级以上的吊车梁)或大型民用建筑的钢结构立柱(承受很大的轴向力及立柱轴向尺寸比较大),一般选用组合式桁架立柱。广州钢铁厂40t电炉车间钢结构厂房的钢立柱,不但要承受厂房的大荷载(厂房屋面板是钢筋混凝土预制件),而且还要承受行走100t桥式吊车的重级工作制吊车梁所传递的动荷载,立柱高度约14m(从牛腿到立柱基础面约12m),如果选用型钢立柱,立柱满足压应力及稳定性要求就必须选择截面积相当大的组合型钢,浪费钢材,不符合经济性。所以,该工程项目的钢立柱选用的是截面积相对不大,但纵、横二向尺寸相对比较大的组合桁架立柱能大大提高立柱的稳定性,又大量降低了立柱的用钢量。轻型钢结构厂房或民用建筑(跨度不大)钢结构梁,一般选用轻型工字型钢或组合桁架钢梁;大跨度梁一般选用工字型钢梁、H型钢梁、箱梁或组合桁架钢梁。

3.1.3 注意事项和特点

1. 钢结构施工一般的注意事项:

(1)钢结构的施工必须符合《钢结构工程施工质量验收规范》(GB 50205—2001)。

(2)钢结构工程要注意保护接地、防静电跨接、防雷接地。保护接地、防雷接地的电阻值要符合要求。

(3)露天焊接要注意温度、湿度符合作业条件的要求。必要时须做好焊前预热及焊后热处理。

(4)组对方式、焊接顺序要尽量避免或减少降低构件荷载能力的内应力。另外,要尽量避免或减少焊接变形。

(5)构件的强度、刚度、稳定性试验要符合规范及设计文件的要求。

(6)钢结构焊缝的外观质量及内部质量(超声波探伤、射线探伤的抽检数量及抽检结果)要符合施工规范、设计文件的要求。

(7)高强螺栓连接的表面处理、紧固的顺序、紧固力矩要符合高强螺栓的安装要求。

(8)防腐涂料、防火涂料的厚度、附着力、平整度要符合规范及设计要求。

(9)焊接材料的选用必须与母材相适应,在没有依据或经验的情况下,应通过试件试验。

(10)焊缝布置。构件的焊缝布置原则:尽量减少焊缝,避免焊缝集中,避免焊缝,十字交叉。

(11)避免或减少构件的应力集中,在钢结构中经常不可避免地有孔洞、槽口、凸角、裂纹、厚度或形状的变化,这些现象均产生应力集中。所以在设计、施工中要尽量避免这些现象。

2. 钢结构对材料性能的注意事项:

(1)强度。主要是屈服强度和抗拉强度两项指标必须保证,屈服强度是材料能达到的极限应力,而抗拉强度是作为材料的一种附加保障。

(2)塑性。主要指标是伸长率和断面收缩率。构件在个别区域出现应力集中或材料缺陷很难避免,但当材料具有良好的塑性时,个别区域因材料屈服产生塑性变形,构件内部受力可以重新分布趋于均匀,从避免个别点出裂缝并扩展导致结构破坏。特别是在振动和冲击载荷作用下,材料的塑性更为重要。

（3）韧性。韧性是钢材抵抗冲击载荷的能力。

（4）可焊性。焊接结构要求钢材具有良好的的焊接性能,在一定的材料、结构、工艺条件下,要求钢材施焊后能获得良好的焊接接头。施工上的可焊性要求材料在一定的工艺条件下焊缝金属和近缝区均不产生裂纹,使用上的可焊性要求焊接接头的冲击韧性和塑性都不低于母材的力学性能。

（5）冷弯性。要求钢材在常温下加工产生塑性变形时对产生裂纹的抵抗能力。

（6）耐久性。要求材料有良好的抗锈蚀能力、要求材料在长期连续荷载的作用下不疲劳。

3. 钢结构施焊减少变形的注意事项:

（1）焊缝尺寸要合理,不应过大。焊缝尺寸过大不仅增加焊接的工作量,对焊件输入的热量也多,从而增加焊接的变形。在满足强度和工艺要求的前提下尽可能减少焊缝截面积、长度和数量。

（2）焊缝应尽量布置在构件截面中心轴的附近和对称于中性轴的位置,使焊接变形尽可能地抵消。

（3）对薄钢板的焊接可适当采用加筋板增大钢度的方式减少焊接造成的波浪变形。

（4）对接焊缝的坡口应合理,不同的坡口形式所需的焊缝金属相差比较大,选择填充焊缝金属少坡口,有利于减少焊接变形。因此,在保证焊缝承载能力的前提下,选择填充焊缝金属少坡口。

（5）T形和十字接头焊缝,当强度相等时开坡口比不开坡口填充焊缝金属少,有利于减少焊接变形。

4. 钢结构加工中防止变形的措施:

（1）制作构件留余量。将构件焊接、热矫正、焊后加工所需的余量通过计算或经验确定,在下料时将构件的长度、宽度尺寸与余量相加。

（2）焊接前反变形。根据构件在焊接过程中的变形规律,在施焊前先将构件人为地制成一个变形,与焊接的变形方向相反,变形量相等。这样与焊接的变形抵消。

5. 焊接变形的矫正:

（1）手工冷加工矫正。利用手锤等工具,锤击构件合适的位置使构件的变形减少,一般用于一些薄板、变形少、细长的构件。如:薄板的波浪变形、角变形、挠曲变形。

（2）机械冷加工矫正。利用机械力使构件缩短的部位伸长,产生拉伸塑性变形。常用的矫正机具有千斤顶、压力机等。

（3）火焰矫正。利用热量对变形构件的局部加热,使之产生压缩塑性变形,使伸长的部位冷却后局部缩短。对大型构件常采用火焰矫正。火焰矫正要注意如下问题:确定准确的加热位置,加热温度的控制（一般 600～800℃）,加热方式（点状加热、线状加热、三角形加热）。点状加热常用于薄板产生的波浪形变形,线状加热可用于角变形、扭曲变形、弯曲变形,三角加热主要用于构件刚性较大、变形量大的弯曲变形。

6. 消除焊接残余应力的方法:

（1）热处理。热处理即是高温回火,回火温度越高、保温时间越长,残余应力越小。对碳钢或低合金钢,加热温度一般为 600～700℃,保温时间一般根据每毫米板厚 1～2min 计算,但总时间不少于 30min,最长不超过 3h。

（2）锤击法。用手锤锤击焊缝及近缝区，使金属得到延变形，从而降低焊接的残余应力。

（3）振动法。通过机械振动产生的循环应力减低焊接产生的残余应力。

7. 钢结构的防腐蚀：

（1）钢结构的防腐材料有：底漆、中间漆、面漆、稀释剂、固化剂。选用必须符合设计和规范要求。工艺流程：表面处理、底漆涂装、中间漆涂装、面漆涂装。

（2）表面处理方法：手工、机械、喷射、酸洗。手工、机械方法是操作简单、方便，但效率低、质量差。喷射效率高、能控制质量，但设备复杂、费用高。酸洗效率高、质量好，适用大批量，但工艺要求较高。

（3）涂料涂装方法：刷涂法、手工滚涂法、浸涂法、空气喷涂法、雾气喷涂法。刷涂法适用于各种形状及大小面积的涂装构件，操作简单，但干燥速度慢、效率低、表面观感差。手工滚涂法适用于大型平面的构件，操作简单，但干燥速度慢、效率也不高、观感不好。浸涂法适用于构造复杂构件，但流挂现象明显。空气喷涂法适用各种大型构件，干燥速度适中效率较高，但消耗溶剂多、污染严重。雾气喷涂法适用各种大型构件，效率高、能获得厚涂层，但设备投资大、方法复杂。

3.1.4　附件

钢结构施工技术涉及的相关规范和标准：

（1）《钢结构工程施工质量验收规范》GB 50205—2001；

（2）《熔化焊用钢丝》GB/T 14957—94；

（3）《碳钢药芯焊丝》GB 10045—88；

（4）《低合金钢药芯焊丝》GB/T 17493—98；

（5）《建筑钢结构焊接技术规程》JGJ 81；

（6）《钢焊缝手工超声波探伤方法及质量分级法》GB 11345—89；

（7）《焊接球节点钢网架焊缝超声波探伤及质量分级法》JG/T 3034.1；

（8）《螺栓球节点钢网架焊缝超声波探伤及质量分级法》JG/T 3034.2；

（9）《钢熔化焊对接接头射线照相和质量分级》GB 3323；

（10）《磁粉探伤方法》GB 15822；

（11）《涂装前钢材表面锈蚀等级和除锈等级》GB 8923—88；

（12）《建筑防腐蚀工程施工及验收规范》GB 50212—91；

（13）《钢结构防火涂料通用技术条件》GB 14907—94；

（14）《建筑构件耐火试验方法》GB/T 9978；

（15）《钢结构、管道涂装技术规程》YB/T 9256—96。

3.1.5　术语

钢结构施工安装技术涉及的相关术语有：

（1）气体保护焊：包括钨极氩弧焊和熔化极气体保护焊。钨极氩弧焊是利用纯钨或活化钨作为电极，在惰性气体保护下，电极与焊件间产生的电弧热熔化母材和填充金属的一种焊接方法。熔化极气体保护焊是采用可熔化的焊丝与焊件之间的电弧热来熔化焊丝与母材金属,并向焊接区输送保护气体,使电弧、熔化的焊丝、熔池及附近的母材金属免除空气的有害作用。

（2）矫正：通过外力或加热作用,使钢材较短部分的纤维伸长,或使较长部分的纤维缩短,最后迫使钢材反变形,以使材料或构件达到平直及一定几何形状要求,并符合技术标准的工艺方法。

（3）热处理：焊接构件由于焊缝的收缩产生很大的内应力,构件容易产生疲劳和时效变形。在一般构件中,由于低碳钢和低合金钢的塑性较好,可由应力重新分配抵消部分疲劳影响,时效变形在一般构件中影响不大,因此不需进行退火处理。但对精度要求高的零件、部件就需要进行退火处理。

（4）构件：由零件或由零件和部件组成的钢结构基本单元,如梁、柱、支撑等。

（5）高强螺栓：高强度螺栓和与之配套的螺母、垫圈的总称。

预拼装：为检验构件是否满足安装质量要求而进行的拼装。

（6）强度：构件截面材料或连接抵抗破坏的能力。强度计算是防止结构构件或连接因材料强度被超过而破坏的计算。

（7）荷载能力：结构或构件不会因强度、稳定性或疲劳等因素破坏所能承受的最大内力；或达到不适应于继续承载的变形时的最大内力。

（8）整体稳定性：在外荷作用下,对整个结构或构件能否发生屈曲或失稳的评估。

3.1.6　工程实例

实例1：高强预应力锚栓预埋、张拉、灌浆技术

1. 工程概况

某会展中心钢结构工程设计在支座处大量采用预应力锚栓,分别在-0.150mA(K)轴线钢箱梁支座处采用 M33×2900 预应力锚栓,+28.055mE(F)轴线双梁和单梁端头采用 M36×3700 预应力锚栓,在+45.00mD(G)轴线支座处采用预应力锚栓 M32×2200,锚栓单件最长为 2.9m。所有预应力锚栓均采用德国标准,其中 M36 要满足 $\sigma_b = 1230N/mm^2$,$\sigma_s = 1080N/mm^2$,另外要满足张拉、灌浆要求,张拉后预应力损失必须满足设计要求,张拉前浇筑混凝土时不能有渗浆,浇筑后要满足灌浆要求。

2. 预应力锚栓设计、制造

此种预应力锚栓的设计、制造与施工在国内尚属首次,它的设计参考了德国 DSI（迪威达）产品的样品及相应的力学性能要求。锚栓材质为 42CrMo,级别为 12.9 级,$\sigma_s = 1100N/mm^2$。为了达到张拉、灌浆要求,对其结构进行了精心设计,如图 3.1.6-1 所示。

为确保该设计、制造与施工能够完全满足设计的要求,在批量生产前由制造厂按设计要求制造出 1:1 的实物样品,并且模拟施工现场条件进行了多项试验,包括预应力锚栓张拉试验、灌浆试验、预应力损失试验、整体破坏性试验。经过多次的试验及在深圳会展工地的施工,证明该设计、制造与施工完全满足设计的要求,并填补了国内此项技术领域的空白。

3. 预应力锚栓的预埋安装

钢结构工程预埋件的定位安装施工,是整个钢结构安装的关键环节,其定位安装精度

直接影响钢结构的安装质量。根据施工现场条件的特殊性,为了控制预埋件的平面位置定位和标高,采用先进的高精度全站仪测量定位方法来满足本工程的预埋件定位安装校正。

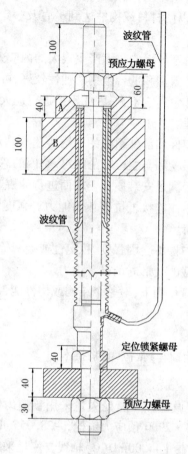

图 3.1.6-1　锚固螺栓总成

本工程绝大部分预埋件为锚栓连接,其安装精度直接影响钢结构的安装精度,应如何将预埋件安装校正误差控制在规范标准的允许偏差范围内,是锚栓连接预埋件预埋安装定位的关键。采用"先制作锚栓定位模板和锚栓支承钢架,多支锚栓组成整体安装在预先预埋的支承钢架上进行安装定位校正"的方法。现以展览厅主箱梁铰支座处锚栓预埋件安装定位为例进行介绍,其余锚栓连接预埋件安装定位均采用相似的方法进行安装定位。

（1）预埋前的准备工作

根据混凝土结构支承处的钢筋布置情况及图纸设计要求,并根据施工图纸的安装尺寸制作定位模板和支承钢架,其中定位模板制作尺寸允许偏差为：

1）螺栓孔直径比锚栓直径大于0.5mm；

2）各个螺栓孔中心与定位模板十字规矩线的距离不大于1mm；

3）对角线螺栓孔中心间距偏差不大于2mm。

（2）混凝土结构钢筋的尺寸控制

根据混凝土结构钢筋的布置情况和锚栓的安装定位尺寸，若不控制好钢筋的平面尺寸，预埋锚栓的安装精度就无法控制。因此，根据施工图纸设计要求的安装尺寸，预先将混凝土结构钢筋的定位控制，在混凝土结构施工达到满足安装预埋锚栓标高时，调整好混凝土结构钢筋尺寸且予以固定，避免同预埋锚栓相撞。

（3）锚栓支承钢架的安装

当混凝土结构支承柱施工标高达到预埋件安装要求时，应停止浇筑。以测量提供的偏差情况，按照设计图纸尺寸来调整支承钢架定位，使之与混凝土结构支承柱定位准确，即可将支承钢架与混凝土结构支承柱钢筋焊接牢固。

（4）锚栓安装定位

1）根据锚栓的设计标高，首先控制锚栓支承钢架的标高、并利用标高调整螺母进行定位钢模板的倾斜度调整，以使其倾斜角与设计倾斜角相符合。

2）利用控制网的控制点设站，采用"全站仪电磁波测距三角高程法"正反镜观测三测回将高程传递到支承柱安装附近某一高度，再根据设计安装尺寸内业计算出定位模板倾斜度控制点的标高，用自动安平水准仪定出"定位模板倾斜度控制点的标高"，并利用4只临时安装螺栓（M16）进行调整，最后定出定位模板的倾斜度。然后，再采用先定放样点后调定位模板的"十字轴线"的办法。确定其轴线与混凝土结构支承柱轴线相吻合。见图3.1.6-2。

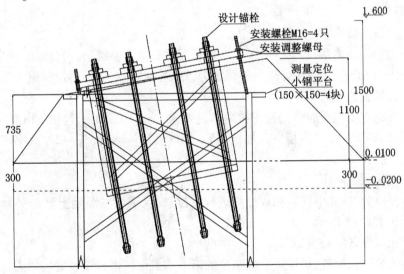

图3.1.6-2　预埋锚栓安装示意图

3）放点的速度和精度是埋件粗调工序快慢的关键。利用几何作弧法，仅需观测就近两个点的坐标即可完成放样工作。

4）在精调期间，通过全站仪前方交会法边测量边调位，采用"精测次用点坐标——测微秒差改正定点——精测检验"的放样程序，直到观测的次用点坐标偏差在允许偏差范围内时，将定位模板焊接固定。

5）锚栓安装完毕后，须及时用麻袋或粗帆布将外露部分裹紧好，以防止浇筑混凝土过程中沾污螺纹或碰伤丝口。

（5）变形控制

在混凝土浇筑过程中应加强测量监控,确保锚栓不发生位移,当发现确定有超过允许偏差范围时,应通过倒链或千斤顶再次将锚栓调整到允许偏差范围之内,待混凝土初凝后,再拆除倒链或千斤顶,确保锚栓安装定位精度。

（6）锚栓的平面位置和标高的复测

锚栓群中各个锚栓之间的相对位置及其垂直度、标高等,依靠定位钢模板与定位板上、下予以固定,不会在混凝土浇筑期间发生变化的。然而,受混凝土浇筑顺序以及混凝土自身的膨胀、收缩等特性的影响,整个锚栓群的位置必然会发生一定量的位移。因此,在基础混凝土浇筑完成后,测出各个锚栓相对于定位轴线的位移,并预先采取相应措施,对保证铰支座的顺利安装及安装精度是十分重要的。复测具体方法如下:

将锚栓预埋时设置的平面控制网和标高控制标记,引渡到基础混凝土支承柱的适当位置,并以此作为后续平面位移,标高控制的基准。然后,根据平面控制网在基础支承面测放"十字定位轴线",以"十字定位轴线"为基准,对每个锚栓相对于定位轴线的距离进行实测,并将测得的数据及偏差做出记录。根据数据的偏差及其规律性,相应地采取措施,以充分保证支座安装校正精度。

4. 预应力锚栓张拉

该会展中心展览厅 1.6m 铰支座,在钢箱梁吊装前,需要对铰支座的锚栓逐根进行张拉,并进行灌浆。

（1）张拉力值确定

预应力锚栓所需张拉力为 386kN,考虑损耗并根据试验结果,设计最终确定的预应力锚栓张拉力为 435kN。按设计提供的张拉力,则锚栓的理论伸长量计算值为 7.21mm。

（2）张拉工艺

为了保证本工程预应力锚栓张拉力达到要求,施工中采用了包括 YDC1000B 型穿心式千斤顶,2YBZ2-80 型高压电动油泵,CYL-1000kN 传感器,SC-2A 数字峰值表,及锚栓连接支撑装置。

（3）锚栓张拉顺序

锚栓张拉时,按先中间后四周原则进行张拉,确保钢板与混凝土紧密接触,具体张拉顺序如图 3.1.6-3 所示。

（4）张拉设备的安装

正确安装张拉设备,是保证准确张拉的第一步工作。张拉设备安装如图 3.1.6-4 所示。在安装时要注意保证千斤顶、传感器、预应力锚栓及连接杆在同一条轴线上,以避免传感器和预应力锚栓受力不均。数字峰值表应平稳放置,避免受到振动和碰撞,确保读数的准确。

（5）设备空载运行

设备安装并固定好后,检查设备连接是否可靠人员是否就位,并根据千斤顶油管走向,确定高压油泵的进油及回油控制阀,同时指派专人操作张拉设备。一切工作准备就绪后,便可进行预应力锚栓张拉,张拉时高压油泵先空载运行 1~3min。

（6）锚栓张拉

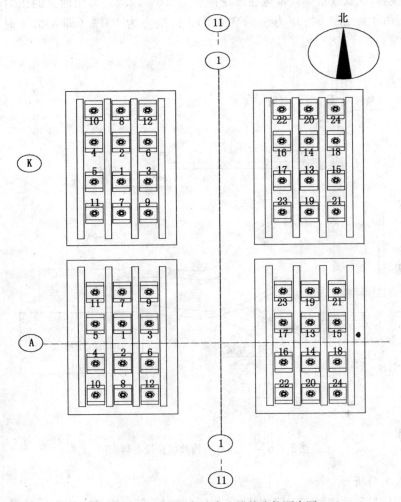

图 3.1.6 - 3   1.6m 处铰支座锚栓张拉顺序图

张拉分为两个阶段。第一阶段,先张拉规定拉力的 15% 即 65.25kN。张拉到此拉力时停止高压电动油泵,然后检查油管连接是否有漏油现象,如若正常这时记录数字峰值表读数,压力表读数,及测量千斤顶油缸伸出量。第二阶段,在第一阶段测量记录完毕后,启动高压电动油泵继续加压进行张拉。张拉到规定预应力的 100% 即 435kN。停止高压电动油泵工作,观察张拉设备工作是否正常。油路是否漏油,数字峰值表读数是否稳定。一切正常后,再记录一次千斤顶油缸伸出量,数字峰值表,及压力表读数,记录完毕后拧紧锚栓螺帽。为了减少操作过程对张拉锚栓张拉力的损耗量,最后拧紧螺帽时,必须采用加长扳手,其手柄的长度不小于 500mm,同时确保螺帽拧紧度必须达到单个操作人员拧不动为止。随后进行高压油泵卸载,此时整个锚栓张拉完毕。其他锚栓张拉方法相同。

(7) 张拉监控

在张拉过程中,主要通过数字峰值表确定锚栓的张拉力,并以此表读数作为锚栓张拉力的主要依据。为了更好的监控张拉过程,保证张拉的准确,把锚栓伸长量及高压油泵压力表读数,作为张拉的辅助依据。锚栓的实际伸长量,根据锚栓张拉力从 15% ~ 100%

的伸长量换算,此长度根据规范应在理论伸长量±6%以内。高压油泵的压力表读数,根据计算张拉力为15%时,压力表为3.4MPa;张拉力为100%(即435kN时),压力表为22.7MPa。

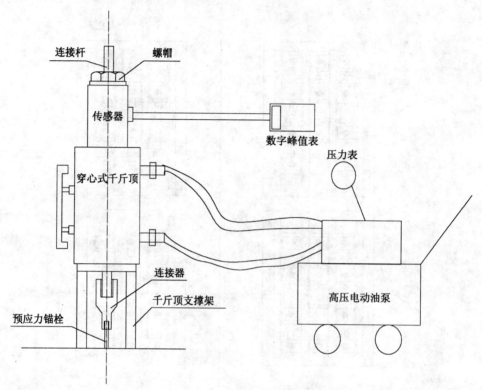

图 3.1.6-4　预应力锚栓张拉设备装配图

(8)误差分析

由于张拉过程中增加了一段连接杆,此杆也参与了张拉,且也应有伸长量,伸长量经计算,连接杆在张拉力15%时,伸长0.1mm;连接杆在张拉力100%时,伸长0.6mm。此量应在两次锚栓伸长量记录中减去。

5.预应力锚栓灌浆

(1)灌浆材料

灌浆材料采用超细膨胀水泥,该灌浆材料系由高强球型超细水泥、膨胀剂、琉化剂等复合而成的新一代无机灌浆材料。与化学灌浆材料相比,它达到了与化学浆液相似的可灌性,而其结石强度大大高于化学浆料,且其具有无毒、无味、对地下水及环境无污染、耐久性好等特点;与普通水泥浆料相比,浆料的流动性、稳定性及可灌性大大提高,固结时很少析水或不析水与周围结构胶结紧密、固结强度增加,抗渗性明显提高。

(2)灌浆

灌浆前采用空压机检查锚栓的铝塑管与波纹管连接是否畅通,锚栓上端球形螺母是否能正常出气;同时要用空压机吹干波纹管内的积水;并且严格按照要求$W/C=0.44$的标准配置超细膨胀水泥浆,调制均匀做到无水泥团现象。进行灌浆时,应灌至球形螺母上端的三个出气孔冒浆为止,并保证水泥浆涌出一定的量,以保证灌入波纹内水泥的质量。

在灌浆过程中要不停搅拌水泥浆,防止水泥浆沉淀,以免影响灌浆的质量。

实例2:钢结构施工测量技术

1. 工程结构特点

某会议展览中心钢结构工程平面长540m,宽282m,总用钢量达3.3万t之多,第Ⅰ标段为2万t,为目前国内最大的钢结构工程之一,工程展厅标高1.6m可转动支座和会议中心标高45.855m固定铰支座设计分别有10°和20°的倾斜角,其定位和水平度的要求之高,在国内是没有先例的,其余不同标高处的支座为水平安装,所有支座均设计外露,而且同一标高面上的支座也比较多,在28m处还设计有滑动支座,钢箱梁上各横向檩条在行线方向上全部设计为通直线安装,长度达540m之巨,钢箱梁和檩条上还设计有竖向倒挂支座,用以铰连接钢柱、幕墙柱、抗风柱,同时每榀钢箱梁还是分多段吊装,部分钢箱梁下安装有腹杆和钢棒,所以大量的锚栓、钢结构支座、幕墙柱支座和钢箱梁的安装定位精度都必须要求很高,否则将影响整个钢结构和幕墙的顺利安装和观感效果。

2. 高精度控制网的论证及建立

在首级控制网的精度指标制定中,为了满足安装精度,根据图纸的设计形式进行了如下推算,依据实践经验 $\Delta_{安} = \pm 2mm$,$M_{放} = 1.5mm$,锚栓(地脚螺栓)中心线允许偏差 $\Delta_{限} = \pm 5mm$ 为最高限差,该限差都是对设计的纵横轴线,即行列线而言,以此为依据推算首级控制网的测设精度指标,取限差的1/2作为施测锚栓纵向和横向位移的中误差 M,即 $M = \pm 2.5mm$,锚栓安装中误差 $M_{安} = \Delta_{安}/2 = \pm 1.0mm$,即可推导出控制线(相对控制点的连线)的中误差 $M_{控}$,则将有公式 $M^2 = M_{控}^2 + M_{放}^2 + M_{安}^2$,即:$2.5^2 = M_{控}^2 + 1.5^2 + 1.0^2$,$M_{控} = \pm 1.73mm$。

控制线纵向误差(相邻两列线的长度误差)和横向误差(相邻两列线的偏移误差)都应等于或小于控制线的测量误差,$M_{纵} = M_{横} \leqslant M_{控}$,在本钢结构工程中行线之间的间距统一为30m,展厅列线最大跨距为 $S_i = 126m$,展厅列线跨数为2,则相对中误差:$M_{纵}/S_i \cdot \sqrt{n}$ = 1/103000;测角中误差:$M_{\beta i} = M_{横} \cdot \rho''/S_i \cdot \sqrt{n} = 2''$,根据以上结果可以看出,控制网的精度等级需要达到三等至四等之间,由于在预埋施工过程中,还要根据需要在土建楼层内增加引设点位,所以首级平面控制网的精度等级确定为三等,其主要技术要求:测角中误差1.8″,测距相对中误差≤1/150000,方位角闭合差 $3.6\sqrt{n}$,n 为测站数(使用 TC2002 全站仪,其标称精度为测角1″,测距1mm+1ppm)。同时布设一条二等水准精度的首级高程控制网,其主要技术要求:每千米高差全中误差2mm(使用 ZEISS NI002 水准仪,其标称精度为偶然中误差0.3mm/km),根据现场实际情况,以业主提供的Ⅱ609和 S_6 为基准点和基准方向,将首级平面控制网布设在附近主干道的人行天桥上,并严密平差,将误差分配在首级各控制点上,以 BM_2 为水准基点,布设一条环闭的水准导线,并利用水准平差程序软件完成平差,布设控制网时,严格执行规范的有关规定,确保了精度达到预定指标,在使用期间,对各控制点位定期进行了监测,发现各点位保存比较理想,基本没有位移。测量期间,以首级控制网成果为基准完成各细部的放样及找平工作。

3. 锚栓和铰支座的安装定位

由于1.6m、45.855m带倾斜角预应力锚栓和支座安装的难度比较大,所以先安装锚栓,后安装支座,其他小幕墙柱支座和锚栓是一次性安装的,这些小支座和锚栓在安装时由于现场条件所限,不能使用劲性构架,仅作了简单的角铁架支撑,而且因为仅可直接固定在钢筋上,所以在浇筑混凝土期间,由于钢筋的下沉,使得埋件下沉,根据监测的数据,对位移了的一些支座做了二次调位,仪器在现场直接监测,将埋件最终平面坐标偏差控制在5mm内,标高控制在2mm内,确保同一平面内支座的观感效果。下面就1.6m、45.855m预应力锚栓和支座安装测量进行介绍。

（1）制作、安装劲性构架和带限位孔模板

在土建浇筑混凝土之前,先制作劲性构架和带限位孔模板,将锚栓直接插入限位孔模板内并固定,这样借助精确机加工过的上下限位孔,锚栓的相对位置即可严格保证,将控制锚栓的定位转化成控制限位板的定位,大大降低定位的劳动强度,待土建浇筑混凝土至一定标高后,进行劲性构架和锚栓安装,并与预埋铁件焊牢,保证劲性构架刚性、稳定性达到要求。

（2）放样

由于现场没有合适混凝土地面可供放样,加上高精度调位所参照的基准点必须直观,且应最接近预埋件,所以必须充分利用劲性构架这一稳定支撑,在劲性构架上焊接临时小钢平台(带可调螺杆装置),将计算的标高精确找平至小钢平台上,并通过可调螺杆的上下移动以达到标高要求,标高可找平至0.5mm,然后将螺杆焊接牢固,既可以保证标高不变,又可以保证放样过的点位不发生转动位移,运用全站仪的极坐标放样法进行正倒镜观测并取中数,将点位放样至小钢平台上,放样限差定为3mm,并通过空间拉钢尺校核,无误后告诉工人根据技术交底的尺寸提示进行反复调位,直至达到要求。见图3.1.6-5,在放样时由于位置所限,支设三角架很困难,支座上可以放三角架的两支腿,第三支腿没地方支设,为此设计如下一种紧固夹具,将紧固螺杆拧紧限位板或支座底板,可以方便快捷的解决第三支腿的支设问题,该设计夹具在放样、监测、验收时都发挥了很大作用,得到很多同行的一致认同。见图3.1.6-6。

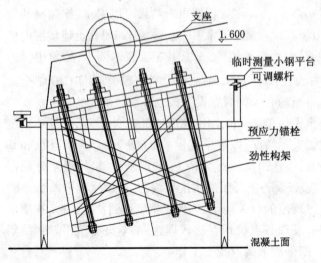

图3.1.6-5　1.6m支座测量定位图

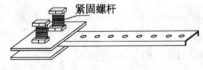

图3.1.6-6　紧固夹具

（3）高程传递及标高找平控制

高程传递采用经检定过的大钢尺和水准仪配合完成，根据普通钢尺测距的主要技术要求，见表 3.1.6－1。

普通钢尺测距的主要技术要求　　　　　　表 3.1.6－1

边长丈量较差相对误差	作业尺数	丈量总次数	定线最大偏差（mm）	尺段高差较差（mm）	读数次数	估读值至（mm）	同尺各次或同段各尺的较差（mm）
1/30 000	2	4	50	≤5	3	0.5	≤2

可以看出，在用于竖向高程传递时一样有效。经过竖向拉尺，并施以钢尺的标称拉力，水准仪上下同时读数，这样经过严格观测并取平均数，精度可以接近 1/30000，通过尺长、温度、拉力、垂曲改正，精度可以达到 1/50000，用于 45m 高处的高程传递，精度可以达到 1mm。将高程传至 45m 处的固定物上，涂上鲜明标识。

（4）监测和验收

在工人调位过程中，全站仪、水准仪支设在现场直接监测，平面位置和标高准确达到 5mm 内后才可认定到位，由于设计要求 1.6m 铰轴与支座间隙应 ≤0.8mm，所以还要保证精加工圆弧摩擦面水平度在 0.5mm 内，用水准仪 DSZ2 配合 FS1 测微器完成。准确定位后，提请监理验收。在浇筑混凝土时进行现场监测，由于对劲性构架进行了充分的加固，所以从监测的数据上可看出支座加固成熟，位移基本解决。

4. 钢箱梁分段吊装定位测量

由于每榀钢箱梁在厂家均为分段制作，到现场亦为分段吊装，所以如何快速定位是吊装速度能否加快的一个重要保证，根据深化设计图纸，在计算机上算出每榀钢箱梁各分段侧面定位点的三维坐标，并做好汇总记录，考虑到钢箱梁上各横向檩条为通长直线安装，钢柱和幕墙柱安装后必须要保证其垂直度，支撑钢箱梁的胎架会有少量下沉，所以制定出如下限差：X 坐标限差为 5mm，Y 坐标限差为 10mm，标高限差为 0～10mm，在吊装前将 3mm 厚的矩形扁铁条焊在钢箱梁分段定位点侧面，并画出规矩线，见图 3.1.6－7，在吊装调位过程中，将小棱镜直接放在平移的点位上，通过全站仪的极坐标法和电磁波测距三角高程法观测，立即可以测出 X、Y、H 的三维偏差，通过指导锚焊工用手拉葫芦和千斤顶进行调位，就可以使钢箱梁定位在短时间内达到限差之内。

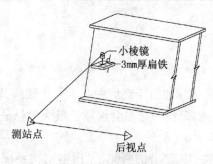

小棱镜
3mm 厚扁铁

测站点　　　后视点

图 3.1.6－7　钢箱梁分段定位图

5. 胎架释放对钢箱梁的下挠监测

对于有腹杆和钢棒的钢箱梁,不同坐标处设计有不同预拱值,在该榀钢箱梁胎架释放过程中如何准确测出其下挠,设计单位提出了很严格要求,我们在钢箱梁上设三个监测点,统一竖向焊上小螺杆,作强制对中措施,将三个棱镜底座直接安装在螺杆上,并将管气泡调平,方向照准所支设的全站仪,用尺量取仪器、棱镜高各两次取平均值,通过全站仪的极坐标法和电磁波测距三角高程法观测,可以准确的测出钢箱梁的下挠情况。

6. 放样精度的可行性分析

采用全站仪进行放样,控制点误差可以不予考虑,其主要为测角、测边的定位误差,以及对中、照准误差,在观测过程中,最少观测次数以正反镜观测1测回计,使用日本索佳 NET2100 全站仪,观测仪器的测边精度为 $a = 2mm$,$b = 2ppm$,测角精度为 $2''$,对中、照准误差各为 $0.5mm$,所观测边长 L,观测角 θ,可计算出:

$$Md_x^2 = (2 + 2 \times L/1000)^2 \cos^2\theta + (L/103)^2 \times \sin^2\theta + 0.5^2 + 0.5^2$$

$$Md_y^2 = (2 + 2 \times L/1000)^2 \sin^2\theta + (L/103)^2 \times \cos^2\theta + 0.5^2 + 0.5^2$$

其误差结果计算见表 3.1.6-2。由此可见,$L \leqslant 250m$ 时在 X、Y 坐标两个方向上放样精度达到 3mm 在理论上是可以成立的。观测、设站人员只要严格执行操作规范,及时对仪器进行温度和气压改正,及时改变棱镜加常数和棱镜高(测标高时),如实做好记录并纠正违章操作,执行三级检查一级审核验收制度,适当增加多余观测,实际作业精度还是有保证的。

测角 θ、测边 L 对 X、Y 坐标的影响值   表 3.1.6-2

边长(m)	坐标最大误差(mm)	观测角 $|\theta|$(θ 取绝对值,不分顺时针、逆时针,θ 值为假定)							
		20°	30°	40°	50°	60°	70°	80°	90°
≤150	MdX	2.33	2.24	2.12	1.98	1.85	1.73	1.65	1.62
	MdY	1.73	1.85	1.98	2.12	2.24	2.33	2.39	2.41
≤200	MdX	2.46	2.40	2.33	2.26	2.18	2.12	2.08	2.07
	MdY	2.12	2.18	2.26	2.33	2.40	2.46	2.49	2.50
≤250	MdX	2.59	2.58	2.57	2.56	2.55	2.54	2.53	2.53
	MdY	2.54	2.55	2.56	2.57	2.58	2.59	2.60	2.60

实例 3:钢结构吊装技术

1. 工程概况

某会展中心钢结构工程Ⅰ标段位于会展中心 1~12 轴线,轴线间距为 30m,施工净面积约为 97 378m²,主要分为两部分:展厅与会议厅。最大单件吊装重量约为 49t,安装标高最高为 +60.000m。见图 3.1.6-8。

展厅钢结构位于建筑物中央部分的两侧,屋顶钢结构系统由钢梁,檩条和支撑组成。双箱形钢梁成门型钢架支撑体系;从展厅边缘跨 126m 到中心框架,两端分别与 A 和 K 轴标高为 1.6m 的支座铰接;中间分别与 E 和 F 轴标高为 28.4m 的支座在安装阶段成定向滑移连接,在屋面钢结构安装完成时成铰接。钢箱梁分为拉杆张弦双箱梁（在伸缩缝及边缘位置,为张弦单箱梁及立柱单箱梁）。钢箱梁宽度为1.0m,高度2.6m,其中张弦梁采用一个由3根直径为150mm或140mm拉杆组成的下张弦系统。箱形檩条截面为500×1000,间隔为6m,跨越主梁并支撑屋面结构。弦拉杆采用高强钢棒S460,立柱支撑的间距为18m,断面为600×450的箱形结构柱。

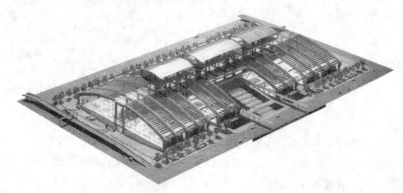

图3.1.6－8 某会展中心鸟瞰图

会议厅屋顶钢结构延续了展厅的结构概念,以双铰门型钢架由双箱梁(1m×2m)组成,跨度60m,置于标高为45m钢筋混凝土的悬臂梁端,箱形檩条置于主钢箱梁之间,用来支撑屋面结构。

会展中心的部分区域在±0.00m以下分布有地下通道、地下室及沟槽。地下通道位于⑤～⑥和E～F,地下室位于⑤～⑫与D～K轴线相交区域。

除E～F轴会议厅及⑥～⑧轴的多功能厅外,在展厅的入口处及靠A和K轴的区域在±0.00m标高以上都设计有钢筋混凝土结构。

2. 吊装工艺编制原则

根据设计要求、施工现场环境以及总控进度计划,依据安装施工现场的机具、工人的熟练程度和习惯擅长的施工方法,尽可能推广先进的吊装工艺,增加一次性吊装重量,力求减轻劳动强度,缩短安装周期,确保吊装的安全可靠,做到技术可行、安全可靠、经济合理。

3. 展厅钢结构吊装工艺

（1）单箱梁分段吊装法

展厅钢箱梁的尺寸很大,长约为126m,单箱梁重量约为170～300t。若采取箱梁整体吊装法将需要很大起重量的吊车。由于运输通过性能和码头吊装能力的影响,而钢箱梁只能按分段单箱梁进场;安装作业时土建也在现场施工,现场的拼接场地有限,不可能全面铺开作业,安装工期不可能大幅度缩短;一部分区域存在地下室,若采取大起重量的吊车吊装,将大大加大地下室的加固费用。另外若采用双箱梁分段安装,将要在地面布置拼装胎具,而且要选用较大起重量的吊车。只要在车间制作进行预拼装,在空中组对与在地面组对效果相同。所以本工程采取分段单箱梁吊装方法。

根据施工的需要,展厅入口处的排架箱梁GJE－3、GJE－3A分为两段,GJE－1D分为九段,其他型号分为七段,单段单箱梁最重约为49t。见图3.1.6－9。

（2）吊装设备

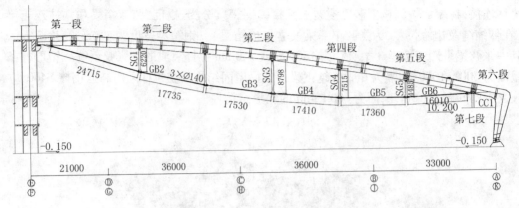

图 3.1.6 - 9　单箱梁分段组装示意图

在展厅 A ~ E 和 F ~ K 轴分别布置履带吊 150t 一台、汽车吊车 50t 各两台。150t 履带吊负责展厅钢箱梁的吊装,50t 汽车吊主要负责展厅钢箱檩条、拉杆、钢柱等的吊装(檩条最重的型号为 LT3,重量为 10.5t)。

（3）吊装顺序

整体吊装顺序

根据土建施工进度,南北区展厅同时进行。南区从 1 轴 ~ 12 轴依次完成,北区一套吊装设备从 1 轴 ~ 8 轴依次进行吊装,另一吊机(见会议厅吊装设备)在完成会议厅钢结构吊装后从 11 轴 ~ 8 轴依次完成入口排架及部分展厅钢结构吊装。

分段单箱梁吊装顺序:

根据箱梁结构,从支腿一端依次向滑动支座一端进行吊装,逐一吊装同分段位置的单片箱梁,立柱或拉杆吊装交叉进行,整条双箱梁吊装、调整就位。就位以后,严格按焊接工艺焊钢箱梁。对于张弦梁,焊接完成后根据设计要求进行张拉。入口处的双箱梁为安装定位方便采取从 F 轴往 H 轴方向的顺序安装。

（4）安装胎架设置

南北区展厅各设置 3 套安装胎架,根据展厅箱梁的分段情况,每套有 5 组不同高度的胎架,每组胎架由标准节和非标准节组成。并且能根据有立柱钢箱梁和无立柱钢箱梁的有无拼装起拱及分段位置不同引起的各组高度不同调整(参见图 3.1.6 - 10)。每组胎架顶上的横梁上设置 8 个 32t 的螺旋式千斤顶,便于箱梁调整就位。

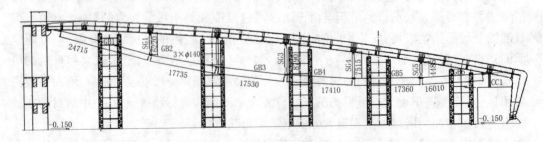

图 3.1.6 - 10　胎架布置示意图

胎架结构应满足箱梁逐段安装支撑要求（强度、刚度、稳定性要满足）、箱梁调整就位要求、满足拉杆或立柱安装要求、满足施工人员操作要求、满足易于拆卸转运等要求。

（5）吊具设计及吊点设置

1）吊具的设计、使用

本钢结构工程工程量大，尤其是展厅主箱梁分段多、单件吊重偏重，并且箱梁横截面形状基本相同，首先考虑吊装夹具的设计和应用。如果采用箱梁上翼缘焊接吊耳进行吊装，不仅要考虑箱梁的加强问题，吊耳的焊接、切割及打磨问题，油漆的破坏及补涂问题，而且要浪费大量的钢板及焊接材料。另外考虑到展厅吊装高度相对不高，拆装吊具较为方便、快速，综合考虑多种因素，展厅箱梁吊装采用吊具，见图 3.1.6-11，不仅通用、安全、实用，而且高效、经济。

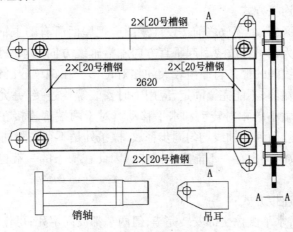

图 3.1.6-11　钢梁吊具图

2）吊点设置

由于箱梁是分段吊装，存在分段分片箱梁之间的组对焊接。相邻段之间存在主箱梁翼缘对接企口，双箱梁之间存在檩条对接企口。箱梁安装完成后的中心线是一条弧线，各段箱的分段线是垂直于该对称中心线。若采用传统的两点平行吊装法，几十吨的钢箱梁难以顺利就位。为了便于吊装就位调整，采用一点半吊装法，即一点主吊，另外一点副吊，通过副吊点上的倒链在箱梁吊离地面500mm时进行调整，使钢梁的倾斜度基本和安装位置时的倾斜度吻合。采用此法吊装能确保钢箱梁吊装一次顺利就位。

3）一点半吊装法（图 3.1.6-12）

（6）展厅箱梁释放

释放单元确定：

为了确保钢箱梁释放安全性和均匀性，尽量按钢结构独立单元整体释放，减小释放时不同轴线的钢箱间的相对位移。为保证钢箱梁的铅垂方向和沿轴线方向的位移满足设计释放要求，把展厅钢箱梁按分区释放，南侧分为五个区，北侧分为三个区。南侧分别为 1~4 轴线（不含 1、4 轴线）、4~5 轴线（不含 5 轴线）、6~8 轴线（不含 6、8 轴线）、8~10 轴线（不含 10 轴线）、10~12 轴线（不含 12 轴线共五个区；北侧分别为 1~4 轴线（不含 1、4 轴线）、4~5 轴线（不含 5 轴线）、6~8 轴线（不含 8 轴线）共三个区。

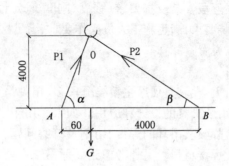

图 3.1.6－12　一点半吊装法

释放之前檩条连接方式:

钢梁按附图分区释放,释放之前按设计意图应把屋面所有的主钢结构包括檩条的荷载全部加上。但因为钢梁释放要引起垂直方向和沿轴线方向的水平位移,特别是有钢柱的轴线与没钢柱轴线间的檩条将产生较大的相对位移。在钢梁分区释放之前,对于有钢柱的轴线处的檩条端部,不能完全固定,应用临时安装螺栓连接,并允许檩条能在垂直于轴线的铅垂面内作微小的相对转动和水平移动。对于两端都连接在没钢柱的钢梁的檩条,从理论上讲,若能做到各轴线均匀同步释放,檩条处是不存在附加力的。实际上,安装时存在安装偏差;释放时肯定存在不能完全同步。因此在檩条的一端也应按上述方法用安装螺栓连接。

释放之前支撑连接方式:

分区释放之前,水平支撑全部安装完毕,但两端都没固定死,可作微小的移动和转动。垂直支撑释放之前不安,等释放完成后再安装固定。

各轴线钢箱梁同步释放:

为确保箱梁能按设计要求产生相应的铅垂和水平方向的位移;为确保箱梁释放过程中的箱梁和胎架的安全可靠。必须采取措施使释放过程箱梁的移动较平稳,千斤顶与箱梁下翼缘板能产生相对位移而不使千斤顶倾斜。为此,确定分区内的箱梁必须同步释放。

1) 均分六次释放

根据各千斤顶处箱梁的铅垂位移设计值,八等均分,即千斤顶分八次释放,每次下降量为该处的 1/8 铅垂位移设计值。实际上由于屋面安装未完成,其他荷载未加上,位移量可能要小于设计值。实际操作证明,释放六次时,千斤顶已经不承力,即释放完成。完全释放前根据箱梁已经焊接成型,已有一定的承载力,把每组胎架内侧的 4 个千斤顶同时全部拆除。然后由 20 名(或 40 名,当双轴线释放时)操作工人分别分六次均量释放 20 个(或 40 个)千斤顶。

2) 释放指挥

为使释放操作尽量接近理论上的同步操作,根据不同位置释放量的不同,在释放之前,进行释放同步操作训练,使操作工人掌握相应位置必须的操作速度。释放时每个胎架设有一个指挥员,指挥员用对讲机辅助指挥。释放时,采用哨声为统一指挥信号。

(7) 钢立柱吊装

立柱概况:

展厅箱梁第 1、4、5 轴线及展厅北侧第 8、9、10、11 轴线都有钢立柱。箱形立柱,其上部与主梁下双檩条的铰轴座连接,下部与地面的柱铰座铰接。铰支座的构造为立柱上的一块耳板与支座处的两块耳板用直径为 $\phi120$ 铰轴连接,轴间间隙为 2mm,耳板间的间隙为 3mm。立柱的长度和重量见表 3.1.6-3。

立柱的长度和重量 表 3.1.6-3

立柱型号	GZ1	GZ1	GZ1	GZ2	GZ2	GZ3	GZ3
立柱长度 (mm)	28 200	27 200	25 800	23 400	20 800	17 800	14 200
立柱重量 (t)	14.02	13.52	12.83	9.69	8.62	7.07	5.64

安装方法:

因箱梁就位时对接口较多,若先吊装立柱后吊装钢箱梁,不仅增大钢箱梁的对接难度,而且必须给立柱设临时支撑。因此立柱在钢箱梁吊装就位后安装。由于 50t 的汽车吊起吊高度有限,立柱吊装时不可能越过钢箱梁上表面;而且即使越过钢箱梁上表面吊装,立柱的就位也很困难。为此吊装立柱时,采用类似于"一点半吊装法",即倾斜吊装立柱,吊点设在重心以上 300mm 处,使立柱上口先就位,而后就位下口。避免吊车的起升高度不足,同时因吊车吊装的行程大幅度缩短和吊装高度大大减小,不仅减少油耗而且节约作业时间,达到更安全、更经济。

吊具的设置:

立柱的重心高度大多在十来米标高以上,若为处理吊耳设置脚手架平台等,显然很不经济。为此设计了活动的箱型夹具,夹具上焊接三个吊耳,侧面的两个辅助吊耳及正面的一个吊装吊耳,见图 3.1.6-13。正面的吊装吊耳能保证立柱吊装就位时不发生侧向倾斜与扭转,使立柱的上口在安装间隙很小的情况下顺利就位。侧面的吊耳分别与立柱的下口耳板用 $\phi32$ 的钢丝绳连接起来,靠 $\phi32$ 的钢丝绳的拉力,保证立柱起吊后,活动夹具不活动,确保立柱安全吊装就位。初就位后,卸吊钩后,吊装夹具因自重的作用,能自动滑落到地面。

牵引绳的设置:

在立柱底端底铰孔上另外设置两根 $\phi14$ 的麻绳,将立柱吊装就位时靠人牵引麻绳,使立柱上端铰孔与箱梁铰孔对正。

立柱吊装:

用前述 50t 的吊车将立柱吊离地面,立柱此时约呈 45° 倾斜状。在立柱就位前,用麻绳调整使其立柱上部铰孔对正主梁铰孔,穿上铰孔间轴销。利用安全吊笼作操作平台。穿好上部轴销后,慢慢回放吊车钢丝绳,立柱下部渐渐接近地面。拆除麻绳及 $\phi32$ 的钢丝绳然后将立柱下部铰孔与已预埋好的立柱铰支座孔对正后,安装。立柱吊装示意图如图 3.1.6-14 所示。

4. 会议厅钢结构吊装工艺

(1) 吊装方法

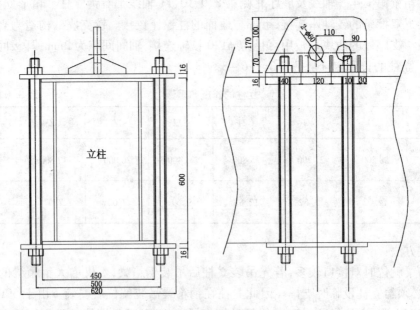

图 3.1.6-13 立柱吊装夹具示意图

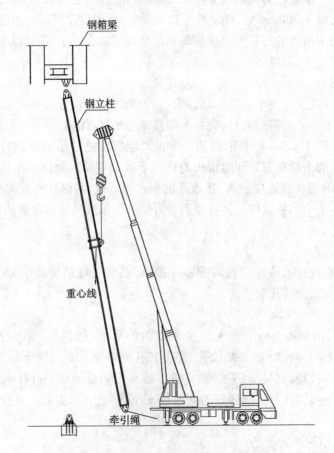

图 3.1.6-14 箱形立柱吊装示意图

由于会议厅钢屋顶位于标高 +45.0m 以上,在标高为 +45m 的混凝土基础平面之上有台阶式会议室、餐厅、电梯井、电梯房、机房等大量构筑物,因而不可能直接利用在标高 +45.0m 混凝土平面设置轨道式塔式起重机对会议厅屋架进行吊装,另外由于支撑大梁跨度较大(30m),也不宜采用轨道滑移方法进行局部组合吊装。若在 ±0.000m 层设置行走式塔吊,则塔身的高度太大,因为最高箱形钢梁安装点为 +60m,在各个吊装位置得加固;另外会议厅的钢梁跨度为 60m,即使用很大的起重量塔吊,也不能满足各个位置双片吊装的要求。综合考虑以上各因素,会议厅钢结构的吊装采用履带吊车站位于 ±0.000m 层上进行。

单箱梁分段吊装法:

会议厅的单箱梁重达 110t,跨度为 60m,若整体吊装将要大起重量的履带吊车站位于展厅位置,这必将影响展厅钢结构的安装。和展厅箱梁一样的原因:箱梁要分段制作、运输、码头吊装能力以及展厅北侧地下室的加固等,以上因素都比较适合分段单箱梁吊装。

箱梁分段:

会议厅的各轴线钢箱梁共分为 6 段,各轴线的分段位置相同,最重的单段分片箱梁约为 34t。

(2)吊装设备

会议厅檩条、钢柱、拉杆虽然起重量不大,但受安装高度和跨度的影响,只能用较大吨位的起重设备。另外由于展厅北侧在(5)~(12)轴线有地下室区域,涉及结构加固,所以考虑在满足吊装能力的前提下,北侧用较小起重量的吊车,南侧用较大起重量的吊车。

在展厅 A~E 轴布置履带吊车 M250-250T 一台,在展厅 F~K 轴布置履带吊车神钢 7150-150T 一台。履带吊车 M250-250T 主要负责会议厅南侧及部分北侧钢结构的吊装,履带吊车神钢 7150-150T 主要负责北侧部分钢结构的吊装。两台吊车同时兼顾檩条、钢柱、支撑等所有钢构件的吊装。见图 3.1.6-15。

(3)吊装顺序

轴线的吊装顺序:

吊装会议厅的履带吊车是占位于展厅标高为 ±0.000m 上作业,因此会议厅各轴线的吊装作业必须先于展厅各轴线的吊装作业。所以会议厅按(4)~(12)轴线依次吊装。会议厅在吊装(4)轴线时,此时展厅的吊装计划应在(1)~(4)轴线区域作业。

分段单箱梁吊装顺序:

分别由南北两端往中间同时吊装,250t 吊车(主臂 51.8m,副臂 36.6m)负责南侧的吊装即第 1 到第 3 段,150t 吊车(主臂 53.64m,副臂 27.43m)负责北侧即第 6 到第 4 段的吊装。在第 3 段收口。

(4)安装胎架设置

会议厅设有两套胎架,每套胎架有 5 个不同高度的胎架,胎架底部尺寸为 4m×4m。每个胎架分为两部分,塔身和头部。塔身分为三节,能适应会议厅标高为 +49.85m 及标高为 +54.6m 土建结构对安装胎架不同高度的需求,各个胎架都便于在 45m 标高板上移动。

(5)吊点的设置

由于会议厅箱梁吊装高度较高(超过 60m),装拆吊具费时、费力,而箱梁相对较轻,在箱梁上翼缘焊接吊点不用考虑箱梁内部加强;另外,会议厅箱梁距混凝土面较低,人员上下较为方便,再加上部分箱梁翼缘板较薄,综合考虑各种因素,为了提高效率、节约设备租赁成本,会议厅箱梁采用焊接吊点进行吊装。

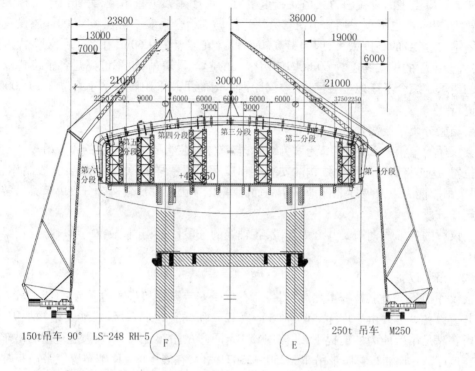

图 3.1.6-15　会议厅构件吊装示意图

根据"一点半"吊装法的原理,设置吊点的位置(图 3.1.6-16)。

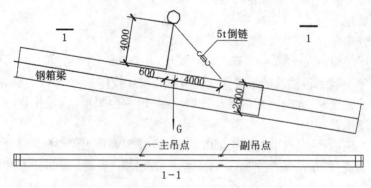

图 3.1.6-16　吊点设置示意图

5. 地下室加固

(1) 土建结构

钢结构吊装时土建结构 ±0.000m 以下部分的施工基本完成,吊车只能站位于 ±0.000m 层进行吊装作业。吊车行走吊装区域的楼板由纵横交错的钢筋混凝土梁支撑,各梁基本为多跨连续梁。⑤~⑥通道处的纵向梁截面为 600×1800,跨距为 15000,梁间距为 3000。其余处纵向主梁最大的截面为 1200×1200,最小的截面为 600×1000,跨距为 6 000、9 000、10 000,梁间距为 9 000;纵向次梁截面大多为 400×1200,跨距大多为 9 000,梁间距不大于 3 000。

（2）施工荷载

住友 LS528SⅡ型 150t 履带吊车 39.624m 主臂工况时装车身配重约为 140t,履带接触地面面积约为 15m²,空载平均接触地面动压力约为 9.33t/m²;在吊装作业工况,单件最大起重量为 39t,平均接触地面最大压力约为 11.9t/m²。

住友 LS248RH5 型 150t 型履带吊车 39.62m 主臂工况时装车身配重为 157.5t,履带接触地面面积约为 18.75m²,空载平均接触地面动压力约为 8.4t/m²;在吊装工况时,单件最大起重量为 33.5t,平均接触地面最大压力约为 10.2t/m²。

住友 LS248RH5 型 150t 型履带吊车 53.34+30.5m(塔身 90°)塔式工况装车身配重约为 171.5t,履带接触地面面积约为 18.75m²,空载平均接触地面动压力约为 9.2t/m²;在吊装作业工况,单件最大起重量为 20t,平均接触地面最大压力约为 10.2t/m²。

（3）吊车路线选择

根据该区域的钢结构的安装位置,首先,考虑在满足起重机吊装能力的前提下必须避免吊车的履带直接压上土建 ±0.000m 以上的混凝土柱的预留钢筋;其次,必须充分利用土建的结构,吊车的履带尽可能避免压在楼板或梁的跨中,减小因吊车荷载产生的弯矩值;第三,吊车在加固区域尽可能减少转弯次数,因履带吊车外形尺寸较大,转弯时不仅需要较大的转弯半径,还产生较大的摩擦力。

（4）加固方法

用 φ48×3.5 的脚手管顶紧 ±0.000m 层钢筋混凝土板或钢筋混凝土梁,脚手管顶部设型号为 M36 可调式螺杆支座,确保每根立柱对楼板达到顶紧支撑且加大脚手管与混凝土结构的接触面。在脚手管立柱靠楼板底部约 150mm 处,加设一道拉结杆,加强立柱顶端整个工作面的刚性。根据脚手管的承载力计算及在相同承载力情况下节约脚手管的用量,确定脚手管的立柱间距在 350~450mm 之间,步距为 1 000mm(或 900mm)。在履带吊车每条履带的通过区域的地下室搭设约 3m 宽的排架;在履带吊车的转弯处,搭设成满堂红式脚手架,并且柱距减小 50mm。

用 φ219×8 的钢管顶紧吊车行走路线上的次梁,降低次梁的跨距或使吊车的荷载直接由次梁传递到钢管上,避免次梁随吊车的荷载引起的弯矩,提高次梁的承载能力。

铺石粉层为缓冲措施。在吊车履带与楼板之间铺上厚为 200mm、宽为 2 500mm 的石粉层,一方面起到减振作用,另一方面起到分散吊车的集中荷载的作用。

钢板为刚性支撑面,石粉层上铺厚为 12mm 的钢板起到刚性支撑面的作用,确保吊车在石粉层上顺利行走。

（5）典型加固图(图 3.1.6-17~图 3.1.6-19)

实例 4:焊接工艺技术

1. 工程概况

某会议展览中心钢结构工程展厅单轴线双箱梁重达 350~600t,长为 126m,箱梁截面高为 2.6m。单主箱梁截面尺寸为 2600×1000,双箱梁截面尺寸为 2600×4000,双箱梁间由 7 对双短檩条和 14 根单檩条连接。轴线间箱梁由 24m 长檩条连接。单主箱梁共分 8

个分段,每轴线共有 16 分段箱梁。所有箱梁和檩条都是通过焊接连接。焊缝质量等级为一级,焊缝检查等级为 B 级。我公司承担的 I 标段为主导标段共有 22 榀单轴线双箱梁。

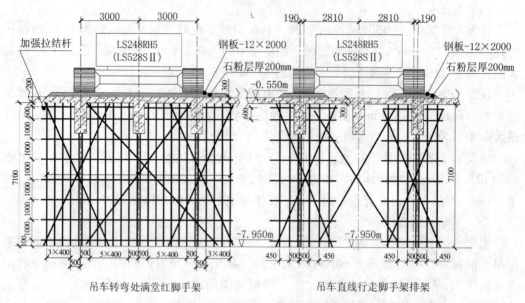

图 3.1.6-17 吊车通过地下通道时的加固图

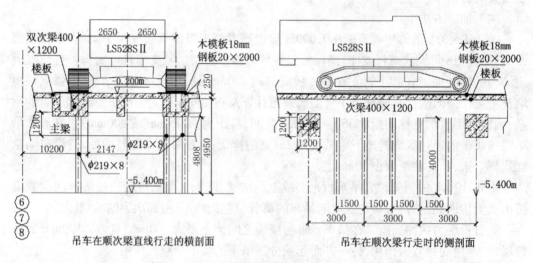

图 3.1.6-18 沿混凝土梁上行走时的加固图

2. 工程特点

(1) 截面为箱型

主箱梁截面尺寸为 2600×1000,且为变截面,腹板的厚度为 12~18mm;翼缘板厚度为 12~35mm;短檩条截面 1000×500,翼缘板及腹板的厚度为 20mm。主箱梁截面高为 2.6m,立焊焊缝长为 2.6m,焊接操作困难。

(2) 焊接量大

每榀箱梁共有 14 个主梁分段口、24 个短檩条分段口及 48 个短檩条与 24m 长檩条接口,现场安装焊接量大,焊接变形难以控制。

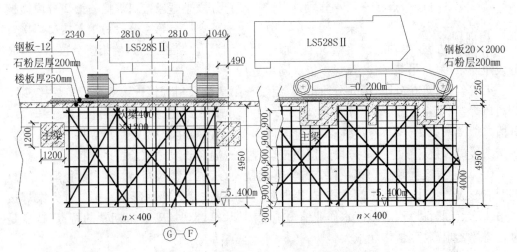

图3.1.6-19 吊车通过楼板时的加固图

（3）工期紧

现场安装合同总工期仅为240d。

（4）高空作业

箱梁吊装放置于胎架上,焊接全属于高空作业,相对地面标高为10～30m,防风防雨要求高。

（5）钢材和焊材

钢材为Q345B,手工电弧焊焊材为E5016;CO_2气体保护焊焊丝为K-71TLF,直径$\phi1.2$mm。

3.焊接技术措施

（1）焊工考试

挑选优秀的持证焊工模拟在现场施工焊接条件下进行培训,然后在业主、监理单位的监督下进行附加的焊接考试,考试合格后方准上岗正式焊接。

（2）焊接工艺评定

按设计要求的剖口形式及尺寸对各种接头及厚度进行工艺评定,焊接方法分别为手工电弧焊和二氧化碳气体保护焊,共进行29个焊接工艺评定。全部试验接头抗拉强度达到母材抗拉强度的标准值,接头冷弯无裂纹,接头的各个位置的硬度及冲击值均合格。

（3）焊接顺序

1）箱梁整体焊接顺序。

A.单轴线双箱梁整体焊接顺序主要考虑箱梁成型后的直线度,焊接过程中从焊接质量进度等各方面因素综合考虑,现场焊接顺序有两种。在实际实施焊接过程中除第一轴线采用第一种方案,其他轴线全部采用第二种方案。实践证明两种方案都能达到设计要求。

B.第一方案:单轴线双箱梁全部吊装就位且各个接口组装完成后进行现场焊接。焊接顺序为:

第 7 分段口焊接→第 1 分段口焊接→第 6 分段口焊接→第 2 分段口焊接→第 5 分段口焊接→第 3 分段口焊接→第 4 分段口焊接→第 6 分段短檩条接口焊接→第 2 分段短檩条接口焊接→第 5 分段短檩条焊接→第 3 分段短檩条焊接→第 4 分段短檩条接口焊接。

C. 第二方案：单轴线双箱梁 3 个分段吊装和组装完成后开始焊接第 7 分段口及第 6 分段短檩条接口，吊装、组装及焊接依次同步进行。

第 7 分段、第 6 分段、第 5 分段吊装、组装→第 7 分段口焊接→第 6 分段口焊接、第 5 分段口焊接、第 4 分段、第 3 分段、第 2 分段、第 1 分段吊装、组装→第 4 分段口焊接→第 3 分段口焊接→第 2 分段口焊接→第 1 分段口焊接→第 6 分段短檩条接口焊接→第 5 分段短檩条接口焊接……→第 2 分段短檩条接口焊接→端部分段短檩条接口焊接。

D. 两种方案优缺点。第一种方案箱梁成型较好，调准线较容易，控制尺寸精确；缺点是不能形成流水作业，焊工间歇施工，周期长，对工程进度有不利影响。第二种方案焊接和吊装施工同时进行，可以流水作业缩短施工周期，符合现场安装工期紧的特点；缺点是过程监控要求高，测量作业量大。

2）长檩条焊接顺序。长檩条与短檩条一一对应，檩条之间的间距为 6m。当轴线箱梁焊接完成后，才进行长檩条的焊接。长檩条焊接时，先至少由 5 名焊工间隔较均匀在箱梁一侧的接口焊接，确保在整个轴线上由长檩条焊接时引起的轴线侧向变形较均匀。而后才可大面积焊接同侧的其他长檩条接口。

3）横截面焊接顺序。

A. 主箱梁、短檩条的横截面都为对称的矩形截面，截面焊接顺序主要以对称焊为主。主箱梁截面焊接成型后不能有下挠，因此主箱梁截面焊接时必须先焊接下翼缘板的焊缝。双箱梁及双短檩条截面焊接顺序如图 3.1.6-20 所示。

B. 双箱梁焊接时，首先由四名焊工（图示为 A、B、C、D）分中对称焊接上下翼缘板的焊缝，然后对称焊接腹板的立缝，再分中对称焊接上翼缘板的焊缝（上缘板各有两条焊缝），最后对称焊接预留的腹板与翼缘板的纵向俯角焊缝和仰角焊缝。

C. 双檩条焊接时，焊接顺序和双箱梁基本一致，由于空间较小，采取两名焊工对称焊接（图 3.1.6-21）。

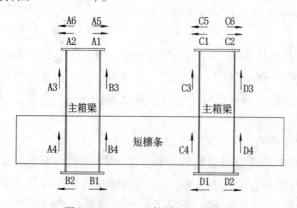

图 3.1.6-20　双箱梁焊接顺序图

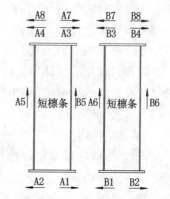

图 3.1.6-21　双短檩条焊接顺序

（4）典型焊接工艺参数

现场的安装焊接主要采用 CO_2 气体保护焊，典型焊接工艺参数见表 3.1.6-4。

	典型焊接工艺参数			表 3.1.6 – 4	
焊丝直径	焊接姿势	电流 A	电压 V	速度（mm/min）	气体流量（L/min）
φ1.2	平焊	210～230	26～29	200～500	18～20
φ1.2	俯焊	170～190	23～26	180～500	18～20

（5）焊接作业平台

上下翼缘板的焊缝都为俯焊位置焊接，腹板焊缝为立焊，且高空作业。设置专用的焊接吊栏焊接腹板的立缝。

（6）防风防雨措施

CO_2 气体保护焊对施工环境的风速要求高，不得大于 2m/s。该项目临海且为现场高空作业，现场焊接防风尤其重要。由于夏秋季节雨天较多，防雨措施必不可少。利用箱梁上的护栏及专用焊接吊栏外罩彩条布及挡水板达到防风防雨的要求（图 3.1.6 – 22、图 3.1.6 – 23）。

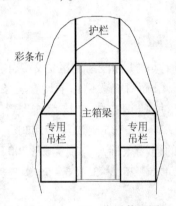

图 3.1.6 – 22　防风装置图

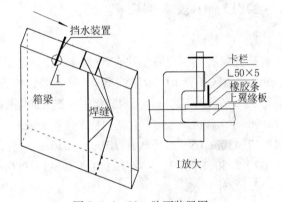

图 3.1.6 – 23　防雨装置图

（7）焊接变形控制措施

1）施焊过程中定期用（每天三次）全站仪监控箱梁的直线度。

2）由于横截面焊接产生的轴线箱梁的轴向纵向缩短变形通过单元件制造时预留长度补偿而实现。带垫板剖口焊接的横向变形较小，每个接口的横向缩短在 1.5～2.5mm 之间。

3）主箱梁及短檩条的对接焊缝的剖口都为单边带垫板 V 型剖口，若不采取适当的措施，焊后可能产生超差的角变形。为此，根据现场安装的特点，采用在焊缝反面加焊 – 12 × 500 × 150 的加强板，加强板间距为 500mm。

4）对接口有线性突变的焊缝，适当调整焊接方向，利用焊接变形来消除。见图 3.1.6 – 24。

（8）其他措施

1）施焊环境必须严格监控。现场各焊接区必须放置合格的温湿度计、风速仪，湿度或者风速超标没有有效防护措施，绝对不允许焊接作业。

2）严格控制焊接剖口的表面状况和剖口尺寸。焊道两侧及剖口内的异物必须在施焊前清除干净。组对的剖口超出规范的允许偏差时,必须在坡口单侧或两侧堆焊、修磨使其符合要求后方能施焊。

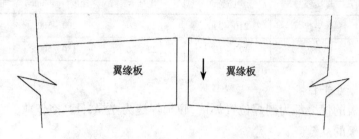

图 3.1.6 – 24　施焊方向调整图

4. 结论

经过以上各项技术措施的严格执行,所有焊缝一次合格率达到 99% 以上;单轴线箱梁的侧向挠度值都在 35mm 以内。

实例 5:钢棒安装、张拉工艺技术

1. 工程概况

某会议展览中心展厅共有 35 条轴线,钢箱梁跨度 126m,其中 I 标段南北区的 2、3、4、7 轴线及南区 8、9、10、11 轴线共 24 榀钢箱梁均为下弦拉杆式,而每榀梁钢箱下设有三条平行共 6 个分段的 $\phi140$($\phi150$)的高强度张拉钢拉杆,每条钢拉杆连接后全长为 113.96m,其各分段长度(由高到底)分别为:$L1 = 24.715m$、$L2 = 17.735m$、$L3 = 17.530m$、$L4 = 17.410m$、$L5 = 17.360m$、$L6 = 16.010m$;每分段钢拉杆的连接点标高分别为 28.200、21.00、17.50、13.500、13.400m;13.400m;13.200m。见图 3.1.6 – 25,表 3.1.6 – 5。

2. 设计要求

(1)力学性能要求:

表 3.1.6 – 5

序号	钢拉杆直径(mm)	截面积(mm²)	标准强度(MPa)	标准载荷(kN)
1	150	17 663	550	9 714
2	140	15 386	550	8 462

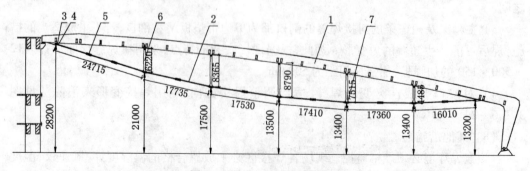

图 3.1.6 – 25　展厅结构简图

1—钢箱梁;2—钢拉杆;3—U 形接头;4—护套;5—调节套筒;6—腹杆;7—腹杆耳板

每榀梁钢箱下设有三根平行的高强度钢棒,见图3.1.6-26,在应力状态下每根钢棒受力要均匀,并且三根钢棒必须在线性状态下承受应力,其承载力能够随着应力变化而同步增大或减小。

钢棒是通过螺纹套筒连接,因而要使钢棒在承载状态下承线性状态,必须预先消除螺纹间隙。

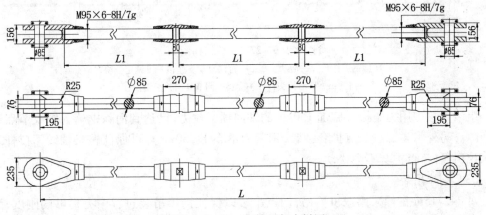

图3.1.6-26 钢棒局部大样图

（2）张拉力要求:

根据试验,成品钢棒在承受60kN拉力时开始承线性状态受力,即消除螺纹间隙需要60kN以上的拉力,基于此试验数据及钢棒的承载状态,钢棒地面组装时,施加150kN预紧张拉力,以消除螺纹间隙,钢棒在就位后,张拉力应不小于300kN以拉紧钢棒。

（3）安装几何状态要求:

由于自重状态下的垂度与长度呈线性变化关系,可通过检测钢棒下挠度及相对挠度来检验同一跨间六根钢棒的安装长度及间隙是否统一均匀。

设计要求钢棒安装就位后,在胎架释放前,通过检测、张拉、调试,保证每排3根钢棒的相对挠度差值在20mm以内,其中24.715m钢棒挠度为150mm,16.010m钢棒挠度为80mm,其他钢棒挠度为100mm。

3. 钢棒安装工艺

根据设计要求,钢棒安装控制要点为安装长度及预紧力控制。

（1）精确拼装工装的设计

根据设计各项技术指标要求,每根钢棒分别由定值长度ϕ140(ϕ150)的钢棒3节或2节,U形接头及销轴、锁盖共2套,调节套筒2件或1件,护套6件或4件,通过左右旋螺纹连接,见图3.1.6-27;要求拼装后两端U形接头工作面必须保证对称,为吊装时能顺利的与钢箱梁下腹杆耳板配合到位奠定良好的基础及各分段3条钢拉杆长度相对偏差L±0.5mm及公称尺寸L±1.5mm;为此施工过程中设计了一套地面组装及预紧工装。

（2）钢棒地面拼装及预紧

首先用叉车将U形接头放置在工装两端穿好销轴,再将钢棒放置可调移动支座(通过简易滚轮实现),然后将各护套配置到各钢棒两端螺纹上,再将两端U形接头与钢棒螺纹连接到位,用调节套筒将各条钢棒连接并调节长度值 L 到规范要求,确保各条公称对及偏差达到规定要求。

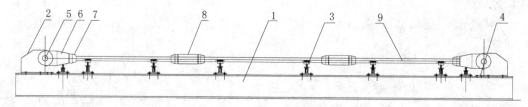

图 3.1.6-27 钢棒结构图

1—H 型钢工作台;2—活动支座;3—可调滑动支座;4—可调定位块;
5—销轴;6—U 形接头;7—护套;8—调节套筒;9—钢拉杆

组装过程中用力矩扳手施加 150kN 的轴向预紧拉力,已达到消除钢棒各螺纹节点连接间隙。另外将各螺纹节点护套锁紧(锁紧力不小于 350kN),可保证整条轴线钢拉杆最终张拉后,各节点护套不会松动。

（3）钢棒吊装

对 24.715m 钢棒采用双机抬吊,四点吊装以保证钢棒吊装过程中有足够的刚度,为了钢棒能精确就位、穿销,采用倾斜吊装。

根据各分段腹杆耳板的高差来改变吊点位置,钢棒两端 U 形接头与腹杆耳板高差相接近时,用倒链调整到位,穿上销轴。

4. 钢棒张拉工艺

根据设计要求,在支撑胎架释放前必须对下弦钢拉杆用 300kN 的力进行张拉,其目的是保证胎架释放后,钢箱梁由于自重及各节点大面积的焊接所产生的内应力排放,大梁向下挠的同时产生水平滑移。

（1）张拉前的准备

在施工过程中,由于施工设备、经济技术等因素的限制,不可能做到整个屋架的钢桁架同时张拉、同时变形,因此采用钢棒分批张拉。

各分段的钢棒用手动葫芦调成近似平直,克服自重下挠后安装张拉平台,将张拉设备（表 3.1.6-6）及张拉工装（图 3.1.6-28）吊装至张拉平台。张拉设备及张拉工装不仅要满足张拉及承力要求,而且操作上要方便、可靠,便于装拆。

主要张拉施工设备表   表 3.1.6-6

序号	主要设备名称	规格	单位	数量	备注
1	张拉反力架	YCSZ50-100	套	2	
2	张拉反力架	YCSZ30-100	套	2	
3	张拉反力架	YC60-200	套	2	
4	穿心式千斤顶	YCSZ50-200	台	8	
5	穿心式千斤顶	YCSZ30-100	台	2	
6	穿心式千斤顶	YC60-200	台	2	
7	高压油泵	ZB4/800	台	3	

序号	主要设备名称	规格	单位	数量	备注
8	数字式测力仪		台	8	
9	电阻式应变仪		套	2	
10	测力传感器	CL－YD－1200	套	8	
11	传感器显示仪		台	2	
12	防震型精密压力表	1.0级	台	6	
13	经纬仪		套	2	
14	全站仪		套	2	
15	对讲机		台	8	
16	力矩扳手		把	8	
17	手动葫芦	5t	个	8	

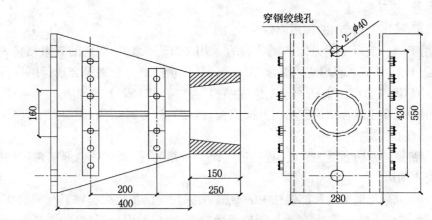

说明:此工装用于张拉 φ140mm、φ150mm 高强度钢棒。

图 3.1.6－28 张拉工装示意图

（2）张拉顺序及过程控制

整体上由两个端跨向中间跨进行张拉,如图 3.1.6－29 所示。

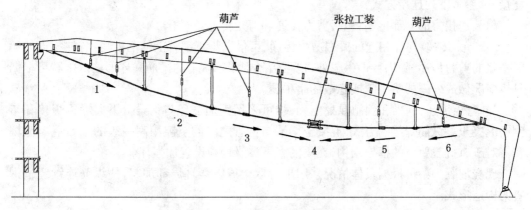

图 3.1.6－29 钢棒张拉图

在张拉过程中,套筒的调整必须同步跟进,边张拉边上紧套筒,两者密切配合,张拉力过小螺纹太紧或者张拉力过大以致方向螺纹顶紧,都不能上紧套筒、达到张拉要求。张拉达到控制值而且套筒上紧后,及时锁紧紧固套筒,以避免连接套筒松动。

3.2 钢—混凝土组合结构施工技术

3.2.1 主要内容

钢—混凝土组合结构施工技术的主要内容包括:型钢—混凝土组合结构(也称钢骨混凝土组合结构)、钢管柱—混凝土组合结构、压型钢板—混凝土组合楼盖等。具体包括钢结构的制作、运输、安装、防火防腐保护和钢筋混凝土施工。

3.2.2 选用原则

钢—混凝土组合结构的选用原则是:

1. 用于钢—混凝土组合结构的钢材宜采用 Q235 等级 B、C、D 的碳素结构钢,以及 Q345 等级 B、C、D、E 的低合金高强度结构钢。其质量标准应分别符合现行国家标准《碳素结构钢》(GB/T 700)和《低合金高强度结构钢》(GB/T 1591)的规定。

2. 钢—混凝土组合结构宜用于框架结构、框架—剪力墙结构、底部大空间剪力墙结构、框架—核心筒结构、筒中筒结构等。

3. 当房屋的设防烈度为 9 度,且抗震等级为一级时,框架柱的全部结构构件应采用型钢混凝土结构。

4. 型钢混凝土框架梁和框架柱中的型钢,宜采用充满型实腹型钢。充满型实腹型钢的一侧翼缘宜位于受压区,另一侧翼缘位于受拉区;当梁截面高度较高时,可采用桁架式型钢混凝土梁。

5. 型钢混凝土剪力墙,宜在剪力墙的边缘构件中配置实腹型钢;当受力需要增强剪力墙抗侧力时,也可在剪力墙腹板内加设斜向钢支撑。

6. 钢管混凝土结构各部件之间的相互连接以及钢管混凝土结构与其他结构之间的连接,可参考下列连接方式:

(1)连接力的外部传递:包括剪力传递和弯矩传递。

1)剪力传递:与柱相连的梁端剪力传递,可借助焊于钢管上的钢牛腿,与柱相连的无梁楼盖的剪力传递,除用环形牛腿外,也可借助焊于钢管上的吊筋和环形筋。牛腿可根据具体情况做成外露的明牛腿或隐蔽的暗牛腿。

2)弯矩传递:钢梁和预制混凝土梁,均可采用钢加强环与钢梁上下翼缘板焊接和与钢筋混凝土梁纵筋焊接的方式,混凝土梁端与钢管之间的空隙用高一级的细石混凝土填实。对于有抗震要求的框架结构,在梁的上下翼缘均须设置加强环。

现浇混凝土梁可根据具体情况采用平行双梁或将梁端局部加宽,使纵筋连续绕过钢管的构造形式。

(2)连接力的内部传递:

1）利用直接支承力,常采用柱顶盖板、柱脚底板和层间横隔板以及穿心板等,能有效地将荷载传于核心混凝土上。层间横隔板用于多层建筑柱子,可设于钢管吊装的分段处和有重大荷载作用的部位,可不影响混凝土的浇筑和振捣。穿心板制作麻烦,妨碍管内混凝土浇筑和振捣,只用于分段浇筑的大直径钢管混凝土柱和重型桁架节点中。

2）利用钢管和核心混凝土界面的剪切力,钢管与混凝土之间的界面处存在粘结力,同时还存在摩阻力,即可传递连接力。

（3）加强环：在梁柱连接的上下翼缘均设置加强环,使作用于钢管上的剪力可借助加强环的直接支承力传递给核心混凝土。

1）钢—混凝土组合楼盖中压型钢板是永久性模板,又部分地起受拉钢筋的作用,还可以作为施工操作平台。压型钢板通过栓焊钉与楼面结构钢梁有效地共同受力工作,实现钢结构梁与钢筋混凝土翼板的剪力传递。

2）钢结构的防火防腐保护包括防腐涂料涂装、防火涂料涂装以及防火板安装。

3.2.3　技术特点和注意事项

钢—混凝土组合结构的技术特点和注意事项是：

1. 钢—混凝土组合结构的钢材应根据结构的重要性、荷载特征、连接方法、环境温度以及构件所处部位等不同特点,选择其牌号和材质,并应保证抗拉强度、伸长率、屈服点、冷弯试验、冲击韧性合格和硫、磷含量符合限值。对焊接结构尚应保证碳含量符合限值。钢材的物理性能应按现行国家标准《钢结构设计规范》(GBJ 17)的规定。

2. 在建筑钢结构的设计和钢材订货文件中,应注明所采用钢材的牌号、质量等级、供货条件等以及连接材料的型号(或钢材的牌号),必要时尚应注明对钢材所要求的机械性能和化学成分的附加保证项目。在技术经济合理的情况下,可在同一构件中采用不同牌号的钢材。

3. 焊接材料应符合下列要求：

手工焊接用的焊条,应符合现行国家标准《碳钢焊条》(GB/T 5117)或《低合金钢焊条》(GB/T 5118)的规定。选择的焊条型号应与主体金属力学性能相适应。

自动焊接或半自动焊接用的焊丝,应符合现行国家标准《熔化焊用钢丝》(GB/T 14957)的规定。选择的焊丝和焊剂应与主体金属相适应。

二氧化碳气体保护焊接用的焊丝,应符合现行国家标准《气体保护电弧焊用碳钢、低合金钢焊丝》(GB/T 8110)的规定。

当 Q235 钢和 Q345 钢相焊接时,宜采用与 Q235 钢相适应的焊条或焊丝。

4. 连接件(连接材料)应符合下列要求：

（1）普通螺栓应符合现行国家标准《六角头螺栓 C 级》(GB/T 5780)的规定,其机械性能应符合现行国家标准《紧固件机械性能、螺栓、螺钉和螺柱》(GB/T 3089.1)的规定。

（2）高强度螺栓应符合现行国家标准《结构用高强度大六角头螺栓、大六角头螺母、垫圈与技术条件》(GB/T 1228～1231)或《钢结构用扭剪型高强度螺栓连接副》(GB/T 3632～3633)的规定。

（3）连接薄钢板或其他金属板采用的自攻螺钉应符合现行国家标准《自钻自攻螺钉》(GB/T 15856.1～4、GB/T 3098.11)或《自攻螺栓》(GB/T 5282～5285)的规定。

5. 钢管混凝土结构

（1）钢管混凝土结构的钢管，优先采用螺旋焊接管，也可使用滚床卷制符合要求的钢管。卷管时，卷管方向应与金属压延方向垂直；卷管内径，对含碳量不大于 0.22% 的碳素钢，不小于 35 倍板厚；对于低合金钢则不小于 40 倍板厚。制管前应根据板厚将板端仔细开好坡口。为适应钢管拼装后的轴线要求，钢管坡口端应与管轴严格垂直。在卷管过程中，应注意保证管端与管轴线形成垂直的平面。

（2）当采用滚床卷管时，应特别注意直缝的焊接质量，尽可能采用自动焊缝。当采用手工焊缝时，宜采用直流焊机，这样可以得到较为稳定的焊弧，且焊缝的含氢量较低。这对具有双向受力的钢管是必要的。

（3）在构件制造中，除按照一般钢结构构件的要求施工外，还应注意：

1）管肢对接时，应严格保持焊后管肢的平直，焊接时宜采用分段反向焊接顺序。由于焊缝从环向开始，将形成先期收缩量。为补偿收缩影响，管肢对接焊缝间隙可适当放大 0.5～1.0mm 作为反变形量，具体数值可以根据试焊结果确定。

2）焊接前，对小直径钢管可以采用点焊定位，对大直径钢管可另用附加筋在钢管外壁做对口固定焊接。固定点的间距为 300mm。

3）重要的大直径肢管，为保证连接处的焊缝及质量，可在管内接缝处增加附加垫圈，宽度为 20mm，厚度为 3mm，并与管内壁保持 0.5mm 的膨胀间隙，以确保焊缝根部质量。

4）必须确保钢管构件中各杆件的对接间隙，焊接时根据间隙大小选用适当的焊条。

5）当钢管混凝土结构节点处的焊接道次较多，应选择合理的施焊顺序，以达到有效焊接应力与变形的目的。各加强环和牛腿等后施工的焊缝，应与管上的纵横焊缝错开一定距离。

6）柱脚钢管的端头必须用封头板封固。钢管混凝土柱脚与基础的连接，有插入式和端承式两种。插入式要求插入深度不宜小于 2 倍钢管直径。端承式柱脚的设计和构造与钢结构相同。

（4）根据运输条件，柱段长度一般以 10m 左右为宜，在现场组装的钢管柱的长度，根据施工要求和吊装条件确定。

（5）钢管混凝土结构的混凝土强度等级不宜低于 C30。

（6）管内混凝土浇筑：

1）管内混凝土浇筑的方法有：立式手工浇捣法、高位抛落无振捣法和泵送顶升浇筑法。

2）立式手工浇捣法

① 在浇筑混凝土之前，应先浇筑一层水泥砂浆，厚度不小于 100mm，用以封闭管底并使自由下落的混凝土不致产生弹跳现象。混凝土由管口灌入，并用振捣器振捣密实。管径大于 350mm 可用内部振动器，每次振捣时间不少于 30s，一次浇筑高度不宜大于 2m。当管径小于 350mm 可用附着式振动器。

② 当浇筑至钢管顶端时，可使混凝土稍为溢出，再将留有排气孔的层间横隔板或封顶板紧压在管端，随即进行点焊。待混凝土达到 50% 设计强度时，再将层间横隔板或封顶板按设计要求进行补焊。也可以在混凝土施工到钢管顶部时暂不加端板，待几天后混凝土表面收缩下凹，然后用和混凝土强度相同的水泥砂浆抹平，再盖上端板并焊好。

3）高位抛落无振捣法

① 高位抛落无振捣法适用于管径大于 350mm，高度不小于 4m 的钢管混凝土浇筑。对于抛落高度不足 4m 的区段，仍须用内部振捣器振实。

② 采用此法施工时，必须先进行配合比试验，确定合理的配合比和水灰比，适当加大水泥用量，并掺适量的外加剂，以改善混凝土的内聚性，增加粘着力和流动性，以满足高抛不离析的要求。

③ 采用此法施工，管柱内不应设有零部件，以免影响混凝土浇筑质量。

4）泵送顶升浇筑法

① 在钢管底部安装带闸门的进料支管，直接与泵的输送管相连，由泵车将混凝土连续不断地自下而上灌入钢管。根据泵的压力大小，一次压入高度可达 80～100m。

② 钢管直径宜大于或等于泵径的两倍。

③ 此法关键是混凝土配合比的选择。可选择半流态混凝土和微膨胀半流态混凝土。

④ 待混凝土终凝后，将浇筑口的短钢管用火焰割去，修整孔口混凝土，再喷水泥砂浆，加贴盖板焊补完整。

（7）钢管混凝土的质量检查和验收包括钢管构件和管内混凝土两个方面。钢管构件的检查验收可按《钢结构工程施工质量验收规范》（GB 50205—2001）规范要求执行。管内混凝土浇筑质量的检测方法主要有敲击法、回弹法、钻芯取样法、拔出法和超声波非破损检测法等，工地常用敲击钢管的方法进行初步检查，如有异常，可用超声脉冲技术检测。对不密实的部位，可用钻孔压浆法进行补强，然后将钻孔补焊封固。

（8）钢管构件必须在所有焊缝检查后方能按设计要求进行防腐处理。

6. 型钢混凝土结构（钢骨混凝土结构）

（1）型钢混凝土梁：实腹式型钢一般为工字形，可用轧制工字钢和 H 型钢，也可用两槽钢做成实腹式截面，便于穿过管道或剪力墙的钢筋。空腹式型钢截面一般由角钢焊成桁架，腹杆可用小角钢或圆钢，圆钢直径不宜小于其长度的 1/40，当上下弦杆间的距离大于 600mm 时，腹杆宜用角钢。型钢混凝土梁中的纵向钢筋直径不宜小于 12mm，纵向钢筋最多两排，其上面一排只能在型钢两侧布置。框架梁的型钢，应与柱子的型钢形成刚性连接，梁的自由端要设置专门的锚固件，将钢筋焊在型钢上，或用角钢、钢板做成刚性支座。

（2）型钢混凝土柱：实腹式有十、T、L、H、圆、方等形式，型钢多用钢板焊接而成。空腹式钢柱一般由角钢或 T 形钢作为纵向受力杆件，以圆钢或角钢作腹杆形成桁架型钢柱。型钢混凝土柱中的纵向钢筋直径不宜小于 12mm，一般设于柱角，可以避免穿过型钢钢梁的翼缘。箍筋直径不宜小于 8mm，采用封闭式。

（3）梁柱节点截面形式有：水平加劲板式、水平三角加劲板式、垂直加劲板式、外隔板式、内隔板式、加劲环式、贯通隔板式。在节点部位，柱的箍筋穿过预留孔洞再用电弧焊焊接。

（4）梁的主筋一般要穿过型钢柱的腹板，穿孔削弱型钢柱的强度，应采取补强措施。

（5）柱脚有埋入式和非埋入式两种。非埋入式利用地脚螺栓将钢底板锚固；埋入式直接伸入基础内部锚固，其柱脚部位柱筋、基础梁筋、箍筋以及钢骨等交错布置，施工较为复杂。但震害表明，非埋入式柱脚，特别是在地面以上的非埋入式柱脚易产生破坏，所以对有抗震设防要求的结构，应优先采用埋入式柱脚。

埋入式柱脚钢骨埋入部分的翼缘上以及非埋入式柱脚上部第一层柱中钢骨翼缘上应设置栓钉,栓钉的直径不小于19mm,水平及竖向中心距不大于200mm,且栓钉至钢骨板材边缘的距离不大于100mm。

(6) 加工型钢柱的骨架时,在型钢腹板上要预留穿钢筋的孔洞,而且要相互错开。在一定部位预留排气孔和混凝土浇筑孔。

(7) 型钢混凝土结构的混凝土浇筑应遵守有关混凝土施工的规范和规程要求,在梁柱节点处和翼缘下部应仔细振捣密实。

7. 钢—混凝土组合楼盖

(1) 组合楼板施工阶段设计时应对作为浇筑混凝土底模的压型钢板进行强度和变形验算,应考虑的荷载有永久荷载包括压型钢板、钢筋和混凝土的自重;可变荷载包括施工荷载和附加荷载。当有过量冲击、混凝土堆放、管线和泵的荷载时,应增加附加荷载。如果不满足要求,可加临时支护以减少板跨,临时支撑可采用[50 槽钢固定在压型钢板底部的钢梁上,垂直于板跨方向布置,这些临时支撑要待楼板混凝土强度达到设计的混凝土强度标准值的 100% 强度后才能拆除。

(2) 压型钢板作为永久性模板,并部分起着钢筋混凝土楼板受拉钢筋的作用,也作为施工操作平台,可省去传统的超高支模施工,从而加快施工进度。

(3) 压型钢板通过焊钉与楼面结构钢梁有效地共同受力工作,实现钢结构梁与钢筋混凝土翼板的剪力传递。

(4) 铺设压型钢板时,相邻跨压型钢板端头的波形槽口要贯通对齐,便于钢筋绑扎。

(5) 压型钢板通长铺过钢梁时,可直接将焊钉穿透压型钢板焊于钢梁上。

(6) 压型钢板铺设完毕并焊接固定后,方可再焊接堵头板及挡板。

(7) 栓钉焊接前,应对采用的焊接工艺参数进行测定,编出焊接工艺,并在施工中认真执行。

(8) 钢构件安装和钢筋混凝土楼板的施工,应相继进行,两项作业相距不宜超过 5 层。一个流水段一节柱的全部钢构件安装完毕并验收合格后,方可进行下一流水段的安装工作。

(9) 压型钢板作为承重楼板结构时,应喷涂防火涂料或粘贴防火板材的保护措施。当管道穿过楼板时,其贯通孔应采用防火堵料填塞。若压型钢板仅作为模板,则可不需作防火保护层。

8. 钢结构的防火防腐保护

(1) 钢结构的防火构造与施工,在符合现行国家标准的前提下,应由设计单位、施工单位和防火保护材料生产厂家共同协商确定。

(2) 处于侵蚀介质环境或外露的钢结构,应进行涂层附着力测试,并采取相应防腐保护措施。

(3) 在一个流水段一节柱的所有构件安装完毕,并对结构验收合格后,结构的现场焊缝、高强度螺栓及其连接节点,以及在运输安装过程中构件涂层被磨损的部位,应补刷涂层,涂层应采用与构件制作时相同的涂料和涂刷工艺。

(4) 涂装时的环境温度和相对湿度应符合涂料产品说明书的要求,当产品说明书无具体要求时,环境温度宜在 5 ~ 38℃ 之间,相对湿度不应大于 85% 。涂装后 4h 内应保护免受雨淋。

9. 新型钢管混凝土结构有:薄壁钢管混凝土,高性能混凝土的钢管混凝土、中空夹层钢管混凝土。

在钢管混凝土中采用薄壁钢管,可以减少钢材用量,减轻焊接工作量,达到降低工程造价的目的。日本和澳大利亚已有不少采用薄壁钢管和高强钢材的钢管混凝土建筑的报道。

在钢管混凝土中灌自密实高性能混凝土,不仅可以更好地保证混凝土的密实度,且可简化混凝土振捣工序,降低混凝土施工强度和费用,还可减少城市噪声污染。1999年建成的76层深圳赛格广场大厦顶层部分钢管混凝土柱采用了自密实混凝土,取得了较好的效果。

中空夹层钢管混凝土结构是将两层钢管同心放置,并在两层之间浇筑混凝土。这种结构形式除了具备实心钢管混凝土的优点外,尚具有自重轻和刚度大的特点,由于其内钢管受到混凝土的保护,因此该类柱具有更好的耐火性能。

3.2.4 附件

钢—混凝土组合结构技术涉及的相关规范和标准主要有:
(1)《钢管混凝土结构设计与施工规程》CECS 28:90;
(2)《型钢混凝土组合结构技术规程》JGJ 138—2001 J 130—2001;
(3)《冷弯薄壁型钢结构技术规程》GB 50018—2002;
(4)《钢结构工程施工质量验收规范》GB 50205—2001;
(5)《建筑钢结构焊接技术规程》JGJ 81—2002 J 218—2002;
(6)《高层民用建筑钢结构技术规程》JGJ 99—98;
(7)《钢结构防火涂料通用技术条件》GB 14907;
(8)《钢结构防火涂料应用技术规程》CECS 24:90;
(9)《涂装前钢材表面锈蚀等级和除锈等级》GB 8923。

3.2.5 术语

钢—混凝土组合结构技术涉及的相关术语主要有:
(1)型钢混凝土:混凝土内配置型钢(轧制或焊接成型)和钢筋的结构。
(2)钢管混凝土:将混凝土填入薄壁圆形钢管内而形成的组合结构。
(3)钢—混凝土组合楼盖:采用钢梁、压形钢板、钢筋混凝土组合而成的楼板结构。
(4)压型钢板(又称楼承板):镀锌薄钢板经辊压成型,其截面成梯形、倒梯形或类似形状的波形,在建筑中用于楼板永久性支撑模板,也可被选用为其他用途的钢板。

3.2.6 工程实例

实例1:带约束拉杆异形钢管混凝土柱的施工应用

某工程地下4层,地上32层,其中裙楼8层,总建筑面积140 035m^2。结构采用带约束拉杆异形钢管柱、钢构架柱、普通钢管柱和钢梁、压型钢板、钢筋混凝土楼板相结合的钢—混凝土组合结构。

带约束拉杆异形钢管柱及钢构架柱墙厚 250~500mm,钢板厚 16、20mm,设 ϕ18 拉杆@250×300,柱内浇筑 C80 高性能混凝土。钢管柱梁柱节点采用带环板的钢牛腿节点形式。

（1）工程特点

该工程应用带约束拉杆异形钢管混凝土柱。由于钢管混凝土内设置了约束拉杆而改变了钢管的局部屈服模式,使管内混凝土处于三向受力状态,轴压强度大大提高。与同类型钢筋混凝土柱比较,提高承载力 40%,使结构避免肥梁肥柱。虽然在整体受力性能方面略逊于普通钢管混凝土柱,但异形钢管混凝土柱具有节点构造简单、连接方便、建筑物空间增大等优点,尤其适用于多层地下室逆作法的承重结构,避免大量的模板安装工程,使地下室与地面以上主体结构同步施工,从而缩短了工期并保证了工程质量。

（2）技术优点

1）与普通钢管柱相比,异形钢管柱适用性强,加工简单,可以在现场焊接组装,从而减低造价。

2）异形钢管混凝土柱可以避免普通混凝土的支模、拆模和钢筋安装的工序。

3）异形钢管加工时可根据起重设备的能力采取半层一吊或四层一吊,可以满足现场施工需要。

4）节点构造简单、连接方便,尤其是加快了地下室钢柱与钢梁间接头的处理。

5）钢管内部仅有拉筋,节点内只有加强环,浇筑混凝土时采用 PVC 管作为导管可实现 20m 高混凝土的一次浇筑完成,且异形钢管与混凝土的接触面大,有利于混凝土排气,管内混凝土密实。

6）异形钢管混凝土柱表面平整,方便安装防火贴面,防火处理容易。

7）异形钢管混凝土柱承载力高,柱截面积小,增大建筑物利用空间。

（3）施工要点及技术难点

带约束拉杆异形钢管柱及钢构架柱墙厚 250~500mm,钢板厚 16、20mm,设 ϕ18 拉杆@250×300。钢柱通过定位器定位于混凝土桩上,钢管柱梁柱节点采用带环板的钢牛腿节点形式。钢材采用 Q345,焊接形式为埋弧自动焊、二氧化碳气体保护焊以及手工焊,柱体对接焊缝为Ⅰ级焊缝,现场对接焊缝为Ⅱ级焊缝,全部对接焊缝 100% 超声波探伤。钢结构耐火等级为Ⅰ级。

1）异形钢管柱的制作工艺流程

板件下料→火工调直→异形柱板钻孔→异形柱组装及内部隐蔽构件组焊→异形柱施焊→装配拉杆→异形柱变形调正→牛腿与异形柱组焊→提交报验。

2）异形钢管柱的运输

由于异形钢构架柱分段重达 72t,长 24.35m,需采用巨型轮轴车在夜间进行运输,并用特制胎架进行固定。

3）异形钢管柱的吊装和焊接

① 本工程地下室及首层至三层段(约 20 余米)的钢柱均采用数台大型汽车吊一次吊装,尤其是最重的异形钢构架柱需采用两台 150t 汽车吊同时吊装,并用一台 120t 及一台 50t 汽车吊送尾,确保一次吊装到位。

② 四层及以上钢柱根据 250t·m 外爬塔吊及 500t·m 内爬塔吊的起吊能力,采用半

层一吊或两层一吊。

③ 制定合理的安装顺序和工艺流程,按先安装刚度大的构件,后安装刚度小的构件;先安装中间构件后安装四周构件的原则进行安装施工,避免刚度小的构件先焊接后产生偏移的现象出现。

④ 加强对焊接温度热应力、焊接收缩以及日照对构件产生变形偏差的监控,确保构件安装后的准确性。

⑤ 采取严格的测量监控措施,采用经纬仪、水准仪、铅锤、钢尺相结合进行检测,分部位逐步核对,即后一区域焊接完成后再对前一区域进行核正。

4）异形钢管柱内混凝土的浇筑

根据试验结果,C80 高性能商品混凝土施工时可采用高抛 10m 浇筑而不会产生离析现象,由于异形钢管柱的混凝土浇筑高度均为 20 余米,且部分柱体的厚度仅为 200mm,故对带约束拉杆异形钢管柱采用 110mmPVC 导管作为串筒,混凝土浇筑时配以插入式高频振捣器进行振捣,确保了柱内混凝土的浇筑质量。

实例 2：转换层钢管(骨)叠合柱—钢骨劲性混凝土梁组合结构的施工技术

（1）工程概况

某商住楼工程地下 2 层,地上 31 层,框剪结构,总建筑面积为 36 000m²。四层为结构转换层,建筑面积约为 1 900m²,结构形式采用钢管(骨)混凝土叠合柱—钢骨劲性混凝土梁结构,钢骨劲性混凝土梁截面尺寸由小至大为 800×1200、800×1800、1000×2000、1200×2000,内设Ⅰ、Ⅱ型钢梁,见图 3.2.6 – 1、图 3.2.6 – 2,钢梁外包钢筋混凝土,混凝土强度等级 C40。钢管(骨)叠合柱设置在负二层至三层,截面形式有方柱、圆柱两种形式,其中方柱截面尺寸为 1200×1200,圆柱直径 $D = 1200mm$,核心钢管柱直径 $d = 600mm$,壁厚为 14mm 或 20mm,管内为 C80 高性能混凝土,外包钢筋混凝土,混凝土强度等级 C45。

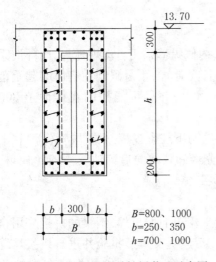

图 3.2.6 – 1　Ⅰ型劲性梁截面示意图

$B=800、1000$
$b=250、350$
$h=700、1000$

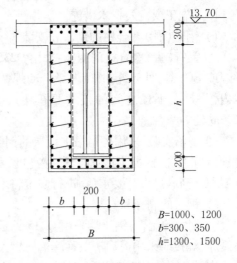

图 3.2.6 – 2　Ⅱ型劲性梁截面示意图

$B=1000、1200$
$b=300、350$
$h=1300、1500$

（2）工程特点

钢管叠合柱,其 C80 高性能钢管芯柱,具有强度高及延性大等优异的抗震性能,外包普通混凝土结构防火性好,既可提高柱的承载能力,减少柱的截面尺寸,又无需对钢管柱进行防火处理,大大降低工程造价。

钢骨劲性混凝土梁,具有较好的延性和抗剪能力,使转换梁的高度和截面大为减小,增加有效层高。

（3）节点细部处理

1）钢骨劲性混凝土梁的钢梁两端节点处理:钢梁两端支承在钢管叠合柱的钢管芯柱顶的封口垫板及柱顶靴板上,或支承在劲性钢筋混凝土剪力墙的钢骨柱上。钢梁两端设有 20 厚封口板,在负座两端通过 $5 \times \phi 20@250$ 剪力连接件将剪力传递给混凝土梁。

2）钢骨劲性混凝土梁底部钢筋处理:梁底筋部分直通,部分遇钢管柱在管边向下弯折 900。钢管叠合柱和剪力墙竖向钢筋在钢梁底端向内水平弯折 800。

3）钢骨劲性混凝土梁与上部剪力墙节点处理:剪力墙竖向钢筋底端水平弯折并与钢梁焊接。在剪力墙底端设置一段 1 200mm 长的上延槽钢[16,底部与钢梁焊接。

4）钢梁与钢梁节点处理:由于该处剪力相对较小,设计要求不高。钢梁与钢梁相碰处、钢梁与钢管柱柱顶封口板或靴板相碰处均采用角焊缝。

（4）施工工序

在楼面上弹转换层结构尺寸控制线→吊装钢管（骨）柱→搭设操作平台→浇筑钢管柱内 C80 高性能混凝土至柱顶下 200mm 处→安装钢管柱柱顶封口板和柱顶靴板→浇筑完成钢管柱内剩余 200mmC80 高性能混凝土→绑扎柱、剪力墙钢筋并验收→安装柱、剪力墙模板至梁底→梁顶架搭设→梁底模板安装→铺置梁下部开口箍→绑扎梁底钢筋→钢梁吊装、焊接→搭设支承架至梁面筋标高位置→浇筑距梁底 50mm 以下的柱、剪力墙混凝土→铺置梁面筋、腰筋→套装梁上部开口箍筋→绑扎梁钢筋→拆除临时搁置固定的支承架→预埋管线,验收钢筋→安装梁侧模→搭设楼板支顶→楼面模板安装→绑扎楼板钢筋→上部竖向结构插筋→验收钢筋→转换层梁、板混凝土浇筑→混凝土养护。

（5）施工要点及技术措施

1）钢管（骨）叠合柱的制作和安装

① 钢管（骨）叠合柱的制作:采用 Q235 钢板,内侧纵缝采用自动埋弧焊,内环缝采用手焊或 CO_2 焊,外环缝扣槽、埋弧自动焊。每段钢管（骨）的重量限制在塔吊的起重范围以内,并且上下段之间的接缝要在楼层 500mm 以上,并尽可能控制在楼面上 800 ~ 1600m 处。

② 现场安装:采用塔吊吊上该层的钢管（骨）柱与下柱合拢,套入下段管（骨）柱上口衬管,对正上下轴线,调整管（骨）柱高度,利用激光经纬仪双向追踪轴线,待钢（骨）柱垂直度和标高满足设计要求后,进行固定将上下对接缝施焊。

2）钢梁的制作和安装

① 钢梁的制作:钢梁均采用 Q235 钢板,焊接采用单面坡口焊,钢梁的拼接采用自动埋弧焊,焊接时采用退焊法对称施焊。钢梁焊接完后应提交焊后报验并进行拼接焊缝全长超声波探伤,对不合格的焊缝,采用碳弧气刨法切除,对有裂纹的焊缝在裂纹两端 50mm 范围内进行清理,再进行补焊和检查。

② 现场安装:由于场地限制,采用 50t 汽车吊,在首层楼面外围进行钢梁的吊装。其

中超出吊装能力的,征得设计同意,在剪力小且上部无剪力墙的位置把钢梁分成两段进行吊装。

大部分钢梁用汽车吊直接吊装就位,小部分由于场地限制采用人力机械相结合的方法,先用汽车吊将钢梁吊至就近三层楼面后,再用钢管及小车水平滑移钢梁至相应位置,用自制龙门架和葫芦吊进行吊装就位。

钢梁吊装临时托放在钢管柱顶封口板上,利用葫芦吊或花篮螺栓调整钢梁垂直度及高度尺寸,保证垂直度精度$L/1000$,并确保钢梁水平后,将钢梁临时焊接于管柱封口板上。校正工具除钢尺、经纬仪和水平仪外,再用花篮螺栓、葫芦吊、卡环、钢丝绳等,把钢梁校正到设计标高与位置。

3)楼面超高顶架及梁、板模板安装

转换层下楼层层高为5.20,经计算,钢骨劲性混凝土梁采用$\phi48$钢管搭设支撑架,钢支顶纵向排距为300mm,并设置上、中、下三道纵横水平拉杆,纵横每隔4m设置剪刀撑。梁底模板采用2cm厚木夹板,侧模采用SP70组合模板,并用$\phi16$螺栓@500×500进行对拉。当梁中有钢梁时,在钢梁腹板处焊出螺栓。

4)钢筋工程

钢骨劲性混凝土梁钢筋绑扎与模板安装及钢梁吊装交错进行,梁底模板完成后,先安装梁底筋,待钢梁安装完成后继续安装梁腰筋、面筋、箍筋及墙、柱插筋。

钢骨劲性混凝土梁底、面钢筋均采用直螺纹接头错开50%连接。由于截面高度大,经设计同意,梁箍筋分成上下两个开口箍,采用搭接。

底钢筋两边直通,中间碰到钢管柱的要求下弯,此部分钢筋由于较长,且端部有弯钩,经设计同意在支座边$(1/4～1/8)L$处断开,安装时将断开部分分别就位后,在断口处对通长钢筋进行驳接,驳接用直螺纹错开50%连接,连接接头采用不能转动钢筋的直螺纹接头。

5)混凝土工程

本转换层总混凝土量约为1900m³,由于整层楼面钢筋密集,为确保混凝土质量,经设计同意,全层梁板采用C40高性能细石混凝土。

为了减少和避免水化热产生的混凝土内部及表面裂缝,混凝土中掺加适量的粉煤灰,并选用高效减水剂和缓凝剂。

钢管叠合柱内的钢管芯柱为C80高性能混凝土,利用塔吊和串筒进行浇筑,插入式振动器振捣,混凝土浇筑至离柱顶200mm处后待柱顶靴板及封口板安装后再浇筑完成剩余的200mm。

由于采用细石混凝土,且泵送混凝土坍落度较大,为保证钢骨劲性混凝土梁的混凝土质量,沿梁的纵向每隔5m用钢丝网分隔,以控制混凝土的流淌。当混凝土浇筑至钢丝网附近,拆除钢丝网再进行混凝土的浇筑。

在钢骨劲性混凝土梁与钢管(骨)叠合柱相交处,由于梁纵横钢筋分布密集,振动棒无法插入,混凝土浇筑困难。采用在梁底模板用小铁锤敲击的方法,如出现空鸣,则加强振捣,使混凝土自行流淌填充,直到混凝土密实为止。

混凝土浇筑初凝后,立即覆盖塑料薄膜一层,蓄水100mm养护,48h后拆除塑料薄膜,蓄水100mm,养护期14d。

第4章 机电设备安装技术

4.1 建筑给排水施工技术

近年来随着社会发展,科技的进步,在有机化学工业的发展推动下,大批新型给排水塑料管材及复合材料管材相继涌现。这些管材相当一部分带来了自己独特的施工新工艺,另外对于一些过去传统的管材如镀锌钢管、铜管、不锈钢管等,也创造了新的连接工艺。特别在民用建筑方面,比起 20 世纪的 90 年代中期以前,无论在管材的选择和管道施工工艺方面,都发生了很大变化。

4.1.1 主要内容

建筑给排水施工主要内容:

1. 给排水工程包括:室外给水、室外排水(废水、污水、雨水)、室内给水(生活给水、消防给水)、室内排水(废水、污水、雨水)、热水供应、中水系统。

2. 建筑给水、排水设备的安装。主要包括:给水泵、潜水泵、稳压泵、不锈钢储水箱、稳压罐。主要工序:基础测量验收、预埋地脚螺栓或其他预埋件、基础复测、放线定位、地脚螺栓定位及一次灌浆、设备就位、设备找平找正、地脚螺栓二次灌浆(或膨胀螺栓固定)、设备接管接线、设备单机调试、设备联动调试。

3. 建筑给水、排水管道、附件安装。主要包括:不锈钢管道及附件安装、铜管及附件安装、碳素钢管道及附件安装、铸铁管道及附件安装、塑料管道及附件安装、复合管道及附件安装、卫生洁具安装。主要工序:预留孔洞、预埋预埋件、放线定位、支吊架制作安装、管道就位、管道连接、管道附件安装(阀门、过滤器、软接、消声器、压力表、温度计、水流指示器、压力开关、消火栓、消防水泵接合器、湿式报警阀、温感、烟感、喷淋头)、管道强度及严密性试验、管道冲洗、管道防腐、系统调试及试运行。

4.1.2 选用原则

镀锌钢管应用在建筑物内供水管道上已有近百年的历史,作为一种给水管道材料广泛应用。但由于镀锌钢管其管材自身的缺陷,在使用中易产生腐蚀、结垢,对水质造成二次污染;另一方面因锈蚀渗漏导致水资源的巨大浪费。同时,由于镀锌钢管要消耗大量的钢材,不符合国家以塑代钢的节约、环保政策。各大城市(如上海、北京、广州等)先后颁布法规禁止使用镀锌钢管(在生活给水管道上),大力提倡推广使用化工建材。

随着分子材料研究深入,发明了越来越多的新型材料,以塑料管材和复合管材表现最为突出,如硬聚氯乙烯(PVC－U)、聚乙烯(PE)、高密度聚乙烯(HDPE)、改性聚丙烯(PP－R)、丙烯－丁二烯－苯乙烯共聚物(ABS)、铝塑复合管(PEX－AL－PEX)、钢塑钢管(衬塑钢管或涂塑钢管等)等,它们表现出以下基本特点:

(1) 相比传统管材,重量轻、外形美观,产品内壁光滑,流水阻力小;

(2) 无毒、卫生,不易滋生细菌,不结垢;

(3) 安装简单、方便,工效比起传统管材有明显提高;

(4) 生产能耗低,耗用原材料少;

因此,生活给水、生活排水管应推广使用塑料管材或复合式管材。

(1) 材料的选用

根据建筑物的功能、性质、规模、档次,按"技术先进、功能相符、价格适宜"原则选用。由于新型建筑管材大多采用热塑性塑料材料制成,故在考察和选用新型管材的时候,应注意从以下几个方面进行比较:

① 耐温耐压能力;② 线性膨胀系数、膨胀力;③ 热传导系数及保温;④ 壁厚、重量、水力条件;⑤ 安装连接方式;⑥ 价格;⑦ 寿命;⑧ 卫生指标;⑨ 耐腐蚀性;⑩ 管材尺寸范围;⑪ 施工难易程度。

1) 室外埋地给水管一般采用球墨铸铁管、硬聚氯乙烯给水管(PVC);

2) 室内给水管一般采用硬聚氯乙烯给水管(PVC)、PP－R 给水管、铝塑复合管、钢塑钢管、交联聚乙烯管(PEX);

3) 直饮用水管采用薄壁不锈钢管、铜管、PP－R 给水管;

4) 热水管可采用不锈钢管、铜管、铝塑复合管(热水);

5) 室内排水管采用 PVC－U 排水管、HDPE 压力排水管、ABS 压力排水管;

6) 室外排水管采用 PVC－U 超强筋管、PE 双壁波纹管、玻璃钢排水管、球墨铸铁排水管;

7) 消防给水管采用镀锌钢管;

8) 低压给水阀门公称直径 $DN \leqslant 50$,采用铸铁阀门、铜阀门。公称直径 $DN > 50$ 采用铸钢阀门、铸铁阀门、铜阀门;

9) 在主干管、支管管路中起通断作用的阀门采用闸阀(或球阀、截止阀、蝶阀),消防主干管采用明杆闸阀,禁止采用暗杆闸阀;

10) 阀门、管道附件的公称压力必须大于使用压力。压力表量程应是流体压力的1.5~3 倍;

11) 给水水泵一般选用多级立式或卧式离心水泵,有条件时推广选用变频给水方式,从而达到节能的效果。

(2) 技术特点与比较

各种管道选择要从适用性、经济性、维护性、施工性能综合考虑,选择符合该工程特点的管材。以下为各类管材技术特点的简单比较(表4.1.2)。

4.1.3 技术特点与注意事项

1. 管道连接技术特点与注意事项

各类管材技术特点的比较   表 4.1.2

	管材	用途	优缺点	连接方式	备注
金属管材	铜管	高档场所生活给水、热水管道	耐腐蚀性较好，机械强度高，易加工、耐高温、耐高压、卫生健康、可抑制水内的细菌 价钱较贵，氧化后会产生铜绿	焊接、卡套式连接（对小管径）、法兰连接、专用管件	
	薄壁不锈钢管	高档场所的生活给水，直饮水	外观美、耐腐蚀、耐高压、强度高、内壁光滑、防振动、气密性好、安装方便 不锈钢材料价格较贵	凹槽卡套式、密封粘结式等	使用专门工具开槽
	球墨铸铁给水管	室外埋地给水管	耐腐蚀、耐高压、使用寿命长、连接牢固、防振动、不易渗漏 重量重，价钱比塑料管高	胶圈接口	
塑料管材	PVC给水管	适用生活给水（冷水）	质地坚硬，价廉，易施工，阻燃 性脆、不耐撞击，耐久性差，固化时间较长	承插粘结，塑料焊接，专用配件法兰连接、螺纹连接	
	PP-R给水管	适用于生活（冷）热水	绿色环保产品，可回收再利用，耐温性能好，卫生健康，可输送纯水 管壁厚，易燃	热熔连接，专用配件法兰连接、螺纹连接	使用专门的热熔机施工
	ABS管	生活给水（冷水），排水管使用在卫生排水上	卫生性能好、耐腐蚀，耐高压，强度大、耐冲击，可直接套丝 价格较贵，粘结固化时间较长	承插粘结，塑料焊接，专用配件法兰连接、螺纹连接	
	HDPE管	生活给水（冷水），排水管使用在压力排水、室外排水上	韧性好，较强的抗疲劳强度，耐温性能较好，可挠性和抗冲击性能好 熔接需要电力，机械连接件大，不易施工，易燃	电热熔，热熔承插焊接、对接焊接	使用专门的热熔机及整套的施工机具
	玻璃钢管	适宜地质腐蚀性强的大中型室外给排水	保温、耐腐蚀、内壁光滑 接口要求高，易漏水，价格较高	双承口套管接头连接，承插接头连接等	
复合管材	铝塑复合管	适用于生活（冷）热水管，工作温度可达90℃	具有一定柔性的管材，保温，耐腐蚀，不渗透，气密性好，重量轻，安装容易 强度有限，易损坏，支撑固定较多，美观度受限	卡套式连接，专用配件可螺纹连接	
	钢塑钢管	适用于生活给水（冷）水，部分特殊内衬塑料可用于热水管	耐腐蚀，机械强度高，承压高，克服塑料管钢度不足毛病，有较好的抗老化性能 管壁较厚，加工安装有一定特殊要求	专用管件螺纹连接、法兰连接	

传统管道的连接一般采用焊接、法兰连接、螺纹连接、承插连接,随着生产研究的深入,新材料的涌现,新的连接方式越来越多,如卡套式连接、热熔连接、橡胶圈接口连接、粘接连接、电熔合连接等。具体应采用何种连接方式,首先要看选择的管材,不同管材基本上有其固定的连接方式,如 PP–R 管一般采用承插热熔连接;ϕ200 以下的 PVC–U 给水管采用粘接连接,ϕ200 及以上的 PVC–U 给水管采用橡胶圈接口连接。其次比较使用的功能,在隐蔽、暗敷地方要求连接牢固、紧密,在明装场所考虑管道便于拆除维修。如铜管传统上使用气焊连接,连接很严密,但要更改变动不容易;现在 DN50 以下的可以采用通过专门的配件卡套式连接,在施工上更简单、方便,也便于以后维护。

　　(1) 卡套式连接

　　1) 卡套式连接是一种较新型、简便的连接方式,由带锁紧螺帽和丝扣管件组成的专用接头而进行管道连接的一种形式。如现在广泛用于消防管道连接的卡箍就是其中一种,它利用机械液压滚动挤压方法,加工管道形成凹沟槽,两根独立的带槽管道,用橡胶垫片进行密封,依靠外置的螺栓卡箍外壳来连接。它对管材的强度要求较高,主要应用于金属管道或复合管道。此连接方式简便,便于拆装,提高安装工效,降低了劳动强度,值得推广。

　　2) 注意事项:卡箍连接两管口端应平整、无缝隙,沟槽应均匀,卡紧螺栓后管道应平直,卡箍安装方向应一致。

　　(2) 热熔连接

　　1) 利用热塑性管材的性质进行管道连接,热熔时采用专门的加热设备(一般采用电热式),使同种材料的管材与管件的连接面达到熔融状态,用手工或机械将其压合在一起。这种方式结合紧密,安全耐用,避免了金属管件接头处水的跑、冒、滴、漏等现象。如 PP–R 管就是使用该种连接方式。

　　2) 注意事项:熔接施工应严格按规定的技术参数操作,在加热和插接过程中不能转动管材和管件,应直接插入,正常熔接应在结合面有一均匀的熔接圈。

　　(3) 橡胶圈接口连接

　　1) 橡胶圈接口连接应用在大口径的给排水管上,一般要求管内压力不高(小于0.6MPa),为柔性连接,它可以抗振动和防下沉,特别适宜埋地管道连接。

　　2) 注意事项:施工时橡胶圈必须放正位置,在对口时管道要平直,防止因错口而损坏胶圈,造成以后渗漏。

　　(4) 粘接连接

　　1) 新型的塑料管材兴起带动了化学溶剂的研究,粘接连接广泛使用在塑料管材上,这是一种最简单、快捷的连接方式,但粘接连接的结合强度相对较差,一般只应用在压力较低、管径较小(≤DN150)的管道上。且胶粘剂对管口的洁净要求高,在施工前必须清理干净,有油污的还需用专门清洁剂(如酒精)清洗。

　　2) 注意事项:粘结牢固的时间严格按胶粘剂要求时间进行,如 PVC 给水管的粘结牢固时间达到 4h,在该段时间不宜大力振动管道和严禁通水。

　　(5) 电熔合连接

　　管件出厂时将电阻丝埋在管件中,做成电热熔管件,在施工现场时,只需将专用焊接仪的插头和管件的插口连接,利用管件内部发热体将管件外层塑料与管件内层塑料熔融,形成可靠连接,并结合专用数码计时器和安装指示孔等计时方式。热熔效果可靠,人为因素降到最低,施工质量稳定。另外安装时仅用电源插头,可克服操作空间狭小导致安装困难的问题。

2. 室内管道施工技术特点及注意事项

室内给排水工程的施工过程必须符合国家标准《给水排水管道工程施工及验收规范》(GB 50268—97)及《建筑给水排水及采暖工程施工质量验收规范》(GB 50242—2002)的要求。

(1)给水管道施工特点

室内给水管道的安装应在土建主体结构基本完成后进行。

1)管材的选用及连接

管材选型要求:管道及附件、仪表等的规格、型号、材质必须符合设计及规范要求,在满足这个前提下,尽量选用新型材料及新的连接方式。

注意事项:

① 所有进场材料必须有产品合格证,并要查明是否符合所需的品种、规格、数量、质量要求。

② 对质量、技术要求高的特殊材料、关键材料需取得原设计部门的评定与认可。材料的连接方式既能满足建筑使用功能要求,又方便施工,并且兼顾经济性能,如消防系统对于≥100以上管道采用卡箍连接。

2)管道放线定位

管道定位是关键的一步,在定位前不仅要熟悉本专业图纸,还要和其他相关专业对图会审,对于有交叉、重叠位置,要妥善布置,基本上按照"有压管让无压管,小管让大管,无坡度的让有坡度的"原则处理。

注意事项:冷、热水管同时安装时要符合以下规定:垂直安装时热水管在冷水管左侧;平行安装时热水管在冷水管上侧。

3)管道安装

① 室内给水管由引入管、干管、立管、支管组成,安装顺序一般是先安装室内干管→立管→支管→引入管。

② 管道安装在满足设计要求和用户需要的前提下,应选择尽可能短的管路,少用管件,力求简单,施工、检修方便。

③ 管道穿越伸缩缝、沉降缝时要设置伸缩节或加 ⌐⎍ 形补偿。

④ 管道安装时接头不能在楼板、墙、套管等不易拆卸的位置内。

⑤ 支管是连接立管与用水点或用水设备间的管道,安装时要有不小于0.002的坡度坡向立管。

⑥ 给水管与排水管平行或交叉埋设时,管道外壁间的最小间距分别不小于0.5m及0.15m,交叉埋设时给水管在排水管的上方。

⑦ 空间敷设的管道应避免通过电动机、配电柜等设备上空。

⑧ 管道在支架上排列:应考虑重量较大的管道靠近管架支柱,单柱管架上的管道,应尽量使两侧的负荷均匀。

⑨ 管道沿墙排列时:大管靠里,小管靠外。支管小、检修量小的管道靠里,支管多、检

修量大的管道靠外。高温、高压管道靠里,常温、常压管道靠外。

⑩ 管道交叉时:小管径管道让大管径管道,低温、低压管道让高温、高压管道,常温、无压管道让低温、有压管道。

4）管道支吊架安装

① 管架形式、材料的选用应符合设计或现场管道布置、排列的实际需要。

② 管架的安装部位,设置要合理,各种管道有条件时尽量布置在同一管架上。

③ 管架的标高位置要符合设计图纸要求。

④ 管架应牢固紧密固定在墙上、柱子、顶板或其他结构物上;管架安装应水平,吊杆应垂直,受力部件焊接牢靠。

⑤ 无热伸长管道的吊架、吊杆应垂直安装。有热伸长管道的吊架、吊杆应向热膨胀的反方向偏移。

⑥ 固定在建筑结构上的管道支、吊架不得影响结构安全。

注意事项:

① 成排管架安装要在同一水平或垂直面上,使管架布置整齐、统一。

② 不锈钢管、铜管、塑料管不能与金属支架直接接触,采用非金属垫片。

5）管道附属配件安装

注意事项:

① 阀门安装前,应作耐压强度试验和严密性试验。对于安装在主干管上起通断作用的阀门,应逐个作强度和严密性试验。

② 卫生器具品种繁多,造型各异,故安装中必须在定货的基础上,参照产品样本或实物确定安装方案。

③ 消防箱安装栓口朝外,并不应安装在门轴侧,栓口中心距离地面为1.1m。

④ 喷头的安装应采用专用扳手,严禁利用喷头的框架施拧;安装时若发现喷头的框架、溅水盘变形或释放元件损伤应立刻更换喷头。

6）管道试压、冲洗

① 试压时参照设计和规范要求进行,若设计无明确,按规范要求执行。

② 试压时对于封闭的系统,应在最高点设临时排气点,以保证空气能顺利排净。

③ 试压前,检查各系统管道走向及流程均符合图纸设计要求,支、吊架牢固可靠,再检查盲板是否封好,堵头是否堵塞好,排气阀是否装好.

注意事项:

① 试压强度试验的测试点应设在系统管网的最低点,对管网注水时,应将管网内的空气排净;加压时应缓慢升压,分几次达到试验压力。

② 水压严密性试验应在水压强度试验和管网冲洗合格后进行,试验压力应为设计工作压力,稳压检查,应无泄漏。

（2）室内排水管道施工特点与注意事项

室内排水管道材质按设计要求选用,若无明确,一般按塑料管或球墨铸铁管（接到户外才使用）选用,其中以 PVC－U 排水管最为常用,采用粘结连接,广泛使用在生活污、粪水、雨水管道。

1）排水管道定位

根据图纸尺寸检查现场,观察是否其他专业或管道阻碍;管道走向尽量简单,减小绕弯,减小堵塞的机率。

注意事项:定位时要重点考虑坡度因素,避免由于管道沿流向逐渐降低而和其他管道发生碰撞。

2)排水管道安装

① 排水管道安装顺序为:立管→各层水平支管→连接卫生器具短管及附件→排出管。

② 立管安装一般由下而上进行,按图纸位置画出立管中心线,和根据各层水平支管定位高度留出接支管口的三通。

③ 水平支管按管道走向及各管底标高线标记进行测量,绘制实测小样图,详细注明尺寸。按实测小样图选定合格的管材和管件,进行配管。

④ 排水塑料管按设计要求设置伸缩节,如设计无要求,按规范要求不大于4m。

⑤ 排水主立管及水平干管管道均应做通球试验,通球球径不小于排水管道管径的2/3。

注意事项:

① 排水管道的横管与横管、横管与立管的连接,应采用45°斜三通或45°斜四通和90°TY三通或90°TY四通。

② 立管距墙柱尺寸为:立管承口外侧与饰面的距离应控制在20～50mm之间。

③ 塑料立管过楼板处需要加设防漏胶圈。

3)管道固定

选定的支承件和固定支架的形式应符合设计及规范要求。吊钩或卡箍应固定在承重结构上。塑料管支承件的间距:立管外径为50mm的应不大于1.5m;外径为75mm及以上的应不大于2m。

4)塑料管道配管及粘接工艺

① 粘合面的清理:管材或管件在粘合前擦拭干净,使被粘结面保持清洁;当表面粘有油污时,须用棉纱蘸丙酮等清洁剂擦净。

② 管端插入承口深度:配管时,应将管材与管件承口试插一次,在其表面划出标记;胶粘剂涂刷应先涂承口,后涂插口。

③ 承插口连接:承插口清洁后涂胶粘剂,立即找正方向将管子插入承口,使其准直,再加以挤压,应使管端插入深度符合所划标记;必须静置2～3min,防止接口滑脱。

5)室内排水管道灌水试验

试验时,先将胶球放置立管内并充气与管道密封,从卫生器具的排出口灌水,把排水管灌满,仔细检查各接口是否有渗漏现象。暗装或埋地的排水管道,在隐蔽前必须做灌水试验,其灌水高度不低于底层地面高度。满水试验15min后,再灌满持续5min,液面不下降为合格。

3. 竣工验收

(1)竣工验收由建设单位主持,会同设计、监理、施工及监督机构等有关部门参加。

(2)验收按国家有关标准、规范、规程实地检验工程质量。

(3)对于消防设施,一定要取得消防部门的验收后方能使用,整个工程只有在取得消防部门的验收合格证后方能投入正常使用。

4.1.4 附件

（1）《给水排水管道工程施工及验收规范》GB 50268—97；

（2）《建筑给水排水及采暖工程施工质量验收规范》GB 50242—2002；

（3）《现场设备、工业管道焊接工程施工及验收规范》GB 50236—98；

（4）《工业金属管道工程施工及验收规范》GB 50235—97；

（5）《机械设备安装工程施工及验收通用规范》GB 50231—98；

（6）《压缩机、风机、泵安装工程施工及验收规范》JB 50275—98；

（7）《工业金属管道工程质量检验评定标准》GB 50184—93；

（8）《工业安装工程质量检验评定统一标准》GB 50252—94；

（9）《自动喷水灭火系统施工及验收规范》GB 50261—96。

4.1.5 术语

建筑给排水技术涉及的相关术语有：

（1）给水系统：通过管道及辅助设备，按照建筑物和用户的生产、生活和消防的需要，有组织地输送到用水地点的网络。

（2）卫生器具：用来满足人们日常生活中各种卫生要求，收集和排放生活及生产中的污水、废水的设备。

（3）中水系统：以建筑物的冷却水、淋浴排水、盥洗排水、洗衣排水等为水源，经过物理、化学方法的工艺处理，用于厕所冲洗便器、绿化、洗车、道路浇洒、空调冷却及水景等的供水系统为建筑中水系统。

（4）试验压力：对所安装的管道、容器、设备进行强度检验的压力。

（5）公称压力：指锅炉、压力容器及阀件等出厂时所标定的最高允许工作压力。

（6）管道配件：管道之间或管道与设备连接用的各种零配件的统称。

（7）固定支架：限制管道在支撑点处发生径向和轴向位移的管道支架。

（8）交联聚乙烯管：以密度≥0.94g/cm³ 的聚乙烯或乙烯共聚物，添加适量助剂，通过化学的或物理的方法，使其线型的大分子交联成三维网状的大分子结构，由此种材料制成的管材，通常以 PE－X 标记。

（9）交联铝塑复合管：内层和外层为密度≥0.94g/cm³ 的聚乙烯或乙烯共聚物、中间层为增强铝管、层间用热熔胶紧密粘合为一体的管材。

（10）用钢塑复合管：在钢管内壁衬涂一定厚度塑料复合而成的管子，钢塑复合管含衬塑钢管和涂塑钢管。其中：衬塑钢管为采用紧衬复合工艺将塑料管衬于钢管内而制成的复合管；涂塑钢管为将塑料粉末涂料均匀地涂敷于钢管表面并经加工而制成的复合管。

（11）热熔连接：由相同热塑性塑料制作的管材与管件互相连接时，采用专用热熔机具将连接部位表面加热，连接接触面处的本体材料互相熔合，冷却后连接成为一个整体。热熔连接有对接式热熔连接、承插式热熔连接和电熔连接。

（12）沟槽式连接：在管段端部压出凹槽，通过专用卡箍，辅以橡胶密封圈，扣紧沟槽而连接的方式。

4.1.6 工程实例

实例:管道卡箍连接技术

某大学城消防水系统,管材是镀锌钢管,连接方式采用卡箍连接。施工主要过程如下:

1. 滚槽

(1)采用专用设备加工沟槽;

(2)将管道切割成需要的长度,管端与轴线必须垂直、平整、无毛刺;

(3)将需要加工沟槽的管道架设在滚槽机尾架上,调整管道使其处于水平状态,如果大批量加工,可设置可调节托架进行加工;

(4)将管道端面贴紧滚槽机上面,使钢管轴线与滚槽机呈90°(图4.1.6-1);

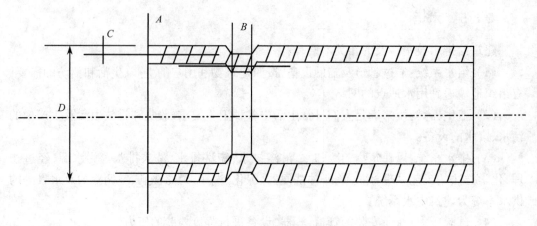

图4.1.6-1 管道滚槽大样图

(5)启动滚槽机,徐徐压下千斤顶,使上压轮均匀滚压钢管至预定沟槽深度为止,停机;

(6)用游标卡尺检查沟槽的深度和宽度,确认符合标准要求;

(7)千斤顶卸荷,取出钢管;

(8)钢管滚槽加工尺寸参见表4.1.6-1、图4.1.6-2。

图4.1.6-2 管道滚槽实物图

公称直径(mm)	管道外径 D(mm)	$A(0\sim0.5)$	$B(+0.5\sim0)$	$C(+0.5\sim0)$
*DN*100	108~114			
*DN*125	133~140	16	9.5	2.2
*DN*150	159~168			
*DN*200	219			2.5
*DN*250	273	19		
*DN*300	325		13	3
*DN*350	377			
*DN*400	426	25		5.5
*DN*450	480			
*DN*500	530	25	13	5.5
*DN*600	630			

钢管滚槽加工尺寸   表 4.1.6-1

2. 上箍

(1) 工艺流程:

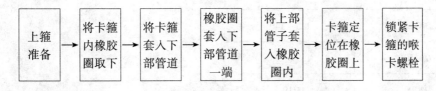

安装必须遵循先装大口径、总管、立管,后装小口径管、支管的原则。安装过程中不可跳装、分段装,必须按顺序连续安装,以免出现段与段之间连接困难影响安装质量。

图 4.1.6-3 是卡箍连接所使用的刚性接头,密封的原理为垫圈静态时抓住管道末端表面形成初次密封。接着为卡箍锁紧时垫圈受到卡箍内部空间的限制,被动压制在管道末端表面,形成二次密封;三次密封为管道内流体进入"C"型圈内腔,反作用力于垫圈唇边,从而使得垫圈唇连与管壁紧密配合无间隙。

1) 准备好已加工沟槽的管道、配件和管路附件。

2) 检查橡胶密封圈无损伤,将其套上一根钢管的端部。

3) 将另一根钢管靠近已套上密封圈的钢管端部,两端处应留一定间隙,间隙应符合标准要求。

4) 将橡胶圈套上另一根钢管端部,使橡胶密封圈位于接口中部,并在其周边涂抹润滑剂(洗洁精或肥皂水)。

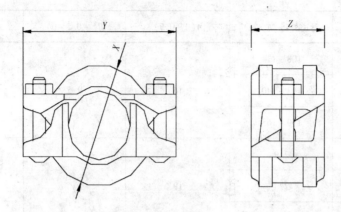

图 4.1.6-3　001 型刚性接头

5）检查管道轴线。

6）在接口位置，橡胶圈外侧安上、下卡箍，并将卡箍凸边卡进沟槽内。

7）用手压紧上、下卡箍的耳部，并用木榔头捶紧卡箍凸缘处，将上、下卡箍靠紧。

8）在卡箍螺栓孔位置穿上螺栓，并均匀轮换拧紧螺栓，防止橡胶密封圈起皱。

9）检查、确认卡箍凸边全周卡入沟槽内。

10）沟槽式卡箍连接结构参见表 4.1.6-2。

沟槽式卡箍连接结构　　　　　　　　　　　　表 4.1.6-2

公称直径(mm)	钢管外径 D(mm)	公称压力(MPa)	管段最大间隙(mm)
DN100	108~114		
DN125	133~140		
DN150	159~168		
DN200	219	2.5	
DN250	273		
DN300	325		3.2
DN350	377		
DN400	426		
DN450	480	1.6	
DN500	530		
DN600	630		

（2）开孔安装三通卡箍

安装三通、四通的钢管应在接头支管部位用开孔机开孔。

1）用链条将开孔机固定在钢管预定开孔处；

2）启动开孔机钻孔；

3）操作设置在立柱顶部的手轮,转动手轮缓慢向下,并适量给钻头添加润滑剂,完成钻孔；

4）清理钻屑、毛刺；

5）将三通卡箍置于钢管孔洞上,注意橡胶密封圈与孔洞间隙均匀,紧固螺栓到位。

4.2　通风与空调施工技术

通风与空调工程施工从原材料检验、施工过程控制、工程竣工验收必须符合国家标准《通风与空调工程施工质量验收规范》GB 50243—2002 的要求。

4.2.1　主要内容

通风与空调施工技术的主要内容：

1. 材料、设备

（1）通风与空调设备包括通风设备与空调设备两大类,城镇建筑常用的通风空调设备主要包括：通风机、制冷主机、冷却塔、循环水泵、空调机组、风机盘管、VRV 多联体小型中央空调机组、分体式空调器等。

（2）材料主要包括空调风管系统、空调水系统和防腐绝热所使用的材料。主要有如下几大类：

1）空调风系统材料包括薄钢板、镀锌薄钢板、硬聚氯乙烯、有机玻璃钢、无机玻璃钢、复合材料风管、铝箔面玻璃棉板风管、铝合金质和柚木质百叶风口、风阀、防火阀等消声器、静压箱。

2）空调水系统材料包括钢管、阀门、连接软管水处理设备等。

3）防腐绝热材料包括油漆、铝箔玻璃棉、聚氨酯、闭泡橡塑等材料。

2. 通风与空调系统的主要施工内容

（1）空调风系统施工。包括：风管支、吊架的制作与安装（含支、吊架的标高、位置尺寸的测量定位）,风管制作与安装,风管附件制作安装、空调末端设备安装、通风设备安装、风管的强度及漏光及漏风试验、风管保温、风系统的测试与调整、通风机性能测试。

（2）空调水系统施工。包括：冷冻水、冷却水、冷凝水管道支、吊架制作与安装（含管道标高、位置尺寸的测量定位）,冷冻水、冷却水、冷凝水管道安装,冷冻水、冷却水管道附件安装、设备安装,管道强度及严密性试验,管道防腐与保温,管道系统冲洗水量调整、测试及联动运行。

4.2.2　选用原则

选用原则是：符合国家现行的设计规范,符合消防、环境法律及法规。

1. 风管系统（表4.2.2）

常用的风管有：镀锌钢板风管、有机玻璃钢风管、无机玻璃钢风管、硬聚氯乙烯风管、复合材料风管、复合隔潮防腐蚀贴面的玻纤直接风管、铅板风管等。

风管系统类别划分　　　　表4.2.2

系统类别	系统工作压力 P(Pa)	密封要求
低压系统	$P \leqslant 500$	接缝和接管连接处严密
中压系统	$500 < P \leqslant 1500$	接缝和接管连接处增加密封措施
高压系统	$P > 1500$	所有的拼接缝和接管连接处，均应采取密封措施

（1）风管主要材料的选用：

1）卫生间通风管：铝箔软管和镀锌钢板。

2）通风、防排烟系统风管：镀锌钢板和无机玻璃钢。

3）空调系统风管：镀锌钢板和带复合隔潮防腐蚀贴面的玻纤直接风管。新型复合材料具有单位重量轻、防潮、防霉、消声效果好、安装简便、性价比高等优点，应推广使用。

4）风管保温。风管保温常用材料有：橡塑闭孔发泡保温材料、聚乙烯发泡保温材料、聚氨酯发泡保温材料、铝箔玻璃棉保温材料。前三种材料的保温观感效果好，铝箔玻璃棉保温材料的价格相对低。

5）防火阀和排烟阀（排烟口）必须符合有关消防产品标准的规定。防排烟系统柔性短管的制作材料必须为不燃材料。

（2）风管系统制作工艺的选择

风管制作方法可分为完全手工制作，手工加机械制作和风管全自动生产线制作。风管制作量大、有条件的应采用风管全自动生产线制作，工效高、劳动强度低、材料损耗低、质量保证且统一。

2. 空调水系统

（1）材料的选用

1）冷冻水、冷却水系统管道的水压力都是低压（不超过1.6MPa）。因此，管道材料一般选用直缝焊管、螺旋焊管、无缝钢管，其中直缝焊管最经济，冷凝水管管道材料一般选用镀锌钢管或PVC–U塑料管，其中PVC–U塑料排水管造价低，施工方便，值得推广。

2）管道阀门最常选用的是蝶阀，主要是蝶阀开启快捷、占用空间少，价格相对低。另外，闸阀、球阀也适用于冷冻水、冷却水系统。阀门的公称压力的选择是根据管道的设计工作压力，一般设计工作压力不超过0.6MPa的管道系统的阀门的公称压力选择为1.0MPa；设计工作压力不超过1.0MPa的管道系统的阀门的公称压力选择为1.6MPa。

3）冷冻水系统管道保温材料的选择原则与空调风管系统相同。

（2）冷冻水、冷却水系统管道施工工艺的选择

1）管道连接一般为现场手工电弧焊接，其中部分位置需要与法兰阀门连接或需要维修拆卸的用法兰连接。

2）管道安装步骤：主干管→立管→水平主管→支管。立管安装一般用倒装法，在管道井井面位置施工，焊接一节管往上提升一次，逐渐完成整条立管的连接与吊装；水平管

道安装一般是按照从水平主管到支管的安装顺序。

3）机房、泵房是管道安装的重点位置,特点是管道布置密集、管道直径大,因此管道的综合布置更显必要。管道综合布置的原则是:减少同一水平面或同一垂直面管道交叉;同一方向相近布置的水平管道应尽量集中并尽量靠墙边靠楼板,选用综合支架;同一方向相近布置的垂直管道应尽量集中并靠墙边、柱边;尽量缩短管道路径。

4.2.3 技术特点和注意事项

技术特点和注意事项

1. 风管系统

（1）镀锌钢板风管制作

1）工艺流程,见图4.2.3-1。

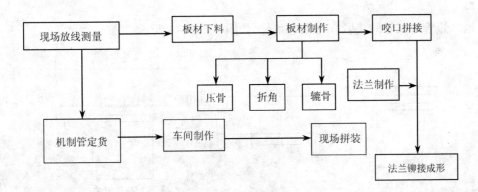

图4.2.3-1 风管制作工艺流程图

2）风管开料的几个节点

风管开料主要的节点有弯头、大小头、三通口、风口管、来回风管。

弯头:

弯头以中线半径 R 为开料的基准尺寸,内弧半径 r 取 $0.3 \sim 0.5R$。

对于矩形风管的弯头,当弯头边长 A 超过2/3板宽时应采用扇形开料法每片扇形的扇宽 B 应约2/3板宽。这样可避免无规则的驳板,对于制作出来的风管弯头比较美观。如图4.2.3-2。

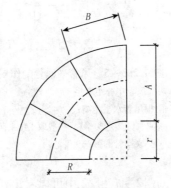

图4.2.3-2 风管大弯头制作

大小头：

风管大小头的开料，应遵循大角不大于60°的原则，大小头的长度尽量一致。

三通口：

风管支管的三通口管件的开料，应遵循 $\alpha \measuredangle 60°$ 的原则，并应确定三通口短管的长度 h，h 取值为 1/3 ~ 1/4 板宽。三通口管件制作如图 4.2.3 - 3 所示。

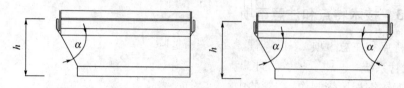

图 4.2.3 - 3　风管三通口管件制作

风口短管：

风口短管与风管的接驳宜用联合角骨，如图 4.2.3 - 4 所示。

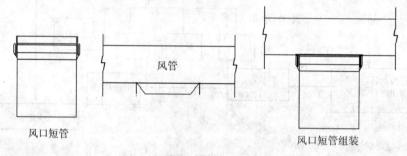

风口短管　　　　　　　　　　　　　　　风口短管组装

图 4.2.3 - 4　风口短管制作及安装

来回风管制作：

来回风管是指两根平行风管间连接的管件，当两根平行风管的中心标高不同时就必须用来回管的工艺(图 4.2.3 - 5)。

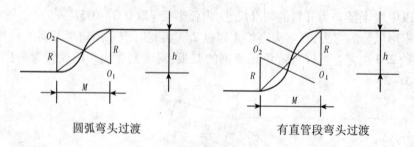

圆弧弯头过渡　　　　　　　　　　　　有直管段弯头过渡

图 4.2.3 - 5　风管来回管制作

图中：h—两根风管中心距离；

　　　M—两根风管水平距离；

　　　R—来回管圆弧弯头半径，一般取 1A(来回管平面边长)；

　　　O_1、O_2—来回管圆弧弯头圆心。

从公式：$M = \{[(2Rh)1/2 + N]2 - h_2\}1/2$ 中可以看出：

132

N 为来回管的中间直管段,理论长度一般取 100(实际开料后必大于 100);

当 N 取 0 时,M 为圆弧弯头过渡,也就是说没有直管段;

当 R = h 时,为 45°圆弧过渡。

中心线确定后,以中心线作基准,即可绘制出风管来回管的施工图样。

3)风管开料排板

风管开料在弯头、大小头、三通口、风口管、来回风管、阀件等的施工工艺确定后,则可确定风管的开料其步骤如下:

弯头、大小头、三通口、来回风管、阀件等长度确定;接三通口的主管长度确定:以三通口的中线为主管的中线,取主管的长度,并尽可能取板宽作管的长度基础;接风口的主风管长度确定:以风口的中线为主管的中线,取主管的长度,并尽可能取板宽作管的长度基础;确定了弯头、大小头、接三通口主管、接风口主管、来回风管、阀件等长度后,风管的各段直管段就可以确定,风管的开料排板就可以完成。

4)风管加工

手工制作步骤:

风管法兰将按照图纸规定的系列规格统一制作,矩形风管法兰应以风车型的工艺制作,以保证法兰内尺寸的准确性。由于风管制作的工艺,因此法兰的内尺寸均应为 0 ~ 2mm。

法兰的冲孔应以四角位置向中心取点,中间段用作积累误差;并以样板法兰作为开料,以确保同一规格的风管法兰具有互换性。

钢板开料后,由熟练铆工进行辘骨、折弯、咬口等工序。风管的制作,咬口处应严密。制作成形后,将法兰固定于风管两端,并在两法兰面平行时,将法兰在风管上铆固。风管和法兰翻边铆接时,翻边应平整、宽度应一致,且不应小于 6mm,并不得有开裂和孔洞。风管与法兰的制作关键点是材料开料的准确和制作场地的平整,制作好的风管不得有扭曲或倾斜。

机制风管制作步骤:

按出厂编号找出同一段风管的对应预制件;把预制件平正地放在水平放置的角铁框上,用抹布抹干净;由于风管在运输过程中可能有变形,因此,在装配前必须对风管的折弯角度、咬口和法兰进行调整;用螺丝批将风管件咬得过紧的咬口调整到适合的位置;有咬口的一端插入法兰角,并打上密封用的玻璃胶;把单骨拍入双骨中;重复以上工作,将另一面进行咬合(图 4.2.3 – 6)。

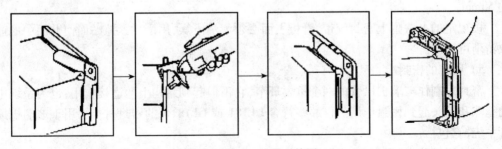

图 4.2.3 – 6　法兰对接图

（2）玻璃钢风管制作

玻璃钢制作的通风管道、配件、部件等有专门玻璃钢厂生产。安装前应根据现场实际情况仔细审核图纸，并预先与其他专业定好配合方案，然后会同厂家定出玻璃钢风管各部件的详细订货尺寸。玻璃钢风管及配件内表面应平整光滑，外表面应整齐美观，厚度均匀，边缘无毛刺，并不得有气泡、夹层、返卤返霜，树脂固化度应达到90%以上。法兰与风管或配件应成一整体，并与风管轴缘成直角。法兰平面的不平度允许编差不应大于2mm。玻璃钢风管由加工场预制好后，再运至现场安装。安装前，应清除内外杂物，保持风管清洁。

（3）不燃玻璃纤维保温风管施工工艺

空调风管采用带复合隔潮防腐蚀贴面的玻纤直接风管（以下简称复合风管），复合风管是一种新型建筑材料，它是一种制管保温一次直接完成的风管材料。

1）施工流程：

现场放线测量→板材下料→合管封边→风管加固→风管连接→风管密封。

2）工艺特点

直管和接头的制作

直管的制作方法：

制作风管（直管）有一片法，二片U形法，二片L形法，四片法四种方法。按照风管尺寸，总展开长度，劳动力和材料最优化来确定制作方法。

展开长度：制作一定内尺寸直管所需的管板总长度，它包括风管内尺寸（两倍的高度加上两倍的宽度）和余量。

3）风管加固

当内部气压使得风管变形超过跨距的百分之一时，就必须采取加固措施。玻璃棉风管的加固可采取如下两种方法：加强筋加固法和槽钢加固法。

正压风管的加固应遵循如下准则：一些因尺寸小而不需加固的直管加工成的接头是需用加固的。玻璃棉风管接头的加固是以直管加固方法为基础的，尽可能地采用加强筋加固法，其次才采用槽钢加固法。对于带企口风管和接头的加固，加固点应位于离雌端102mm之内。

4）风管连接

将雄端角上的搭接贴面割开，不要割到管壁和内表面上；将两个模块连接起来，确保雌雄端结合紧密；在四周的搭接片上打12.7mm（最小）长的外扒钉，钉与钉的中心间距约50mm。

按规定的办法附上密封胶带，管板表面必须清洁干燥，用刮片紧擦贴面使贴面中的筋纹清晰可见。

5）风管的密封

密封是制作玻璃棉风管的一个重要环节，它不但起到结构上的连接作用，也为系统中的缝隙和接头起到密封作用。仅那些符合UL181或UL181A的密封材料可用于玻璃棉风管系统，它包括：

压敏铝箔胶带（UL181A/P）

热敏带加强筋　铝箔胶带（UL181A/H）

胶泥和玻纤布系统(UL181)

压敏铝箔胶带的使用:使用温度大于10℃时,一手将63mm(至少)宽的胶带定位于贴面搭接片上,使有25mm(至少)宽的部分可覆盖在邻近贴面上,另一手握住胶带卷拉直以防胶带皱褶。

(4) 风管安装

1) 支吊架的制作安装

根据设计、规范的要求,对不同大小的风管应采用不同直径的支吊架,吊杆的末端要满足调节风管标高的要求。

吊杆的吊码用角钢作支架,用镀锌圆钢作吊架,制作的支吊架应及时进行防锈处理。

支架应牢固紧密地固定在墙、柱子或其他结构物上,支架安装应水平,吊架的吊杆应垂直于管子,支、吊架不得设置在风口、阀门、检查门及自控机构处,吊杆不得直接固定在法兰上。

主干风管的前端和后端应设置防晃动支架。

2) 镀锌钢板风管安装

根据设计图纸要求定好安装位置,拉线检查整段风管的标高和调节吊杆末端螺母来保证水平度。

风管安装前,做好组装件的清洁工作,之后,根据图纸风管各系统的分布,按照制作好的风管编号进行排列、组合,8~10m为一段,核对风管尺寸,所在轴线位置符合图纸后,方可吊装。

吊装用手动葫芦,可以由起重班组配合,注意吊装时风管的平衡升降,以防侧滑或倾倒。

风管安装时,主管尽量贴大梁底,支管也尽高安装。

风管与混凝土风道的插接应顺气流方向,风管插入端与风道表面应平齐,并应进行密封处理。

风管穿墙,楼板处应设防护套管,套管采用0.5mm厚的薄钢板制作,套管与风管间应添加阻燃材料。

风管之间的法兰连接,一般输送空气的风管,应采用3~5mm厚的橡胶板;连接后的风管应严密。

3) 玻璃钢风管安装

风管安装顺序一般按主管→支管→各类阀件→风口进行。

玻璃钢风管对接管段现场校准后进行法兰钻孔,管段连接时,在法兰的螺栓两侧加镀锌垫圈保护。

4) 风管安装的一些通用要求

风管穿过需要封闭的防火、防爆的墙体或楼板时,应设预埋管或防护套管,其钢板厚度不应小于1.6mm。风管与防护套管之间,应用不燃且对人体无危害的柔性材料封堵。

风管内严禁其他管线穿越。室外立管的固定拉索严禁拉在避雷针或避雷网上。

风管接口的连接应严密、牢固。风管法兰的垫片材质应符合系统功能的要求,厚度不应小于3mm。垫片不应凸入管内,亦不宜突出法兰外。

柔性短管的安装,应松紧适度,无明显扭曲;可伸缩性金属或非金属软风管的长度不宜超过2m,并不应有死弯或塌凹。

风管与砖、混凝土风道的连接接口,应顺着气流方向插入,并应采取密封措施。风管穿出屋面处应设有防雨装置。

(5) 柜式空调机组、风机、风机盘管、消声器安装

1) 柜式空调机组、风机安装

空调柜机的坐地安装应平整,牢固。就位尺寸正确,连接严密,四角垫弹簧减振器,各组减振器承受荷载应均匀,运行时不得移位,详见图4.2.3-7、图4.2.3-8。

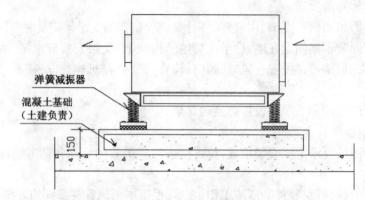

图4.2.3-7 坐地式风机(风柜)安装图

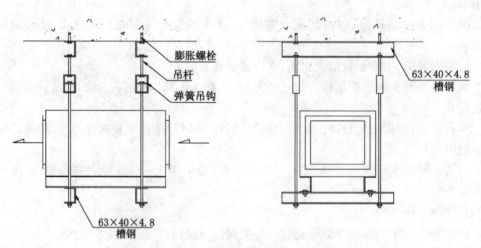

图4.2.3-8 吊顶式风机(风柜)安装图

与机组连接的风管和水管的重量不得由机组承受。风机、风柜进出口与风管的连接处,应采用帆布或人造革柔性接头,接缝要牢固严密。凝结水管应有足够的坡度接至下水道排走。机组内热交换器的最低点应设放水阀门,最高点设排气阀。空气及新风处理机安装完成后应再调试及平衡风机,直至没有明显的振动。风机装上皮带保护装置,以允许在有保护装置时使用测转速计,加油和进行试验。

风机轴承应该是同轴式,所有轴承应设有加油孔,如轴承是隐闭或设于不能接触的位置时,应有适当的加油措施。在安装正式的空气过滤器前或空气及新风处理机运行前,应

把空调机彻底清理干净。在风机运行前安装空气过滤器,空气过滤器应与过滤器的框架紧密安装。系统移交前,应把所有不清洁的空气过滤器更换。在试运行期间如发现空气及新风处理机有振动,应适当地加装支承等设备。

2）风机盘管安装

风机盘管安装前宜进行单机三速试运行(安装现场)及水压检漏试验(设备出厂前)。风机盘管吊装应设立独立支、吊架,安装位置、高度、坡度应正确,固定牢固。风机盘管与风管、回风箱、风口的连接应严密、牢固可靠。风机盘管具体安装见图4.2.3-9。

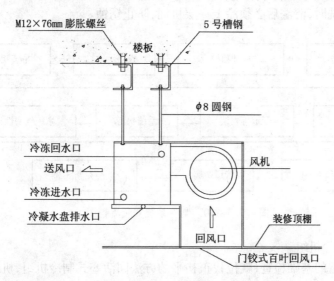

图 4.2.3-9　风机盘管安装图

3）消声器安装

消声器运输,安装时不得损坏,充填吸音材料要均匀,不得下沉,面层要完整牢固,消声器安装的方向应正确。按照制造厂的建议以及指示书的说明安装消声器。消声器应安装在可利用的空间而不限制气流且安装的方向应正确。在规定的地方,图纸上指示的地方或为了恰当安装所要求的地方设置管衬里。消声器片安装务必牢固,以防使用后跌落,片距要均匀。消声器与风管的连接严密,消声器外用保温材料保温。消声器应单独设支架,其重量不得由风管承受。

（6）　制冷机安装

工艺流程见图4.2.3-10。

1）活塞式制冷机组

根据施工图纸按照建筑物的定位轴线弹出设备基础的纵横向中心线,利用铲车、人字扒杆将设备吊至设备基础上进行就位。应注意设备管口方向应符合设计要求,设备粗平。利用平垫铁或斜垫铁对设备进行初平,垫铁的放置位置和数量应符合设备安装要求。设备初平合格后,应对地脚螺栓孔进行二次灌浆,所用的细石混凝土或水泥砂浆的强度等级,应比基础强度等级高1~2级。灌浆前应清理孔内的污物、泥土等杂物。每个孔洞灌浆必须一次完成,分层捣实,并保持螺栓处于垂直状态。待其强度达到70%以上时,方能拧紧地脚螺栓。设备精平后应及时点焊垫铁,设备底座与基础表面间的空隙应用混凝土填满,并将垫铁埋在混凝土内,灌浆层上表面应略有坡度,以防油、水流入设备底座,抹面砂浆应密实、表面光滑美观。利用水平仪法或铅垂线法在汽缸加工面、底座或与底座平行的加工面上测量,对设备进行精平,使机身纵、横向水平度的允许偏差为 1/1000,并应符合设备技术文件的规定。用油封的制冷压缩机,如在设备技术文件规定的期限内,且外观良好、无损坏和锈蚀时,仅拆洗缸盖、活塞、汽缸内壁、吸排气阀及曲轴箱等,并检查所有紧固件、油路是否通畅,更换曲轴箱内的润滑油。用充有保护性气体或制冷工质的机组,如在设备技术文件规定的期限内,充气压力无变化,且外观完好,可不作压缩机的内部清洗。采用汽油进行清洗时,清洗后必须涂上一层机油,防止锈蚀。

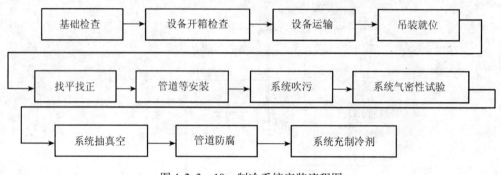

图 4.2.3-10　制冷系统安装流程图

2）螺杆式制冷机组

螺杆式制冷组的基础检查、就位找正初平的方法同活塞式制冷机组,机组安装的纵向和横向水偏差均不应大于 1/1000,并应在底座或底座平行的加工面上测量。

脱开电动机与压缩机间的联轴器,点动电动机,检查电动机的转向是否符合压缩机要求。设备地脚螺栓孔的灌浆强度达到要求后,对设备进行精平,利用百分表在联轴器的端面和圆周上进行测量、找正,其允许偏差应符合设备技术文件的规定。

3）离心式制冷机组:离心式制冷机组的安装方法与活塞式制冷机组基本相同,机组安装的纵向和横向水平偏差均不应大于 1/1000,并应在底座或底座平行的加工面上测量。机组吊装时,钢丝绳要设在蒸发器和冷凝器的筒体外侧,设备吊装孔上,不要使用钢丝绳在仪表盘、管路上受力,钢丝绳与设备的接触点应垫木板。机组在连接压缩机进气管前,应从吸气口观察导向叶片和执行机构、叶片开度与指示位置,按设备技术文件的要求调整一致并定位,最后连接电动执行机构。安装时设备基础底板应平整,底座安装应设备隔振器,隔振器的压缩量应一致。

4）溴化锂吸收式制冷机组

安装前,设备的内压应符合设备技术文件规定的出厂压力。机组在房间内布置时,应在机组周围留出可进行保养作业的空间。多台机组布置时,两机组间的距离应保持在 1.5~2m。溴化锂制冷机组的就位后的初平及精平方法与活塞式制冷机组基本相同。机组安装的纵向和横向水平偏差均不应大于 1/1000,并应按设备技术文件规定的基准面上测量。水平偏差的测量可采用框式水平仪在加工面上测量。燃油或燃气直燃型溴化锂制冷机组及附属设备的安装还应符合《高层民用建筑设计防火规范》(GB 50045—95)的相关要求。

5）模块式冷水机组

设备基础平面的水平度、外形尺寸应满足设备安装技术文件的要求。设备安装时，在基础上垫以橡胶减振块，并对设备进行找平找正，使模块式冷水机组的纵横向水平度偏差不超过1/1000。多台模块式冷水机组并联组合时，应在基础上增加型底座，并将机组牢固地固定在底座上。连接后的模块机组外壳应保持完好无损、表面平整，并连接成统一整体。模块式冷水机组的进、出水管连接位置应正确，严密不漏。风冷模块式冷水机组的周围，应按设备技术文件要求留有一定的通风空间。

6）大、中型热泵机组

空气热源热泵机组周围应按设备不同留有一定的通风空间。机组应设置隔振垫，并有定位措施，防止设备运行发生位移，损害设备接口及连接的管道。机组供、回水管侧应留有1~1.5m的检修距离。

（7）防腐与绝热

1）空调水管防腐

管子在安装前，应集中进行除锈和涂底漆。管道油漆的施工环境温度宜在5~40℃环境温度下进行，并应有防火、防冻、防雨措施，涂漆的环境空气必须清洁，无烟煤、灰尘及水汽。所涂油漆、涂料应有制造厂合格证明书，过期的油漆、涂料必须重新检验，确认合格后方可使用。管道油漆在管网试压合格后进行，清除管道表面的铁锈，按设计要求再对管子表面进行油漆防腐。管道涂漆应分步进行，必须在头遍干燥后，才能进行下一道涂漆，一般底漆应涂刷一遍到两遍，每层涂刷不宜过厚，如发现不干、皱皮、流挂、露底时必须修补或重新涂刷。涂层质量应符合下列要求：涂层均匀，颜色一致；漆膜附着牢固，无剥落、皱皮、气泡、针孔等缺陷；涂层完整、无损坏、无漏涂。

2）风管保温工艺

空调风管安装完毕，经检查验收合格后，需进行保温工作，风管保温过程中，如有防火阀、调节阀等附件，要做出标志。保温拼缝处用粘结材料填嵌饱满、密实，散材无外露，松紧适度，搭接均匀；在粘贴自粘胶带前，应先清洁粘贴部位，以防粘贴后脱离。保温材料的规格和材质需严格按照设计要求。保温棉毯搭口处需涂抹胶水，以便搭接口处牢固，密封可靠，不易脱。风机盘管空调机组搭头处，以及容易产生凝结水的部位，均应保温良好。调节阀门处的保温，要注意留出调节转轴或调节手柄的位置，以便调节风量时能灵活转动，并在外壳标明其开闭方向。保温材料纵缝不宜设在风管的底部；保温材料包扎时要紧贴于风管，不允许有离空鼓胀现象；保温层应牢固可靠，圆弧均匀，无断裂，无缝隙和松弛现象。

3）空调水管道保温

橡塑及玻璃棉保温材料的保温：

保温材料选用发泡橡塑保温管材或板材，保温材料与管壁之间用胶水粘贴，在管壳的接缝处必须密实，并用同样材料薄板材50mm宽加胶水粘贴。空调管在工作时与外界温差较大，对保温质量的要求比较高，所有保温材料要存放在干燥的地方，并做好防水工作。弯头保温的密实、美观、平缓。管道穿墙、穿楼板套管处的绝热，应用难燃或不燃的软、散绝热材料填实。

保温层的端部和收头处必须做封闭处理。绝热层施工应单根进行，不得多根包在一起。管件处的保温要注意留出调节转轴或调节手柄,以方便日后的操作,在保温时也要注意将设备的铭牌露出来。非水平管道的绝热工程施工应自上而下进行,防潮层、保护层搭接时,其宽度应为 30～50mm。保温层要紧贴牢固、严密。管道上的所有管码都必须配置符合规格的木环隔热,木环本身必须用沥青漆防腐,木环的间隙要用沥青漆填塞。目标是做到保温层不漏气,这是防止日后空调水管挂珠滴水的最有效措施。木环、阀门和法兰的保温密封性比较关键,如图 4.2.3－11、图 4.2.3－12 所示。保温层的厚度要符合设计要求,保温后,管道外观圆滑、美观,保温层牢固。

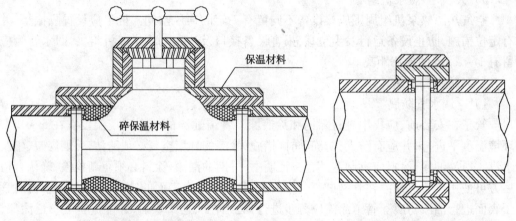

图 4.2.3－11　阀门保温大样图　　　　　图 4.2.3－12　法兰保温大样图

　　直管段的保温,必须使每一段管壳都成为一个独立保温单元。如图 4.2.3－13 所示,在管道上画出接缝位置,并涂上胶水,而管壳的相应位置也应涂上胶水,让管壳与管道粘在一起。而大管径的管壳应隔一定距离相应在管与管壳上涂胶粘结。

　　为了使水平管段的粘缝破损后,不会产生冷凝水积水,纵向粘缝应尽可能设置在两侧中线以下部位,并管壳间互相错开。如图 4.2.3－14 所示。

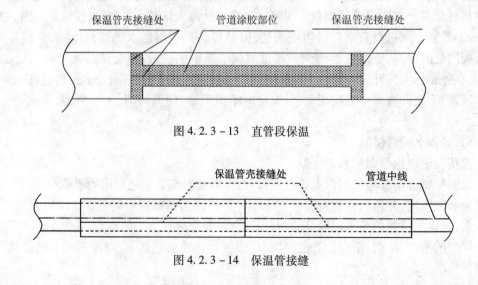

图 4.2.3－13　直管段保温

图 4.2.3－14　保温管接缝

当管道使用一层保温时,纵缝切割时最好斜切,这样对保温效果是有利的。如图 4.2.3 – 15 所示。

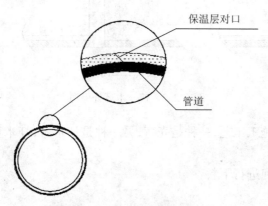

图 4.2.3 – 15 保温层对口

当管道使用板材保温时,由于是用于大口径管道,其保温如果是二层,纵缝切割时可以垂直切割,但两层保温板的纵缝要错开,这样效果最好。同时环缝也应错开。还有管壳与管道之间要紧密连接,不应留有空隙。

三通口的保温,以往的做法都是先保总管,再保支管,这往往做成由于支管口成曲线状,而切割不当令支管壳与主管壳有缝隙。

最好的办法是先对支管口进行保温,然后再保主管。

而主管的开料,粘缝不应在三通口旁,而应在三通口侧。同时由于保温材料有一定的弹性,因此主管保温材料开料时三通口要比放样的大样开小一些,这样三通口的保温是非常美观的,效果也很好。如图 4.2.3 – 16 所示。

木环处的保温处理是一个关键点,很多工程在处理这个部位都是处理木环的缝隙,而借助木环作为一个密封点,也就是把管壳紧逼木环,粘结在木环上。但实际施工中,木环并不是一个光滑面,而是一个硬面;加上管壳端面也不是 100% 平直,因此靠管壳端面与木环面粘结密封不是一个很科学的方法。

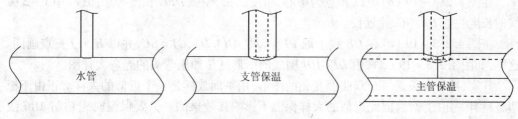

图 4.2.3 – 16 三通口保温

正确的做法是先按木环端面裁剪两块 9mm 厚的保温板,粘结在木环两侧。然后进行管道保温。这样,由于环面的保温材料与管壳材质一样,加上有一定的弹性,粘结起来就紧密多了。最后在环面上贴上一件 9mm 厚的保温板。

这样木环处的保温效果就很理想了。如图 4.2.3 – 17 所示。

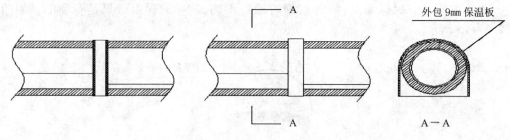

图 4.2.3-17　木环处保温

弯头保温有两种施工工艺,一种是壳弯,另一种是虾米弯,虾米弯主要用于硬质保温材料。

下面介绍一下如何进行下料:

壳弯

图 4.2.3-18 是一个冲压弯头的保温。

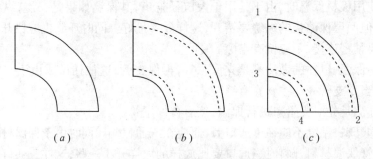

图 4.2.3-18　水管壳弯保温

先按图 4.2.3-18(c)放样,定出中线。计算保温管壳 1/4 周长 $L = 3.14 \times \phi \div 4$,其中 ϕ 是保温管外径。

按图 4.2.3-19(a)画出管壳中线 ABC。

按图 4.2.3-19(b)在 OB 线上取 $BF = L$,以 O 点为圆心,以 OF 为半径作圆。

在图 4.2.3-19(b)中以 F 点为中心,量度弧长,使弧 DFG 长度等于图(c)中 1~2 弧线的长度。连 DA、GC,并延长。

按图 4.2.3-19(c)在 OB 线上取 $BI = L$,取 $AH = DA$,$CJ = GC$,并以 H、I、J 三点画圆。这样,如图 4.2.3-19(d),由 $DFGJIH$ 围成的图形就是冲压弯头的壳弯大样图。

其实,冲压弯头是一个双曲面变化的图形,用平面放样是一个近似的大样。正由于橡塑材料有一定的弹性,因此近似的大样保温不影响其效果的。只要保温时先粘贴 ABC 线部位,再沿 I、F 点粘贴其他部位,是可以达到要求的。

虾米弯:

① 图 4.2.3-20(a)是一个理想冲压弯头的保温大样图,其中弧 ABC 是保温管壳的外弧线,而弧 DEF 是冲压弯头的内弧线。

② 取消其余的弧线,就得到图 4.2.3-20(b)。

③ 以图 4.2.3-20(b)为基础,画出如图 4.2.3-20(c)的虾米弯大样图。

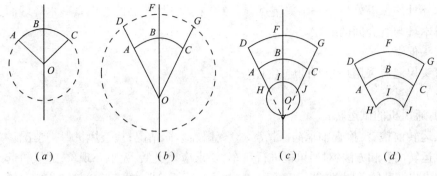

图 4.2.3 - 19　壳弯开料

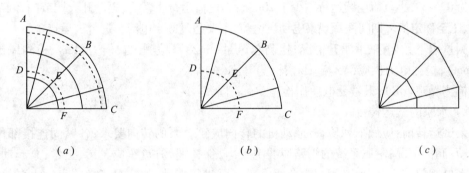

图 4.2.3 - 20　虾米弯放样图一

④ 以图 4.2.3 - 20(c)为基础,画出虾米弯的放样图,其中图 4.2.3 - 21(b)是放样图,图 4.2.3 - 21(a)是虾米弯的半节纸样图,而图 4.2.3 - 21(b)是虾米弯的一节纸样图。注意:线样的长度要经保温壳外径一致。

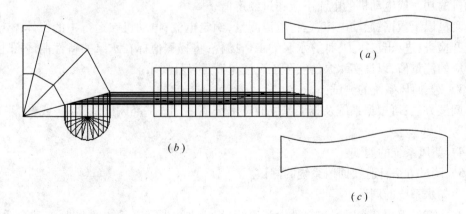

图 4.2.3 - 21　虾米弯放样图二

4) 玻璃棉保温

三通口保温:

三通口的保温,与橡塑保温相同。

木环处保温：

木环处的保温处理是一个关键点，其必须采用原厂产品的端面紧贴木环端面，并以铝箔密封木环与管壳间的缝隙。

弯头保温：

弯头保温有采用虾米弯的施工工艺。

（8）调试

1）通风机的试运转：

试运转前检查：检查轴承润滑情况；检查螺栓紧固情况；检查风机保护情况。

试运转内容和方法：对通风机进行盘车，要求应该灵活、无阻塞现象；通风机起动前，通风机的出口调节阀关闭，调节门应关闭；对电动机进行点动，检查叶轮旋转方向是否正确，叶片有无擦刮现象，通风机有无振动、异响；起动风机，待转速正常后，打开通风机出口调节阀开度为0°~5°，小负荷连续运行不少于20min；小负荷运行正常后，逐渐开大调节门，调节风量、风压至额定值。期间注意观察电动机电流，不要超过额定电流。进行试运转2h。

测量以下数据：轴承温升情况；检测总风量（m^3/s）；检测出口压力（Pa）；检测风机转速（rpm）；检测电力供应（V/相/Hz）；检测电流（A）。

检测噪声（dB）；讯号受电动作检验。

2）水泵的试运转：

泵试运转前，应做下列检查：原动机的转向应符合泵的转向要求；各紧固连接部位不应松动；润滑情况；附属系统的管路应冲洗干净，保持通畅；盘车应灵活、正常；泵起动前，泵的入口阀门应全开；出口阀门应全闭。对水泵进行点动，如情况正常。启动水泵，缓慢打开出口阀门，调节负荷至设计值。并试运转泵在设计负荷下连接运转不应少于2h，并应符合下列要求：附属系统运转应正常、压力、流量、温度和其他要求应符合设备技术文件的规定；运转中不应有不正常的声音；各静密封部位不应超过规定的泄漏量；各紧固连接部位不应松动；轴承的温度应符合规范及设备技术文件的规定；密封填料的温升应正常；原动机的功率或电动机的电流不应超过额定值。

测量以下数据：起动电流、运行电流测量，额定电流；电动机在运行中的机体温升、轴承温升检查；进/出口压力；计算水泵的工作扬程；将扬程值标在水泵的特性曲线图上，找出对应的流量值，以证实水泵的实际工况流量满足设计要求。

3）送、回风系统的测试：

调试方法：可根据系统及施工单位的技术水平，采用"基准风口调整法"或者"平衡风量法"。

4）新风系统的测试：

5）调试方法：同送、回风系统的测试。

冷却水系统的调试：

在冷冻机组冷却水管进出口处设旁通管，将清水注入管道，管内满水后启动合适数量的冷却水泵，使水流速度达到规范的要求值。运行一定时间后，停泵，清洗过滤器滤网。重复数次后，将污水排出。重复冲洗数次，至放出的水不含杂物时为止（目测排水水质与进水水质一致）；拆除旁通管，进行整个系统的循环清洗，并进行加药处理。

6）冷冻水系统的调试：

冷冻水系统的循环清洗,参照冷却水系统的调试方法。从最不利环路开始,调节各环路的流量控制阀门的开度,使各环路的水流量达到设计要求。并标记控制阀门的开度。加药属于管道的化学处理,一般工程要求由专业公司实施,如果投标中含此部时应由业主作为增加工程处理。

7)系统的综合调试:

通风空调工程全系统投入不带负荷的联合试运转,应进行下列内容的测定调整:通风机风量、风压及转数的测定;系统与风口的风量平衡;制冷系统的压力、温度、流量等各项技术数据应符合有关技术文件的规定;空调系统带冷、热源的正常联合试运转不少于8h,但当竣工季节条件与设计条件相差较大时,仅做不带冷、热源的试运转。通风、除尘系统的连续运转不应少于2h。

4.2.4　附件

通风与空调施工技术涉及的相关规范和标准

1. 主要施工规范

(1)《通风与空调工程施工质量验收规范》GB 50243—2002;

(2)《建筑给水排水及采暖工程施工质量验收规范》GB 50242—2002。

2. 其他相关规范和标准

(1)《工业设备及管道绝热工程施工及验收规范》GBJ 126—89;

(2)《工业金属管道施工及验收规范》GB 50235—97;

(3)《机械设备安装工程施工及验收通用规范》GB 50231—98;

(4)《制冷设备、空气分离设备安装工程施工及验收规范》GB 50274—98;

(5)《压缩机、风机、泵安装工程施工及验收规范》GB 50275—98;

(6)《制冷和供热用机械制冷系统安全要求》GB 9237—2001;

(7)《通风空调风口》JGT 14—1999;

(8)《组合式空调机组》GB/T 14294;

(9)《冷却塔验收测试规程》CECS 118:2000;

(10)《通用机械工程质量检验评定标准》TJ 305—75;

(11)《工业金属管道工程质量检验评定标准》GB 50184—93;

(12)《工业设备及管道绝热工程质量检验评定标准》GB 50185—93;

(13)《防火阀试验方法》GB 15930—1995;

(14)《排烟防火阀试验方法》GB 15931—1995;

(15)《阀门检验与管理规程》SH 3518—2000。

4.2.5　术语

通风与空调施工技术涉及的相关术语有:

(1)风管:用金属、非金属薄板或其他材料制作而成,用于空气流通的管道。

(2)通风工程:送风、排风、除尘、气力输送以及防、排烟系统工程的统称。

(3)空调工程:空气调节、空气净化与洁净室空调系统的总称。

(4)风管配件:风管系统中的弯管、三通、四通、各类变径及异形管、导流叶片和法兰等。

（5）咬口：金属薄板边缘弯曲成一定形状,用于相互固定连接的构造。

（6）风管系统工作压力：指系统风管总风管处设计的最大的工作压力。

（7）复合材料风管：采用不燃材料面层复合绝热材料板制成的风管。

（8）漏风量：风管系统中,在某一静压下通过风管本体结构及其接口,单位时间内泄出或渗入的空气体积量。

（9）漏光检验：用强光源对风管的咬口、接缝、法兰及其他连接处进行透光检查,确定孔洞、缝隙等渗漏部位及数量的方法。

（10）制冷剂：制冷系统中,完成制冷循环的工作物质。

（11）冷冻水管道：采用金属、金属复合材料制作而成,用于流通冷冻水的管道。

（12）冷却水管道：采用金属、金属复合材料制作而成,用于流通冷却水的管道。

4.2.6　工程实例

实例1：金属矩形风管薄钢板法兰连接技术

薄钢板法兰连接的金属矩形风管系统,一般称为 TDF 共板式法兰系统,风管的法兰利用风管本体的镀锌钢板压接成形,风管四个角用冲压的镀锌角码连接,法兰利用镀锌板弹簧夹及螺栓固定。

TDF 共板式法兰风管制作,包括镀锌钢板的剪板、放样、咬口、压筋、共板法兰压接成形、折角、组对等程序。

TDF 共板式法兰系统的加工机械,主要包括:共板法兰机、咬口机、剪板机、折边机、压筋机等。

TDF 共板式法兰风管系统,适用于民用、工业等建筑工程通风、空调系统截面面积不大的空气管道输送系统。

TDF 共板式法兰系统是国际上通风管道制作法兰连接两大系统之一,它具有成本低、密封性能好,安装方便简捷的特点,特别适合于截面面积不大的通风管道生产,TDF 共板式法兰系统可用于工厂大规模工业化生产,也适用于施工现场的加工生产,是一种高效率化的风管法兰系统的全新设计。TDF 共板式法兰机与辘骨机、剪角机、压筋机等组合可形成全自动化的生产,亦可分组,带机械到现场施工,非常适合目前国内施工企业的需要。

采用 TDF 共板式法兰系统,具有所需劳动力少,生产速度快、法兰的制作组合简单快捷、完全封闭不会漏风、材料充分利用,废料少、成本低,最适合大量生产、特制法兰安装快速、现场修改以 TDC 法兰方便快速的特点。

TDF 共板式法兰机按其工作性能要求可有三种型号,T−12、T−15 和双机联动 T−15D。T−12、T−15 两边同时成形,一边成形共板式法兰形"⌐",一边成形为勾夹"⌐";双机联动 T−15D 则两边同时成形"⌐"。其宽度可以在 300～1530mm 之间调整,通用性好,所成形法兰质量好,效率高。T−12、T−15、2−T12 工作速度均为 6m/min。

TDF 共板式法兰风管,在制作、安装阶段,必须注意以下事项:

（1）加强风管四个角位的密封性检查。由于 TDF 共板式风管容易在四个角位存在空隙,因此在风管角码固定后,必须打涂玻璃胶,进行密封。

（2）截面积比较大的风管,必须进行压筋加强。

（3）法兰的弹簧夹必须能够可靠地夹紧风管法兰。一般通过调整共板法兰机来调整弹簧夹的夹紧宽度，或选择 4~6mm 厚的法兰密封条来保证夹紧力度。

（4）风管截面积较大的金属风管，法兰的强度需要校核，强度不足的需要适当加强；另外，为了增加法兰连接的可靠性，法兰的连接除了四个角位使用螺栓连接以外，法兰应在适当间距增加螺栓连接。

某机电安装工程总建筑面积约 47 550m²，空调总面积为 43 000m²，空调系统的装机容量为 4 800 冷吨，镀锌板风管总面积为 45 887m²，工程总造价为 1.15 亿元，其中通风空调系统造价为 3 500 万元。

本工程在 2003 年 5 月 18 日正式开工，按照合同要求，8 月 31 日前空调系统要投入运行，大部分楼层车间要同期交付使用，工期十分紧张。

为了满足合同工期，我公司在本工程应用了共板式法兰机、辘骨机等风管加工设备，在施工现场，组合成 TDF 风管生产线，对风管进行加工制作。

风管制作材料的镀锌钢板采用卷材，卷板的宽度作为风管长度，卷板长度按照风管周长加咬口长度裁料，从而大大的降低了镀锌板材料的损耗率。

1. 施工现场加工（图 4.2.6－1）：

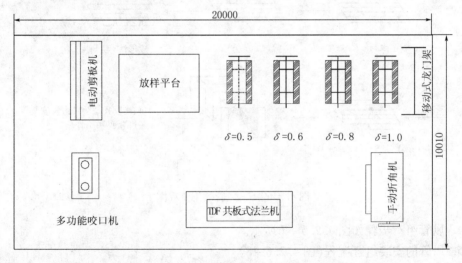

图 4.2.6－1　典型风管加工场平面布置图

2. 风管加工机械：

加工风管的机械主要如图 4.2.6－2～图 4.2.6－5 所示。

图 4.2.6－2　TDF 共板式法兰机

图 4.2.6－3　TDF 折边机

图 4.2.6-4 风管辘骨机

图 4.2.6-5 电动剪板机

3. 风管加工流程：

剪板→放样→辘 TDF 法兰→咬口辘骨→折边→组对成形→安装法兰角→涂密封胶→检查验收。

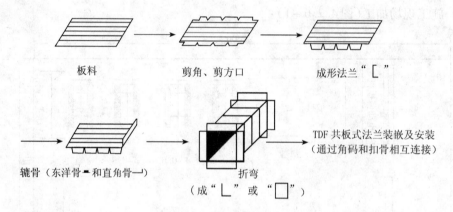

图 4.2.6-6 风管加工流程图

4. 风管组对步骤如图 4.2.6-7 所示。

5. 风管的安装组合流程（图 4.2.6-8）。

本工程由于在施工现场应用了 TDF 共板式法兰机加工机械,出色地完成了该机电安装工程的风管加工任务,为工程按期在 2003 年 9 月 1 日移交业主投产奠定了坚实的基础。不仅达到了质量、工期的要求,还降低了工程成本,取得了预期的效果。

实例 2:玻璃纤维板复合风管安装技术

玻璃纤维板复合风管(以下简称玻纤风管)是以玻璃纤维板内衬玻璃丝布,外复铝箔组成基材,通过粘合成型并采取内外加固措施而制成的风管。其集风管、保温、消声、防火和防潮于一体,具有整体质轻、加工和安装简便,占用建筑空间小和外形美观等诸多优点,是一种可以输送一般性空气,集多种功能(如消声、保温等)于一体的新型风管。这种新型风管每米长消声量可达 3dB(A)以上,完全可以替代一般系统中的普通消声器,它可以同时消除多频带的机械噪声和空气动力噪声,这是这种新型风管最突出的特点。

图 4.2.6-7　风管组对步骤

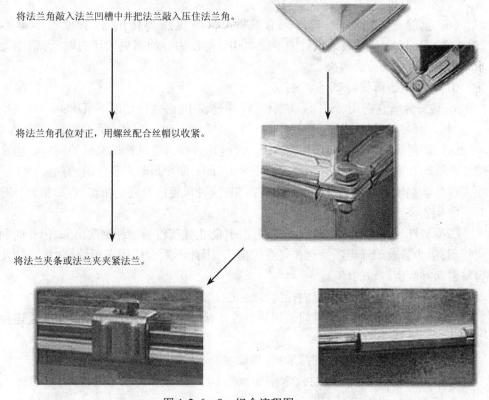

将法兰角敲入法兰凹槽中并把法兰敲入压住法兰角。

将法兰角孔位对正，用螺丝配合丝帽以收紧。

将法兰夹条或法兰夹夹紧法兰。

图 4.2.6-8　组合流程图

1. 玻纤风管在设计选用时,主要遵循以下原则:

(1) 玻纤风管最适用于管内静压在 1.0kPa 左右,有消声要求,无抗酸碱要求,温度低于 80℃ 的通风空调系统。

(2) 玻纤风管及加固件阻力一般占系统总阻力的 15%～30%,设计时必须予以考虑。同时安装单位应选择流线型加固件以减小风管系统阻力。

(3) 选择玻纤风管内的流速,既要在经济流速范围内,又要符合其特性,风速应小于 10m/s。

(4) 玻纤风管的基材是弹性体的玻璃纤维,容易产生施工误差,生产单位的施工组织及管理好坏是影响质量的关键因素,制作的风管内净空尺寸应符合设计要求。

2. 玻纤风管具有以下的技术特点:

(1) 防火性能好:玻纤风管以不燃性玻纤板为基材,使用阻燃性胶粘剂进行复合制作,因而管道有良好的防火性能。

(2) 消声效果好:降低机器运行的噪声,缓和房间声音的传播,对高低频有良好的吸收效果。

(3) 隔热性能好:内表面的铝箔布有很高的热反射能力,导热系数更低,有效地保证了气流温度的稳定性。

(4) 防潮:玻纤风管内、外表层为铝箔,铝箔的透湿率为零。并具有极强的防腐能力,所以,玻纤风管长期处于潮湿环境中也不会影响其消声和保温性能。

(5) 漏风量少:玻纤风管采用开槽、合槽、胶粘剂制作连接,结合部位用铝箔胶带密封,所以不会漏风。

(6) 抗静压强度适中:玻纤风管在 500Pa 空气压力作用下,管壁变形量不大于 1.0%,壁厚为 25mm 的玻纤风管能承受 800Pa 静压力。如需更大压力时,可根据设计要求采用加固管壁的方法解决。

(7) 寿命长:可保持 20 年左右。

3. 玻纤风管在选用、施工现场制作、安装过程中,必须注意以下事项:

(1) 这种新型风管内壁为玻纤布材料,粗糙度 1.01～1.10(绝对粗糙度高达 0.2～0.3mm),使得风管沿程摩阻增加 20% 以上,这是这种新型风管最突出的问题。通常内壁喷涂光滑固化剂,使内壁绝对粗糙度降低 <0.1mm,使得风管沿程摩阻增加 <10%。这样使用这种新型风管通风系统所增加沿程摩阻;这种风管内壁还是粗糙,容易集光,或产尘,对于净化通风系统就当慎用,建议不用。

(2) 玻纤风管尽管内壁喷涂光滑固化剂,防止气流将玻璃纤维吹出来,但长时间的气流作用,极少量玻璃纤维还是会被气流带出来,因此不适合应用于医院、食堂或幼儿园等容易引起呼吸道过敏的场合。

(3) 玻纤风管的管截面以内径为准。支吊架间距小于 3m。

(4) 玻纤风管同钢板风管间采用特制件连接,玻纤风管之间有榫接和法兰连接两种方式,一般采用榫接。

(5) 玻纤风管不能施工圆弧形状,建议主要弯头加导流叶片。

广州大学城二期某大学的教学楼通风空调系统应用了玻纤风管,面积超过了 1 万 m²。以下为玻纤风管施工工艺:

1）直管制作

制作风管直管有一片法、二片 U 形法、二片 L 形法、四片法四种方法。其制作方法是由风管的周长与板材大小来确定的。

根据空调风管设计规格、形状，绘制出各段风管的切割尺寸。

中心线法：先决定制作一定规格风管（直管）的管板长度。该长度是一片法的展开长度。现举例如下：300mm×250mm 直风管，搭接法，25mm 厚管板。

布局：如图4.2.6－9所示为一片法加工方法。

管板雌端对准操作者，从左边开始度量300mm（第一内尺寸）加上对应余量44.5mm 即344.5mm，画第一条折边中心线。

图4.2.6－9　直管制作图

从第一条折边中心线开始度量250mm（第二内尺寸）加上对应余量44.5mm 及294.5mm，画第二条折边中心线。

从第二条折边中心线开始度量300mm（第二内尺寸）加上对应余量44.5mm 及294.5mm，画第三条折边中心线。

从第三条折边中心线开始度量250mm（同第二内尺寸）加上对应余量44.5mm 及294.5mm，画第四条折边中心线。

从第四条折边中心线开始度量35mm，画搭接片边线，这样管板就可以开槽了。

用雌刀沿管板的左边切成搭接边，移去残料。

用切槽刀沿第一条折边中心线切槽，使一号板的右边为搭接边而二号板的左边为直边，移去残料，板稍微斜铺以便于操作。

将切槽刀平转180°（或用下一号刀）沿第二条折边中心线切槽，使二号板的右边为直边而二号板的左边为搭接边，移去残料。

将切槽刀平转回原来位置，使三号板的右边为搭接边而四号板的左边为直边，移去残料。

用直刀沿第三条折边中心线切管板，请注意只切棉层，不切到和刮到贴面。

用直刀沿搭接片边线——最后一条线，连棉层和贴面一起切断，这样管板就可以装配和封边以形成直管或接头。从该搭接片上剥去棉层。

2) 弯头制作用直刀,按要求的角度切开直管。见图 4.2.6－10、图 4.2.6－11。

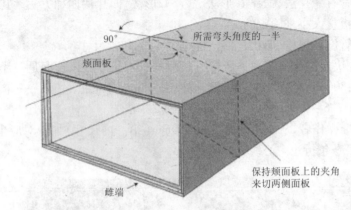

图 4.2.6－10　弯头制作图一

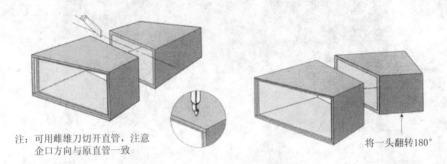

图 4.2.6－11　弯头制作图二

3) 变径管制作,沿上下板虚线用雌雄刀切开管板,剥开贴面,沿虚线用直刀只切开左右两侧基板。见图 4.2.6－12。

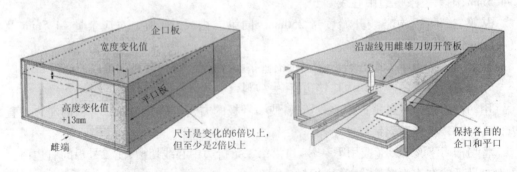

图 4.2.6－12　变径管制作图

4) 风管与部件的连接方法,见图 4.2.6－13。

① 法兰金属套管必须用吊杆支撑,若加热器(或其他部件)重量超过 22.7kg,则部件还需单独用吊杆支撑。

② 固定用螺钉为 10 号电镀金属螺钉,比管板厚度长 6.4mm。

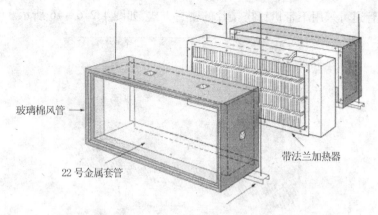

玻璃棉风管 →

22 号金属套管

带法兰加热器

图 4.2.6 – 13　风管与部件连接图

5) 风口的安装,见图 4.2.6 – 14。

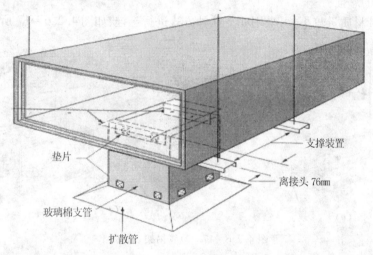

支撑装置

离接头 76mm

垫片

玻璃棉支管

扩散管

图 4.2.6 – 14　风口安装图

6) 风管的密封

密封系统是构造玻璃棉风管系统的一个重要环节,它不但起到结构上的连接作用,也为系统中的缝隙和接头起到密封作用。较大的管道采用带扒钉搭接片的密封方式,如图 4.2.6 – 15 所示。

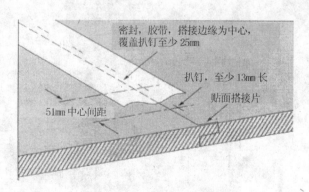

密封,胶带,搭接边缘为中心,覆盖扒钉至少 25mm

扒钉,至少 13mm 长

贴面搭接片

51mm 中心间距

图 4.2.6 – 15　接口处密封图一

较小的管道可采用不带扒钉搭接片的密封方式,如图 4.2.6 – 16 所示。

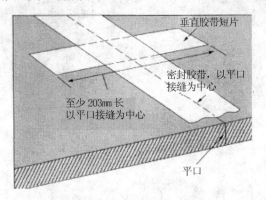

图 4.2.6 – 16　接口处密封图二

7）风管的悬挂

由于该管材质量较小,可采用如下几种方式进行悬挂,如图 4.2.6 – 17 所示。

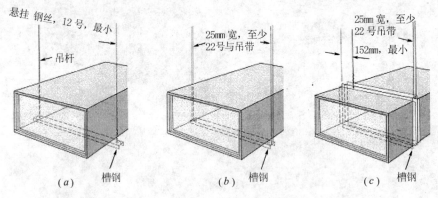

图 4.2.6 – 17　风管吊架安装图

风管内周长大于或等于 2 400mm 的垂直风管的特殊支撑方法见图 4.2.6 – 18,最大间距不大于 3 600mm,垂直管的应用长度一般不应超过两个楼面。

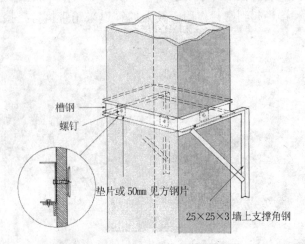

图 4.2.6 – 18　风管垂直支架安装图

8）阀门的连接

在玻纤风管上安装的调节阀,必须设置单独的吊架,承受阀门重量。玻纤风管端部宜安装金属法兰,与阀门连接。见图4.2.6-19。

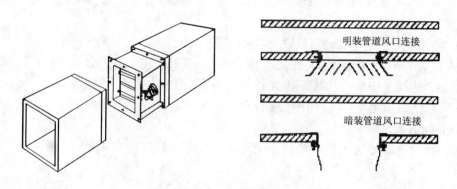

图4.2.6-19 风管与阀门连接安装图

4.3 建筑电气施工技术

4.3.1 主要内容

变压器、配电柜(箱)、柴油发电机、UPS电源、线管线槽及桥架、电缆电线敷设、母线敷设、灯具、开关、插座、防雷接地、接地干线等。

4.3.2 选用原则

1. 国产的电气设备、材料应有生产许可证、合格证及相关的检测检验报告。进口的电气设备、材料应提供商检报告、原产地证明书和中文的质量合格证明文件、规格、型号、性能检测报告以及中文的安装、使用、维修和试验要求等技术文件。

2. 明敷电线应选用双塑线,直埋电缆应选用铠装电缆。

3. 易燃易爆危险场所的电气设备、线管、线盒应选用防爆产品。

4. 露天明装的电气设备、线管、线槽、线盒、插座应选用防水产品。

4.3.3 注意事项

1. PVC线槽线管、电线电缆、漏电开关、小型断路器、开关、插座面板必须按要求进行委托检验。

2. 潮湿环境的开关、插座应考虑防潮要求。

3. 电线电缆在线槽线管中敷设注意散热要求,应留有一定空间余量,且在线槽线管内不得有接头。电线、电缆的回路标记应清晰,编号准确。

4. 电线、电缆、母线等通电前必须进行绝缘测试,符合安全用电要求后才能合闸送电。送电和断电检修均应挂明显警示牌。

5. 三相或单相的交流单芯电缆,不得单独穿于钢导管中。

6. 变压器中性点应与接地装置引出干线直接连接,接地装置的接地电阻值必须符合设计要求。

7. 不间断电源输出端的中性线(N 极),必须与接地装置直接引来的接地干线相连接,做重复接地。

8. 柴油发电机馈电线路连接后,两端的相序必须与原供电系统的相序一致。

9. 金属线管、线槽连接处应按规范要求做接地跨接。电气设备金属外壳应按规范做保护接地。金属电缆桥架及其支架、电线电缆导管必须接地(PE)或接零(PEN)可靠。

10. 插座的相线和零线的接法,应符合规范要求。接地线不得串联连接。接地线应有黄绿相间的颜色标识。

11. 建筑物的防雷接地系统施工完毕,必须检测其接地电阻值,且必须符合设计要求。

4.3.4 附件

建筑电气施工技术相关的规范、标准:

(1)《建筑电气工程施工质量验收规范》GB 50303—2002;

(2)《电气装置安装工程高压电器施工及验收规范》GBJ 147—90;

(3)《电气装置安装工程母线装置施工及验收规范》GBJ 149—90;

(4)《电气装置安装工程电气设备交接试验标准》GB 50150—91;

(5)《电气装置安装工程电缆线路施工及验收规范》GB 50168—92;

(6)《电气装置安装工程接地装置施工及验收规范》GB 50169—92;

(7)《电气装置安装工程盘、柜及二次回路结线施工及验收规范》GB 50171—92;

(8)《电气装置安装工程 35kV 及以下架空电力线路施工及验收规范》GB 50173—92;

(9)《电气装置安装工程低压电器施工及验收规范》GB 50524—96;

(10)《电气装置安装工程爆炸和火灾危险环境电气装置施工及验收规范》GB 50257—96。

4.3.5 术语

建筑电气施工技术涉及的相关术语有:

(1)电气装置:为实现一个或多个具体目的且特性相配合的电气设备的组合。

(2)建筑电气工程:为实现一个或几个具体目的且特性相配合的,由电气装置、布线系统和用电设备电气部分的组合。这种组合能满足建筑物预期的使用功能和安全要求,也能满足使用建筑物的人的安全需要。

(3)电气设备:发电、变电、输电、配电或用电的任何物件,诸如电机、变压器、电器、测量仪表、保护装置、布线系统的设备、电气用具。

(4)导管:在电气安装中用来保护电线或电缆的圆形或非圆形的布线系统的一部分,导管有足够的密封性,使电线电缆只能从纵向引入,而不能从横向引入。

(5)接地线:从引下线断接卡或换线处至接地体的连接导线。

接地装置:接地体和接地线的总称。

(6) 中性线:与系统中性点相连接并能起传输电能作用的导体。

4.3.6 工程实例

实例1:10kV 冷缩电缆头安装技术

主要内容:

冷缩系列电缆头技术的主要内容包括:① 按电缆电压等级、电缆截面的选择;② 电缆头的组成主要有冷缩三支套、冷缩的绝缘管、绝缘主体、连接管及其他配件;③ 电缆头按施工位置可分为户内型和户外两大类,其主要是以绝缘主体件作为区分。

选用原则:

冷缩系列电缆中间头主要分为:

(1) 绝缘型的冷缩接头——用于减少单芯电缆的金属护套感应电压及环形电流;

(2) 加强防水型的冷缩接头——用于潮湿或多雨地区须特别加强防水的电缆接头;

(3) 防水带、铠装带型、热缩型或壳体绕注型外护套——使用防水带、铠装带型的外护套。

冷缩系列电缆头主要选用三芯交联聚乙烯绝缘及橡胶绝缘电力电缆,其特点起到连接、密封、绝缘作用。

技术特点:

(1) 极强的绝缘性;

(2) 抗电蚀、抗漏痕、抗紫外线;

(3) 耐老化、耐热;

(4) 高弹性、防水密封性好;

(5) 材质柔软、意外破坏时没有尖硬的飞溅物;

(6) 安装时抽出衬塑条即可,无需动火及特殊工具。

注意事项:

(1) 在施工前,清干净电缆的表层,在剥去外护套、铠装和内护套后必须清理三相内的填充物。在剥完铜屏蔽层、半导电层后去除吸附在绝缘表面的半导电粉尘。在安装绝缘主体中用专用的清洁巾从上到下把各相清洁干净。

(2) 在接头施工前,将两根待连接的电缆,端头校直、锯齐,将电缆外护套表面清理干净,特别注意不能在接头绝缘主体安装位置留有金属渣或其他导电物体。

电缆头涉及的材料性能的基本要求,见表4.3.6。

1. 冷缩式电缆头的施工工艺

(1) 户内冷缩电缆终端头制作安装工艺流程

1) 剥外护套、铠装和内护套

自电缆端头电缆外护套,长度为700mm,保留30mm 铠装及10mm 内护套,其余剥去,如无铠装则该步及后与之相关工序省去。用胶粘带将每相铜屏蔽带端头临时包好,清理填充物,将三相分开。见图4.3.6－1(a)。

2) 焊接地线,绕密封填充胶

用锉刀打磨铠装表面;用胶带将截面较小铜编织带扎紧在铠装上,用锡焊牢;将另一根铜编织带分成三股,分别用扎线扎紧在内护套以上 30mm 处的三根铜屏蔽上,用锡焊牢(注:自外护套断口处至其以下 40mm 长范围内的铜编织带均需进行渗锡处理,形成防潮层)。掀起两铜编织带,在电缆外护套断口上绕两层填充胶,将两铜编织带压入其中,在外面包绕几层填充胶,再分别绕包三叉口,在绕包的填充胶上半部分再包绕一层胶粘带(注:两铜编织带相互绝缘,绕包后的外径应小于分支手套内径);在离外护套断口大约 50~60mm 位置将铜编织带固定。见图 4.3.6－1(b)。

电缆头涉及的材料性能必须符合以下要求　　　　　　　表 4.3.6

序号	项　目	数　值		依　据
		绝缘料	半导电料	
1	抗张强度(MPa)	≥4.5	≥4.5	GB 528
2	断裂伸长率(%)	≥600	≥600	GB 528
3	硬度邵氏(A)	≤40	≤50	GB 531
4	抗撕裂强度(N/mm)	≥35	≥35	GB/T 530
5	体积电阻率(Ω·m)	≥10^{14}	≤10^3	GB 692
6	介电常数(50Hz)	2.8~3.5		GB 693
7	介质损耗角正切	≤0.02		GB 693
8	抗漏电痕	≥1A3.5		GB 6553
9	拉伸永久变形	≤10%		HG 4－859

3) 缩分支手套,确定安装尺寸

将冷缩分支手套至三叉口的根部,沿逆时针方向均匀抽掉衬管条,先抽掉尾管部分,使冷缩分支手套收缩,缩后在手套下端用 DJ－20 绝缘带包扎 4 层,再加绕 2 层胶粘带,加强密封。距电缆端头:$L+60$mm(L 为端子孔深:含雨罩深)用胶粘带做好标记。见图 4.3.6－1(c)。

4) 缩冷缩管

将一根冷缩管套入电缆一相(衬管条伸出的一端后入电缆),一端与分支手套指管搭接 20mm,沿逆时针方向均匀抽掉衬管条,从标记起收缩该冷缩管(注意:冷缩管收缩好后其顶端需与标记齐平)。见图 4.3.6－1(d)。

5) 剥铜屏蔽层、半导电层

自冷缩管端口向上量取 15mm 长铜屏蔽层,其余铜屏蔽层去掉;自冷缩管口向上量取 30mm 长半导电层,其余半导电层去掉;将绝缘表面用砂纸打磨以去除吸附在绝缘表面的半导电粉尘,半导电层末端用砂纸或砂布打磨成小斜坡,使之平滑过渡;绕两层半导电带将铜屏蔽层与外半导电层之间的台阶盖住。见图 4.3.6－1(e)。

6) 剥线芯绝缘

自电缆末端剥去线芯绝缘及屏蔽层,长度为 L(L 为端子孔深;含雨罩深);将绝缘层端头倒角,用细砂纸或砂布将绝缘层表面砂光。复核绝缘长:130mm。在半导电上端口以下 55mm 处用胶粘带做好标记。用胶粘带将线芯临时包好。见图 4.3.6－1(f)。

7）安装终端、罩帽

用清洁巾从上至下把各相清洗干净，待清洁剂挥发后，在绝缘层表面均匀地涂上一层硅脂（注意过程的清洁），将冷缩终端套入电缆，衬管条伸出的一端后入电缆，沿逆时针方向均匀地抽掉衬管条使终端收缩（注意：终端收缩好后，其下端与标记持平）；抹尽挤出的硅脂，用尼龙扎带扎紧冷缩终端尾部。将罩帽大端向外翻开，套入电缆，待罩帽内腔台阶顶住绝缘，再将罩帽大端复原罩住终端。见图 4.3.6－1(g)。

8）压接接线端子，连接地线

除去临时包在线芯端头上的胶粘带，将接线端子套在线芯上（注意：必须将接线端子雨罩罩在罩帽端口上），压接接线端子，按此工艺处理其他两相，将接铜编织带与地网连接好；安装完毕。见图 4.3.6－1(h)。

（2）户外冷缩电缆中间接头制作安装工艺流程

1）剥外护层、铠装和内护套

将两根待连接的电缆端头校直、锯齐，将电缆外护套表面清理干净。然后将其中一根电缆剥去 800mm 长外护套，另一根电缆剥去 550mm 长外护套，用砂纸将外护套端口以下 50~80mm 打磨粗糙，见图 4.3.6－2(a)。由外护套端面向上量取 30mm，用扎线扎紧，将以上铠装剥去；由铠装向上留 50mm 长内护套，其余剥去，除去电缆内衬物，将三相分开，尽量从分叉处将各相以约 15 倍相电缆大小弯曲各相，使各相呈对接状，相间距离约 55mm。确定对接点，使其与较长一端电缆内护套端口相距 640mm，与另一端电缆内护套口相距 400mm，其余电缆切除。见图 4.3.6－2(b)。

剥铜屏蔽层和外半导电层：由电缆的端头向下剥 200mm 长铜屏蔽，并在铜屏蔽端头用 PVC 胶带临时包好，见图 4.3.6－2(c)。从两根电缆的端部分分别取 157mm 用 PVC 胶带做好标记，剥去这 157mm 长的半导电层，剥切时要求断面整齐，且不允许划伤线芯绝缘层，切除外半导电层上的 PVC 胶带标记，将端口倒成斜坡并用砂纸打磨使用之光滑过渡，不允许成齿状。见图 4.3.6－2(d)、图 4.3.6－2(e)。按此工艺处理其他两相。

2）剥线芯绝缘层、套接头绝缘主体：将铜网撑开，预先套入电缆各相。然后量取电缆连接长度 L，然后接 L/2 连管长的长度将线芯绝缘层及内半导电层剥去（注：剥切不能偏长），然后去除线芯绝缘端部的尖角毛刺，（注：不能将线芯绝缘端部削成锥体），然后用砂纸打磨线芯绝缘层表面以清除吸附在线芯绝缘层表面的半导电粉尘，见图 4.3.6－2(e)；将电缆线芯绝缘表面、外半导电层和屏蔽体和电缆绝缘临时保护好，见图 4.3.6－2(f)。按此工艺处理其余两相。

3）压接连接管，装配接头绝缘主体：打磨线芯以去除其表面氧化层，清理线芯及连接管，待清洁剂挥发后将电缆线芯分别套入连接管，挤紧后先压接管两端，再在连接管中间压两道（共压 4 道），压后两绝缘间距离 S 不大于 136mm（185mm² 以上），150mm² 及以下不大于 120mm，打磨连管表面毛刺；确定两根电缆绝缘层端部中心位置，去掉临时保护，由中心位置向剥切较短的电缆一端量取 177±1mm，做好记录，见图 4.3.6－2(g)。

清洁连接管及线芯绝缘，特别注意不能在接头绝缘主体安装位置留有金属渣或其他导电物，待清洁剂挥发后，在线芯绝缘表面均匀涂抹一层硅脂，将接头绝缘主体移至中心处，沿逆时针方向均匀抽掉衬管条使之收缩，（注意：接头绝缘主体一端与记号齐平），然

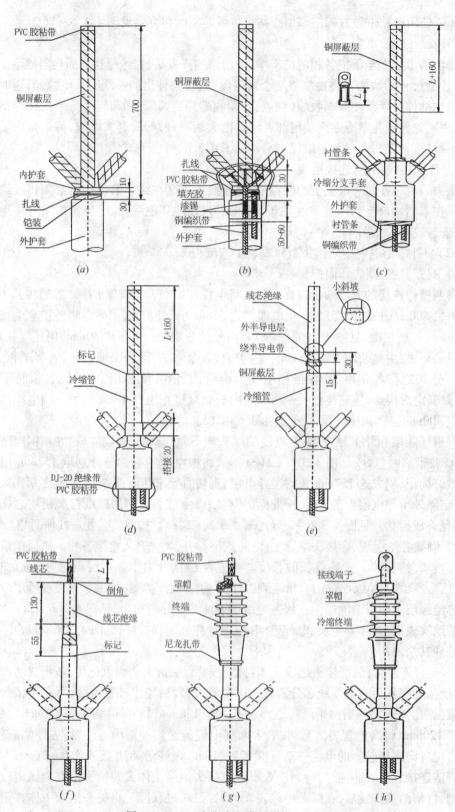

图 4.3.6-1 冷缩式电缆头制作示意图

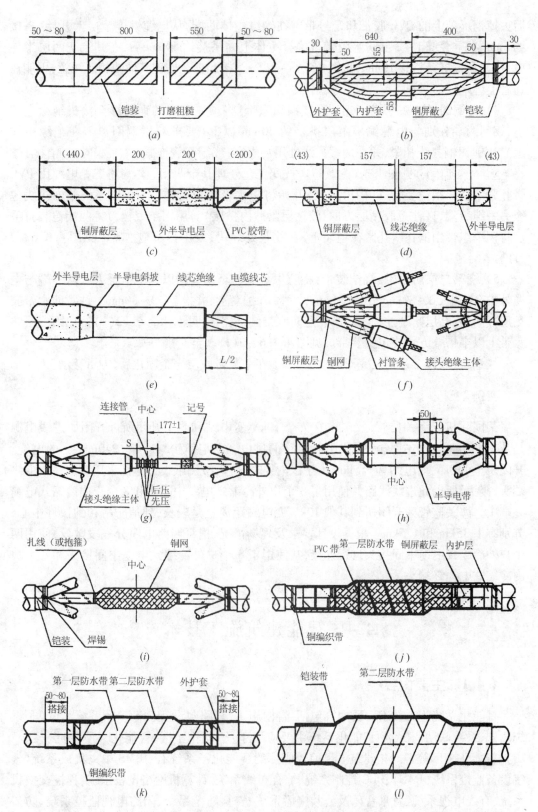

图 4.3.6-2 户外冷缩电缆接头制作示意图

后去掉铜屏蔽上的 PVC 胶带和记号带。在绝缘主体两端,从电缆铜屏蔽层上开始,搭接约 5mm 半重叠绕 1~2 层防水胶带至绝缘主体上并搭接约 50mm 后,在其上绕两层半导电带,并与铜屏蔽搭接 10mm,见图 4.3.6 – 2(h)。接此工艺处理其他两相。注意:不能在连管上缠绕任何带材。

4)套铜网、绕第一层防水带、连接铜编织带:将预先套入的铜网移至接头绝缘主体上,铜网两端分别与电缆铜屏蔽层搭接约 50mm 以上(要求双层铜网覆盖在绝缘主体上),用镀锡铜扎线扎紧,并在两端扎线处用锡焊牢;或用弹簧抱紧。(注:铜网也可直接半重叠绕包在绝缘主体上)见图 4.3.6 – 2(i)。按此工艺处理其余两相。然后将三相电缆用 PVC 带扎紧。从一端铠装端口(内护层上)开始将防水带接长至约 1.5 倍以半搭叠方式绕包至另一铠装端口(注意胶粘层方向:胶粘层紧贴内护层)。用锯条或锉刀将两端铠装打毛后将铜编织带用铜扎线扎紧在铠装上,在扎紧处焊锡;或用弹簧抱抱紧。见图 4.3.6 – 2(j)。

5)绕第二层防水带、绕铠装带:将防水带拉长至 1.5 倍以上半搭叠方式从一端与电缆外护套搭盖 50~80mm 开始绕包至另一端外护套上,并搭盖 50~80mm。注意防水带胶粘层方向;胶粘层紧贴外护套。第二层防水带缠绕完毕;见图 4.3.6 – 2(k)。在第二层防水带上以半搭叠方式绕包铠装带。见图 4.3.6 – 2(l)。至此接头安装完毕。

注意:按照此工艺安装完毕的接头,必须在铠装带胶层完全固化后,方可移动。

实例 2:

某国际机场海关监管区,区内有 7 个 10kV 变电站和一个开闭所。开闭所进线电源是从某 110kV 变电站引至的,使用双回路的供电,每回路为 $2 \times (3 \times 240mm^2)$ 的电缆。开闭所至 110kV 变电站有 1.5km,由于区内要求较高,按图纸设计全部采用冷缩户内的终端头、接头,所以此进线线路共使用了 8 个户外冷缩式电缆中间头和 8 个户内冷缩式电缆终端头。海关监管区开闭所到其他 10kV 变电站距离也是较长,到消防站和到快件中心,分别有 1.35km 和 1.5km。根据设计要求及现场情况,把每回路电缆分三段敷设,使用两个户外冷缩式电缆中间接头进行连接,共使用了 8 个户外冷缩式电缆中间接头和 8 个户内冷缩式电缆终端头。

4.4 智能建筑施工技术

4.4.1 主要内容

智能化系统施工技术主要内容包括:管槽施工、线路敷设、设备安装、系统测试(子系统测试、系统联动调试)。智能化系统主要应用于:智能化小区、智能化大厦(办公楼、酒店)、智能化工厂等智能化建筑。目前较成熟的智能化子系统有:IBMS 中央集成系统、楼宇设备监控系统(BAS)、PLC 控制系统、综合布线系统、计算机网络设备系统、程控交换机系统、有线电视系统、背景音乐及公共广播系统、安全防范系统、闭路电视监控系统、防盗报警系统、一卡通系统、电子巡更系统、门禁系统、停车场管理系统、考勤系统、智能能量收费系统、智能会议系统、电子信息公告系统、办公自动化系统及物业管理系统。

4.4.2　选用原则

智能化系统的建设原则:模块化、标准化,具有开放性、先进性、安全性、可靠性、合理性、实用性、经济性和可扩充性。

智能化各子系统品牌的选用原则:严格按照国家相关规范及设计图纸要求,遵循经济实用、性价比高的原则。

4.4.3　注意事项

智能化系统的施工从原材料的检验、施工过程控制、竣工验收必须符合国家标准《智能建筑工程质量验收规范》GB 50339—2003 的要求。

硬件设备及材料的质量检查重点应包括安全性、可靠性及电磁兼容性等项目。

系统承包商应根据接口规范制定接口测试方案,接口测试方案经检测机构批准后实施。由系统承包商编制的各类用户应用软件除进行功能测试和系统测试外,还应根据需要进行容量、可靠性、安全性、可恢复性、兼容性、自诊断等多项功能测试,并保证软件的可维护性。

金属线槽、线管应有可靠接地,强弱电不应使用同一线槽、线管。

需屏蔽的系统必须采用镀锌线管、室外明装施工必须采用镀锌钢管,且做好防水措施。

系统测试仪器必须经检定合格。

4.4.4　附件

智能建筑施工技术相关的规范、标准:

(1)《安全防范系统验收规则》GA 308;

(2)《安全视频监控系统技术要求》GA/T 367;

(3)《计算机场地技术条件》GB 2887—89;

(4)《民用闭路监视电视系统工程技术规范》GB 50198;

(5)《建筑电气工程施工质量验收规范》GB 50303—2002;

(6)《建筑与建筑群综合布线系统工程验收规范》GB/T 50312;

(7)《智能建筑设计标准》GB/T 50314;

(8)《广播电视工程建筑设计防火标准》GYJ 33—88;

(9)《广播音响系统安装、调试手册》;

(10)《计算站场地安全要求》GB 9361—88;

(11)《电子计算机机房施工及验收规范》SJ/T 30003—93;

(12)《工业企业程控用户交换机工程设计规范》CECS 09:89;

(13)《电信专用机房设计规范》YD 5003—94;

(14)《计算站场地技术要求》GB 2887—89;

(15)《智能建筑工程质量验收规范》GB/T 50339—2003;

(16)《民用建筑电气设计规范》JGJ/T 16—92;

（17）《智能建筑设计与施工系列图集——楼宇自控系统》（中国建筑工业出版社）。

4.4.5 术语

智能建筑施工技术涉及的相关术语有：

（1）智能化建筑：它是以建筑为平台，兼备建筑设备、办公自动化及通讯网络系统，集结构、系统、服务、管理及它们之间的最优化组合，向人们提供一个安全、高效、舒适、便利的建筑环境。

（2）办公自动化系统：是应用计算机技术、通讯技术、多媒体技术和行为科学等先进技术，使人们的部分办公业务借助于各种办公设备，并由这些办公设备与办公人员构成服务于某种办公目标的人机信息系统。

（3）综合布线系统：是建筑物或建筑群内部之间的传输网络。它能使建筑物或建筑群内部的语音、数据通讯设备、信息交换设备、建筑物物业管理及建筑物自动公管理设备等系统之间彼此相联，也能使建筑物内通信网络设备与外部的通信网络相联。

（4）楼宇设备监控系统：将建筑物或建筑群内的电力、照明、空调、给排水、防灾、保安、车库管理等设备或系统，以集中监视、控制和管理为目的，构成综合系统。

（5）智能化小区：以住宅小区为平台，兼备安全防范系统、火灾自动报警及消防联动系统、信息网络系统和物业管理系统等功能系统以及这些系统集成的智能化系统，具有集建筑系统、服务和管理于一体，向用户提供节能、高效、合适、便利、安全的人居环境等特点的智能系统。

4.4.6 工程实例

实例：建筑智能化系统（建筑设备监控系统）调试技术

工业厂房类型建筑区别于办公及住宅类型建筑，其机电设备具有分布面较广、分布点较分散、分布无规则性较高的特点，而机电设备及环境的控制实时性、精确性要求较高，因此在进行工业厂房机电设备自控系统实施时，工程深化设计及系统编程调试等技术性环节的把握十分重要，直接影响到建成后系统的运行性能及后期的系统维护。

本文以某外资彩管厂设备监控系统工程为例，就如何进行工业厂房设备监控系统深化设计及编程调试等技术性环节工作作详细阐述。

根据工程建设过程，技术性环节的工作主要按照以下分步实施流程：施工前期深化设计工作→调试前期编程设计工作→现场站级系统调试工作→中央站级系统调试工作→调试结束跟踪阶段工作，以下对各阶段工作做详细介绍。

1. 工程概况

本工程为厂房机电设备及环境自控系统工程，采用美国 HoneyWell EXCEL 5000 楼宇自控系统，系统主要由 1 台基于 HoneyWell – EBI 集成系统的中央图文管理工作站，1 条 C – Bus 总线及 13 台 DDC 直接数据控制器和大量现场传感器件、执行器件组成，监控对象为空调系统、通风系统、给排水系统、热交换系统等，现场监控点数为 1 076 点。

2. 施工前期深化设计工作

主要包括以下循序渐进的工作内容：

（1）实际监控点数量及分布位置的核实及监控点表的编制

现场实际监控点数量及监控对象分布位置在实施过程中同原设计比照往往有所变更,因此工程设计技术人员必须逐一核实目前所有的监控点数量及监控对象分布位置,同时编制完整的监控点表。

(2) DDC 直接数据控制器的实际使用配置

完整的实施监控点表编制好后,即可根据机电设备/监控对象的分布位置配置实际使用的 DDC 控制器。其配置主要包括三方面的内容:

1) DDC 控制器数量的确定;

2) 每个 DDC 控制器类型的确定;

3) 每个 DDC 控制器所管理监控点的确定及每个 DDC 控制器监控点分配细表的编制。

HoneyWell 楼宇自控系统的 DDC 控制器主要包括 EXCEL500 大型控制器(128 点容量)、EXCEL100/80 中型控制器(36 点容量)、EXCEL50/20 小型控制器(20 点容量)等产品。

在本工程中,对 DDC 控制器的配置主要考虑了以下几点原则:

1) 同一设备的监控点配置于同一台 DDC 控制器;

2) 位置相对集中的监控点配置于同一台 DDC 控制器;

3) 集中监控点数量较多的位置配置大型 DDC 控制器;

4) 配置完后的 DDC 控制器要保留一定的监控点余量(5% ~ 10%),这一点也很关键,工程实施过程中往往业主根据实际需要会增加少量监控点,如果配置好的 DDC 控制器没有余量,将无法实施。

根据以上原则,在 BAS 自控系统工程中共配置了 12 台 EXCEL500 大型 DDC 控制器和 1 台 EXCEL100 中型 DDC 控制器。

(3) DDC 控制器原理图及控制器箱接线图的设计

完成 DDC 控制器的配置设计,即可开始进行 DDC 控制器原理图接线图设计。主要包括 DDC 控制器管理监控点地址表的编制、DDC 箱内部原理接线图的设计及 DDC 箱外部接线图的设计三部分内容。

1) DDC 控制器管理监控点地址表

主要确定每个 DDC 控制器所管理监控点的硬件地址。

DDC 控制器为所有的硬件监控点均提供了物理接口,每个物理接口均有惟一的控制器识别地址,例如:DI1、DO2、AI3、AO4 分别表示控制器所属的第一个数字量输入点、第二个数字量输出点、第三个模拟量输入点、第四个模拟量输出点。

本部分工作就是把所有的监控点均分配好 DDC 物理点地址。

2) DDC 箱内部原理接线图的设计

该部分工作要考虑好以下几点因素:

① 控制器箱电源部分的设计,主要包括控制器内部供电电源及对外供电电源(例如:传感器件电源、执行器件电源)。

BAS 系统的有源器件电源通常是 24V 以下的交直流电源,事先要查明所有相关有源器件的电源供电等级、功率后,计算好并选用合适的电源。

② 控制器箱体内部器件分布结构设计

进行器件分布结构设计时主要考虑箱体内部散热因素及合适的外部接线空间。

3）DDC 箱外部接线图的设计

主要用于施工阶段施工人员现场监控点接线。

3. 调试前期 DDC 控制器编程设计工作

DDC 控制器编程设计主要包括以下工作：

（1）DDC 控制器物理监控点单点测试程序编写

编程目的：此项工作的重要性在于进入正式调试阶段，对 DDC 控制器导入点检测程序后能迅速检查出现场施工中产生的问题，例如：设备端接错误（漏接线、错接线），线路敷设问题（短路、断路），设备安装施工过程中的损坏等。

编程工具：编程采用的软件工具是 HoneyWell5000 系统的专用编程工具 CARE，CARE 是一套图形化、模块化程序编写软件。

编程依据：主要根据前面编制好的每个 DDC 控制器监控点地址分配表来进行编程。

编程步骤：

1）定义控制器：包括控制器类型、控制器地址等。

2）定义控制器所管理的物理监控点：包括四种类型的监控点（DI、DO、AI、AO 点）的点地址、点属性等内容。

完成后系统为每个控制器建立了一个 DDC 数据文件。

（2）DDC 控制器逻辑调节控制策略的确定及控制程序的编写

1）控制策略的确定

调试人员在编写相关控制程序时应该先详细了解目标控制对象的工作原理，与甲方相关技术负责人沟通，确定合理及符合业主需求的设备监控流程及系统监控要求由此确定 DDC 的控制策略。

2）控制程序的编写

在前面完成的 DDC 数据文件基础上编写控制程序。主要通过调用 CARE 内部提供的标准功能模块来实现预定的控制策略和控制逻辑。

CARE 编程工具内提供了包括 PID 调节模块、定时控制模块、开关控制模块、数学函数计算模块、计数器模块等在内的 30 多个标准功能模块，可以完成基于楼宇机电设备自控的所有控制策略的实现。

4. 现场站级系统调试工作

工程施工基本完成，工程调试技术人员进场开始现场调试工作。首先进行的是现场站级系统调试工作，也就是基于 DDC 控制器与现场传感器件、执行器件部分的调试。该部分的工作主要包括三部分工作内容：DDC 控制器的开通、DDC 控制器物理监控点的单点调试、DDC 控制器逻辑调节控制程序的调试。

（1）DDC 控制器的开通

主要是通过 CARE 编程工具将编好的 DDC 控制器程序下载到 DDC 控制器的 EPROM 芯片内。

（2）DDC 控制器物理监控点的单点调试工作

DDC 控制器物理监控点的单点调试是整个调试工作的首要基础工作，通过该环节的工作排除所有设备端接错误（漏接线、错接线），线路敷设问题（短路、断路），设备安装施工过程中的损坏等硬件问题,最终达到所有物理监控点 100% 正常。调试使用的专业工具主要为 HoneyWell – EXCEL5000 系列产品中的 XI584 型手持操作器,下面分别对 DI、DO、AI、AO 四种类型的监控点单点调试进行分别介绍:

1) DI 点调试

数字量输入点的调试,通常是在监控目标设备处模拟发送一个开关信号通过手持操作器查看 DDC 控制器是否有效接收到信号。

例:风机的故障报警信号点的测试

在风机配电柜内通过短接过载继电器触点模拟产生故障报警,在 DDC 控制器端看是否接收到该点的闭合信号。

2) DO 点调试

数字量输出点的调试,通常是在 DDC 控制器端通过手持操作器对该点发出开关控制命令,看目标设备是否有效产生开关执行动作。

例:风机的启动/停止控制点的测试

在 DDC 控制器端对该点发出开启命令,看风机是否正常开启。

3) AI 点调试

多数的模拟量输入点均为有源传感器件,在对该器件通电后,即可在 DDC 控制器端通过手持操作器查看该点的检测数据值,看数据值是否与实际值吻合。

该类型监控点的调试比较复杂,主要在于系统检测的数据值往往因传感器自身检测偏差、传输线路过长导致的信号衰减、厂房内电子仪器产生的干扰等因素造成检测数据的误差,而这种类型的监控点往往参与系统的调节控制,因此必须通过调试将误差减少到最低程度。下面以温湿度传感器为例详细介绍该类型点的调试:

① 编制一套系统检测到的传感器数据与通过经过校正的标准温湿度仪表检测到的温湿度值的偏差对照表;

② 多次在不同时区检测出两种数据测量值并记录于偏差对照表,去掉偏差最大和最小值后取偏差平均值作为偏差修正补偿值写入 DDC 控制器程序内;

③ 以上同样的测试工作反复三次。

这样,传感器的反馈数据已基本接近现场实际数据。

4) AO 点的调试

多数的模拟量输出点均为有源执行器件,在对该器件通电后,即可在 DDC 控制器端通过手持操作器对该点发送固定的比例控制输出命令,看执行器件是否按照比例值产生相应动作。

该类型监控点的调试比较复杂,主要在于执行器件的执行偏差。而这种类型点的执行偏差往往产生系统的整体工作性能偏差,因此必须通过调试将偏差将到最低。下面以比例调节阀的调试的为例详细介绍该类型点的调试:

① 在 DDC 控制器端对水阀控制点发出 0% 的开阀控制命令,看水阀是否执行到全关闭位置,如果有偏差,则调节阀门的机械部件使其达到全关闭位置。

② 在 DDC 控制器端对水阀控制点发出 50% 的开阀控制命令,看水阀是否执行到50% 阀门开度位置,如果有偏差,则调节阀门的机械部件使其达到 50% 阀门开度位置。

③ 在 DDC 控制器端对水阀控制点发出 100% 的开阀控制命令,看水阀是否执行到全

开位置,如果有偏差,则调节阀门的机械部件使其达到全开位置。

④ 重复对以上三个位置点进行测试,看水阀是否准确执行到相应位置,如果通过多次调整仍然偏差较大,则说明阀门控制的非线性度太大,必须由阀门厂家更换或者用其他方式解决。

通过以上步骤的调试,执行器的控制基本满足要求。

(3) DDC 控制器逻辑调节控制程序的调试

DDC 控制器逻辑调节控制程序的调试是整个系统调试的核心部分,通过该部分的调试,使目标设备、目标参数达到预定的工作模式或者性能指标。

无论控制对象、控制策略复杂还是简单,该部分的调试都基本上分为三种类型,定时性开关逻辑型控制调试、条件性开关逻辑型控制调试、反馈调节型控制调试。下面分别对三种类型的调试进行详细描述:

1) 定时性开关逻辑控制调试

该部分程序主要为了达到系统要求某指定设备按照预定的时间执行开启或者关闭控制命令的目的。

例:风机的定时开关逻辑控制调试

通过手持操作器为风机的启停控制点分别写入临时的开关时间表使能该点的定时逻辑控制功能,观察风机是否在预定的时间执行开启和停止命令。

2) 条件性开关逻辑控制调试

该部分程序主要为了达到系统要求某指定设备在特定事件发生的条件下执行开启或者关闭控制命令的目的。

例:空调机组的条件型开关逻辑控制调试

空调机组的条件开关逻辑及相应调试方式包括以下内容:

① 空调机产生故障报警时系统发控制命令关闭空调机

正常启动空调机后,在空调机配电柜内触发一个模拟故障报警信号,通过手持操作器查看 DDC 控制器是否对空调机启停控制点发出关闭控制命令。

② 系统接收到风管烟雾报警时发控制命令关闭空调机

正常启动空调机后,在风管式烟雾传感器内触发一个模拟报警信号,通过手持操作器查看 DDC 控制器是否对空调机启停控制点发出关闭控制命令。

③ 空调机停止运行时,关闭比例调节控制阀

正常启动空调机后,让比例调节阀处于自动调节控制状态,阀门将执行到某一开度位置,此时将空调机关闭,看比例调节阀是否执行全关闭命令。

3) 反馈调节控制调试

该类型的控制比较复杂,主要机理为:系统内有一个目标控制变量参数,系统对该参数提出了具体的控制指标要求,当系统通过传感器采集到的反馈变量参数与控制指标有偏差时,通过系统内部的调节控制模块(例如 PID 比例微分积分调节器)对相关执行器件发出调节控制命令,形成闭环控制达到消除偏差的目的。下面以厂房区域温湿度环境调节控制及风机变频调节控制为例介绍系统调试方法。

① 厂房区域温湿度环境调节控制

控制目标变量:厂房区域内的温度及湿度值;

控制目标常量:合适于工业生产环境的温度设定值及湿度设定值;

控制执行器件:包含冷水阀,热水阀和蒸汽阀;

控制原理:系统检测到厂房区域内实际的温度及湿度值与设定值出现偏差时,通过 PID 比例积分微分控制器对三类介质阀发出调节控制命令,空调系统风管内的风通过三类介质的温度湿度调节送出合适温度湿度值的风到目标区域,最终实现减少偏差的目的;

调试工作:主要在于 PID 参数的调整测试,参数设定得不合适,要么系统的偏差调节周期很长,要么系统内产生震荡永远不能消除偏差。调试工作人员必须根据现场的控制效果多次调整参数,使系统达到的预定控制性能指标。

在恒温恒湿空调中三个水阀最好一起控制,不要三个水阀的控制有单独的控制流程。现将三个水阀的流程控制示意图例出如图 4.4.6 所示。

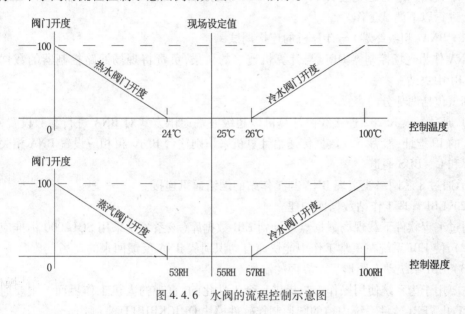

图 4.4.6 水阀的流程控制示意图

通过现场温度和湿度值的变化在给予相应的水阀控制范围,通过一个 PID 比例积分调节给出一个 0～100 的开度信号来控制相应受控水阀,此种调节的优势在于不会出现三个水阀在自控过程中都打开的情况而造成能源损耗。而在冷水阀控制过程中只要接受在温度控制和湿度控制的情况下取其两项的最大值即可,排除了在控制过程中两项脱离得不到及时控制。

此三个水阀的控制在恒温恒湿空调控制中占有很大的比重,所以调试人员在调试时既要根据现场空调机组的不同配置情况,又要根据盘管的流量大小来编写相应程序,不要统一的用别的逻辑控制程序来勉强控制,这样以来不仅会导致系统自控不稳定而且日后返工重新编写。因为三种不同控制水阀在同一空调机组出现已经不常见,如热水阀用电热丝替代。

② 风机变频调节控制

控制目标常量:空调机总的额定送风量设定值;

控制目标变量:风管内的风流速度;

控制执行器件:风机变频调节器。

风机变频调节控制,其机理在于通过控制风机运行频率调节风机转速从而达到控制整个空调系统的总送风量保持平衡的目的,控制的设定目标常量为总送风量,控制参变量为风管风速(通过安装于风管内的风速传感器采集信号)。所以它的自控调试主要针对于变频器 PID 参数设定的情况,以送风的额定风量为参考值,模拟现场风量变化来观察变频器频率变化是否同步。

5. 中央站级系统调试工作

现场站级调试工作基本完毕后就可进行中央站级的调试工作了。中央站的建设主要是为厂房机电设备管理操作人员提供一个图形化的实时计算机管理平台,实现管理人员对相关机电设备的实时运行情况监察及远程操作控制。

本中央站采用的是美国 HoneyWell – EBI 系统集成管理软件,在安装好 EBI 系统软件后开始进行以下调试工作。

(1) BNA(超级终端)与计算机的连接调试

BNA 作为现场控制器 DDC 与计算机连接的桥梁,负责将现场回路控制器的数据传送给 EBI 中央站。

调试包括两部分内容:

1) 通过一根 RS232 连接线由计算机以超级终端通讯方式对 BNA 进行参数设置,输入对应的 IP 地址,然后下载数据传送给计算机来识别这台 BNA,再相应设置 BNA 相关的通讯率和 C – BUS 通道。

2) 通过 8 芯网络线实现 BNA 与工作站的网络通讯连接。

(2) EBI 管理工作站数据库的建立

通过编程软件下载现场数据点地址到 EBI 数据库(该系统是采用 SQL2000 标准应用数据库),使 EBI 系统在正常工作中能快速自动识别从 BNA 反馈回来的现场点数据。

(3) EBI 系统动态图形显示界面的制作

主要用于为系统使用操作人员提供一个人性化的、直观的人机工作界面。主要通过 HoneyWell – EBI 软件系统内植的图形制作软件模块 QUICKBUILD 来制作。

(4) 中央站图形工作点对现场物理监控点的对应调试

该部分工作主要检验在中央站建立的模拟图形工作点是否一一对应于现场的物理监控点。

1) 输入量监察点的对应测试

对比中央站图形工作点的显示参数数据与现场 DDC 控制器的参数数据是否一致。

2) 输出量控制点的对应测试

在中央站对模拟图形工作点发送控制命令,看现场执行设备控制执行情况是否一致。

(5) 系统的完善修改

到这一步中央站的建立已经初步完成,开始对整个系统进行完善修改工作,如根据业主使用人员要求建立监控点历史趋势图,设置监控点报警范围、管理操作权限等。

6. 调试结束跟踪阶段的工作

整个系统调试工作结束后,进入系统性能跟踪阶段,作为技术人员应该把握好以下几点:

1) 密切注意现场设备运行情况,做好详细的系统试运行记录。

2) 反复多次模拟现场的相关变化状态看其逻辑控制是否到位。

3）对系统出现损坏和非正常工作的情况做好详细分析处理记录。

4）与业主系统管理操作人员密切联系跟踪整个系统工作性能。

总之,建筑设备监控系统的技术性实施环节调试是一项专业性较强的工作,对于工程设计调试技术人员而言,一定要把握好每个环节的关键性因素,预先规划好各个阶段的工作,并进行深入细致的实施,才能把建筑设备监控系统工程真正建设好,为业主机电设备系统管理人员提供一个优质的自动化管理平台,体现出系统建设的投资价值。

4.5 锅炉安装（整装锅炉）技术

锅炉是一种特种设备,锅炉的安装、煮炉、试运行及验收都必须严格执行《特种设备安全监察条例》（国务院总理令 373 号）和《建筑给水排水及采暖工程施工质量验收规范》（GB 50242—2002）的规定。还应符合工程项目所在省、直辖市、自治区质量技术监督管理部门相关的管理规定。整装锅炉安装流程见图 4.5.1。

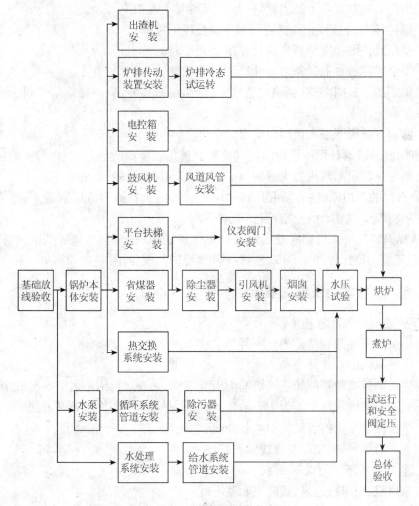

图 4.5.1　整装锅炉安装流程图

4.5.1 主要内容

整装锅炉按燃料分有:燃煤锅炉、燃油、燃气锅炉。整装锅炉安装主要内容:锅炉炉体、炉排、省煤器、除尘器、送风机、分汽缸、软水装置、除氧器、水泵、油泵、热交换器、取样器、储油缸、日用油箱、烟道、烟囱、平台、蒸汽管道、给水管道、油(气)管道、管道附件、防腐及保温等。

4.5.2 选用原则

1. 施工企业的选择:从事锅炉安装的施工企业应有省级质量技术监督局颁发的《锅炉安装许可证》。

2. 产品的选择:国产锅炉必须是由持有国家质量技术监督局颁发的《生产许可证》的厂家生产,有生产厂家出具的合格证、当地特种设备安全监督管理部门出具的检验证明。进口锅炉必须有厂家出具的合格证、商检文件、原产地证明书、省级以上质量技术监督部门出具的检验证明。

锅炉出厂必须附有以下技术资料(技术资料与实物相符):

(1)锅炉祥图(包括总图、安装图和主要受压部件图)。

(2)受压元件的强度计算书或计算结果汇总表。

(3)安全阀排放量的计算书或计算结果汇总表。

(4)锅炉质量证明书(包括出厂合格证、金属材料证明书、焊接质量证明和水压试验证明)。

(5)锅炉安装说明书和使用说明书。

3. 室内储油罐或日用油箱房的电气设备要选用防爆型产品。烟道、烟囱的防腐油漆应选用高温漆。输送蒸汽用的无缝钢管应符合 GB 8163—1999 标准。

4. 分汽缸的选用原则:必须由具有相应资质的压力容器制造厂制造,并提交产品合格证(包括材质、无损伤、水压试验和图纸等资料)。

5. 选择锅炉时要注意国家及当地的环境保护法律、法规。尤其是燃煤、燃重油的锅炉,由于对环境污染比较严重,环境法律、法规对其有一定的限制。

4.5.3 注意事项及施工要点

1. 基础放线验收及放置垫铁

根据锅炉房平面图和基础图放安装基准线。

(1)锅炉纵向中心基准线。

(2)锅炉炉排前轴基准线或锅炉前面板基准线,如有多台锅炉时应一次放出基准线。在安装不同型号的锅炉而上煤为一个系统时,应保证煤斗中心在一条基准线上。

(3)炉排传动装置的纵横向中心基准线。

(4)省煤器纵、横向中心基准线。

(5)除尘器纵、横向中心基准线。

(6)送风机、引风机的纵、横向中心基准线。

(7)水泵、钠离子交换器纵、横的向中心基准线。

（8）锅炉基础标高基准点，在锅炉基础上或基础四周选有关的若干地点分别作标记，各标记间的相对位移不应超过3mm。

（9）当基础尺寸、位置不符合要求时，必须经过修正达到安装要求后再进行安装。

（10）基础放线验收应有记录，并作为竣工资料归档。

（11）整个基础平面要修整铲麻面，预留地脚螺栓孔内的杂物清理干净，以保证灌浆的质量。垫铁组位置要铲平，宜用砂轮机打磨，保证水平度不大于2mm/m，接触面积大于75%以上。

（12）在基础平面上，划出垫铁布置位置，放置时按设备技术文件规定摆放。垫铁放置的原则是：负荷集中处，靠近地脚螺栓两侧，或是机座的立筋处。相临两垫铁组间距离一般为300~500mm，若设备安装图上有要求，应按设备安装图施工。垫铁的布置和摆放要作好记录，并经监理代表签字认可。

2. 锅炉本体安装

（1）锅炉水平运输

运输前应先选好路线，确定锚点位置，稳好卷扬机，铺好道木。用千斤顶将锅炉前端（先进锅炉房的一端）顶起放进滚杠，用卷扬机牵引前进，在前进过程中，随时倒滚杠和道木。道木必须高于锅炉基础，保护基础不受损坏。当锅炉运到基础上以后，不撤滚杠先进行找正。应达到下列要求：锅炉炉排前轴中心线应与基础前轴中心基准线相吻合，允许偏差±2mm。锅炉纵向中心线与基础纵向中心基准线相吻合，或锅炉支架纵向中心线与条形基础纵向中心基准线相吻合，允许偏差±10mm。

（2）锅炉就位

撤出滚杠使锅炉就位，撤滚杠时用道木或木方将锅炉一端垫好。用两个千斤顶将锅炉的另一端顶起，撤出滚杠，落下千斤顶，使锅炉一端落在基础上。再用千斤顶将锅炉另一端顶起，撤出剩余的滚杠和木方，落下千斤顶使锅炉全部落到基础上。如不能直接落到基础上，应再垫木方逐步使锅炉平稳地落到基础上。锅炉就位后应进行校正：因锅炉就位过程中可能产生位移，用千斤顶校正，达到允许偏差以内。

（3）锅炉找平及找标高

锅炉纵向找平：用水平尺（水平尺长度不小于600mm）放在炉排的纵排面上，检查炉排面的纵向水平度。检查点最少为炉排前后两处。要求炉排面纵向应水平或护排面略坡向炉膛后部。最大倾斜度不大于10mm。当锅炉纵向不平时，可用千斤顶将过低的一端顶起，在锅炉的支架下垫以适当厚度的钢板，使锅炉的水平度达到要求。

锅炉横向找平：用水平尺（长度不小于600mm）放在炉排的横排面上，检查炉排面的横向水平度，检查点最少为炉排前后两处，炉排的横向倾斜度不得大于5mm（炉排的横向倾斜过大会导致炉排跑偏）。当炉排横向不平时，用千斤顶将锅炉一侧支架同时顶起，在支架下垫以适当厚度的钢板。

锅炉标高确定：在锅炉进行纵、横向找平时同时兼顾标高的确定，标高允许偏差为±5mm。

锅炉安装的坐标、标高、中心线和垂直度的允许偏差应符合表4.5.3-1的规定。

（4）非承压锅炉，应严格按设计或产品说明书的要求施工。锅筒顶部必须敞口或装设大气连通管，连通管上不得安装阀门。

项次	项 目		允许偏差（mm）	检验方法
1	坐 标		9	经纬仪、拉线和尺量
2	标 高		±4	水准仪、拉线和尺量
3	中心线垂直度	卧式锅炉炉体全高	3	吊线和塞尺
		立式锅炉炉体全高	4	吊线和塞尺

3．炉排减速机安装

一般整装锅炉的炉排减速机由制造厂装配成整机运到现场进行安装。

减速机就位及找正找平：

将垫铁放在划好基准线和清理好预留孔的基础上，靠近地脚螺栓预留孔。将减速机（带地脚螺栓，螺栓露出螺母 1～2 扣）吊装在设备基础上，并使减速机纵、横中心线与基础纵、横中心基准线相吻合。根据炉排输入轴的位置和标高进行找正找平，用水平仪结合更换垫铁厚度或打入楔形铁的方法加以调整。同时还应对联轴器进行找正，以保证减速机输出轴与炉排输入轴对正同心。用卡箍及塞尺对联轴器找同心。减速机的水平度和联轴器的同心度，两联轴节端面之间的间隙以设备随机技术文件为准。无规定时应符合 GB 50231—1998《机械设备安装工程施工及验收通用规范》的相应规定。设备找平找正后，即可进行地脚螺栓孔灌注混凝土。灌注时应捣实，防止地脚螺栓倾斜。待混凝土强度达到75%以上时，方可拧紧地脚螺栓，在拧紧螺栓时应进行水平的复核。无误后将机内加足机械油准备试车。减速机试运行：安装完成后，联轴器的连接螺栓暂不安装，先进行减速机单独试车，试车前先拧松离合器的弹簧压紧螺母，把扳把放到空档上接通电源试电动机。检查电动机运转方向是否正确和有无杂音，正常后将离合器由低速到高速进行试转，无问题后安装好联轴器的螺栓，配合炉排冷态试运行。在冷态试运行过程中调整好离合器的螺栓，调整好离合器的压紧弹簧能自动弹起。弹簧不能压得过紧，防止炉排断片或卡住，离合器不能离开，以免把炉排拉坏。

4．省煤器安装

整装锅炉的省煤器均为整体组件出厂，因而安装时比较简单。安装前要认真检查省煤器管周围嵌填的石棉绳是否严密牢固，外壳箱板是否平整，肋片有无损坏。铸铁省煤器破损的肋片数不应大于总肋片数的5%，有破损肋片的根数不应大于总根数的10%。符合要求后方可进行安装。

（1）省煤器支架安装

清理地脚螺栓孔，将孔内的杂物清理干净，并用水冲洗。将支架上好地脚螺栓，放在清理好预留孔的基础上，然后调整支架的位置、标高和水平度。当烟道为现场制作时，支架可按基础图找平找正；当烟道为成品组件时，应等省煤器就位后，按照实际烟道位置尺寸找平找正。其允许偏差和检验方法见表4.5.3—2。

（2）省煤器安装

安装前应进行水压试验,试验压力为 $1.25P+0.5MPa$（P 为锅炉工作压力:对蒸汽锅炉指锅筒工作压力,对热水锅炉指锅炉额定出水压力）。在试验压力下 10min 内压力降不超过 0.02MPa;然后降至工作压力进行检查,压力不降,无渗漏为合格。同时进行省煤器安全阀的调整:安全阀的开启压力应为省煤器工作压力的 1.1 倍,或为锅炉工作压力的 1.1 倍。用三脚桅杆或其他吊装设备将省煤器安装在支架上,并检查省煤器的进口位置、标高是否与锅炉烟气出口相符,以及两口的距离和螺栓孔是否相符。通过调整支架的位置和标高,达到烟道安装的要求。一切妥当后将省煤器下部槽钢与支架焊在一起。

铸铁省煤器支承架安装的允许偏差和检验方法　　　　　　　　表 4.5.3-2

项次	项　　　目	允许偏差（mm）	检验方法
1	支承架的位置	3	经纬仪、拉线和尺量
2	支承架的标高	0 −5	水准仪、吊线和尺量
3	支承架的纵、横向水平度（每米）	1	水平尺和塞尺检查

5. 钢烟囱安装

每节烟囱之间用 $\phi10$ 的石棉扭绳作垫料,安装螺栓时螺帽在上,连接要严密牢固,组装好的烟囱应基本成直线。当烟囱超过周围建筑物时要安装避雷针。在烟囱的适当高度处(无规定时为 2/3 处)安装拉紧绳,最少三根,互为 120°。采用焊接或其他方法将拉紧绳的固定装置安装牢固。在拉紧绳距地面不少于 3m 处安装绝缘子,拉紧绳与地锚之间用花篮螺栓拉紧,锚点的位置要合理,应使拉紧绳与地面的斜角少于 45°。用吊装设备把烟囱吊装就位,用拉紧绳调整烟囱的垂直度,垂直度的要求为 1/1 000,全高不超过 20mm,最后检查接紧绳的松紧度,拧紧绳卡和基础螺栓。两台或两台以上燃油锅炉共用一个烟囱时,每一台锅炉的烟道上均应配备风阀或挡板装置,并应具有操作调节和闭锁功能。

6. 水处理设备安装

锅炉运行应用软化水。低压锅炉的炉水处理一般采用钠离子交换水处理方法。多采用固定床顺流再生、逆流再生和浮动床三种工艺。

（1）离子交换器安装前,先检查设备表面有无撞痕,罐内防腐有无脱落,如有脱落应做好记录,采取措施后再安装。为防止树脂流失应检查布水喷嘴和孔板垫布有无损坏,如损坏应更换。

（2）钠离子交换器安装:将离子交换器吊装就位,找平、找正。视镜应安装在便于观看的方向,罐体垂直允许偏差为 2/1 000。在吊装时要防止损坏设备。

（3）设备配管:一般采用镀锌钢管或塑料管,采用螺纹连接,接口要严密。所有阀门安装的标高和位置应便于操作,配管的支架严禁焊在罐体上。

（4）配管完毕后,根据说明书进行水压试验。检查法兰、视镜、管道接口等,以无渗漏为合格。

（5）装填树脂时,应根据说明书先进行冲洗后再装入罐内。树脂层装填高度按设备说明书要求进行。

（6）盐水箱（池）安装：如用塑料制品，可按图纸位置放好即可；如用钢筋混凝土浇筑或砖砌盐池，应分为溶池和配比池两部分，无规定时，一般底层用 30~50mm 厚的木板，并在其上打出 $\phi 8mm$ 的孔，孔距为 5mm，木板上铺 200mm 厚的石英石，粒度为 $\phi 10~\geqslant 20mm$，石英石上铺上 1~2 层麻袋布。

7．水泵安装

（1）将水泵吊装就位，找平找正，与基准线相吻合，泵体水平度小于 0.1/1000，然后进行灌浆。

（2）联轴器找正。泵与电机轴的同心度：轴向倾斜小于 0.8/1000；径向位移小于 0.1mm。

（3）水泵安装后外观质量检查：泵壳不应有裂纹、砂眼及凹凸不平等缺陷；多级泵的平衡管路应无损伤或折陷现象；蒸汽往复泵的主要部件、活塞及活动轴必须灵活。轴承箱清洗加油。

（4）电动机试运转，确认转动无异常现象、转动方向无误。安装联轴器的连接螺栓：安装前应用手转动水泵轴，应转动灵活无卡阻、杂音及异常现象，然后再连接联轴器的螺栓。泵启动前应先关闭出口阀门（以防起动负荷过大），然后启动电动机，当泵达到正常运转速度时，逐步打开出口阀门，使其保持工作压力。检查水泵的轴承温度（温升不超过外界温度 35℃，其最高温度不应大于 75℃），轴封是否漏水、漏油。

8．管道、阀门和仪表安装

（1）连接锅炉及辅助设备的工艺管道安装完毕后，必须进行系统的水压试验，试验压力为系统中最大工作压力的 1.5 倍。在试验压力 10min 内压力降不超过 0.05MPa，然后降至工作压力进行检查，不渗、不漏为合格。

（2）管道连接的法兰、焊缝和连接管件以及管道上的仪表、阀门的安装位置应便于检修，并不得紧贴墙壁、楼板或管架。

（3）管道及管件焊接的焊缝表面质量应符合下列要求：

焊缝外形尺寸应符合图纸和工艺文件的规定，焊缝高度不得低于母材表面，焊缝与母材应圆滑过渡。焊缝及热影响区表面应无裂纹、未熔合、未焊透、夹渣、弧坑和气孔等缺陷。钢管管道焊口和工艺管道安装的允许偏差和检验方法分别见表 4.5.3 - 3 和表 4.5.3 - 4。

钢管管道焊口允许偏差和检验方法　　　　　　　　表 4.5.3 - 3

项次	项　目			允许偏差	检验方法
1	焊口平直度	管壁厚 10mm 以内		管壁厚的 1/4	焊接检验尺和游标卡尺检查
2	焊缝加强面		高　度	+1mm	
			宽　度		
3	咬　边		深　度	小于 0.5mm	直尺检查
		长度	连续长度	25mm	
			总长度（两调）	小于焊缝长度的 10%	

工艺管道安装的允许偏差和检验方法　　　　　表 4.5.3－4

项次	项　目		允许偏差（mm）	检查方法
1	坐　标	架　空	13	水准仪、拉线和尺量
		地　沟	9	
2	标　高	架　空	±13	水准仪、拉线和尺量
		地　沟	±9	
3	水平管道纵、横方向弯曲	DN≤100mm	2‰ 最大 45	直尺和拉线检查
		DN≤100mm	3‰，最大 65	
4	立管垂直		2‰，最大 13	吊线和尺量
5	成排管道间距		3	直尺尺量
6	交叉管的外壁或绝热层间距		9	

9. 安全附件安装

（1）安全阀安装

杠杆式安全阀有防止重锤自行移动的装置和限制杠杆越出的导架。弹簧式安全阀要有提升手把和防止随便拧动调整螺丝的装置。静重式安全阀要有防止重片飞脱装置。冲量式安全阀的冲量接入导管上的阀门，要保持全开并加铅封。

额定蒸发量大于 0.5t/h 的锅炉最少设两个安全阀（不包括省煤器）；额定蒸发量小于或等于 0.5t/h 锅炉，至少设一个安全阀。

额定热功率大于 1.4MW（即 120×104kcal/h）的锅炉，至少应装设两个安全阀；额定热功率小于或等于 1.4MW 的锅炉至少应装设一个安全阀。

额定蒸汽压力小于 0.1MPa 的锅炉应采用静重式安全阀或水封安全装置。

安全阀应在锅炉水压试验合格后再安装。水压试验时，安全阀管座可用盲板法兰封闭，试完压后应立即将其拆除。

蒸汽锅炉安全阀应安装排汽管直通室外安全处，排汽管的截面积不应小于安全阀出口的截面积。排汽管应坡向室外并在最低点的底部装泄水管，并接到安全处。热水锅炉安全阀泄水管应接到安全地点。排汽管和排水管上不得装阀门。

安全阀应垂直安装，并装在锅炉锅筒、集箱的最高位置。在安全阀和锅筒之间或安全阀和集箱之间，不得装有取用蒸汽的汽管和取用热水的出水管，并不许装阀门。

安全阀在锅炉负荷试运行时应进行热态定压检验和调整，见表 4.5.3－5。

（2）压力表安装

压力表精度不应低于 2.5 级；压力表表盘刻度极限值应大于或等于工作压力的 1.5 倍；表盘直径不得小于 100mm。

弹簧管压力表安装：

工作压力小于 1.25MPa 的锅炉，压力表精度不应低于 2.5 级。出厂时间超过半年的压力表，应经计量部门重新校验，合格后进行安装。表盘刻度为工作压力的 1.5～3 倍（宜选用 2 倍工作压力),锅炉本体的压力表公称直径不应小于 150mm,表体位置端正,便于观察。压力表必须安装在便于观察和吹洗的位置,并防止受高温和振动的影响,同时要有足够的照明。

安全阀定压规定 表 4.5.3-5

项次	工作设备	安全阀开启压力(MPa)
1	蒸汽锅炉	工作压力 +0.02MPa
		工作压力 +0.04MPa
2	热水锅炉	1.12 倍工作压力,但不少于工作压力 +0.07MPa
		1.14 倍工作压力,但不少于工作压力 +0.10MPa
3	省煤器	1.1 倍工作压力

压力表必须设有存水弯。存水弯管采用钢管煨制时,内径不应小于 10mm;采用铜管煨制时,内径不应小于 6mm。压力表与存水弯管之间应安装三通旋塞。压力表应垂直安装,垫片要规整,垫片表面应涂机油石墨,丝扣部分涂白铅油,连接要严密。安装完后在表盘上或表壳上划出明显的标志,标出最高工作压力。

电接点压力表安装同弹簧管式压力表,要求如下。

报警:把上限指针定位在最高工作压力刻度位置,当活动指针随着压力增高与上限指针接触时,与电铃接通进行报警。

自控停机:把上限指针定在最高工作压力刻度上,把下限指针定在最低工作压力刻度上,当压力增高使活动指针与上限指针相接触时可自动停机。停机后压力逐渐下降,降到活动指针与下限指针接触时能自动起动使锅炉继续运行。

应定期进行试验,检查其灵敏度,有问题应及时处理。

测压仪表取源部件在水平工艺管道上安装时,取压口的方位应符合 TN 规定。

测量液体压力的,在工艺管道的下半部与管道水平中心线成 0°~45°夹角范围内。

测量蒸汽压力的,在工艺管道上半部或下半部与管道水平中心线成 0°~45°夹角范围内。

测量气体压力的,在工艺管道的上半部。

(3)水位计安装

为防止水位计(表)损坏伤人,玻璃管式水位表应有防护装置(如保护罩、快关阀、自动闭球锁等),但不得妨碍观察真实水位。水位计(表)应有放水阀门和接到安全地点的放水管。锅炉运行中能够吹洗和更换玻璃板(管)、云母片。旋塞内径及玻璃管的内径都不得小于 8mm。

每台锅炉至少应装两个彼此独立的水位表。但额定蒸发量小于或等于 0.2t/h 的锅炉可以装一个水位表。

水位表安装前应检查旋塞转动是否灵活,填料是否符合使用要求;不符合要求时应更换填料。水位表的玻璃管或玻璃板应干净透明。

安装水位表时,应使水位表的两个表口保持垂直和同心,填料要均匀,接头应严密。

水位表的泄水管应接到安全处。当泄水管接至安装有排污管的漏斗时,漏斗与排污管之间应加阀门,防止锅炉排污时从漏斗冒汽伤人。

当锅炉装有水位报警器时,报警器的泄水管可与水位表的泄水管接在一起,但报警器泄水管上应单独安装一个截止阀,绝不允许在合用管段上仅装一个阀门。

水位表安装完毕应划出最高、最低水位的明显标志。水位表玻璃管(板)上的下部可见边缘应比最低安全水位至少低25mm;水位表玻璃管(板)上的上部可见边缘比最高安全水位至少应高25mm。

水位表应装于便于观察的地方。采用玻璃管水位表时应装有防护罩,防止损坏伤人。

采用双色水位表时,每台锅炉只能装一个,另一个装普通(无色的)水位表。

(4)温度计(表)安装

安装在管道和设备上的套管温度计,底部应插入流动介质内,不得装在引出的管段上或死角处。

内标式温度表安装:温度表的丝扣部分应涂白铅油,密封垫应涂机油石墨,温度表的标尺应朝向便于观察的方向。底部应加入适量导热性能好,不易挥发的液体或机油。

压力式温度表安装:温度表的丝接部分应涂白铅油,密封垫涂机油石墨,温度表的感温器端部应装在管道中心,温度表的毛细管应固定好,并有保护措施,其转弯处的弯曲半径不应小于50mm,温包必须全部浸入介质内。多余部分应盘好固定在安全处。温度表的表盘应安装在便于观察的位置。安装完后应在表盘上或表壳上划出最高运行温度的标志。

压力式电接点温度表的安装:与压力式温度表安装相同。报警和自控同电接点压力表的安装。

热电偶温度计的保护套管应保证规定的插入深度。

温度计与压力表在同一管道上安装时,按介质流动方向温度计应在压力表下游处安装,如温度计需在压力表的上游安装时,其间距不应小于300mm。

10. 锅炉水压试验

(1)水压试验应报请当地技术监督局有关部门参加。

(2)试验前的准备工作:

将锅筒、集箱内部清理干净后,封闭人孔、手孔。检查锅炉本体的管道、阀门有无漏加垫片,漏装螺栓和未紧固等现象。应关闭排污阀、主汽阀和上水阀。安全阀的管座应用盲板封闭,并在一个管座的盲板上安装放气管和放气阀,放气管的长度应超出锅炉的保护壳。锅炉试压管道和进水管道接在锅炉的副汽阀上为宜。应打开锅炉的前后烟箱和烟道的检查门,试压时便于检查。打开副汽阀和放气阀。至少应装两块经计量部门校验合格的压力表,并将其旋塞转到相通位置。

(3)试验时对环境温度的要求:

水压试验应在环境温度(室内)高于+5℃时进行。在气温低于+5℃的环境中进行水压试验时,必须有可靠的防冻措施。

(4)试验时对水温的要求:

水温一般应在20~70℃。水压试验应使用软化水,应保持高于周围环境露点的温度以防锅炉表面结露。无软化水时可用自来水试压;当施工现场无热源时,要等锅炉筒内水温与周围气温较为接近或无结露时,方可进行水压试验。

（5）水表试验压力规定见表4.5.3－6。

水压试验压力规定 表 4.5.3 - 6

项次	设备名称	工作压力 P（MPa）	试验压力（MPa）
1	锅炉本体	$P < 0.8$	1.5P 但不小于 0.2
		$0.8 \sim 1.6$	$P + 0.4$
		$P > 1.6$	1.25P
2	非承压锅炉	大气压力	0.2

注:工作压力 P 对蒸汽锅炉指锅筒工作压力,对热水锅炉指锅炉额定出水压力;铸铁锅炉水压试验同热水锅炉;非承压锅炉水压试验压力为 0.2MPa,试验期间压力应保持不变。

（6）水压试验步骤和验收标准

向炉内上水。打开自来水阀门向炉内上水,待锅炉最高点放气管见水无气后关闭放气阀,最后把自来水阀门关闭。用试压泵缓慢升压至 0.3～0.4MPa 时,应暂停升压,进行一次检查和必要的紧固螺栓工作。待升至工作压力时,应停泵检查各处有无渗漏或异常现象,再升至试验压力后停泵,锅炉应在试验压力下保持 20min,然后降至工作压力进行检查。检查期间压力保持不变。达到下列要求为试验合格:

① 压力不降、不渗、不漏;

② 观察检查,不得有残余变形;

③ 受压元件金属壁和焊缝上不得有水珠和水雾;

④ 胀口处不滴水珠。

水压试验结束后,应将炉内水全部放净,以防冻,并拆除所加的全部盲板。

11. 烘炉、煮炉和试运行

准备用于烘炉、煮炉的材料,质量和数量都能满足烘炉、煮炉、试运行的需要。木材及煤碳等燃料中不得有金属物。

（1）工艺流程

烘炉前准备工作→烘炉→煮炉→锅炉试运行和气密性试验及安全阀定压→体验收

（2）烘炉

整体快装锅炉一般采用轻型炉墙,根据炉墙潮湿程度,一般应烘烤时间为 4～6d,升温应缓慢。关闭排污阀、主汽阀、副汽阀和水位表的泄水阀。打开上水系统的阀门,如有省煤器时,开启省煤器循环管阀门,将合格软化水上至比锅炉正常水位稍低位置。打开炉门、烟道闸板,开启引风机,强制通风 5min,以排除炉膛和烟道的潮气和灰尘,然后关闭引风机。打开炉门和点火门,在炉排前部 1.5m 范围内铺上厚度为 30～50mm 的炉碴,在炉碴上放置木柴和引燃物。点燃木柴,小火烘烤。火焰应在炉膛中央燃烧,自然通风,缓慢升温。第一天不得超过 80℃;后期烟温不应高于 160℃,且持续时间不应少于 24h。烘烤约 2～3d。木柴烘烤后期,逐渐添加煤炭燃料,并间断开启引风和适当鼓风,使炉膛温度逐步升高,同时间断开动炉排,防止炉排过烧损坏,烘烤约为 1～3d。整个烘炉期间要注意观察炉墙、炉拱情况,按时做好温度记录,最后画出实际升温曲线图。

注意事项：

火焰应保持在炉膛中央，燃烧均匀，升温缓慢，不能时旺、时弱。烘炉时锅炉不带压。烘炉期间应注意及时补给软水，保持锅炉正常水位。烘炉中后期应适量排污，每6～8h可排污一次，排污后及时补水。煤炭烘炉时应尽量减少炉门、看火门开启次数，防止冷空气进入炉膛内，使炉膛产生裂损。

烘炉结束后应符合下列规定：

炉墙经烘烤后没有变形、裂纹及塌落现象。炉墙砌筑砂浆含水率达到7%以下。

（3）煮炉

为了节约时间和燃料，在烘炉末期进行煮炉。非砌筑或浇注保温材料的锅炉，安装后可直接进行煮炉。煮炉时间一般为2～3d。一般采用碱性溶液煮炉，加药量根据锅炉锈蚀、油污情况及锅炉水容量而定。如锅炉出厂说明未作规定时，可按表4.5.3－7确定加药量。

每吨炉水加药量表　　　　　　　　　　表4.5.3－7

药品名称	铁锈较薄	铁锈较厚
氢氧化钠（NaOH）（kg）	2～3	3～4
磷酸三钠（$Na_3PO_4 12H_2O$）（kg）	2～3	2～3

注：表中药品用量按100%纯度计算，无磷酸三钠时司用碳酸钠（NO_2CO_3）代替，用量为磷酸三钠的1.5倍。

将两种药品按用量配好后，用水溶解成液体，从安全阀座处，缓慢加入锅筒内，然后封闭安全阀。操作人员要采取有效防护措施防止化学药品腐蚀。加药时，炉水加至低水位。

升压煮炉：加药后间断开动引风机，适量鼓风使炉膛温度和锅炉压力逐渐升高，进入升压煮炉。在达到锅炉额定压力的25%、50%、75%时分别连续煮炉12h后停火，煮炉结束。

煮炉结束后，待锅炉蒸汽压力降至零，水温低于70℃时，方可将炉水放掉，换水冲洗。待锅炉冷却后，打开人孔和手孔，彻底清除锅筒和集箱内部的沉积物，并用清水冲洗干净，检查锅炉和集箱内壁，无油垢、无锈斑、有金属光泽为煮炉合格。煮炉结束后炉墙砂浆含水率达到2.5%以下。

4.5.4　附件

锅炉（快装炉）安装技术相关规范和标准：

（1）《特种设备安全监察条例》第373号国务院令；

（2）《压缩机、风机、泵安装工程施工及检验规范》GB 50275—98；

（3）《工业管道工程施工及验收规范》GJ 50235—97；

（4）《压力容器安全技术监察规程》质技监局锅发［1999］154号；

（5）《工业锅炉安装工程施工及验收规范》GB 50273—98；

（6）《锅炉焊接工艺评定》JB 4420—89；

（7）《压力容器无损检测》JB 4730—94。

4.5.5 术语

锅炉安装(整装锅炉)涉及的相关术语有:

(1)整装锅炉:按照运输条件所允许的范围,在制造厂内完成总装整台发运的锅炉,也称快装锅炉。

(2)非承压锅炉:以水为介质,锅炉本体有规定水位且在运行中直接与大气相通,使用中始终与大气压强相等的固定式锅炉。

(3)安全附件:为保证锅炉及压力容器安全运行而必须设置的附属仪表、阀门及控制装置。

4.6 曳引式电梯安装技术

本施工技术适用于曳引式乘客或载货电梯安装工程,主要参考及根据 GB 7588—1995《电梯制造与安装安全规范》,GB 10058—1997《电梯技术条件》GB 10059—1997《电梯试验方法》GB 10060—1993《电梯安装验收规范》GB 50310—2002《电梯工程施工质量验收规范》进行编写。

4.6.1 主要内容

电梯施工主要包括以下内容:导轨架及导轨安装、机房机械设备安装、对重安装、轿厢安装、层门安装、井道机械设备安装、钢丝绳安装、电气设备安装、整机调试。

4.6.2 选用原则

1. 施工单位及施工人员的选择

电梯属于特种设备,因此,应选择具有相应施工资质的施工单位进行施工。特殊工种作业人员应具备相应的上岗资格。

2. 电梯设备的选择

民用建筑电梯的选择主要是由设计单位根据业主的需求在满足相关法律、法规的前提下进行选型,选用的依据主要是:经济性、符合性、先进性等。通常情况下,中、低层民用住宅、宾馆、酒店、写字楼选用低速梯,高层或超高层住宅、宾馆、酒店、写字楼选用中速梯,部份选用高速梯。电梯机房绝大部份设置在建筑物顶层,但是目前有少量电梯选择下置式。

4.6.3 注意事项和施工技术特点

1. 注意事项

(1)电梯安装工程应报当地政府质量监督部门和技术监督部门备案,施工组织设计方案在开工前报监理(或建设单位)审批。

(2)电梯施工前机房地面、墙身已完成批荡粉饰工作,门窗可以封闭上锁,井道凸出物清理完,底坑内杂物清理完成。

（3）现场井道、机房尺寸，安装定位尺寸已按经确认的图纸核对完毕，符合安装要求，并且经验收合格。

（4）施工临时用电已提供到位（或提供接口），现场供放置机具及开箱后存放零部件的库房已准备就绪。

（5）电梯设备进场通道路线及开箱吊装场地已满足要求并落实。

（6）设备要求：电梯安装的设备主要是电梯产品本身，对设备的控制主要是通过开箱点件这一工序来完成。点件过程中应认真细致，查验配件的包装是否完好，铭牌与电梯型号是否相符；对缺损件认真登记，并及时请业主、厂家签字确认，施工过程中发现的不合格产品，要及时请厂家确认负责补齐，对安装过程中损坏的配件应按厂家要求购买指定的产品。

（7）基准线是导轨安装的度量基准，悬挂时要充分考虑井道的前后空间尺寸，确保运动部件的安全。稳固基准线时应在无风的时候进行，为缩短线坠摆动时间，应将线坠放入水桶或油桶内，稳固后，用仪器校验。

（8）层门防护：井道内施工时，层门洞必须有不低于1.2m的防护栏杆。

（9）导轨垂直度、扭曲度误差、门轮与地坎间隙需确保符合工艺标准及国家标准要求。

（10）绳头制作：绳头制作过程要严格按照相关规范要求，以确保绳头质量。

（11）层门安全装置：调试过程严禁封掉层门电锁安全回路，保证开门状态不能走车。

（12）各设备间及和墙面的距离

1）为不影响保养管理，控制屏的工作面离墙面的距离应确保≥600mm。

2）限速器（GOV）离墙面的距离至少要确保100mm以上。限速器铭牌装在墙壁一侧看不见时，要将铭牌换装到限速器另一侧。

3）控制柜、屏与机械设备距离应不小于500mm。

4）同一机房有数台曳引机时，应对曳引机，控制屏、电源开关，变压器等对应设置配套编号标志，便于区分各所对应的电梯。

（13）层门防护：井道内施工时，层门洞必须有不低于1.2m的防护栏杆。

（14）安全网防护：井道内施工时，每隔四层设一道安全网。

2. 施工技术特点

施工工艺流程图（图4.6.3-1）。

（1）样板架安装，挂基准线

样板架可用角钢或坚实的木枋，分上下线架制作。上线架在井道顶端楼板下约1m的地方安装，下线架在井道坑底上约一米的地方安装。进行样板架的安装前应完成井道脚手架搭设工作。

用φ0.60钢丝作吊线，通过5~10kg重的线坠悬挂垂线于上下线架，作为电梯安装的基准线（图4.6.3-2）。

（2）导轨架安装

根据基准线，用水平尺在井道壁上划出导轨架钻孔位，要求每根导轨不少于两个支架，支架间距不大于2500mm，并防止支架位置在导轨接头处重合。

导轨架一般采用膨胀螺栓与井道壁牢固安装，要求水平误差小于2‰。

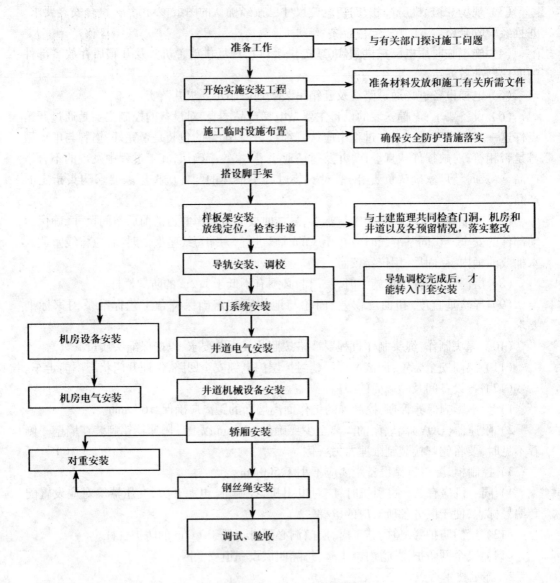

图4.6.3-1 施工工艺流程图

　　面码插入底码的深底 $D \geqslant 2/3L$ 进行焊接。导轨架如用焊接形式,应用全焊,焊缝必须是连续的。

　　(3) 导轨安装(图4.6.3-3)

　　1) 缓冲器底座的安装

　　按图纸要求将缓冲器底座安装在底坑内,水平度小于1/2000,两端承托导轨的角钢中心必须与导轨线架中心相符。

　　2) 导轨接口及连接板的清洁

　　每条导轨连接凹凸件及连接板必须用锉打磨,并用清洁剂清洗。

　　3) 导轨的吊装

　　在靠近井道外墙的地方(首层与顶层),固定卷扬机。卷扬机必须固定牢固。卷扬机钢丝绳的吊钩与导轨端部连接板连接,每根导轨被吊起至安装处。把导轨串成两条或一组进行吊装是有效的方法。完成每条导轨的吊装后,必须将导轨接支架中线修正才能拧紧螺栓,以免引起歪斜而做成的累积差,使导轨不能自然延伸。

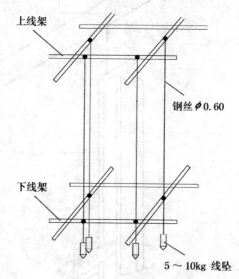

图 4.6.3 - 2　样板架安装示意图

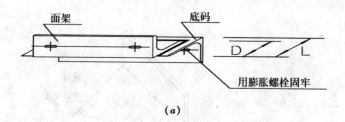

(a)

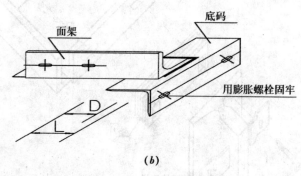

(b)

图 4.6.3 - 3　导轨架安装方法

4）导轨下井道顶端的处理

连接好的导轨的最高端如图 4.6.3 - 4 所示。

5）导轨的固定方法(图 4.6.3 - 5)

6）导轨的校正(图 4.6.3 - 6)

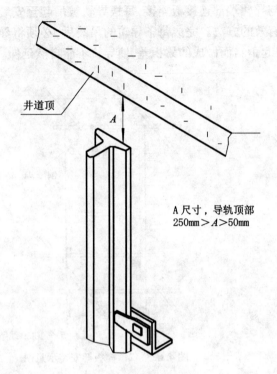

井道顶

A

A尺寸，导轨顶部
250mm＞A＞50mm

图 4.6.3 - 4　导轨下井道顶端的处理方法

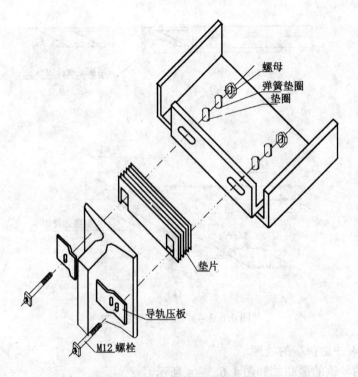

螺母
弹簧垫圈
垫圈

垫片

导轨压板

M12 螺栓

图 4.6.3 - 5　导轨的固定方法

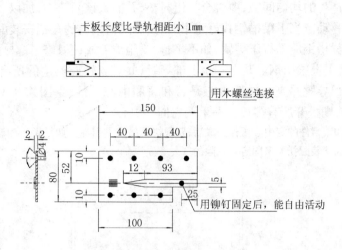

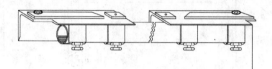

图 4.6.3 - 6　导轨的校正

导轨校正尺的制作。

按上下线架为基准重新放置导轨基准线。（导轨面中线及平衡轨距线）

用导轨校正尺由下而上校正导轨平行,垂直度,可用垫片进行调整并紧固压码。导轨校正工作必须再由上而下进下进行全面复核。

（4）机房承重梁安装

承重梁的两端在墙内的架设量应≥75mm,并且应超过墙厚中心 20mm 以上。见图 4.6.3 - 7、图 4.6.3 - 8。

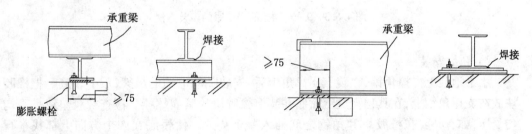

图 4.6.3 - 7　浮架式施工方法　　　　　图 4.6.3 - 8　板式施工方法

（5）轿厢安装

1）轿厢架和安全钳的组装

轿厢架发运时带有下梁槽钢、安全钳和组装好的导靴。拆下导靴部件,并在左右轿厢导轨上水平地装上装配支架(工具)。装配支架位置的选定:使以后组装的轿底门坎高出厅门地坎 100～50mm。把下梁槽钢水平地装设的轿厢架装配托架上,此时为使安全钳体和导轨间产生的均匀间隙,要叠合一组衬垫,并插入该间隙中,加以固定,从而使其不能前后或左右移动。当下梁槽钢找好水平时,按侧梁槽钢上的孔把安装配起来,并轻轻地拧紧螺栓。侧梁槽钢应平行于导轨,如不平行,要用绞刀或锉刀修平螺栓孔。当侧梁槽钢自然直立时,装上上梁槽钢。装上一个上部导靴,并拧紧轿厢架上的所有螺栓。当拧紧时,拆下一侧上部导靴并查明导靴中心是否和轿厢中心一致,见图4.6.3－9。如果其误差为2mm以上,则松开所有螺栓。并重调它们的中心。

注:轿厢架组件的定中心工作完成后,要很快地吊上曳引绳。如果轿底和轿厢已组装好,则重量很大,单靠轿厢架装配托架来固定是危险的。

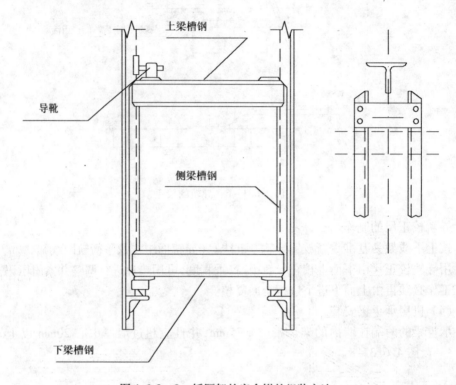

图 4.6.3 － 9　轿厢架的安全钳的组装方法

2）轿底安装

水平地装上支撑角钢,在装上支撑角钢后,安装随动电缆的吊架,放上轿底。把橡胶块放在支撑角钢上,在其顶上放上轿底并装上橡胶块的紧固螺栓。检查橡胶垫块是否均匀受压,如有必要在橡胶块和角钢之间插入一个垫片。使轿底在四个方向上都找平行(在橡胶块下插入垫片)。正确地调定门地坎和轿厢门坎间的间隙,并使所有楼层的间隙均在30＋2mm之间,见图4.6.3－10。

3）厢体的安装

从上梁槽钢处尽可能高地吊起轿顶。按门框标记出门坎的净门口宽度,见图4.6.3－11。

固定两侧的门立柱,并按图4.6.3－12所示用螺栓锁住在轿底上。

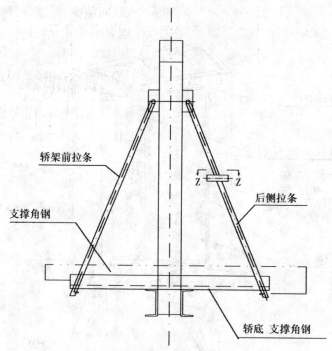

图 4.6.3 – 10 轿底安装方法

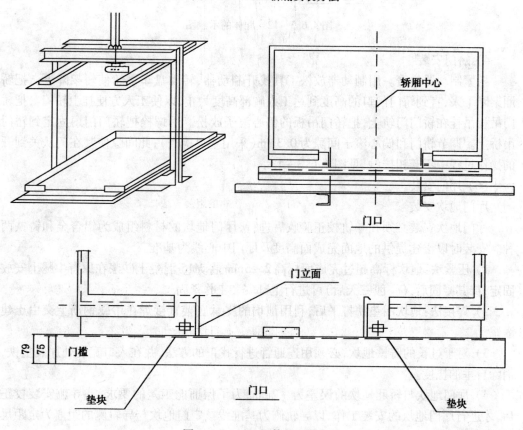

图 4.6.3 – 11 厢体的安装方法

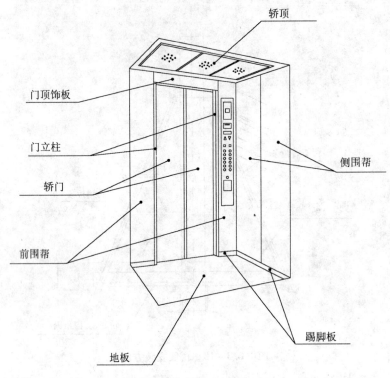

图 4.6.3 – 12　厢体的示意图

4）轿门安装

扭紧制动器弹簧。用制动器放松工具找开制动器,转动盘车手轮使轿架降下。把轿厢架降下来,直到轿厢门口的高度到达工人胸部高度为止,以便工人方便挂上轿门。把轿门吊板吊挂在轿门门轨上,把轿门吊板的偏心滚子放松。用螺栓把轿门门扇固定到轿门吊桥上。调节轿门和偏心滚子间隙为 0.3mm(采用塞尺检查),此间隙使其在门从关到开的操作过程中不互相接触,见图 4.6.3 – 13。

(6) 厅门安装

厅门地坎安装

厅门地坎安装必须在导轨校正验收后进行,厅门地坎的材料组成为铝合金和铸铁两种。安装时以土建提供的地面完成面高度及厅门中心线为基准。

1）压紧法:地坎标高超过完成面标高 2～5mm 将 M15 混凝土砂浆在原有牛腿上安放固定,待其凝固后,(一般三天后)可进行上部安装工作。

2）焊接法:地坎用垫铁打平后,利用地坎的支承底架直接焊在牛腿钢筋上交由土建灌浆。

3）对于过长的铸铁地坎,必须用连通管进行找正的方法,并在入口宽度处加装垫铁,消除自垂的挠度。

4）厅门地坎与轿厢地坎的误差为 +2mm,为了保证此工差的要求,待导轨安装校正后,才进行厅门地坎的安装工作,以导轨侧为基准线核定门地坎与导轨侧的距离为定距尺进行量度每一个尺寸,见图 4.6.3 – 14。

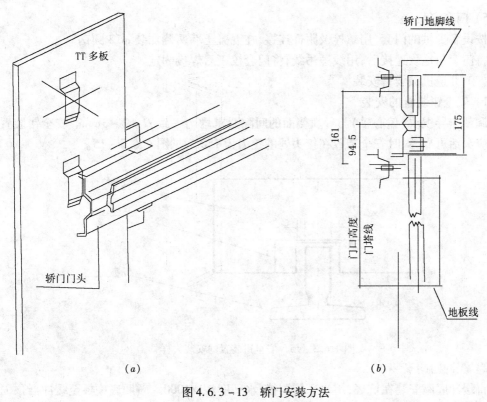

(a)   (b)

图 4.6.3 – 13　轿门安装方法

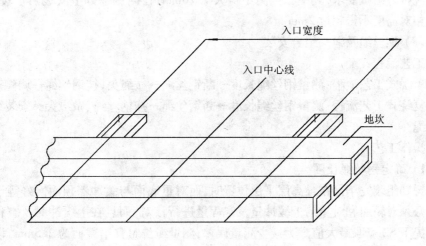

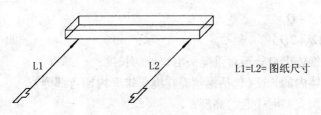

L1=L2= 图纸尺寸

图 4.6.3 – 14　厅门安装方法

5）门套安装

按设备提供的门套,用螺栓及附件连接,在混凝土墙两侧加装 $\phi12$ 圆钢。

将门套与地坎连接后,用线锤吊线,将门套校正后焊接固定。

（7）井道机械设备安装

1）安全钳装置的安装

调整卡导楔块(偏心轴)与导轨侧面的间隙要求均匀一致 $C=2\sim3mm$。安全钳装置动作应灵活可靠,瞬时安全装置在接头处的拉力为150N,见图4.6.3-15。

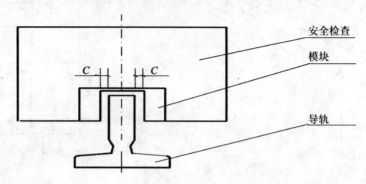

图4.6.3-15 安全钳装置的安装大样

2）缓冲器的安装

将缓冲底座安装在坑底,用水平使调校,水平度≤1/1000。轿厢底碰板至缓冲器顶面距离应符合图纸要求,其中心偏离不得大于20mm,在同一基础上安装两个缓冲器时,其顶面相对高度不得超过2mm。

（8）钢丝绳及绳头组合安装

工艺流程:

单绕式工艺流程:测量钢丝绳长度→断钢丝绳→做绳头、挂钢丝绳→调整钢丝绳

复绕式工艺流程:测量钢丝绳长度→断钢丝绳→挂钢丝绳、做绳头→安装绳头→调整钢丝绳

操作工艺:

1）确定钢丝绳长度

轿厢组装完毕停在最高层平层位置时,而对重底面与缓冲器顶面恰好等于 S2 为准。同时必须对轿厢和对重的上缓冲量及空程量进行核对,而且在上缓冲时及空程符合要求的前提下 S2 应取最大值。为减少测量误差,测量绳长时宜用截面为 $2.5mm^2$ 以上的铜线进行,在轿厢及对重上各装好一个绳头装置,其双螺母位置以刚好能装入开口销为准,见图4.6.3-16。长度计算如下:

单绕式电梯 $L=X+2Z+Q$

复绕式电梯 $L=X+2Z+2Q$

式中　X——由轿厢绳头锥体出口处至对重绳头出口处的长度;

　　　Z——钢丝绳在锥体内的长度(包括钢丝绳在绳头锥套内回弯部分);

　　　Q——为轿厢在顶层安装时垫起的高度;

　　　L——总长度。

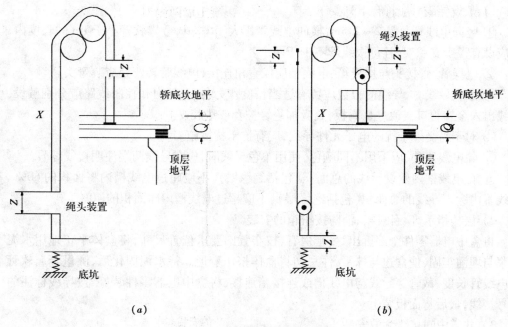

(a)　　　　　　　　　　　　(b)

图 4.6.3 - 16　钢丝绳长度确定方法

2）断钢丝绳

在清洁宽敞的地方放开钢丝绳,检查钢丝绳应无死弯、锈蚀、断丝情况。按上述方法确定钢丝绳长度后,从距剁口两端 5mm 处将钢丝绳用 ϕ0.7～1mm 的铅丝绑扎成 15mm 的宽度,然后留出钢丝绳在锥体内长度 Z,再按要求进行绑扎,然后用钢凿、砂轮切割机、钢绳剪刀等工具切断钢。

3）做绳头、挂钢丝绳绳头做法可采用金属或树脂充填的绳套、自锁紧楔形绳套,至少带有三个合适绳夹的鸡心环套、带绳孔的金属吊杆等,见图 4.6.3 - 17。

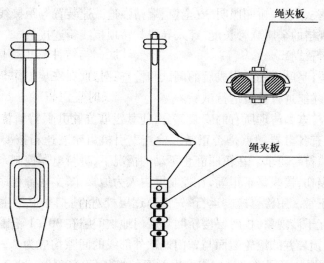

图 4.6.3 - 17　绳头的做法

（9）电气装置安装

1）敷设导线时应符合下列要求：

① 竖向电线管每隔 2～2.5m，横向电线管不大于 1.5m，金属软管小于 1m 的长度内，均应设有一个支承架，且每根线管不少于两个。

② 电线管、管接头与接线箱、电线槽应成直角连接，电线管转弯处应装弯头。

③ 敷设导线时，导线的根数应留有适当裕度作为备用，动力和控制线路应分别敷设，导线出入金属管口或通过金属板，处应加绝缘护套或垫胶皮。

④ 对于易受外干扰的电子元件导线，应有抗干扰措施。

⑤ 除电线路外，应采用不同颜色，使用单色导线时，应在导线两端注明接线编号。

⑥ 在电线槽内敷设导线的总面积（包括绝缘层），不应超过电线槽内将面积的 60%。电线管内穿入导线的总面积（包括绝缘层），不应超过电线槽内净面积的 40%。

2）层楼指示灯、召唤箱、消防按扭箱的安装

将盒中电器零件全部拆出，妥善保管，按布置图要求位置尺寸，将盒体平正地用水泥砂浆与埋灌牢固，使盒边与抹平，注忌勿将盒体挤压变形。待水泥固化后，测量金属软管或电线管长度，截管穿导线与电线槽或连接箱连接，将盒中电器零件装好，按导线标注的线号接线，最后将面板装上。

3）井道中间接线盒的安装

在井道电缆架上方间距 200mm 的上，用地脚螺栓稳固，将电缆引入用压线卡固定，按导轨端标注的线号与内接线板连接。总接线盒可装于机房楼板，隔音层或机房内上，用地脚螺栓固定，井道内导线均汇总于总接线盒。

4）轿底接线箱的安装

装于轿门地槛的下方，用螺栓连接在轿厢底盘的型钢上、将电缆引入接线板连接，将导线穿入金属软管与接线箱连接，分别去往操纵盘、指示灯、轿顶接线箱等处，亦可将部分电缆由轿底电缆架直往轿顶接线箱。

5）轿顶接线箱的安装

可竖着用栓连接于开门机架上过轿厢架上梁下部，测量距开门机、平层器、轿顶检修箱、安全钳联动开关、风扇、轿厢照明、安全窗、端站强迫减速装置等距接线箱距离，根据导线数量截取合适规格的金属软管长度，穿入导线与轿顶接线箱连接。

（10）整机运行试验

整机运行试验，是电梯安装完成后的调试和检查，因此，在安装工作全部结束，且排除一切电气隐患后，才能进行整机运行试验。

试车前，必须检查和清理所有的安装部分，使其没有异物并保持清洁，清扫所有电器装置上的灰尘，检查各电器触点是否正常。检查曳引机齿轮减速箱按要求加足润滑油。制动器弹簧设定值符合要求。在轿厢静止不动的情况下，进行电器控制系统联动试验，检查电器装置有无损伤，接线是否正确，在控制屏内人为地操作，实现各程序，确定电气控制和拖动系统是否正常。用检修速度运行，先慢速逐层校对，清扫井道卫生，检查井道内各安装部件有无相互干涉现象，校对层楼轿厢与层门地坎间隙在 30±1 范围内；开门刀与各层门地坎，各层联锁装置的滚轮端面与轿门地坎外部线的间隙均应为 7±1。进行正常速度调试：① 调整轿厢的平层准确度应符合电梯绳的规范 GB 50310—2002 范围内；② 轿厢

以额定速度运行时,不允许有爬行现象出现;③ 调整检查各层门的轿门中,有一门开启或未关闭时,电梯不能启动,门锁要灵活可靠,开门机、安全触板或光电保护工作正常;④ 调整检查各电气开关,限位开关等的动作和时间,检查各电气开关的可靠性;⑤ 调整曳引钢绳张力一致,其相互差值不应超过5%,在运行中无出现转动现象。

4.6.4 附件

(1)《电梯制造与安装安全规范》GB 7588—1995;
(2)《电梯技术条件》GB/T 10058—1997;
(3)《电梯试验方法》GB/T 10059—1997;
(4)《电梯安装验收规范》GB 10060—1993;
(5)《电梯电气装置施工及验收规范》GB 50182—1993。

4.6.5 术语

曳引式电梯安装技术涉及的相关术语有:
(1)曳引式电梯:提升钢丝绳靠曳引轮槽的摩擦力驱动的电梯。
(2)梯井(或井道):轿厢和对重在其内沿着导轨移动的构筑物。梯井中除导轨外还有钢绳张紧装置、缓冲器、工作钢绳和平衡钢绳、楼层电器、电气布线和软电缆。
(3)导轨:象轨道一样配置在梯井的全高,用以正确地引导轿厢和对重运动的方向的竖直构件。凭借导轨靴将轿厢和对重定位于水平面内,既能使轿厢和对重之间保持一定的相对位置,又能保持两者与电梯井中的静止构件的相对位置。
(4)安全钳:在轿厢(对重)中出现突然情况时,能将导轨夹住,同时刹住轿厢,并将轿厢在导轨上牢牢夹持住的一种安全装置。
(5)限速器:是一种控制轿厢(对重)速度的设备。当轿厢达到极限速度时,轿厢(对重)的限速器开始动作,并作用于安全钳上,迫使它夹住导轨,刹住轿厢。

4.6.6 工程实例

实例:下置式电梯安装工艺

随着电梯技术的不断发展,各生产厂家相继推出了几种新型的电梯,下置式电梯就是其中的一款。本文就结合某大厦下置式电梯的布置特点、安装工艺和注意要点,作一些介绍了。

1. 电梯特点

通常所说的"下置式"电梯,是指机房设置在井道底层位置的垂直升降电梯。

这种电梯由于顶层不需要设置机房,在某种程度上降低了整个建筑物的高度,解决了由于建筑物的高度受到限制而导致电梯井道无法设置的问题,适用于机场、体育场馆等高度受限的地方。

机房从井道顶部转移到下部侧面,虽然降低了高度,但由于增加了一系列滑轮组,使得传动系统比机房设置在顶层的电梯变得更为复杂。其传动如图4.6.6-1所示。

从图中可以看到,这种电梯采用了两组滑轮组来进行传动,整个系统比较复杂,其传动效率也大大低于普通的垂直电梯。这给我们的安装工作带来了一些新的难题。其安装工艺也与其他电梯不完全相同,基本是以部件安装位置的的高低,按从上到下的步骤进行。

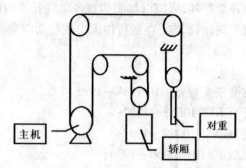

图 4.6.6-1 下置式电梯传动示意图

2. 工艺流程(图 4.6.6-2)

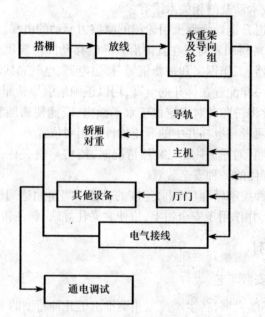

图 4.6.6-2 电梯安装工艺流程图

3. 安装工艺

(1) 搭脚架

一般来说,下置式电梯的井道内采用竹制脚手架就可以了。由于其井道内设置安装的部件较多,在搭设脚手架时特别要注意,脚手架不要与部件的安装位置重合,以免增加以后的安装难度。

(2) 井道核查

在电梯设计中出于安全考虑,一般会适当地增大,也就是说这个距离在一定的范围内可压缩。但下置式电梯为了降低井道高度,安全距离的数值已按最小值确定,已不能再减少,所以在对土建单位交出的井道进行移交验收时,必须仔细测量和检查顶层高度尺寸,确保能满足设计要求,以避免承担因顶层楼板底与轿厢顶距离不足而无法达到电梯验收要求的责任。

底坑宽度检查:下置式电梯的底坑设计得往往比井道其他的位置要窄,原因在于曳引轮要伸入井道内,为确保支承强度,主机的承重梁下的地面上特地向底坑方向延伸一定距离(图4.6.6-3),在对井道验收时应注意检查。

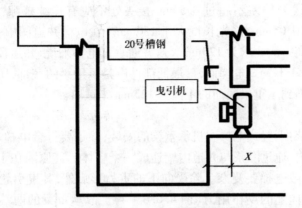

图4.6.6-3 下置式电梯的底坑示意图

（3）放线

设置基准线:下置式电梯的样板架上,除了通常的厅门中线、轿厢中线和对重中线外,还要确定出主机曳引轮中线和导向轮中线。

样板架的位置:上样板架的位置应视井道部件的布置情况而定,在安装中我们一般设置在离顶部承重梁底300mm处,这样一来不会影响承重梁的安装,二来有利于测量检查样板架的精度。下样板架设置在离底坑600mm的高度,在两个样板架之间固定0.6mm的钢线,以作为厅门、导轨和主机的安装基准。

（4）承重梁和导向轮组的安装

在安装承重梁前,应先检查预埋钢板是否与图纸上标示的位置相符。如偏差较大,应向相关单位提出,整改合格后再进行安装。承重梁应当采用在电梯井道外部吊装的方法,通过井壁上的打穿的通孔进入井道内。由于导向轮的安装位置最狭窄,已经没有翻转的空间。因此在安装时要先增大承重梁之间的距离,导向轮从两条承重梁中间通过后,立即按设计的尺寸将导向轮固定在承重梁上。承重梁和导向轮按设计标高及位置固定好后,立即通知土建单位进行灌浆固定,以确保承重梁牢固可靠。承重梁两端必须埋入井道壁中,其埋入深度应超过墙厚中心20mm以上,且不小于75mm。

（5）导向轮的倾斜

下置式电梯的曳引比为2:1,挂上钢丝绳后,经上下反复缠绕,各条钢丝绳的扭转偏角均不相同,受力情况十分复杂。不均匀地作用在导向轮上,使得导向轮向一侧倾斜。这种现象直接导致导向轮的部分绳槽在使用过程中过度磨损,导向轮很快就会损坏报废。所以在安装过程中对这种情况应予以高度重视。

在安装导向轮时,要先仔细研究钢丝绳的排列顺序,对其受力情况进行细致的计算,预先推算出导向轮使导向轮向受力小的一侧倾斜2mm左右,并适当地调整各条钢线绳的长度,确保所有钢丝绳受力均匀。

(6)导轨安装

安装导轨支架:在井道内有主机的一侧安装好 20 号槽钢,并焊接固定主轨的支架,同时在其他的三面内壁上相应位置安装固定导轨支架。支架之间距离不超过 2.5m,且水平度不超过 1.5%,焊接处的焊缝应双面且连续。导轨按从下到上的顺序依次安装。整条导轨工作面与基准线的偏差不超过 0.5mm,接头处不应有连续缝隙,局部间隙不超过 0.5mm,台阶不大于 0.05mm,修光长度大于 150mm。在电梯井道图中,导轨顶端与井道顶部最低部件的距离一般要求为 125mm。对普通垂直电梯来说,井道顶部最低部件就是指机房楼板底,但对于下置式电梯而言,最低部件应是承重梁的底部,所以最顶部的导轨截留的长度应以端面到承重梁底面的距离为 125mm 来截取。

(7)主机安装

主机承重梁安装:下置式电梯主机承重梁的安装,除了要符合电梯规范要求之外,其两端还必须埋入墙内,通过灌浆与井道内壁连成一个整体。其原因在于主机安装在下方后,其受力情况比一般电梯要复杂。除受向下的重力影响外,其曳引轮还受到向上的拉力,使得承重梁受到向上的反作用力(图4.6.6-4)。故承重梁的两端必须埋入井道壁中,且埋入深度至少应超过墙厚中心 20mm,以利用井壁自身的重量压住承重梁,防止在极限状态下发生意外(图4.6.5-5)。

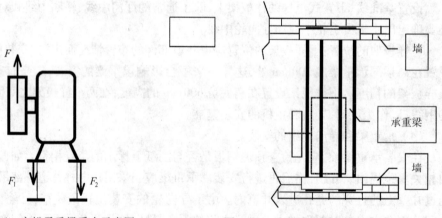

图4.6.6-4 主机承重梁受力示意图　　图4.6.6-5 承重梁安装示意图

将主机整体提升后,固定在承重梁的相应位置上,以样板架上所放的钢线为基准校核曳引轮的位置及其铅垂度。曳引轮水平位置偏差前后不大于 2mm,左右不大于 1mm,垂直度偏差在满载和空载的情况下都不大于 2mm。

在悬挂曳引钢丝绳之后,主机的受力情况如图4.6.6-6所示。曳引轮的一侧受力,其作用在两条承重梁上的力 F_1 和 F_2 大小并不相同,且 $F_1 < F_2$。两条承重工字钢梁受力不均匀,导致弹性变形的大小也不一致,曳引轮会向右侧倾斜。经过对现场的统计数据进行分析,曳引轮在悬挂钢丝绳后,空载状态下会倾斜 2mm 左右,所以在固定主机时,应预先使曳引轮向井道侧倾斜约 4mm,以抵消工字钢变形的影响,保证主机的安装符合规范的要求。

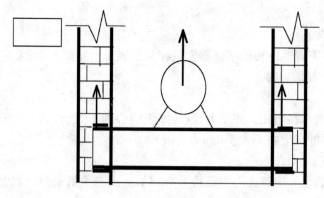

图 4.6.6 – 6　主机的受力情况图

（8）厅门安装

厅门的安装按地坎→门框→门头→门扇的顺序进行。

地坎安装按监理工程师提交的现场楼层标高确定地坎的安装高度,一般要求高出完成面 2 ~ 5mm,水平与左右基准线的距离差不大于 0.5mm。

门框安装:要求铅垂度不大于 1/1 000;

门头安装:门头即门联锁机构,要求其水平度不大于 1/1 000,导轨中心与地坎槽中心偏差不大于 1mm;

门扇安装:安装时应注意门扇固定要可靠,与门框间隙应为 5 ± 1mm,门扇之间的间隙不大于 2mm。

（9）轿厢和对重

轿厢安装:轿厢的安装顺序为:底梁（或底架）→底盘→轿壁→天花→轿厢门

轿厢一般在顶层安装。拆去顶层以上所有脚手架,在井道内横置两条槽钢,用以暂时支承轿厢,在轿厢和对重组装好,并悬挂钢丝绳后才撤去。

底盘水平度不大于 2/1 000,与导轨工作面的间隙均匀,安全钳与导轨侧面距离为 2 ~ 3mm。

对重架安装:

在井壁上设置吊钩,将对重架整体悬挂在两条副轨中间,并用方木可靠地支撑,然后安装导靴。

曳引钢丝绳的安装:

按井道高度和曳引比计算出钢丝绳的长度,将钢丝绳截断并消除内应力后,两头与绳头装置连接,然后与轿厢和对重固定。悬挂钢丝绳后张力差不大于 5%,缓冲器与轿厢及对重撞板距离为 150 ~ 400mm。

安装对重块:

按电梯的载重量在对重架上加上适量的对重块,并用压板固定。在安装阶段一般只加载 50% 的重量。

补偿缆安装:

补偿缆离地 500mm 左右,缆头悬挂牢固可靠,且必须作好二次保护。

钢丝绳的排列顺序及扭转方向对其是否均匀受力产生较大影响,其布置的原则是:尽量减小扭转角度。

其他设备安装

限速器安装：下置式电梯的限速器安装在井道顶部承重梁上，要求其绳轮铅垂度不大于 0.5mm，动作应灵敏可靠。

缓冲器安装：

缓冲器必须支承在坚固的底座上，且与撞板中心的不大于 20mm，当设计有并列两个缓冲器时，缓冲器的高度差不大于 2mm。

控制柜安装：

控制柜的安装位置应当在离主机约 1.5m 处，正面与主机成 90°放置。

随行电缆安装：

随行电缆在安装前应预先自由悬吊，消除扭曲、打结等现象。电缆两端及不运动部分应可靠固定，在极限状态下也不得拖地，确保其运动时不会与其他物件发生碰撞。

线管、线槽安装：

线管和线槽均应做到"横平竖直"；线管应用管卡固定，且固定点均匀，管口应装设护口，管内导线总截面积不超过线管截面积的 40%；线槽应安装牢固，每根线槽固定点应不少于 2 点，导线所占面积不应超过线槽总截面的 60%，弯角处应有绝缘胶保护。

敷线接线：

动力和控制线路应隔离敷设，零、地线始终分开，且接地线为黄绿双色线，控制柜内地线接线端子不允许串接在一处。

（10）通电调试

调试前应先手动盘车，使轿厢从上到下全程运行一周，检查轿厢及对重与井道内其他固定物体的间隙，确保安全距离大于 50mm。调整导靴和安全钳间隙，使其达到设计要求；调整主机制动器，使其制动力矩足够，平均松闸间隙满足不大于 0.7mm 的规范要求。测量检查各回路的绝缘电阻及对地电阻，要求：动力和安全回路的绝缘阻值大于 0.5MΩ，控制和信号回路大于 0.25MΩ。重新检查所有的电气接线，确保无误后接通电源，开始试运行。

第5章　建筑装饰施工技术

5.1　吊顶施工技术

5.1.1　主要内容

吊顶施工技术的主要内容包括:轻钢骨架活动罩面板顶棚施工技术、轻钢骨架固定罩面板顶棚施工技术、轻钢骨架金属罩面板顶棚施工技术、角铁钢板底架罩面板顶棚吊装技术等。

1. 轻钢骨架活动罩面板顶棚施工技术分为明骨架和暗骨架活动罩面板顶棚施工技术,活动罩面板包括矿棉装饰吸声板(一般规格有 300mm×600mm,600mm×600mm,600mm×1 200mm 三种)、硅钙板和塑料板(规格一般为 600mm×600mm,一般用于明骨架)、扣板(规格一般为 100mm×100mm,150mm×150mm,200mm×200mm,600mm×600mm 等多种方形塑料扣板;还有宽度为 100mm,150mm,200mm,300mm,600mm 等多种条形塑料板;一般用于暗骨架)、格栅(规格一般为 100mm×100mm,150mm×150mm,200mm×200mm 等多种方形格栅,一般用于暗骨架)。

2. 轻钢骨架固定罩面板顶棚施工技术,轻钢龙骨分 U 形和 T 形龙骨两种,并按荷载分为上人和不上人两种,轻钢骨架主件为大、中、小龙骨,配件有吊挂件、连接件、插接件,零配件有吊杆、花篮螺丝、射钉、自攻螺钉等,顶棚固定罩面板有纸面石膏板、埃特板(也叫纤维水泥加压板)及防潮板等。

3. 轻钢骨架金属罩面板顶棚施工技术,轻钢龙骨按荷载分为上人和不上人两种;轻钢骨架主件为大、中、小龙骨;配件有吊挂件、连接件、插接件;零配件有吊杆、膨胀螺栓、铆钉等。吊挂顶棚的金属罩面板常用的板材有条形金属扣板,规格一般为 100mm、150mm、200mm 等;还有设计要求的各种特定异形的条形金属扣板;方形金属扣板,规格一般为 300mm×300mm、600mm×600mm 等吸声和不吸声的方形金属扣板;还有面板是固定的单铝板及铝塑板。条形金属扣板吊顶一般用于暗装骨架,方形金属扣板吊顶次龙骨分明装 T 形和暗装卡口两种,可根据金属方板式样选定。金属板吊顶与四周墙面所留空隙,必须用金属压条与吊顶找齐,金属压缝条的材质必须与金属板面相同。

4. 角铁钢板底架罩面板顶棚吊装技术,对于异型、特殊造型的顶棚,根据设计图纸的造型和现场的实际尺寸,在场外预制特殊造型顶棚的罩面板,然后到施工现场吊装、拼装、嵌缝、刷饰面漆的过程。角铁钢板底架主件为 ∟50×50 镀锌角铁,3mm 钢板底架;吊件为 ϕ20 以上的不锈钢可调螺杆;零配件有 ϕ12 以上的不锈钢膨胀螺栓、铆钉等;异型罩面板常用石膏预制板及玻璃钢预制板。

5.1.2 选用原则

1. 对于工业与民用建筑中轻钢骨架下面安装活动罩面板顶棚工程,宜选用轻钢骨架活动罩面板顶棚施工技术。

2. 对于工业与民用建筑中轻钢骨架下面安装固定罩面板的顶棚安装工程,宜选用轻钢骨架固定罩面板顶棚施工技术。

3. 对于工业与民用建筑中轻钢骨架下面安装金属罩面板的顶棚安装工程,宜选用轻钢骨架金属罩面板顶棚施工技术。

4. 对于工业与民用建筑中弧度造型、消防及环保要求高的特殊造型的顶棚安装工程,宜选用角铁钢板底架罩面板顶棚吊装技术。

5.1.3 注意事项

(1)装饰工程必须在基体或基层的质量检验合格后,方可施工;室内装饰工程的施工,必须待屋面防水工程完工,并应在不致被后续工程所损坏和玷污的条件下进行;

(2)所有装饰工程进入施工之前,一般都需要在原有装饰设计施工图的基础上再进行关键部位、关键节点的深化设计,吊顶工程施工之前必须由业主主持协调各个专业施工单位绘制综合顶棚图;

(3)吊顶工程施工之前必须按设计要求对室内施工场所的净高、洞口标高、吊顶内的管道、设备及其支架的标高进行交接检验;

(4)必须对吊顶内的管道、设备的安装及水管试压进行验收;

(5)吊顶工程在施工中应做好各项施工记录,收集好各种有关文件;

(6)施工过程要注意防止室内环境污染和环境噪声污染,还要注意符合职业健康安全要求;施工时的安全技术、劳动保护和防火、防毒的要求,必须符合国家现行的有关技术标准;

(7)对于那些不符合环保要求和消防要求的吊顶工程施工技术,目前已经少用,基本已经被淘汰了。例如,木龙骨木板吊顶施工技术已经基本被淘汰。

5.1.4 附件

吊顶工程施工技术涉及的相关规范和标准主要有:

(1)《建筑装饰装修工程质量验收规范》GB 50210—2001;

(2)《建筑工程施工质量验收统一标准》GB 50300—2001;

(3)《民用建筑工程室内环境污染控制规范》GB 50325—2001;

(4)《建筑内部装修设计防火规范》GB 50222—95;

(5)《高层民用建筑设计防火规范》GB 50045—95(2001);

(6)《建筑工程项目管理规范》GB 50326—2001;

(7)《住宅装饰装修工程施工规范》GB 50327—2001;

(8)《建筑装饰装修工程施工工艺标准》ZJQ—SC—001—2003。

5.1.5　术语

吊顶工程施工技术涉及的相关术语主要有：

（1）吊顶：预先在顶棚结构中埋好金属吊杆，然后将吊顶龙骨与吊杆相连接组成吊顶骨架，再把各种罩面板安装在吊顶骨架上。

（2）吊杆（或吊筋）：是连接龙骨与楼板（或屋面板）的承重结构。

（3）吊顶龙骨：是吊顶中承上启下的构件，它与吊杆连接，并为面层罩面板提供安装节点。

（4）轻钢吊顶龙骨：是以镀锌钢带、铝带、铝合金型材或薄壁冷轧退火黑铁皮卷带为原料，经冷弯或冲压而成的顶棚吊顶的骨架支承材料。

（5）铝合金龙骨：是以铝带、铝合金型材冷弯或冲压而成的吊顶骨架，或以轻钢为内骨，外套铝合金的骨架支承材料。

（6）铝合金吊顶龙骨：是以铝带、铝合金型材经冷弯（在常温下弯曲成形）或冲压而成的顶棚吊顶骨架。

（7）轻钢骨架：由吊杆或吊筋、轻钢吊顶龙骨组成的顶棚吊顶骨架。

（8）吊顶面层：组成顶棚吊顶的各种抹灰层、各种罩面板和装饰板材。

（9）活动装配式吊顶：系把饰面板明摆浮搁在龙骨上，更换方便的吊顶形式。

（10）轻钢骨架活动罩面板顶棚：由轻钢骨架和活动罩面板组成的一种活动装配式顶棚吊顶。

（11）轻钢骨架固定罩面板顶棚：由轻钢骨架和固定罩面板组成的顶棚吊顶。

（12）轻钢骨架金属罩面板顶棚：由轻钢骨架和金属罩面板组成的顶棚吊顶。

5.1.6　工程实例

1. 某省人民医院干部病房楼首层大厅的轻钢龙骨纸面石膏板吊顶施工。

根据宜以环保、节能、符合消防要求、施工方便、美观大方、经济实用为原则。针对轻钢龙骨纸面石膏板吊顶天花的施工特点。通过弹线→安装吊件、吊杆→安装龙骨及配件→石膏板安装等施工过程逐步完成的。

（1）弹线。根据顶棚设计标高，沿墙四周弹线，作为顶棚安装标准线，其允许偏差在 ±5mm 以内。

（2）安装吊件、吊杆。根据施工大样图，确定吊顶位置弹线，再根据弹出的吊点位置钻孔，安装膨胀螺栓。吊杆采用 φ8mm 的钢筋安装时，上端与膨胀螺栓焊接（焊接位用防锈漆做好防锈处理），下端套线并配好螺帽。吊杆安装应保持垂直。

（3）安装龙骨及配件。将主龙骨用吊杆件连接在吊杆上，拧紧螺丝卡牢。主龙骨安装完毕后应进行调平，并考虑顶棚的起拱高度不小于房间短向跨度的 1/200，主龙骨安装间隔@ ≤1200mm。次龙骨用吊挂件固定于主龙骨，次龙骨间隔@ ≤800mm。横撑龙骨与次龙骨垂直连接，间距在 400mm 左右。主次龙骨安装后，认真检查骨架是否有位移，在确认无位移后才进行石膏板安装。

（4）石膏板安装。对已安装好的龙骨进行检查，待检查无误、符合要求后才进行石膏板安装。石膏板安装使用镀锌自攻螺钉与龙骨固定，螺钉间距在 150～170mm 的间隙。

涂上防锈漆并用石膏粉将缝填平,用砂布涂上胶液封口,防止伸缩开裂。

轻钢龙骨石膏板吊顶施工节点如图 5.1.6 -1 所示。

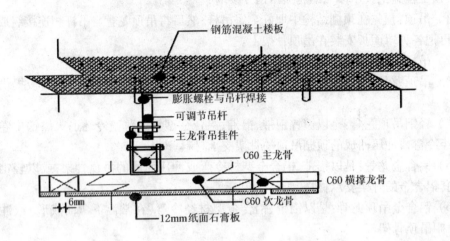

图 5.1.6 -1　轻钢龙骨纸面石膏板吊顶节点图

2. 某建委大楼 16 ~ 20 层办公区域的轻钢龙骨骨架活动铝扣板顶棚施工。根据以环保、节能、符合消防要求、施工方便、美观大方、经济实用为原则。轻钢龙骨活动铝扣板吊顶是通过弹线→钉边龙骨→安装吊件→安装龙骨→检查→安装活动铝扣板→调平等施工过程逐步完成的。

(1) 弹线。根据顶棚设计标高,沿墙四周弹线,作为顶棚安装标准线,其允许偏差控制在 ±5mm 以内。

(2) 钉边龙骨。根据墙上吊顶的安装水平标高线,用钢钉将边龙骨或焗漆龙骨钉固于墙上,钉距为 300 ~ 400mm,边龙骨要求钉平直、牢固。

(3) 安装吊件。根据施工大样图,确定吊顶位置弹线,再根据弹出的吊点位置钻孔,安装膨胀螺栓。用 φ8 钢筋做吊筋,并将其与混凝土板底的膨胀螺栓烧焊固定(焊点要牢固,焊接部位要油防锈漆),下端与主龙骨连接并形成可调吊件,吊筋安装要保持垂直。

(4) 安装主龙骨。在安装主龙骨时,拉十字调平通线,相邻主龙骨的腹孔槽需要调在一直线上,并拉通线控制孔位。主龙骨接头用驳接件连接,并保持平整。

(5) 安装次龙骨。将安装次龙骨两端的钩插入主龙骨的孔槽内,并接通线调平、调直。

(6) 检查。整棚龙骨安装完毕后,检查是否存在位移,直到牢固为止,才进行铝扣板安装。

(7) 安装铝扣板。将铝扣板安装到龙骨骨架上,先从房间中央部分开始往周边安装,大面积整块安装完毕后,再安装墙边、灯孔、检查口等特殊部位。

(8) 调平、调直。铝扣板安装完成后,要进行全面拉线通直通平,以保证吊顶牢固可靠,表面平整,接缝严密和平直。

轻钢龙骨活动铝扣板吊顶施工节点如图 5.1.6 -2 所示。

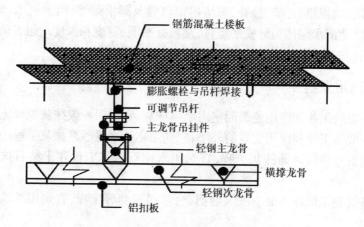

图5.1.6-2 轻钢龙骨铝扣板吊顶节点图

5.2 抹灰工程施工技术

5.2.1 主要内容

抹灰工程分一般抹灰、装饰抹灰和清水砌体勾缝,下面主要介绍一般抹灰工程施工技术、室外水泥砂浆抹灰工程施工技术、水刷石抹灰工程施工技术、外墙斩假石抹灰工程施工技术、干粘石抹灰工程施工技术、假面砖工程施工技术、清水砌体勾缝工程施工技术。

1. 一般抹灰工程施工技术分为普通抹灰施工技术和高级抹灰施工技术。普通抹灰要求:表面光滑、洁净、接槎平整、分格线清晰。高级抹灰要求:表面光滑、颜色均匀,无抹痕、线角及灰线平直方正、分格线清晰美观。

2. 室外水泥砂浆抹灰工程施工技术分为普通抹灰施工技术和高级抹灰施工技术。

3. 水刷石抹灰工程施工技术是用水泥、砂子、石渣、小豆石、石灰膏、生石灰粉、矿物质颜料、胶粘剂等材料通过基层处理、浇水湿润、分层抹底层砂浆、抹面层石渣浆、修整、赶实压光、喷刷等一系列施工工序使其表面石粒清晰,分布均匀,紧密严整,色泽一致的装饰效果的一种施工技术。

4. 外墙斩假石抹灰工程施工技术是用水泥、砂子、石渣、磨细石灰粉、胶粘剂、混凝土界面剂、矿物质颜料等材料通过细致的加工使其表面石纹逼真、规整,形态丰富,给人一种类似天然岩石的美感效果的施工技术。

5. 干粘石抹灰工程施工技术是用水泥、砂子、石渣、石灰膏、磨细石灰粉、颜料、胶粘剂等材料通过基层处理、抹灰饼、充筋、抹底层灰、抹粘结层砂浆、撒石粒、拍平及修整等一系列施工工序使其表面色泽一致,石粒粘结牢固、分布均匀的装饰效果的一种施工技术。

6. 假面砖工程施工技术是用水泥、砂、石灰膏、石灰粉、矿物质颜料等材料通过基层处理、充筋、抹底层及中层灰、抹面层灰、做面砖等一系列施工工序使其表面平整,沟纹清晰,留缝整齐,色泽一致的装饰效果的一种施工技术。

7. 清水砌体勾缝工程施工技术是用水泥、砂子、磨细生石灰粉、石灰膏、矿物质颜料等材料通过放线、找规矩、开缝、修补、塞堵门窗口缝及脚手眼等、墙面浇水、勾缝、扫缝等一系列施工工序使清水砌体勾缝横平竖直,交接处平顺,宽度和深度均匀表面压实抹平的装饰效果的一种施工技术。

5.2.2 选用原则

1. 对于一般的工业和民用建筑的室内墙面抹灰,宜选用一般抹灰工程施工技术。

2. 对于一般的工业和民用建筑的外墙,宜选用室外水泥砂浆抹灰工程施工技术。

3. 对于建筑外墙面装饰抹灰工程,宜选用水刷石抹灰工程和干粘石抹灰工程施工技术。

4. 对于各类建筑的外墙面、柱子、墙裙、台阶门窗套等工程,宜选用外墙斩假石抹灰工程施工技术。

5. 对于商业、住宅、办公、娱乐、医疗及服务等房屋建筑的外墙面工程,可选用假面砖工程施工技术。

6. 对于工业与和民用建筑的清水砌体墙工程,宜选用清水砌体勾缝工程施工技术。

5.2.3 注意事项

(1) 抹灰基体表面应彻底清理干净,对于表面光滑的基体应进行毛化处理;

(2) 抹灰前应将基体充分浇水均匀润透,防止基体浇水不透造成抹灰砂浆中的水分很快被基体吸收,造成质量问题;

(3) 必须严格各层抹灰厚度,防止一次抹灰过厚,造成干缩率增大,造成空鼓、开裂等质量问题;

(4) 抹灰砂浆中使用的材料应充分水化,防止影响粘结力;

(5) 注意防止水刷石墙面出现石子不均匀或脱落,表面混浊不清晰;防止水刷石面层出现空鼓、裂缝;防止阴阳角不垂直,出现黑边;防止水刷石与散水、腰线等部位出现烂根;

(6) 注意防止斩假石出现空鼓、裂缝;防止斩假石面层剁纹凌乱不均和表面不平整;防止斩假石面层颜色不一致,出现花感;

(7) 注意防止干粘石面层不平,表面出现坑洼,颜色不一致;防止干粘石面层出现石渣不均匀和部分露灰层,造成表面花感;防止干粘石出现开裂、空鼓;防止干粘石面层接槎明显、有滑坠;防止干粘石面出现棱角不通顺和黑边现象;防止干粘石面出现抹痕;防止分格条、滴水线不清晰、起条后不勾缝;

(8) 假面砖施工时,抹灰用砂浆超过2h或结硬的砂浆严禁使用;

(9) 清水砌体勾缝施工时,注意防止门窗口四周塞灰不严、表面开裂;横竖缝接槎不齐;缝子深浅不一致;缝子漏勾;

(10) 施工过程要注意防止室内环境污染和环境噪声污染,还要注意符合职业健康安全要求;施工时的安全技术、劳动保护和防火、防毒的要求,必须符合国家现行的有关技术标准。

5.2.4 附件

抹灰工程施工技术涉及的相关规范和标准主要有:

（1）《建筑装饰装修工程质量验收规范》GB 50210—2001；

（2）《建筑工程施工质量验收统一标准》GB 50300—2001；

（3）《民用建筑工程室内环境污染控制规范》GB 50325—2001；

（4）《建筑工程项目管理规范》GB 50326—2001；

（5）《住宅装饰装修工程施工规范》GB 50327—2001；

（6）《建筑工程冬期施工规程》JGJ 104—97；

（7）《水泥胶砂强度检验方法(ISO 法)》GB/T 17671—1999；

（8）《建筑装饰装修工程施工工艺标准》ZJQ—SC—001—2003。

5.2.5　术语

抹灰工程施工技术涉及的相关术语主要有：

（1）抹灰工程：是用灰浆涂抹在房屋建筑的墙、地、顶棚表面上的一种传统做法的装饰工程。

（2）一般抹灰：主要指建筑物的内、外墙、楼地面及顶棚部位抹灰工程的施工，或泛指适用于石灰砂浆、水泥混合砂浆、水泥砂浆、聚合物水泥砂浆、麻刀灰、纸筋灰、石膏灰等抹灰材料的施工。

（3）石灰砂浆抹灰：由石灰和砂按一定配合比例混合而成。

（4）水泥砂浆抹灰：由水泥和砂按一定比例，再加少许水混合而成。

（5）混合砂浆抹灰：由水泥、石灰膏和砂按一定比例混合而成。

（6）石膏灰抹灰：以石灰膏为主，再加少量石膏混合而成。

（7）纸筋灰抹灰：在石灰膏中加入一定量纸筋混合而成。

（8）聚合物水泥砂浆抹灰：在水泥砂浆中掺入10%水泥用量的108胶，以提高砂浆粘结性。

（9）石渣装饰抹灰：主要指水刷石、斩假石、干粘石、粘彩色瓷粒、喷石及彩釉砂等抹灰工程的施工。

（10）水刷石抹灰：由水泥、石渣和颜料按一定比例混合而成的一种石渣装饰抹灰施工方法。

（11）斩假石抹灰：是在抹灰层上做出有规律的槽纹，作成象石砌成的墙面，要求面层斩纹或拉纹均匀，深浅一致，边缘留出宽窄一样，棱角不得有损坏，有很好的装饰效果的一种施工方法。

（12）干粘石抹灰：在素水泥浆或聚合物水泥砂浆粘结层上，把石渣、彩色石子等备好的骨料撒在粘结层上，再拍平拍实即为干粘石抹灰。

（13）假面砖又称仿釉面砖：是用掺氧化铁系颜色的水泥砂浆，通过手工操作，达到模拟面砖装饰效果的饰面做法。

（14）灰浆：指由胶凝材料与水混合而成的浆状混合物。

（15）灰泥：指由粉状材料与水混合形成具有一定塑性的膏状混合料。

（16）纸筋灰：以纸筋作为增强材料掺入石灰膏中拌制而成。

（17）麻刀灰：以麻刀作为增强材料掺入石灰膏中拌制而成。

（18）安定性：反映水泥浆在硬化后因体积膨胀不均匀而变形的情况。

（19）护角：在室内墙面或柱面的阳角和门窗口的阳角，为防止碰掉棱，将阳角的两个面抹上水泥砂浆以起防护作用，称为护角。

（20）滴水线、滴水槽：为防止雨水污染墙面，在凡可能产生爬水的部位，如：外墙、窗台、雨篷、阳台、压顶和突出墙面的腰线等下部，做成带有一定坡度的尖嘴或凹槽，其中尖嘴称为滴水线（俗称鹰嘴），凹槽称为滴水槽。

5.2.6　工程实例

对于一般的工业和民用建筑的室内墙面抹灰，宜选用一般抹灰工程施工技术。某航空大厦办公室内墙面抹灰工程。根据抹灰工程施工技术宜选用环保、节能、符合消防要求、施工方便、美观大方、经济实用的施工技术为原则。从内墙抹灰材料的选用上，通过精挑细选，选用符合环保要求、消防要求、既经济实用又美观的普通水泥、中砂、磨细石灰粉、石灰膏、白纸筋等作为抹灰材料，再通过一般抹灰工程施工技术施工而成。施工效果：墙面表面光滑、洁净、颜色均匀、无抹纹，分格缝和灰线清晰美观。

5.3　轻质隔墙施工技术

5.3.1　主要内容

轻质隔墙施工技术的主要内容包括：木龙骨板材隔墙施工技术，玻璃隔断墙施工技术，轻钢龙骨隔断墙施工技术，金属、玻璃、复合板隔断墙施工技术等。

1. 木龙骨板材隔墙施工技术主要由沿顶、沿地和附加龙骨组成基本骨架，在基本骨架上安装罩面板；罩面板有：石膏板、胶合板、埃特板、人造木板、塑料板、铝合金装饰条板。

2. 玻璃隔断墙施工技术主要有钢化玻璃和普通平板玻璃隔断墙施工技术。

3. 轻钢龙骨隔断墙施工技术：轻钢龙骨主件：沿顶龙骨、沿地龙骨、加强龙骨及横撑龙骨；配件：支撑卡、卡托、角托、连接件、固定件、护墙龙骨和压条；隔墙罩面板主要有纸面石膏板、埃特板、人造板、塑料板、铝合金装饰条板和硅钙板等。

4. 金属、玻璃、复合板隔断墙施工技术主要由框架系统和面板系统组成，框架系统由地轨、天轨、直杆、横杆等组成，面板主要有钢制面板、玻璃板、铝制面板、铝塑复合板等。

5.3.2　选用原则

1. 对于一般工业与民用建筑中隔墙工程，宜选用木龙骨板材隔墙施工技术。

2. 对于工业与民用建筑中有采光、防烟、装饰要求的隔墙安装工程，宜选用玻璃隔断墙施工技术。

3. 对于工业与民用建筑中需质量轻、刚度大、强度高的隔墙安装工程，宜选用轻钢龙骨隔断墙施工技术。

4. 对于工业与民用建筑中有金属、复合板隔断墙要求的安装工程，宜选用金属、玻璃、复合板隔断墙施工技术。

5.3.3 注意事项

（1）所有装饰工程进入施工之前，一般都需要在原有装饰设计施工图的基础上再进行关键部位、关键节点的深化设计；

（2）轻质隔墙工程施工之前必须做好主体结构完成及交接验收，并清理场地，同时做好隐蔽工程验收和各项施工记录；

（3）施工过程要注意防止室内环境污染和环境噪声污染，还要注意符合职业健康安全要求；施工时的安全技术、劳动保护和防火、防毒的要求，必须符合国家现行的有关技术标准；

（4）对于那些不符合环保要求和消防要求的轻质隔墙施工技术，目前已经逐渐被取缔。

5.3.4 附件

轻质隔墙工程施工技术涉及的相关规范和标准主要有：
（1）《建筑装饰装修工程质量验收规范》GB 50210—2001；
（2）《建筑工程施工质量验收统一标准》GB 50300—2001；
（3）《民用建筑工程室内环境污染控制规范》GB 50325—2001；
（4）《建筑内部装修设计防火规范》GB 50222—95；
（5）《高层民用建筑设计防火规范》GB 50045—95（2001）；
（6）《建筑工程项目管理规范》GB 50326—2001；
（7）《住宅装饰装修工程施工规范》GB 50327—2001；
（8）《建筑装饰装修工程施工工艺标准》ZJQ—SC—001—2003。

5.3.5 术语

轻质隔墙施工技术涉及的相关术语主要有：

（1）隔断墙：是用来分割房间和建筑物内部空间，要求能达到通风、采光的效果并要求自身质量轻，厚度薄，便于拆移和具有一定刚度及隔声能力的墙体。

（2）轻钢龙骨隔断墙：是以薄壁轻钢骨架为支承龙骨，在龙骨上安装各种轻质板而成。

（3）轻质隔墙接缝带：是主要用于纸面石膏板、纤维石膏板、水泥石棉板等轻质隔墙板材间的接缝部位，起连接、增强板缝作用，可避免板缝开裂，改善隔声性能和装饰效果。

（4）接缝纸带：是以未漂硫酸盐木浆为原料，采取长纤维游离打浆，低打浆度，增加补强剂和双网抄造工艺，并经打孔而成的轻质隔墙接缝材料。

（5）纸面石膏板嵌缝腻子：以石膏粉为基料，掺加一定比例的有关添加剂配制而成的纸面石膏板嵌缝腻子。

（6）木龙骨板材隔墙：是以木龙骨为支承骨架，在骨架上安装各种轻质板而成。

5.3.6 工程实例

某移动通信综合楼办公区域各办公室隔断墙工程的施工。本工程办公区域各办公室隔断墙的设计要求为：隔断墙要求用轻钢龙骨骨架石膏板隔断，同时满足环保、节能及消防要求。

通过弹线→安装天地龙骨→竖向龙骨分档→安装竖向龙骨→安装系统管、线→安装横向卡挡龙骨→安装门洞口框→安装罩面板（一侧）→安装隔音棉→安装罩面板（另一侧）等一系列施工过程逐步完成的。

（1）弹线：在基体上弹出水平线和竖向垂直线，以控制隔断轻钢龙骨安装的位置、龙骨的平直度和固定点。

（2）隔断龙骨的安装：① 沿弹线位置固定沿顶和沿地龙骨，各自交接后的龙骨，应保持平直。固定点间距应不大于 1 000mm，龙骨的端部必须固定牢固。边框龙骨与基体之间，应按设计要求安装密封条。② 当选用支撑卡系列龙骨时，应先将支撑卡安装在竖向龙骨的开口上，卡距为 400～600mm，距龙骨两端为 20～25mm。③ 选用通贯系列龙骨时，高度低于 3m 的隔墙安装一道；3～5m 时安装两道；5m 以上时安装三道。④ 门窗或特殊节点处，应使用附加龙骨，加强其安装应符合设计要求。⑤ 隔断的下端如用木踢脚板覆盖，隔断的罩面板下端要离地面 20～30mm；如用大理石、水磨石踢脚时，罩面板下端应与踢脚板上口齐平，接缝要严密。

（3）石膏板安装：① 安装石膏板前，对预埋隔断中的管道和附于墙内的设备采取局部加强措施。② 石膏板要竖向铺设，长边接缝落在竖向龙骨上。③ 双面石膏罩面板安装，要与龙骨一侧的内外两层石膏板错缝排列，接缝不要落在同一根龙骨上；需要隔声、保温、防火的要根据设计要求在龙骨一侧安装好石膏罩面板后，进行隔声、保温、防火等材料的填充；一般采用玻璃丝棉或 30～100mm 岩棉板进行隔声、防火处理；采用 50～100mm 苯板进行保温处理。再封闭另一侧的板。④ 石膏板应采用直攻螺钉固定。周边螺钉的间距不应大于 200mm，中间部分螺钉的间距不应大于 300mm，螺钉与板边缘的距离应为 10～16mm。⑤ 安装石膏板时，应从板的中部开始向板的四边固定。钉头略埋入板内，但不得损坏纸面；钉眼用石膏腻子抹平。⑥ 石膏板要按框格尺寸裁割准确；就位时应与框格靠紧，但不得强压。⑦ 隔墙端部的石膏板与周围的墙或柱留有 3mm 的槽口。施铺罩面板时，先在槽口处加注嵌缝膏，然后铺板并挤压嵌缝膏使面板与邻近表层接触紧密。⑧ 在丁字型或十字型相接处，阴角用腻子嵌满，贴上接缝带，阳角做护角。⑨ 石膏板的接缝，为 3～6mm 缝，坡口与坡口相接。

轻钢龙骨骨架石膏板隔断墙施工节点如图 5.3.6 所示。

施工效果：轻钢骨架与主体结构连接牢固，轻钢骨架的垂直度和平整度符合允许偏差值，轻质隔断整体性强，隔断墙罩面板表面平整光洁，洁净、色泽一致，无裂痕和缺陷。

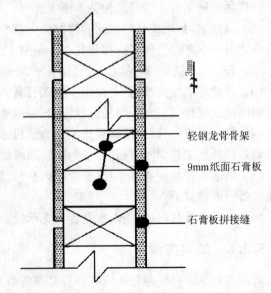

轻钢龙骨骨架
9mm纸面石膏板
石膏板拼接缝

图 5.3.6　轻钢龙骨石膏板隔墙节点图

5.4 饰面砖施工技术

5.4.1 主要内容

饰面砖施工技术的主要内容包括：室外贴面砖施工技术、室内贴面砖施工技术、墙面贴陶瓷锦砖施工技术。

5.4.2 选用原则

1. 一般的工业与民用建筑中室外墙面和商店门面，宜选用室外贴面砖施工技术。

2. 工业与民用建筑中的室内卫生间、厨房、化验室、医疗室的墙面或墙裙的饰面砖工程，宜选用室内贴面砖施工技术。

3. 工业与民用建筑的高级宾馆、礼堂、住宅的室内、外墙面，宜选用墙面贴陶瓷锦砖施工技术。

5.4.3 注意事项

（1）卫生间、厨房墙面贴砖之前，必须先进行地面、墙面防水处理及闭水试验；

（2）饰面砖粘贴工程的找平、防水、粘结和勾缝材料及施工方法必须符合设计要求、国家现行产品标准、工程技术标准等规定；

（3）饰面砖镶贴必须牢固，表面平整、洁净、色泽一致，无痕迹和缺陷；

（4）饰面砖阴阳角处搭接方式、非整砖使用部位应符合设计要求；

（5）饰面砖接缝应平直、光滑，填嵌应连续、密实，宽度和深度应符合设计要求；

（6）冬期施工时，应做好防冻保温措施，以确保砂浆不受冻，其施工温度不得低于5℃，注意寒冷天气不得施工；

（7）施工过程要注意防止室内环境污染和环境噪声污染，还应符合职业健康安全要求；施工时的安全技术、劳动保护和防火、防毒的要求，必须符合国家现行的有关技术标准。

5.4.4 附件

饰面砖施工技术涉及的相关规范和标准主要有：

（1）《建筑装饰装修工程质量验收规范》GB 50210—2001；

（2）《建筑工程施工质量验收统一标准》GB 50300—2001；

（3）《民用建筑工程室内环境污染控制规范》GB 50325—2001；

（4）《建筑工程项目管理规范》GB 50326—2001；

（5）《住宅装饰装修工程施工规范》GB 50327—2001；

（6）《建筑工程冬期施工规程》JGJ 104—97；

（7）《水泥胶砂强度检验方法（ISO 法）》GB/T 17671—1999；

（8）《建筑装饰装修工程施工工艺标准》ZJQ—SC—001—2003。

5.4.5 术语

饰面砖施工技术涉及的相关术语主要有:

(1)基体:建筑物的主体结构或围护结构。

(2)基层:直接承受装饰装修的面层。

(3)饰面砖贴面:即是把饰面砖贴面材料粘贴到基层上的一种装饰方法。

(4)室外饰面砖:是用作建筑物室外装饰的板状陶瓷建筑材料。

(5)室内饰面砖:是用作建筑物室内装饰的板状陶瓷建筑材料。

(6)陶瓷锦砖:又名马赛克,是采用优质瓷土磨细成泥浆,经脱水干燥至半干时压制成型、入窑焙烧而成的一种建筑装饰材料。

5.4.6 工程实例

某大酒店卫生间墙面砖采用室内贴面砖施工技术。针对本工程室内卫生间墙面设计要求、装饰特点以及饰面砖工程施工技术宜选用环保、节能、施工方便、美观大方、安全可靠、经济实用的施工技术为原则。在选材方面,选用表面光洁、色泽一致、方正、平整、规格一致、环保、节能的墙面砖为饰面材料,选用环保、节能、经济实用的普通硅酸盐水泥、中砂、石灰膏、生石灰粉为辅助材料。在施工方面,采用环保、节能、操作方便、安全可靠的施工工艺流程为施工技术。通过基层处理→吊垂直、套方、找规矩→贴灰饼→抹底层砂浆→弹线分格→排砖→浸砖→镶贴面砖→面砖勾缝及擦缝等一系列施工过程而完成的。

卫生间墙面砖施工节点如图5.4.6所示:

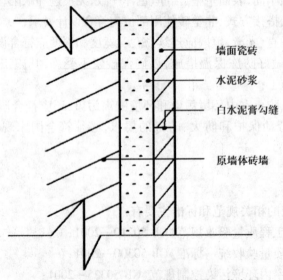

图5.4.6 墙面饰面砖施工节点图

施工效果:墙面表面平整、洁净、色泽一致,无裂痕和缺陷;墙面砖接缝平直、光滑,填嵌连续、密实,宽度和深度符合设计要求;允许偏差项目符合室内贴面砖允许偏差值。经过环保及有关部门检测,完全符合环保及消防要求,同时获得了一定的经济效益和社会效益。

5.5 饰面石材施工技术

5.5.1 主要内容

饰面石材施工技术的主要内容包括:墙面石材镶贴施工技术和墙面干挂石材施工技术。

5.5.2 选用原则

1. 对于工业与民用建筑中室内外墙面、柱面和门窗套的大理石、磨光花岗石等石材饰面板装饰工程,宜选用墙面石材镶贴施工技术。

2. 对于工业与民用建筑中室内、外墙面干挂石材饰面板装饰工程,为了避免常规"湿贴法"施工引起石材墙面"泛碱"、"花脸"等缺陷,宜选用墙面干挂石材施工技术。

5.5.3 注意事项

(1) 墙面石材镶贴施工技术及墙面干挂石材施工技术施工前应清理预做饰面石材的结构表面,认真按照图纸尺寸核对结构施工的实际情况,同时进行吊直、套方、找规矩,弹出垂直线及水平线,控制点要符合要求。并根据设计图纸和实际需要弹出安装石材的位置线和分块线。

(2) 墙面石材镶贴施工技术施工安装石材时,应严格配合比计量,掌握适宜的砂浆稠度,分次灌浆,防止造成石板外移或板面错动,以致出现接缝不平、高低差过大。

(3) 墙面石材镶贴施工技术在冬期施工时应做好防冻保温措施,以确保砂浆不受冻,其室外温度不得低于5℃,但寒冷天气不得施工。防止空鼓、脱落和裂缝。

(4) 墙面干挂石材施工技术施工时应注意:① 与主体结构连接的预埋件应在结构施工时按设计要求埋设。预埋件应牢固,位置准确,应根据设计图纸进行复查。当设计无明确要求时,预埋件标高差不应大于10mm,位置差不应大于20mm。② 面层与基底安装应牢固,粘贴用料、干挂配件必须符合设计要求和国家现行有关标准的规定。③ 石材表面平整、洁净;拼花正确、纹理清晰通顺;颜色均匀一致;非整板部位安排适宜,阴阳角处的板压向正确。④ 缝格应均匀,板缝应通顺,接缝填嵌应密实,宽窄应一致,应无错台错位。

(5) 施工过程要注意防止室内环境污染和环境噪声污染,还要注意符合职业健康安全要求;施工时的安全技术、劳动保护和防火、防毒的要求,必须符合国家现行的有关标准。

5.5.4 附件

饰面石材施工技术涉及的相关规范和标准主要有:

(1)《建筑装饰装修工程质量验收规范》GB 50210—2001;

(2)《建筑工程施工质量验收统一标准》GB 50300—2001;

(3)《民用建筑工程室内环境污染控制规范》GB 50325—2001;

(4)《建筑工程项目管理规范》GB 50326—2001；

(5)《住宅装饰装修工程施工规范》GB 50327—2001；

(6)《建筑工程冬期施工规程》JGJ 104—97；

(7)《水泥胶砂强度检验方法(ISO 法)》GB/T 17671—1999；

(8)《金属与石材幕墙工程技术规范》JGJ 133—2001；

(9)《建筑装饰装修工程施工工艺标准》ZJQ—SC—001—2003。

5.5.5　术语

饰面石材施工技术涉及的相关术语主要有：

(1)石材镶面：是采用天然石材板和人造石材板及石碴类外墙板的饰面工程。

(2)天然石材：是指从天然岩体中开采出来，并经加工成块状或板状材料的总称。

(3)大理石：是指变质或沉积的碳酸盐岩类的岩石，如大花白石板、大花绿石板等。

(4)花岗石：是指岩浆岩类的岩石，如印度红石板、万年青石板等。

(5)人造石材：亦称人造石，是指人造大理石和人造花岗石的总称，属于水泥混凝土和聚酯混凝土的范畴。

(6)基体：建筑物的主体结构和围护结构。

(7)墙面石材镶贴施工技术是通过在基层结构上预埋双股铜丝的钢筋网架→按实际尺寸→试拼→板材上钻孔、剔槽→穿铜丝→安装固定在钢筋网架上→分层灌浆→擦缝→擦净表面等施工工序而达到设计要求装饰效果的施工方法。

(8)墙面干挂石材施工就是在饰面上打孔或开槽，用各种连接件与主体结构连接固定而不需粘结的方法。

5.5.6　工程实例

1.某花园 A 座大堂墙面大花白石板施工。针对本工程大堂墙面大花白石板施工特点以及饰面石材工程施工技术宜选用环保、节能、施工方便、美观大方、安全可靠、经济实用的施工技术为原则。通过钻孔、剔槽→穿铜丝与块材固定→绑扎、固定钢丝网→吊垂直、找规矩、弹线→石材刷防护剂→安装石材→分层灌浆→擦缝等一系列施工过程施工而成的。

墙面大花白石板施工节点图如图 5.5.6－1 所示。

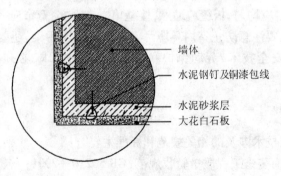

墙体

水泥钢钉及铜漆包线

水泥砂浆层

大花白石板

图 5.5.6－1　墙面大花白石板施工节点图

214

2. 某体育俱乐部外墙一至二层为花岗石。

为了避免常规"湿贴法"施工引起花岗石墙面"泛碱"、"花脸"等缺陷,俱乐部外墙花岗石板采用"干挂法"施工。

针对本工程的外墙面装饰特点以及饰面石材工程施工技术宜选用环保、节能、施工方便、美观大方、安全可靠、经济实用的施工技术为原则。本工程施工从饰面材料选择→板面尺寸确定→连接件及使用工具→板缝处理→镀锌角铁骨架处理方案等施工环节的控制都做了认真细致的考虑。

墙面花岗石板干挂法施工如图5.5.6 – 2所示。

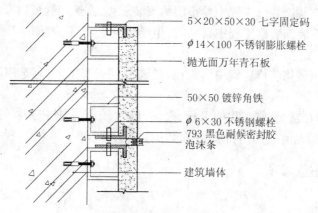

图5.5.6 – 2 墙面花岗石板干挂法施工示意图

施工效果:该部位采用花岗石"干挂法"施工,从整体上取得了很好的装饰效果。"干挂法"施工工艺从设计、板面尺寸确定、弹线、板缝处理、材料选择、墙体基层处理等准备工作,都要求认真细致,确保质量,因此,施工完成后花岗石表面观感效果很好,避免了以往接缝处"泛碱"现象,使人们感觉到墙面犹如一块花岗石,同时结构安全度增加。"干挂法"施工技术解决了施工中花岗石表面"泛碱"的难题,也便于日后返修和检修。

5.6 门窗工程施工技术

5.6.1 主要内容

门窗工程施工技术的主要内容包括:木门窗制作与安装工程施工技术、钢门窗安装工程施工技术、铝合金门窗安装工程施工技术、塑料门窗安装工程施工技术、全玻门安装工程施工技术、卷帘门安装工程施工技术、自动门安装工程施工技术、防火防盗门安装工程施工技术和门窗玻璃安装工程施工技术。

5.6.2 选用原则

1. 受日晒、风吹、雨淋,易发生膨胀干缩变形现象,因而室外门窗,不宜选用木门窗制作与安装工程施工技术。

2. 钢门窗气密性、水密性较差,并且钢的导热系数大,;因而一般的建筑物宜选用钢门窗安装工程施工技术。

3. 对防尘、隔声、保温、隔热要求高的建筑物,以及多台风、多暴雨、多风沙地区的建筑物中,宜选用铝合金门窗安装工程施工技术。

4. 对于建筑装饰装修工程中塑料门窗的安装工程,宜选用塑料门窗安装工程施工技术。

5. 对于建筑装饰装修工程的特种门窗中全玻门的安装工程,宜选用全玻门安装工程施工技术。

6. 对于建筑装饰装修工程中卷帘门的安装工程,宜选用卷帘门安装工程施工技术。

7. 对于建筑装饰装修工程中自动门(电子感应自动门)的安装工程,宜选用自动门安装工程施工技术。

8. 对于建筑装饰装修工程中防火门、防盗门的安装工艺,宜选用防火防盗门安装工程施工技术。

9. 对于建筑装饰装修工程中平板、吸热、反射、中空、夹层、夹丝、磨砂、钢化、压花玻璃等玻璃安装工程,宜选用门窗玻璃安装工程施工技术。

5.6.3 注意事项

注意事项:

(1)木门窗安装过程中必须采取防水防潮措施;在雨季或湿度大的地区应及时油漆门扇;调整修理时不能硬撬。

(2)钢门窗及铝合金门窗安装时,要注意门窗框与墙体之间的缝隙应填嵌饱满,并采用密封胶密封,密封胶表面应光滑、顺直、无裂纹;门窗框的橡胶密封条或毛毡密封条应安装完好,不得脱槽。

(3)塑料门窗安装时的环境温度不宜低于5℃,在环境温度为0℃的环境中存放门窗时,安装前在室温下放24h;安装时严禁直接锤击钉钉,必须先钻孔,再用自攻螺钉拧入。

(4)全玻璃门安装时,应注意轻拿轻放,严禁相互碰撞,避免扳手、钳子等工具碰坏玻璃门。玻璃安装时,宜在湿作业完工后进行,如需在湿作业前进行,必须采取保护措施。

(5)存放玻璃库房与作业面的温度不能相差过大,玻璃如果从过冷或过热的环境中运入操作地点,应待玻璃温度与室内温度相近后再进行安装。

(6)施工过程要注意防止室内环境污染和环境噪声污染,还要注意符合职业健康安全要求。施工时的安全技术、劳动保护和防火、防毒的要求,必须符合国家现行的有关技术标准。

5.6.4 附件

门窗工程施工技术涉及的相关规范和标准主要有:
(1)《建筑装饰装修工程质量验收规范》GB 50210—2001;
(2)《建筑工程施工质量验收统一标准》GB 50300—2001;
(3)《民用建筑工程室内环境污染控制规范》GB 50325—2001;
(4)《建筑内部装修设计防火规范》GB 50222—95;

（5）《住宅装饰装修工程施工规范》GB 50327—2001；

（6）《建筑门窗术语》GB 5823—86；

（7）《室内装饰装修材料人造板及其制品中甲醛释放量》GB 18580—2001；

（8）《室内装饰装修材料溶剂型木器涂料中有害物质限量》GB 18581—2001；

（9）《建筑装饰装修工程施工工艺标准》ZJQ—SC—001—2003；

（10）《塑料门窗安装及验收规程》JGJ 103—96；

（11）《建筑玻璃应用技术规程》JGJ 113—97。

5.6.5 术语

门窗工程施工技术涉及的相关术语主要有：

（1）铝合金门窗：是将表面经处理的型材，经过下料、打孔、铣槽、改丝、制备等加工工艺而制成的门窗框料构件，然后再与连接件、密封件、开闭五金件一起组合装配而成。

（2）推拉门（窗）：是门（窗）扇可沿左右方向推拉启闭的门（窗）。它由固定和活动两大部分组成。

（3）平开门（窗）：是指门（窗）扇绕合页旋转启闭的门（窗）。

（4）固定窗：是指固定而不开启的窗。

（5）百叶窗：是指用铝合金或塑料等页片组成的，用于通风或遮阳的窗。

5.6.6 工程实例

实例：某大酒店客房木门的制作与安装工程

某大酒店的装饰等级是以五星级涉外酒店为标准，其设计及施工工艺要求十分严格。设计要求方面，一律采用红榉实木门框，红榉饰面板及进口雀眼饰面板拼花门扇，施工之前，木门框扇的材料必须经过防火、防腐、防虫处理并检验合格；施工工艺要求方面，木门扇与封口线不准有钉孔出现，木门框与门贴脸线不准用钉连接，也不允许钉孔出现。针对本工程设计要求及施工工艺要求以及木门窗工程施工技术宜选用环保、节能、防火、防盗、施工方便、美观大方、经济实用的施工技术为原则。在选择木门框与门贴脸线、门扇封口的固定材料方面，经过多方试验，最终选用了符合设计要求、施工工艺要求及环保节能要求的木胶粉和乳白胶作为木门框与门贴脸线、门扇封口固定的结合层材料。在施工工艺方面，用一定比例的木胶粉和乳白胶混合搅拌作为结合层材料，将木门框与门贴脸线、门扇与封口线结合连接起来，用临时固定骨架把木门框与门贴脸线、门扇与封口线固定起来，待木门框与门贴脸线、门扇与封口饰线结合牢固后，再把临时固定骨架拆除。

木门施工节点如图5.6.6所示。

施工效果：木门框扇安装牢固，预埋木砖的防腐处理符合设计要求；木门框与门贴脸线、门扇与封口线结合牢固，割角、拼缝严密平整；木门扇与封口线没有钉孔出现，木门框与门贴脸线也没有钉孔出现，完全符合设计与施工工艺的要求；木门扇安装牢固，开关灵活，关闭严密，无倒翘，木门扇表面洁净、无锤印。经过环保及有关部门检测和验收，完全符合环保及消防要求，装饰质量和装饰效果完全达到设计的要求，同时获得了一定的经济效益和社会效益。

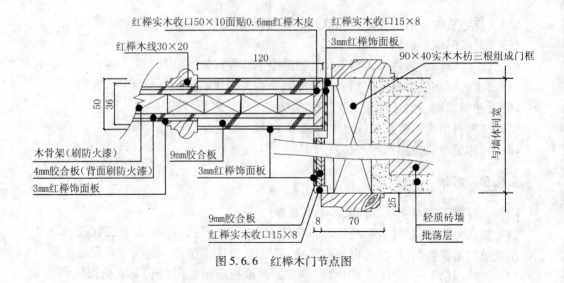

图 5.6.6 红榉木门节点图

5.7 细部工程施工技术

5.7.1 主要内容

细部工程施工技术的主要内容包括:厨柜制作与安装工程施工技术、窗帘盒制作与安装工程施工技术、窗台板制作与安装工程施工技术、散热器罩制作与安装工程施工技术、门窗套制作与安装工程施工技术、护栏和扶手制作与安装工程施工技术、花饰制作与安装工程施工技术。

5.7.2 选用原则

细部工程施工技术的选用原则是:从总体上,宜选用环保、节能、防火、防盗、施工方便、美观大方、经济实用、安全可靠的施工技术为总原则。

1. 对于建筑装饰装修工程中厨柜的制作与安装或一般木家具的制作与安装,宜选用厨柜制作与安装工程施工技术。

2. 对于建筑装饰装修工程中木制窗帘盒制作与安装的施工,宜选用窗帘盒制作与安装工程施工技术。

3. 对于建筑装饰装修工程中木质窗台板的制作与安装,宜选用窗台板制作与安装工程施工技术。

4. 对于建筑装饰装修工程中木质散热器罩的制作与安装工程,宜选用散热器罩制作与安装工程施工技术。

5. 对于建筑装饰装修工程中木质门窗套的制作与安装工程,宜选用门窗套制作与安装工程施工技术。

6. 对于建筑装饰装修工程中以木质为扶手和玻璃为栏板的扶手栏杆的制作与安装工程,宜选用护栏和扶手制作与安装工程施工技术。

7. 对于建筑装饰装修工程中混凝土、石材、木材、塑料、金属、玻璃、石膏等花饰制作与安装工程,宜选用花饰制作与安装工程施工技术。

5.7.3　注意事项

注意事项:

(1) 厨柜制作与安装、窗帘盒制作与安装、窗台板制作与安装、散热器罩制作与安装、门窗套制作与安装等有关涉及木基层骨架施工的,在施工过程中必须注意采取防水、防潮、防腐措施;木基层骨架材料的含水率必须控制在12%以下。

(2) 护栏和扶手制作与安装过程中要注意:护栏和扶手的造型、尺寸以及预埋件的数量、规格、安装位置等必须符合设计要求;护栏和扶手转角弧度应符合设计要求,接缝应严密,表面应光滑,色泽应一致,不得有裂缝、翘曲及损坏。

(3) 花饰制作与安装工程施工时必须注意:① 花饰安装必须选择相应的固定方法及粘贴材料;注意胶粘剂品种、性能,防止粘不牢,造成开粘脱落。② 安装花饰时,应注意弹线和块体拼装的精度,为避免花饰安装平直超偏,需测量人员紧密配合施工。③ 采用螺钉和螺栓固定花饰,在安装时不可硬拧,务必使受力点平均受力,以防止花饰扭曲变形和裂开。④ 花饰安装完毕后加强防护措施,保持已安装好的花饰完好洁净。

(4) 施工过程要注意防止室内环境污染和环境噪声污染,还要注意符合职业健康安全要求。施工时的安全技术、劳动保护和防火、防毒的要求,必须符合国家现行的有关技术标准。

5.7.4　附件

细部工程施工技术涉及的相关规范和标准主要有:

(1) 《建筑装饰装修工程质量验收规范》GB 50210—2001;

(2) 《建筑工程施工质量验收统一标准》GB 50300—2001;

(3) 《民用建筑工程室内环境污染控制规范》GB 50325—2001;

(4) 《建筑内部装修设计防火规范》GB 50222—95;

(5) 《胶合板、普通胶合板检验规则》GB 9846—88;

(6) 《胶合板、普通胶合板外观分等技术条件》GB 9846.5—88;

(7) 《室内装饰装修材料人造板及其制品中甲醛释放量》GB 18580—2001;

(8) 《室内装饰材料有害物质限量十个国家强制性标准》GB 18581—2001;

(9) 《建筑装饰装修工程施工工艺标准》ZJQ—SC—001—2003。

5.7.5　术语

细部工程施工技术涉及的相关术语主要有:

(1) 建筑装饰装修:为保护建筑物的主体结构、完善建筑物的使用功能和美化建筑物,采用装饰装修材料或饰物,对建筑物的内外表面及空间进行的各种处理过程。

(2) 基层:直接承受装饰装修施工的面层。

(3) 细部:建筑装饰装修工程中局部采用的部件或饰物。

(4) 细部工程:由建筑装饰装修工程中局部采用的部件或饰物组成的工程。主要包括:厨柜制作与安装工程、窗帘盒制作与安装工程、窗台板制作与安装工程、散热器罩制作与安装工程、门窗套制作与安装工程、护栏和扶手制作与安装工程以及花饰制作与安装工程。

（5）人造木板：以植物纤维为原料，经机械加工分离成各种形状的单元材料，再经组合并加入胶粘剂压制而成的板材，包括胶合板、纤维板、刨花板等。

（6）饰面人造板：以人造木板为基材，经涂饰或复合装饰材料面层后的板材。

（7）室内环境污染：室内空气中混入有害人体健康的氡、甲醛、苯、氨、总挥发性有机物等气体的现象。

（8）环境测试舱：模拟室内环境测试建筑材料和装修材料的污染物释放量的设备。

（9）游离甲醛释放量：在环境测试舱法或干燥器法的测试条件下，材料释放游离甲醛的量。

（10）游离甲醛含量：在穿孔法的测试条件下，材料单位质量中含有游离甲醛的量。

5.7.6 工程实例

实例：某建委大楼十六至二十楼办公室的文件矮柜施工

通过配料→划线→榫槽及拼板施工→组装→线脚收口等一系列施工过程而完成的。

（1）配料：根据文件矮柜结构与木料的使用方法进行安排，主要分为木方料的选配和胶合板下料布置两个方面。

（2）划线：划线前备好量尺、木工铅笔、角尺等，认真看懂图纸，清楚理解工艺结构、规格尺寸和数量等技术要求，然后进行划线。

（3）榫槽及拼板施工：通过榫槽连接及板材拼板连接将矮柜的分部部件逐个完成。

（4）组装：将矮柜各分部部件组装成整体。

（5）面板安装：在矮柜胶合板基层贴上枫木饰面板。

（6）线脚收口：用枫木实木作为矮柜的封边收口。

文件矮柜剖面图如图5.7.6。

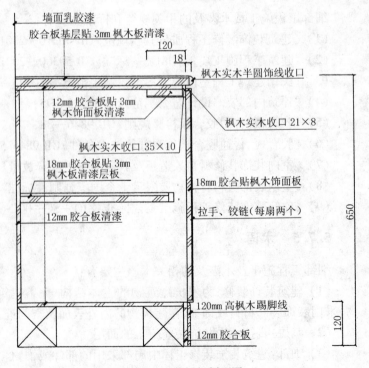

图5.7.6 文件矮柜剖面图

5.8 涂饰施工技术

5.8.1 主要内容

涂饰施工技术的主要内容包括:木饰面施涂混色油漆施工技术、木饰表面施涂清色油漆施工技术、木饰表面施涂混色瓷漆磨退施工技术、木饰表面施涂丙烯酸清漆磨退施工技术、金属面施涂混色油漆涂料施工技术、混凝土及抹灰表面施涂油漆涂料施工技术、一般刷(喷)浆施工技术、木地板施涂清漆打蜡施工技术、美术涂饰施工技术。

5.8.2 选用原则

1. 对于工业与民用建筑中木制家具、门窗及木饰表面的中、高级施涂混色油漆,宜选用木饰面施涂混色油漆施工技术。

2. 对于工业与民用建筑中木制家具、门窗、板壁表面的清色油漆中、高级饰面工程,宜选用木饰表面施涂清色油漆施工技术。

3. 对于工业与民用建筑木制家具、门窗、板壁的表面施涂混色瓷漆磨退高级涂料工程,宜选用木饰面施涂混色瓷漆磨退施工技术。

4. 对于工业与民用建筑木制家具、门窗、板壁木饰表面施涂丙烯酸清漆磨退高级涂料工程,宜选用木饰表面施涂丙烯酸清漆磨退施工技术。

5. 对于工业与民用建筑中金属面施涂的中、高级混色油漆涂料工程,宜选用金属面施涂混色油漆涂料施工技术。

6. 对于工业与民用建筑中室内混凝土表面及水泥砂浆、混合砂浆抹灰表面施涂油性涂料工程,宜选用混凝土及抹灰表面施涂油漆涂料施工技术。

7. 对于工业与民用建筑的一般刷(喷)浆饰面工程,宜选用一般刷(喷)浆施工技术。

8. 对于工业与民用建筑中长条及拼花木(楼)地板施涂清漆和打蜡工程,宜选用木地板施涂清漆打蜡施工技术。

9. 对于工业与民用建筑中室内混凝土表面和水泥砂浆、混合砂浆抹灰表面施涂美术涂料工程,宜选用美术涂饰施工技术。

5.8.3 注意事项

(1)刷油漆前应首先清理完施工现场的垃圾及灰尘,以免影响油漆质量。

(2)每遍油漆刷完后,所有能活动的门扇及木饰面成品都应该临时固定,防止油漆面相互粘结影响质量。

(3)刷油后立即将滴在地面或窗台上的油漆擦干净,五金、玻璃等应事先用报纸等隔离材料进行保护,到工程交工前拆除。

(4)一般油漆施工的环境温度不宜低于10℃,相对湿度不宜大于60%;对于一般刷(喷)浆工程,冬期施工室内温度不宜低于5℃。

(5)木地板刷油漆前,应将地板面清理干净;木地板施工操作应连续进行,不可中途停止,防止涂层损坏和接茬明显不易修复;严禁在地板上带水作业,或用水浸泡地板。

（6）美术涂饰工程施工时要注意:混凝土或抹灰基层涂刷溶剂型涂料时,含水率不得大于8%;涂刷乳液型时,含水率不得大于8%;木材基层的含水率不得大于8%。

（7）施工过程要注意防止室内环境污染和环境噪声污染,还要注意符合职业健康安全要求;施工时的安全技术、劳动保护和防火、防毒的要求,必须符合国家现有的行业标准。

5.8.4 附件

涂饰工程施工技术涉及的相关规范和标准主要有:
（1）《建筑装饰装修工程质量验收规范》GB 50210—2001;
（2）《建筑工程施工质量验收统一标准》GB 50300—2001;
（3）《民用建筑工程室内环境污染控制规范》GB 50325—2001;
（4）《建筑内部装修设计防火规范》GB 50222—95;
（5）《建设工程项目管理规范》GB/T 50326—2001;
（6）《室内装饰装修材料溶剂型木器涂料中有害物质限量》GB 18581—2001;
（7）《建筑装饰装修工程施工工艺标准》ZJQ—SC—001—2003;
（8）《高级建筑装饰工程质量检验评定标准》DBJ 01—27—96;
（9）《建筑室内用腻子》JC/T 3049。

5.8.5 术语

涂饰施工技术涉及的相关术语主要有:
（1）涂料:涂饰于物体表面能与基体材料很好粘结并形成完整而坚韧保护膜的物料。
（2）溶剂型涂料:主要成膜物质是有机高分子合成树脂,用有机溶剂稀释,再加入颜料及各类助剂加工而成的涂料。
（3）油漆:是一种胶体溶液,由主要成膜物质、次要成膜物质和辅助成膜物质三部分组成。
（4）油漆涂饰:是室内装饰中常用的做法,主要是木质材料和金属材料表面,也有抹灰、混凝土面层,涂饰一道很薄的漆膜,从而达到装饰与保护基材的双重目的。
（5）粘结力:粘结力也称漆膜附着力,是指漆膜与被涂物体的表面结合一起的牢固程度,是油漆物理机械性能的重要指标之一。
（6）漆膜硬度:是指漆膜干燥后具有的坚实性。漆膜硬度越高,耐摩擦和碰撞的能力也就越强。
（7）漆膜柔韧性:柔韧性也称为弹性或弯曲性,是漆膜保持完整性的指标。
（8）耐水性:漆膜的耐水性是指漆膜抵抗水的性能。
（9）耐热性:是指油漆涂层承受高温而不发生变化的性能。
（10）耐化学性:油漆的耐化学性能是抗老化性能之一。主要指漆膜的抗酸、抗碱能力。
（11）漆膜光泽:亦称光泽度,是漆膜表面反射光线的能力。
（12）遮盖力:油漆的遮盖力是指色漆均匀的涂饰在物体表面、能够遮盖物体表面底色的最小用漆量,以每 $1m^2$ 用量(g)来表示。

（13）清漆：俗称凡立水，是一种不含颜料、以树脂作为主要成膜物的透明涂料，分油基清漆和松脂清漆两类。

（14）磁漆：是以清漆为基料，加入颜料研磨制成的，涂层干燥后呈磁光色彩而涂膜坚硬。

（15）腻子：一般是用体质颜料（填料）和少量胶粘剂配制而成，有时也加入相应的着色颜料。

（16）水溶性涂料：是以水溶性合成树脂为主要成膜物质，以水为稀释剂并加入适量颜料、填料及辅助材料经研磨而成。

（17）水乳型涂料：是将合成树脂以 $0.1 \sim 0.5 \mu m$ 的极细微粒分散于水中构成乳液，以乳液为主要成膜物质并加入适量颜料、填料、辅助原料研磨而成。

（18）美术涂饰：是运用美术的手法，把人们喜爱的花卉、草木、鱼鸟、山水等动植物的图像，彩绘在室内墙面、顶棚等处，作为室内装饰的一种形式。一般分为油漆美术涂饰和水性涂料美术粉饰两大类。

5.8.6　工程实例

实例：某大酒店客房木制家具、门窗及木饰面的混色油漆工程

大酒店的装饰等级是以五星级涉外酒店为标准，其设计及施工工艺要求十分严格。设计要求方面，大酒店客房木制家具、门窗饰面都采用红榉木饰面板加红榉实木饰线做封口，油漆要求采用清漆加色漆按一定比例调配成红榉木颜色；施工工艺质量要求方面，施涂混色油漆要求颜色均匀一致，无刷纹，光泽均匀、一致光滑，无裹棱、流坠、皱皮等。针对本工程设计要求及施工工艺质量要求以及施涂混色油漆工程施工技术宜选用环保、节能、防火、施工方便、美观大方、经济实用的施工技术为原则。在选择油漆材料方面，经过多方试验，最终选用了符合设计要求、施工工艺要求及环保节能要求的聚酯清漆和色漆为主要材料。在施工工艺方面，用一定比例的聚酯清漆和色漆加稀释剂混合搅拌作为混色油漆工程的材料，将木制家具、门窗及木饰面进行施涂。施工结果：木制家具、门窗及木饰面油漆表面的颜色、光泽符合设计要求；木制家具、门窗及木饰面油漆工程涂刷均匀、粘贴牢固，没有漏涂、透底、起皮和反锈；施工效果完全符合设计与施工工艺的要求。经过环保及有关部门检测和验收，完全符合环保及消防要求，装饰质量和装饰效果完全达到设计的要求，同时获得了一定的经济效益和社会效益。

5.9　裱糊与软包工程施工技术

5.9.1　主要内容

裱糊与软包工程施工技术的主要内容包括：裱糊工程施工技术和木作软包墙面施工技术。

5.9.2　选用原则

1. 对于建筑装饰装修工程中聚氯乙烯塑料壁纸、复合纸质壁纸、金属壁纸、玻璃纤维壁纸、锦缎壁纸、装饰壁纸等裱糊工程,宜选用裱糊工程施工技术。

2. 对于建筑装饰装修工程中墙面(装饰布和皮革、人造革)木作软包工程施工,宜选用木作软包墙面施工技术。

5.9.3 注意事项

(1) 裱糊工程的施工应在全部湿作业完工,门窗、设备安装并涂料完工后进行。

(2) 裱糊工程施工时,应注意以下事项:① 墙布、锦缎裱糊时,在斜视壁面上有污斑时,应将两布对缝时挤出的胶液及时擦干净,已干的胶液用温水擦洗干净;② 为了保证对花端正,颜色一致,无空鼓、气泡,无死褶,裱糊时应控制好墙布面的花与花之间的空隙;裁花布或锦缎时,应做到部位一致,随时注意壁布颜色、图案、花型,确有差别时应予以分类,分别安排在另一墙面或房间;颜色差别大或有死褶时,不得使用;墙布裱糊完后出现个别翘角,翘边现象,可用乳液胶涂抹滚压粘牢,个别鼓泡应用针管排气后注入胶液,再用滚压实;③ 上下不亏布、横平竖直;如有挂镜线,应以挂镜线为准,无挂镜线以弹线为准;当裱糊到一个阴角时要断布,因为用一张布裱糊在两个墙面上容易出现阴角处墙布空鼓或皱褶,断布后从阴角另一侧开始仍按上述首张布开始裱糊的办法施工;④ 裱糊前必须做好样板间,找出易出现问题的原因,确定试拼措施,以保证花型图案对称;⑤ 周边缝宽窄不一致时,应及时进行修整和加强检查验收工作;⑥ 裱糊前一定要重视对基层的清理工作;⑦ 裱糊时,应重视边框、贴脸、装饰木线、边线的制作工作;木材含水率不得大于8%,以保证装修质量和效果。

(3) 木作软包墙面工程施工时,应注意以下事项:① 切割填塞料"海绵"时,为避免"海绵"边缘出现锯齿形,可用较大铲刀及锋利刀沿"海绵"边缘切下,易包整齐;② 在粘结填塞料"海绵"时,避免用含腐蚀成分的粘结剂,以免腐蚀"海绵",造成"海绵"厚度减少,底部发硬,以至于软包不饱满,所以粘结"海绵"时应采用中性或其他不含腐蚀成分的胶粘剂;③ 面料裁割及粘结时,应注意花纹走向,避免花纹错乱影响美观;④ 软包制作好后,用粘结剂或直钉将软包固定在墙面上,水平度、垂直度达到规范要求,阴阳角应进行对角。

(4) 施工过程要注意防止室内环境污染和环境噪声污染,还要注意符合职业健康安全要求;施工时的安全技术、劳动保护和防火、防毒的要求,必须符合国家现行的有关技术标准。

5.9.4 附件

裱糊与软包工程施工技术涉及的相关规范和标准主要有:

(1)《建筑装饰装修工程质量验收规范》GB 50210—2001;

(2)《建筑工程施工质量验收统一标准》GB 50300—2001;

(3)《民用建筑工程室内环境污染控制规范》GB 50325—2001;

(4)《建筑内部装修设计防火规范》GB 50222—95;

(5)《聚氯乙烯壁纸》GB/T 8945—88;

(6)《室内装饰材料有害物质限量十个国家强制性标准》GB 18581—2001;

(7)《建筑装饰装修工程施工工艺标准》ZJQ—SC—001—2003;

（8）《壁纸胶粘剂》JC/T 548—94；

（9）《建筑室内用腻子》JC/T3049。

5.9.5 术语

裱糊与软包工程施工技术涉及的相关术语主要有：

（1）裱糊工程：是一种传统的装饰工艺，是将在工厂采用现代化工业生产手段通过一套色印花、压纹轧花、复合、织造等工艺制成的一种卷材（包括各种壁纸和墙布），用胶粘剂贴于建筑物室内，作为墙、柱等的表面装饰。

（2）普通壁纸：又称纸基涂塑壁纸，是以 $80g/m^2$ 的木浆纸作为基材，表面再涂以 $100g/m^2$ 左右高分子乳液，经印花、压花而成。

（3）发泡壁纸：亦称浮雕壁纸，是以 $100g/m^2$ 的纸作基材，涂塑 $300\sim400g/m^2$ 掺有发泡剂的聚氯乙烯（PVC）糊状料，印花后，再经加热发泡而成，壁纸表面呈凹凸花纹。

（4）麻草壁纸：以纸为基层，以编织的麻草为面层，经复合加工而成的一种新型室内装饰材料。

（5）特种壁纸：又称专用壁纸，是指具有特殊功能的塑料面层壁纸。

（6）耐水壁纸：用玻璃纤维毡纸作基材，以适应卫生间、浴室等墙面的装饰的一种特种壁纸。

（7）防火壁纸：用 $100\sim200g/m^2$ 的石棉纸作基材，在面层 PVC 涂塑材料中掺有阻燃剂，使壁纸具有一定的阻燃防火性能，适用于防火要求较高的建筑和木板面装饰的一种特种壁纸。

（8）玻璃纤维墙布：简称玻纤墙布，是以玻璃纤维布为基材，表面涂布耐磨树脂，印上彩色图案而成的一种新型卷材装饰材料。

（9）装饰墙布：是以纯平棉布为基材，表面涂布耐磨树脂处理，经印花制作而成的一种装饰材料。

（10）化纤装饰墙布：以化纤布（单纶或多纶）为基材，经一定处理后印花而成的一种新型装饰材料。

（11）无纺墙布：采用棉、麻等天然纤维或涤、腈等合成纤维，经过无纺成型、上树脂、印刷彩色花纹而成的一种新型贴墙材料。

（12）壁纸：是以纸基、布基、石棉纤维的面层涂塑性颜色花纹图案质感丰富、弹性好、装饰性的粘贴材料。

（13）锦缎墙面：用锦缎浮挂墙面的一种装饰做法。

5.9.6 工程实例

实例：某迎宾花园服务中心综合楼四层大会议厅墙面木作软包工程

某迎宾花园服务中心综合楼的装饰等级是以五星级装饰为标准，其设计及施工工艺要求十分严格。设计要求方面，迎宾花园服务中心综合楼四层大会议厅的墙面采用装饰布软包，软包的面料、内衬材料及边框的材质、颜色、图案、燃烧性能等级和木材的含水率要符合设计要求及国家现行标准的有关规定；施工工艺质量要求方面，软包工程的龙骨、衬板、边框要安装牢固，无翘曲，拼缝要平直；表面要平整、洁净，无凹凸不平及皱折，图案清晰、无色差,整体要协调美观;软包工程边框要平整、顺直、接缝吻合等。针对本工程设计要求及施工工艺质量要求以及墙面软包工程施工技术宜选用环保、节能、防火、施工方便、美观大方、经济实用的施工技术为原则。在选择装饰布、内衬材料及边框材质方面,经过多方试验,最终选用了符合设计要求、施工工艺要求及环保节能要求的难燃装饰布、不燃且吸声能力强的超力纤维棉作内衬材料、以枫木实木清漆为边框。在施工工艺方面,采用了严格的木作软包工程施工工艺,通过基层或底板处理→吊直、套方、找规矩、弹线→计算用料、截面料→粘贴面料→安装装饰线刷镶边油漆→修整软包墙面等施工工艺过程施工而成。

墙面软包施工节点如图 5.9.6 所示。

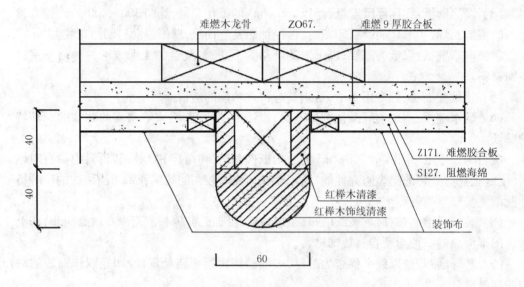

图 5.9.6 墙面扣布节点图

施工效果:软包墙面的面料、内衬材料及边框的材质、颜色、图案、燃烧性能等级和木材的含水率符合设计要求及国家现行标准的有关规定;墙布软包工程的龙骨、衬板、边框安装牢固,无翘曲,拼缝平直;表面平整、洁净,无凹凸不平及皱折,图案清晰、无色差,整体协调美观;软包工程边框平整、顺直、接缝吻合;施工效果完全符合设计与施工工艺的要求。经过环保及有关部门检测和验收,完全符合环保及消防要求,装饰质量和装饰效果完全达到设计的要求,同时获得了一定的经济效益和社会效益。

5.10 建筑地面装饰施工技术

5.10.1 主要内容

建筑地面装饰施工技术的主要内容包括:水磨石面层施工技术、砖面层施工技术、大理石面层和花岗石面层施工技术、塑料(塑胶)面层施工技术、活动地板面层施工技术、地毯面层施工技术、实木地板面层施工技术、实木复合地板面层施工技术、中密度(强化)复合地板面层施工技术以及竹木地板面层施工技术。

5.10.2 选用原则

建筑地面装饰施工技术的选用原则是:从总体上,宜选用环保、节能、防火、施工方便、美观大方、经济实用的施工技术为总原则。

1. 工业与民用建筑中的楼、踢脚板、楼梯等部位地面的现制水磨石面层的施工,宜选用水磨石面层施工技术。

2. 工业与民用建筑室内地面,宜选用砖面层施工技术。

3. 工业与民用建筑的宾馆、展览馆、影剧院、商场、图书馆、机场等、公共工程,纪念性建筑物的室内外地面,宜选用大理石面层和花岗石面层施工技术。

4. 工业与民用建筑中的体育馆、音乐厅等室内公共场所地面,宜选用塑料(塑胶)面层施工技术。

5. 工业与民用建筑中计算机房,微波通讯机房及其他防静电要求的场所,宜选用活动地板面层施工技术。

6. 工业与民用建筑中的宾馆、饭店、会堂、舞台及其他公共建筑物的楼梯地面,宜选用地毯面层施工技术。

7. 工业与民用建筑中的室内高级装饰地面中宜选用实木地板面层施工技术。

8. 工业与民用建筑中会议室、办公室、高洁度实验室、中档宾馆民用住宅装饰地面,宜选用实木复合地板面层施工技术。

9. 工业与民用建筑中会议室、办公室、高洁度实验室、中档宾馆民用住宅装饰地面,宜选用中密度(强化)复合地板面层施工技术。

10. 工业与民用建筑中会议室、办公室、中档宾馆民用住宅装饰地面,宜选用竹木地板面层施工技术。

5.10.3 注意事项

注意事项:

(1) 要注意作业环境:应连续进行,尽快完成;在雨期应有防雨措施,防止造成水灰比控制不准;冬期施工应有保温防冻措施,环境温度不应低于5℃;在雨、雪低温、强风条件下,在室外或露天不宜进行水磨石、砖、大理石和花岗石、塑料板面层作业。地毯施工时还要注意:周边环境应干燥、无尘。活动地板、实木地板、实木复合地板、中密度(强化)复合地板以及竹木地板地面面层施工时还要注意:在施工过程中应注意对已经完成的隐蔽工程管线和机电设备的保护,各工种间搭接应合理,同时注意施工环境,不得在扬尘、湿度大等不利条件下作业。

(2) 水磨石地面要注意:水磨石表面起粒,面层空鼓、有裂缝。砖、大理石和花岗石地面要注意:面层空鼓。塑料板地面要注意:面层翘曲、空鼓,面层高低差超过允许偏差,板面不洁净,面层凹凸不平、错缝。活动地板地面要注意:面层的平整度和板面不洁净。地毯地面要注意:地毯起皱、不平,毯面不洁净,接缝明显,图案扭曲变形。实木地板及实木复合地板地面要注意:行走有声响,板面不洁净。中密度(强化)复合地板地面要注意:行走有声响,板面不洁净,面层起鼓,木踢脚板变形。竹木地板地面要注意:行走有声响,板面不洁净,踢脚板变形,板缝不严。

（3）要注意防止各种地面面层不合格产生。

（4）施工过程要注意防止室内环境污染和环境噪声污染,还要注意符合职业健康安全要求;施工时的安全技术、劳动保护和防火、防毒的要求,必须符合国家现行的有关技术标准。

5.10.4　附件

建筑地面装饰施工技术涉及的相关规范和标准主要有:
（1）《建筑装饰装修工程质量验收规范》GB 50210—2001;
（2）《建筑工程施工质量验收统一标准》GB 50300—2001;
（3）《民用建筑工程室内环境污染控制规范》GB 50325—2001;
（4）《建筑内部装修设计防火规范》GB 50222—95;
（5）《建筑地面工程施工质量验收规范》GB 50209—2002;
（6）《建筑装饰装修工程施工工艺标准》ZJQ—SC—001—2003。

5.10.5　术语

建筑地面装饰施工技术涉及的相关术语主要有:
（1）建筑地面:建筑物底层地面（地面）和楼层地面（楼面）的总称。
（2）面层:直接承受各种物理和化学作用的建筑地面表面层。
（3）水磨石地面:面层以水磨石为建筑地面装饰的建筑地面。
（4）砖面层地面:面层以地砖为地面装饰材料的建筑地面。
（5）大理石地面:面层以大理石为地面装饰材料的建筑地面。
（6）花岗石地面:面层以花岗石为地面装饰材料的建筑地面。
（7）塑料（塑胶）面层地面:面层以塑料（塑胶）为地面装饰材料的建筑地面。
（8）活动地板面层:采用特制的平压刨花板为基材,表面饰以装饰板和底层用镀锌板经粘结胶合组成的活动地板块,配以横梁、橡胶垫条和可供调节高度的金属支架组装成架空板铺设在水泥类面层（或基层）上。
（9）地毯地面:面层以地毯为地面装饰材料的建筑地面。
（10）实木地板:用木材直接加工而成的地板。
（11）实木地板地面:面层以实木地板为地面装饰材料的建筑地面。
（12）实木复合地板:以实木拼板或单板为面层、实木条为芯层、单板为底层制成的企口地板和以单板为面层、胶合板为基材制成的企口地板。
（13）实木复合地板地面:面层以实木复合地板为地面装饰材料的建筑地面。
（14）腐朽:由于木腐菌的侵入,使细胞壁物质发生分解,导致木材松软,强度和密度下降,木材组织和颜色也常常发生变化。
（15）污染:受其他物质影响,造成的部分表面颜色与本色不同。
（16）中密度（强化）复合地板地面:面层以中密度（强化）复合地板为地面装饰材料的建筑地面。

（17）拼装离缝：拼装时相邻地板块之间（侧面和端面）产生的缝隙。

（18）竹木地板地面：面层以竹木地板为地面装饰材料的建筑地面。

5.10.6 工程实例

实例1：某移动通信综合楼办公室地面抛光砖的施工

针对本工程办公室地面工程的设计要求、装饰特点以及地面砖面层工程施工技术宜选用环保、节能、施工方便、美观大方、安全可靠、经济实用的施工技术为原则。通过选砖→准备机具设备→排砖→找标高→基底处理→铺抹结合层砂浆→铺砖→养护→勾缝→检查验收等施工工艺过程施工而成。

地面抛光砖施工节点图如图5.10.6-1所示。

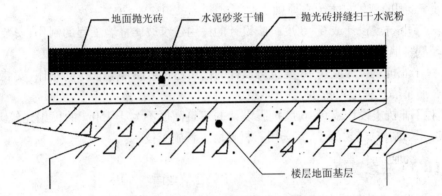

图5.10.6-1 地面抛光砖施工节点图

实例2：某迎宾花园A座大堂地面金花米黄石板拼花施工

针对本工程大堂地面金花米黄石板施工特点以及地面石材工程施工技术宜选用环保、节能、施工方便、美观大方、安全可靠、经济实用的施工技术为原则。通过检查水泥、砂、石板质量→试验→技术交底→试拼编号→准备机具设备→找标高→基底处理→干铺抹结合层水泥砂浆→铺石板→养护→勾缝→检查验收等施工工艺过程施工而成。

地面金花米黄石板施工节点如图5.10.6-2所示。

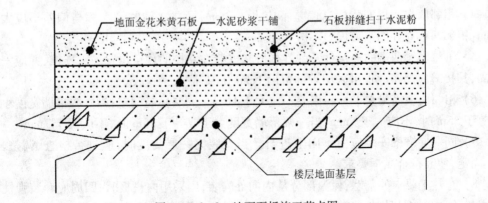

图5.10.6-2 地面石板施工节点图

5.11　幕墙工程施工技术

5.11.1　主要内容

幕墙工程施工技术的主要内容包括：玻璃幕墙工程施工技术、金属幕墙工程施工技术和石材幕墙工程施工技术。

5.11.2　选用原则

幕墙工程施工技术的选用原则是：从总体上，宜选用环保、节能、防火、安全可靠、实用美观、经济合理的施工技术为总原则。

1. 对于非抗震设计或 6～8 度抗震设计的民用建筑玻璃幕墙工程的制作、安装施工，宜选用玻璃幕墙工程施工技术。

2. 对于非抗震设计或 6～8 度抗震设计的民用建筑金属幕墙工程的制作、安装施工，宜选用金属幕墙工程施工技术。

3. 对于非抗震设计或 6～8 度抗震设计的建筑高度不大于 150m 的民用建筑天然石材幕墙工程的制作、安装施工，宜选用石材幕墙工程施工技术。

5.11.3　注意事项

（1）施工企业应持有相应资质；

（2）施工前必须编制施工方案及防水渗漏试验方案；

（3）幕墙工程安装施工注意事项：

1）幕墙分格轴线的测量应与主体结构的测量配合，其误差应及时调整，不得积累。

2）对高层建筑的测量在风力不大于 4 级情况下进行，每天应定时对幕墙的垂直及立柱位置进行校核。

3）应先将立柱与连接件连接，然后连接件再与主体预埋件连接，并进行调整和固定，立柱安装标高偏差不应大于 3mm。轴线前后偏差不应大于 2mm，左右偏差不应大于 3mm。

4）相邻两根立柱安装标高偏差不应大于 3mm，同层立柱的最大标高偏差不应大于 5mm；相邻两根立柱的距离偏差不应大于 2mm。

5）可将横梁两端的连接件及弹性橡胶垫安装在立柱的预定位置加以连接，并应安装牢固，其接缝应严密。也可采用端部留出 1mm 孔隙，注入密封胶。

6）相邻两根横梁水平标高偏差不应大于 1mm。同层标高偏差：当一幅幕墙宽度小于或等于 35m 时，不应大于 5mm；当一幅幕墙宽度大于或等于 35m 时，不应大于 7mm。

7）同一层横梁安装应由下向上进行。当安装完一层高度时，应进行检查、调整、校正、固定，使其符合质量要求。

8）有热工要求的幕墙，保温部分从内向外安装，当采用内衬板时，四周应套装弹性橡胶密封条，内衬板与构件接缝应严密；内衬板就位后，应进行密封处理。

9）固定防火保温材料应锚钉牢固,防火保温层应平整,拼接处不应留缝隙。

10）冷凝水排出管及附件应与水平构件预留孔连接严密,与内衬板出水孔连接处应设橡胶密封条。

11）其他通气留槽孔及雨水排出口等应按设计施工,不得遗漏。

12）幕墙立柱安装就位、调整后应及时紧固;幕墙安装的临时螺栓等在构成件安装就位、调整、紧固后应及时拆除。

13）现场焊接或高强螺栓紧固的构件固定后,应及时进行防锈处理。幕墙中与铝合金接触的螺栓及金属配件应采用不锈钢或轻金属制品。

14）除不锈钢外,不同金属的接触面应采用垫片作隔离处理。

15）安装前应将表面尘土和污物擦拭干净。

16）幕墙面与构件不准直接接触,幕墙面四周与构件凹槽底应保持一定空隙,每块幕墙面板下部应设不少于二块弹性定位垫块;垫块的宽与槽口宽度相同,长度不应小于100mm;幕墙面两边嵌入量及空隙应符合设计要求。

17）幕墙面四周橡胶条应按规定型号选用,镶嵌应平整,橡胶条长度成预定的设计角度,并用粘结剂粘牢固后嵌入槽内。

18）幕墙四周与主体之间的间隙,应采用防火的保温材料填塞,内外表面应采用密封胶连续封闭,接缝应严密不漏水。

19）幕墙的竖向和横向板材安装的允许偏差应符合施工规范的规定。

20）铝合金装饰压板应符合设计要求,表面应平整,色彩应一致,不得有肉眼可见的变形、波纹和凹凸不平,接缝应均匀严密。

21）幕墙的施工过程中应分层进行防水渗漏性能检查。

22）有框幕墙耐候硅酮密封胶的施工厚度应大于3.5mm;施工宽度不应小于施工厚度的两倍;较深的密封槽口底部应采用聚乙烯发泡材料填塞。

23）耐候硅酮密封胶在接缝内应形成相对两面粘结。

24）幕墙安装施工应对下列项目进行隐蔽验收:

① 构件与主体结构的连接节点的安装。

② 幕墙四周、幕墙内表面与主体结构之间间隙节点的安装。

③ 幕墙伸缩缝、沉降缝、防震缝及墙面转角节点的安装。

④ 幕墙防雷接地节点的安装。

⑤ 防火材料和隔烟层的安装。

⑥ 其他带有隐蔽性质的项目。

（4）幕墙工程大部分都是外墙装饰工程,施工工艺复杂,施工难度大,施工精度要求高,施工前必须搭设双排脚手架,做好施工安全保护措施。施工过程要注意防止室内环境污染和环境噪声污染,还要注意符合职业健康安全要求。施工时的安全技术、劳动保护和防火、防毒的要求,必须符合国家现行的有关技术标准。

5.11.4 附件

幕墙工程施工技术涉及的相关规范和标准主要有:

（1）《建筑装饰装修工程质量验收规范》GB 50210—2001;

（2）《建筑工程施工质量验收统一标准》GB 50300—2001；

（3）《玻璃幕墙工程技术规范》JGJ 102—96；

（4）《点支式玻璃幕墙工程技术规程》CECS 127：2001；

（5）《建筑幕墙》JC 3035；

（6）《金属与石材幕墙工程技术规范》JGJ 133—2001；

（7）《建筑装饰装修工程施工工艺标准》ZJQ—SC—001—2003；

（8）《建筑玻璃应用技术规程》JGJ 133—97。

5.11.5 术语

幕墙工程施工技术涉及的相关术语主要有：

（1）建筑幕墙：由金属构架与面板组成、可相对于主体结构有微小位移的建筑外围护结构。

（2）玻璃幕墙：面板为玻璃的建筑幕墙。

（3）明框玻璃幕墙：金属框架构件显露在面板外表面的有框玻璃幕墙。

（4）隐框玻璃幕墙：金属框架构件全部不显露在面板外表面的有框玻璃幕墙。

（5）全玻璃幕墙：由玻璃板和玻璃肋构成的玻璃幕墙。

（6）点支承玻璃幕墙：由玻璃面板、点支承装置与支承结构构成的玻璃幕墙。

（7）硅酮结构密封胶：玻璃幕墙中用于玻璃与金属构件、玻璃板与玻璃板、玻璃板与玻璃肋之间结构用的硅酮粘结材料，简称硅酮结构胶。

（8）硅酮建筑密封胶：幕墙嵌缝用的硅酮密封材料，又称耐候胶。

（9）金属幕墙：面板为金属的建筑幕墙。

（10）石材幕墙：面板为建筑石材的建筑幕墙。

5.11.6 工程实例

对于非抗震设计或 6～8 度抗震设计的民用建筑玻璃幕墙工程的制作、安装施工，宜选用玻璃幕墙工程施工技术。某广播电视中心二期工程外墙玻璃幕墙工程的施工。其设计及施工工艺要求十分严格。设计要求方面，广播电视中心二期工程的外墙面采用隐框镀膜玻璃幕墙，玻璃幕墙工程中使用的铝合金型材，其壁厚、膜厚、硬度和表面质量必须达到设计及规范要求；玻璃幕墙工程中使用的钢材，其壁厚、长度、表面涂层厚度和表面质量必须达到设计及规范要求；玻璃幕墙工程中使用的镀膜玻璃，其品种型号、厚度、外观质量、边缘处理必须达到设计及规范要求；玻璃幕墙工程中使用的硅酮结构密封胶、硅酮耐候密封胶及密封材料，其相溶性、粘结拉伸性能、固化程度必须达到设计及规范要求。施工工艺要求方面，玻璃幕墙工程安装必须严格按照玻璃幕墙施工工艺操作规程施工。针对本工程设计要求及施工工艺要求以及幕墙工程施工技术以选用环保、节能、防火、安全可靠、实用美观、经济合理的施工技术为原则。在选择玻璃幕墙材料方面，经过多方试验，最终选用了符合设计要求、施工工艺要求及环保节能要求的铝合金型材作幕墙立柱、横梁和连接件，不锈钢板和不锈钢膨胀螺栓为预埋件和锚固件，6mm 镀膜绿色玻璃为幕墙饰面，美国进口 795 硅酮结构密封胶、793 硅酮耐候密封胶及密封材料。在施工工艺方面，采用了严格的玻璃幕墙工程施工工艺，通过复检基础尺寸安装预埋件→调整埋件→放线

→检查放线精度→安装连接铁件→质量检查→安装防火材料→质量检查→安装玻璃块→质量检查→密封→清扫→全面综合检查→竣工交付等严格的施工工艺过程施工而成。

玻璃幕墙施工如图 5.11.6 – 1、图 5.11.6 – 2 所示。

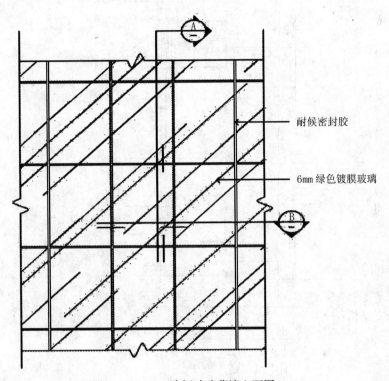

耐候密封胶

6mm 绿色镀膜玻璃

图 5.11.6 – 1　隐框玻璃幕墙立面图

施工结果:玻璃幕墙的饰面材料、铝合金型材、不锈钢预埋件、硅酮结构密封胶、硅酮耐候密封胶等材料质量、环保、防腐、防锈、防火性能等符合设计要求及国家现行标准的有关规定;施工完成后的隐框 6mm 绿色玻璃幕墙与墙面其他部位隐框银灰色的铝塑板墙面相映衬,效果更佳。经过环保及有关部门检测和验收,完全符合环保、安全可靠、美观大方及消防要求,装饰质量和装饰效果完全达到设计的要求,同时获得了一定的经济效益和社会效益。

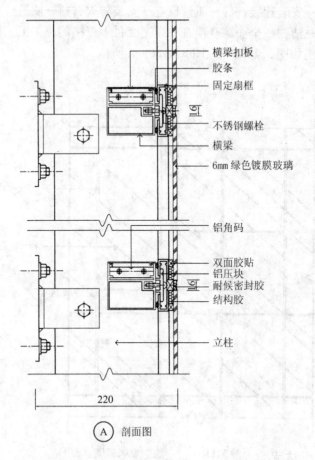

横梁扣板
胶条
固定扇框
不锈钢螺栓
横梁
6mm 绿色镀膜玻璃

铝角码

双面胶贴
铝压块
耐候密封胶
结构胶

立柱

220

Ⓐ 剖面图

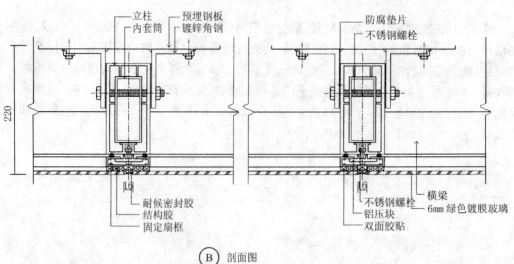

立柱   预埋钢板
内套筒   镀锌角钢

防腐垫片
不锈钢螺栓

220

耐候密封胶
结构胶
固定扇框

不锈钢螺栓
铝压块
双面胶贴

横梁
6mm 绿色镀膜玻璃

Ⓑ 剖面图

图 5.11.6 - 2　玻璃幕墙施工节点示意图

第6章 建筑材料及制品应用技术

6.1 水 泥

6.1.1 主要内容

水泥是粉末状的水硬性胶凝材料。当水泥加水拌合成塑性浆体后,能在空气中或水中凝结硬化,并将其他材料胶结成整体,形成坚硬的人造石材。

水泥是现代建筑工程中最重要的材料之一,是拌制各种混凝土、钢筋混凝土、预应力混凝土结构、构件以及拌制砂浆的原料。用于一般土木建筑工程的水泥称为通用水泥,包括硅酸盐水泥、普通硅酸盐水泥、矿渣硅酸盐水泥、火山灰质硅酸盐水泥、粉煤灰硅酸盐水泥及复合硅酸盐水泥等六大品种;作为专门用途的水泥称为专用水泥,如中、低热水泥、道路水泥、砌筑水泥等;还有一些具有某种性能较突出的水泥称为特性水泥,如快硬硅酸盐水泥、抗硫酸盐硅酸盐水泥、膨胀水泥等;此外,装饰工程中还用到白水泥和彩色水泥。

6.1.2 主要技术性质

1. 水泥的主要技术指标

(1) 细度:指水泥颗粒的粗细程度,是影响水泥性能的重要指标。水泥颗粒越细,与水反应的表面积越大,水化反应的速度越快,早期强度越高,但硬化收缩越大,且水泥在储运过程中易受潮而降低活性。因此水泥细度应适当。

(2) 氧化镁、三氧化硫、不溶物、烧失量及碱含量:氧化镁、三氧化硫含量过高将影响水泥的体积安定性,碱含量过高,则在混凝土中遇到活性骨料时,易产生碱-骨料反应,对工程造成危害。

(3) 标准稠度用水量:标准稠度是为了测定水泥的凝结时间、体积安定性等技术性能所规定的水泥净浆的稠度。标准稠度用水量是指按一定方法将水泥制成具有标准稠度净浆所需的用水量,以水占水泥质量的百分数表示。

(4) 凝结时间:指水泥从加水开始到失去流动性,即从可塑状态发展到固体状态所需的时间。凝结时间分为初凝时间和终凝时间。初凝时间为水泥从开始加水拌和起至水泥浆开始失去可塑性所需的时间;终凝时间为水泥从开始加水拌和起至水泥浆完全失去可塑性、并开始产生强度所需的时间。水泥的凝结时间对施工具有重要意义,初凝时间过早,施工时没有足够的时间完成混凝土或砂浆的搅拌、运输、浇捣、砌筑等操作,终凝时间过迟,会拖延施工工期。

（5）体积安定性：指水泥浆体硬化后体积变化的稳定性。安定性不良的水泥在浆体硬化过程中或硬化后产生不均匀的体积膨胀，引起开裂。主要原因是水泥熟料中含有过量游离氧化钙和氧化镁或掺入的石膏过多引起的。体积安定性不良的水泥作为废品处理，不得用于工程中。

（6）强度：是表征水泥力学性能的重要指标，它与水泥的矿物组成、细度、水灰比、水化龄期和环境温度等密切相关。

（7）水化热：指水泥在凝结硬化过程中发生化学反应放出的热量。水化热的大小和放热速度与水泥的矿物组成、细度、混合料的品种、掺量有关。水化热大对一般建筑的冬期施工有利，但对于大体积混凝土工程是有害的，应加以控制。

2. 主要品种水泥的特性

（1）硅酸盐水泥：硅酸盐水泥分 P·Ⅰ 和 P·Ⅱ 两种类型，具有凝结硬化快，强度高，尤其是早期强度高，水化热大，放热集中，抗冻性较好，抗碳化性能好，干缩小，耐磨性好，耐腐蚀性差，耐热性差等特点。

（2）普通硅酸盐水泥：代号 P·O，与硅酸盐水泥相比，因其混合材料掺加量小，性能大致相同。但在水化热、抗冻性、耐磨性方面有所降低，抗腐蚀性、耐热性有所提高。

（3）矿渣硅酸盐水泥、火山灰质硅酸盐水泥、粉煤灰硅酸盐水泥：代号分别为 P·S、P·P、P·F，共同特性为凝结硬化较慢，早期强度较低，后期强度增长较快，水化热较低，放热速度慢，抗硫酸盐腐蚀和抗水性较好，蒸汽养护适应性好，但抗冻性、耐磨性及抗碳化性能较差。矿渣水泥的抗渗性能较差，但耐热性好，可用于温度不超过 200℃ 的混凝土工程。火山灰水泥的抗渗性能较好，但干缩大。粉煤灰水泥干缩小，抗裂性好。

（4）复合硅酸盐水泥：代号 P·C。掺加了两种或两种以上规定的混合材料，较掺单一混合材料的水泥具有更好的使用效果，其性能特点与矿渣硅酸盐水泥、火山灰质硅酸盐水泥及粉煤灰硅酸盐水泥相似。

（5）铝酸盐水泥：熟料中水硬性矿物主要是铝酸钙。具有强度增长快，水化放热大，抗硫酸盐性能好，抗碱性差。宜用于要求早期强度高的特殊工程，如紧急及抢修工程等。

（6）道路硅酸盐水泥：早期强度高，抗折强度高，耐磨性、抗冲击性、抗冻性好，干缩小，抗碳酸盐腐蚀较强。

（7）砌筑水泥：强度较低，但和易性好。主要用于工业与民用建筑配制砌筑砂浆和抹面砂浆，不得用于混凝土结构。作其他用途时，必须通过试验。

（8）抗硫酸盐水泥：具有较高的抗硫酸盐腐蚀能力，主要用于有硫酸盐腐蚀的工程，如海港、水利、地下桥涵、道路桥梁基础等。

（9）白色硅酸盐水泥：主要用于建筑装饰工程。

6.1.3 选用原则

通用水泥是土建工程中用途最广、用量最大的水泥品种，在实际工程中，应根据工程特点及所处的环境条件选用合适的水泥，具体情况可参考表 6.1.3。

工程特点及环境条件		优先选用	可以选用	不宜选用
普通混凝土	1　一般气候环境中的混凝土	普通水泥	矿渣水泥、火山灰水泥、粉煤灰水泥、复合水泥	
	2　干燥环境中的混凝土	普通水泥	矿渣水泥	火山灰水泥、粉煤灰水泥
	3　高湿度或长期处于水中的混凝土	矿渣水泥、火山灰水泥、粉煤灰水泥、复合水泥	普通水泥	
	4　大体积混凝土	矿渣水泥、火山灰水泥、粉煤灰水泥、复合水泥		硅酸盐水泥
有特殊要求的混凝土	1　要求快硬、高强（＞C60）的混凝土	硅酸盐水泥	普通水泥	矿渣水泥、火山灰水泥、粉煤灰水泥、复合水泥
	2　有抗渗要求的混凝土	普通水泥、火山灰水泥		矿渣水泥
	3　有耐磨性要求的混凝土	硅酸盐水泥、普通水泥	矿渣水泥	火山灰水泥、粉煤灰水泥
	4　受侵蚀介质作用的混凝土	矿渣水泥、火山灰水泥、粉煤灰水泥、复合水泥		硅酸盐水泥

6.1.4　注意事项

水泥在运输及保管期内，不得受潮和混入杂质，不同品种和等级的水泥不得混杂使用。散装水泥应用专门运输车，直接卸入现场特制的储仓；袋装水泥堆放高度一般不应超过 10 袋。存放期自生产之日起一般不应超过 3 个月，超过 3 个月的水泥必须经过试验按水泥实际强度等级使用。

硅酸盐水泥水化后含有较多的氢氧化钙，因此其拌制的混凝土抵抗软水侵蚀和抗化学腐蚀的能力较差，不宜用于受流动的软水和有水压作用的工程，也不宜用于受海水和矿物水作用的工程。硅酸盐水泥水化放热量大，不宜用于大体积混凝土工程中。此外，硅酸盐水泥也不宜用于耐热要求高的工程中。

6.1.5　检验要求

水泥常规检验项目(工程中实际检验项目随工程具体情况不同可作相应增减，以下同)及样品要求见表 6.1.5。

水泥品种	检验项目	抽样规则及数量
硅酸盐水泥、普通硅酸盐水泥	常规检验(凝结时间、安定性、细度、强度、标准稠度用水量)、不溶物、烧失量、氧化镁、三氧化硫、碱含量	散装水泥:同一厂家生产的同期、同品种、同强度等级的水泥,以一次进场的同一出厂编号的水泥500t为一批,不足500t为一批,随机从3个车罐中用槽型管在适当位置插入水泥一定深度(不超过2m)取样,经搅拌后取12kg作为试样。
矿渣硅酸盐水泥、火山灰质硅酸盐水泥及粉煤灰硅酸盐水泥	常规检验(凝结时间、安定性、细度、强度、标准稠度用水量)、氧化镁、碱含量	
砌筑水泥	凝结时间、安定性、细度、强度、标准稠度用水量、三氧化硫	袋装水泥:同一厂家生产的同期、同品种、同强度等级的水泥,以一次进场的同一出厂编号的水泥200t为一批,不足200t为一批,随机从20袋中取等量的水泥,经搅拌后取12kg作为试样。
白色硅酸盐水泥	凝结时间、安定性、细度、强度、标准稠度用水量、三氧化硫、氧化镁	

6.1.6　附件

(1)《硅酸盐水泥、普通硅酸盐水泥》GB 175—1999;

(2)《矿渣硅酸盐水泥、火山灰质硅酸盐水泥及粉煤灰硅酸盐水泥》GB 1344—1999;

(3)《复合硅酸盐水泥》GB 12958—1999;

(4)《道路硅酸盐水泥》GB 13693—1992;

(5)《快硬硅酸盐水泥》GB 199—1990;

(6)《白色硅酸盐水泥》GB/T 2015—1991;

(7)《铝酸盐水泥》GB 201—2000;

(8)《砌筑水泥》GB/T 3183—2003;

(9)《抗硫酸盐硅酸盐水泥》GB 748—1996;

(10)《明矾石膨胀水泥》JC/T 311—1997;

(11)《低热微膨胀水泥》GB 2938—1997。

6.1.7　术语

(1)水硬性胶凝材料:指加水后形成的浆体,不仅能在干燥环境中凝结硬化,而且能更好地在水中硬化,保持或发展其强度的胶凝材料。

(2)水泥的凝结和硬化:水泥加水拌和后,水泥浆体失去流动性和部分可塑性,但未具有强度,为初凝状态。水泥浆体完全失去可塑性,并具有一定的强度,为终凝状态。水化反应进一步进行,水泥浆体强度大为提高并逐渐变成坚硬岩石状固体(水泥石),这一过程称为硬化。水泥的初凝不宜过早,以便在施工时有足够的时间完成混凝土或砂浆的搅拌、运输、浇捣和砌筑等操作,水泥的终凝不宜过迟,以免拖延施工工期。

6.2 建筑石灰和石膏

6.2.1 主要内容

石灰是人类在建筑工程中使用最早的胶凝材料之一,石膏则是一种绿色建筑材料,在建筑工程中的应用正逐年增多。与水泥不同,石灰、石膏属于气硬性无机胶凝材料,其加水后形成的浆体只能在干燥空气中凝结硬化,不能在潮湿环境及水中硬化,因此不能用于潮湿环境或水中的工程部位。

6.2.2 主要技术性质

1. 石灰。一般将生石灰、消石灰统称石灰。生石灰是将以碳酸钙为主要成分的原料,在低于烧结温度下煅烧所得的产物,主要成分为氧化钙(CaO),另外含有少量氧化镁(MgO)及杂质。

生石灰经水化(或称熟化或消解)后所得的氢氧化钙称为消石灰(又称熟石灰),加水量小、熟化后成为粉状的称为消石灰粉。

由消石灰和水组成的具有一定稠度的膏状物称为石灰膏,主要成分为 $Ca(OH)_2$ 和 H_2O。

由生石灰加大量水消化而成的一种乳状液体称为石灰乳,主要成分为 $Ca(OH)_2$ 和 H_2O。

生石灰的质量好坏与其氧化钙和氧化镁的含量有很大关系,建材行业标准中将其分为优等品、一等品和合格品三个等级。

石灰具有以下特性:

(1)可塑性和保水性好。在水泥砂浆中掺入石灰膏,能使其可塑性和保水性显著提高。

(2)吸湿性强、耐水性差。生石灰在存放过程中,会吸收空气中的水分而熟化,是传统的干燥剂。硬化后的石灰,如果长期处于潮湿环境或水中,$Ca(OH)_2$ 会逐渐溶解而导致结构破坏,因此,耐水性差。

(3)凝结硬化慢、强度低。

(4)硬化后体积收缩大。石灰浆体在硬化过程中,大量水分蒸发,使内部网状毛细管失水收缩,产生大的体积收缩,导致表面开裂。工程中,通常在石灰膏中加入砂、纸筋、麻丝等纤维材料,以防止或减少开裂。

(5)放热量大、腐蚀性强。生石灰的熟化是放热反应,生成的 $Ca(OH)_2$ 是一种中强碱,具有较强的腐蚀性。

2. 石膏。石膏分为天然二水石膏($CaSO_4 \cdot 2H_2O$ 又称软石膏或生石膏)、天然无水石膏($CaSO_4$ 又称硬石膏)和化学石膏(各种工业副产品或废料)。建筑石膏及其制品具有质轻、耐火、隔声、绝热等许多优良性能,加之我国石膏资源丰富,是当前重点发展的新型建筑材料。

建筑石膏的主要技术要求有细度、凝结时间和强度,按强度和细度的差别可分为优等品、一等品和合格品三个等级。

建筑石膏具有以下特性:

(1)结硬化快。在常温下加水拌和,30min 内即达终凝,在室内自然条件下,达到完全硬化仅需一周。在实际工程中,常常需要掺入适量缓凝剂。

(2)孔隙率大、强度较低。在实际工程中,为了达到一定的稠度以满足施工要求,通常实际加水量较理论需水量多,硬化后随着多余水分蒸发,在内部留下大量孔隙,因此强度较低。

(3)吸湿性能好、耐水性差。石膏硬化后,开口孔和毛细孔数量多,可以调节室内的湿度,即具有"呼吸"性能。但硬化后石膏浸水会因二水石膏晶体溶解而引起溃散破坏,因此,耐水性差。

(4)绝热性能好。建筑石膏制品孔隙率大、体积密度小,热导率小,具有良好的绝热性。

(5)防火性能好。硬化后的石膏制品含有大约 20% 的结晶水,遇水时,其中一部分结晶水脱出并吸收大量的热,蒸发出来的水分在表面形成水蒸汽层,阻止火势蔓延,且脱水后的无水石膏仍然是阻燃物。

(6)可加工性和装饰性好。建筑石膏制品可以采用锯、刨、钉、钻等多种加工方式。质量较纯净的石膏颜色洁白、材质细密,采用模具经浇注成型后,可形成各种图案,质感光滑细腻,具有较好的装饰效果。

6.2.3 选用原则

在砌筑和抹灰工程中可以用石灰配制石灰砂浆、混合砂浆等。磨细生石灰可用于制作碳化石灰板,磨细生石灰或消石灰粉可制作硅酸盐制品如灰砂砖、砌块等,另外还可用石灰配制无熟料水泥。

天然二水石膏及无水石膏可用于生产水泥时的缓凝剂。建筑石膏在建筑工程中可制作各种石膏板材、装饰制品、空心砌块及室内粉刷等。

6.2.4 注意事项

块状生石灰放置太久,会吸收空气中的水分消化成消石灰粉,再与空气中的 CO_2 作用生成 $CaCO_3$ 而失去胶凝性能,因此储存生石灰不但要防潮,而且不宜久存。另外生石灰消化要放出大量的热,储存和运输要注意安全,并与易燃物分开存放。

建筑石膏易受潮吸湿,凝结硬化快,在运输和储存过程中,应注意避免受潮。另外,建筑石膏长期存放,强度会降低,因此储存时间不得过长,若超过三个月,应重新检验。

6.2.5 检验要求

石灰、石膏常规检验项目及样品要求见表 6.2.5。

品种、名称	检 验 项 目	抽样规则及数量
生石灰	CaO + MgO 含量、未消化残渣含量	4kg
生石灰粉	CaO + MgO 含量、细度	3kg
消石灰粉	CaO + MgO 含量、细度、体积安定性	1kg
建筑石膏	抗压强度、抗折强度、细度、凝结时间	15kg

6.2.6　附件

（1）《建筑生石灰》JC/T 479—1992；

（2）《建筑生石灰粉》JC/T 480—1992；

（3）《建筑消石灰粉》JC/T 481—1992；

（4）《建筑石膏》GB 9776—1988；

（5）《建筑石灰试验方法　物理试验方法》JC/T 478.1—1992；

（6）《建筑石灰试验方法　化学试验方法》JC/T 478.2—1992。

6.2.7　术语

（1）气硬性胶凝材料：指加水后形成的浆体，只能在干燥空气中凝结硬化，不能在潮湿环境及水中硬化的胶凝材料。

（2）消石灰：又称熟石灰，是生石灰经水化（或称熟化或消解）后所得的氢氧化钙，加水量小、熟化后成为粉状的称为消石灰粉。

（3）石灰膏：由消石灰和水组成的具有一定稠度的膏状物，主要成分为 Ca(OH)$_2$ 和 H$_2$O。

（4）石灰乳：由生石灰加大量水消化而成的一种乳状液体，主要成分为 Ca(OH)$_2$ 和 H$_2$O。

6.3　混凝土及制品

6.3.1　主要内容

混凝土一般是指由胶凝材料（胶结料），粗、细骨料（或称集料），水及其他材料，按适当比例配制并硬化而成的具有所需的形体、强度和耐久性的人造石材。实质上混凝土是由多种性能不同的材料组合而成的复合材料，其品种很多，如沥青混凝土、聚合物混凝土就是有机材料和无机材料的复合材料；钢筋混凝土、钢纤混凝土就是金属材料和无机材料的复合材料；使用最多的普通水泥混凝土也是由水泥、砂、石、水和外加剂等多种材料组成的水泥基复合材料。

商品混凝土（预拌混凝土）由于生产质量稳定、工业化程度高以及环保等方面的优点,目前已逐步在大中城市推广使用。

6.3.2 主要技术性质

1. 混凝土的和易性

混凝土的和易性是指易于各工序施工操作(搅拌、运输、浇筑、捣实),并能获得质量均匀、成型密实的混凝土的性能。是一项综合性的技术指标,包括流动性、黏聚性和保水性等三方面的性能。

流动性:是指能均匀填满模板的性能。它的大小,反映混凝土拌合物的稀稠,直接影响浇捣施工的难易和混凝土的质量;

黏聚性:是指拌合物内组分之间具有一定的凝聚力,在运输和浇筑过程中不致发生分层离析现象,使混凝土保持整体均匀的性能;

保水性:是指混凝土拌合物具有一定的保持内部水分的能力,在施工过程中不致产生严重的泌水现象。

这三方面既相互联系,又相互矛盾。如黏聚性好往往保水性好,但流动性增大时,黏聚性和保水性往往变差。

(1)影响和易性的主要因素

1)水泥浆的用量:用量越多,则流动性越大;

2)水泥浆的稠度:稠度越大,流动性越小;

3)砂率:混凝土中砂的质量占砂石质量的百分率。砂率过大,会降低混凝土拌合物的流动性,砂率过小,不能保证粗骨料之间有足够的砂浆层,也会降低拌合物的流动性,并严重影响其黏聚性和保水性。

还有组成材料的性质、外加剂以及时间和温度等影响混凝土的和易性。

(2)调整混凝土拌合物工作性(和易性)的措施

1)采用合理的砂率;

2)改善砂、石(特别是石)的级配;

3)在可能的情况下,尽量采用较粗的砂、石;

4)当混凝土拌合物坍落度太小时,保持水灰比不变,适量增加水泥浆;当坍落度太大时,保持砂率不变,适量增加砂、石;

5)尽量使用外加剂。

2. 混凝土的强度

混凝土硬化后的强度包括抗压强度、抗拉强度和抗折强度等,一般情况下指的是抗压强度。

抗压强度和强度等级:是指标准试件在压力的作用下直到破坏时单位面积所能承受的最大应力,是混凝土结构物设计时的主要参数。根据国家标准,是制作 150mm × 150mm × 150mm 的标准立方体试件,在标准条件下(温度 20 ± 2℃,相对湿度为 95% 以上),或在温度为 20 ± 2℃ 的不流动的 $Ca(OH)_2$ 饱和溶液中养护到 28d 龄期,所测得的抗压强度值为其抗压强度。根据其数值,将混凝土划分为 12 个等级。

(1)影响混凝土强度的主要因素

1)水泥强度等级和水灰比:这是决定混凝土强度的最主要的因素,也是决定性因素;

2）骨料的影响：当骨料的级配良好，砂率适当时，能组成坚强密实的骨架，有利于混凝土强度的提高，如果混凝土骨料中有害杂质多，品质低，级配不好时，会降低混凝土强度；

3）养护温度和湿度：混凝土强度是一个渐进发展的过程，其发展的程度和速度取决于水泥的水化状态，而温度和湿度是影响水化速度和程度的重要因素；

4）龄期：是指混凝土在正常养护条件下所经历的时间。一般强度在最初 3～7d 内增长较快，随后减慢，28d 达到设计强度，之后显著减慢，但强度仍会不断发展，过程可达 10 年之久。

（2）提高混凝土强度的措施

1）采用高强度等级水泥；

2）采用低水灰比的干硬性混凝土；

3）采用湿热养护；

4）采用机械搅拌和振捣；

5）掺加外加剂及掺合料。

3. 混凝土的耐久性

混凝土的耐久性是指混凝土抵抗环境介质作用并长期保持其良好的使用性能和外观完整性，从而维持混凝土结构的安全、正常使用的能力。

（1）混凝土的耐久性的内容

包括抗渗性、抗冻性、抗腐蚀性、抗碳化性和碱－骨料反应。

1）抗渗性：是指混凝土抵抗有压介质（水、油等）渗透作用的能力。它是决定其耐久性的最基本的因素。因为抗渗性差，不仅周围的水等液体物质容易渗入其内部，而且当遇到负温或环境水中有侵害性的介质时，混凝土易遭受冰冻或侵蚀作用而破坏，对钢筋混凝土还将引起其内部钢筋锈蚀，并导致表面混凝土保护层的开裂与剥落。因此，对地下建筑、水坝等工程，必须要求混凝土具有一定的抗渗性。

2）抗冻性：在饱和水的状态下，能经受多次冻融循环而不破坏，也不严重影响其性能的能力。在寒冷地区，要求具有较高的抗冻性。

3）抗腐蚀性：指抵抗环境中侵蚀介质的能力，如软水侵蚀、硫酸盐侵蚀、镁盐侵蚀、碳酸侵蚀等。

4）抗碳化性：是指混凝土内水泥石中的氢氧化钙与空气中的二氧化碳，在湿度适宜时发生化学反应，生成碳酸钙和水，也称中性化，中性化会引起混凝土化学组成及组织结构的变化，对混凝土的碱度、强度和收缩产生影响。碱度的降低，减少了对钢筋的保护作用，而钢筋钝化膜的破坏会引起钢筋锈蚀，致使混凝土开裂。

5）碱—骨料反应：指水泥中碱（二氧化钠、二氧化钾）与骨料中活性二氧化硅发生化学反应，在骨料表面形成碱－硅酸凝胶，吸水后体积膨胀而导致混凝土开裂破坏的现象。发生的三个条件：水泥中碱含量高、有活性二氧化硅存在、有水存在。

（2）改善混凝土的耐久性的措施

1）抗渗性改善方法：提高混凝土的密实性、降低水灰比、选择好的骨料级配、充分振捣和养护、掺入引气剂等方法。

2）抗冻性改善方法：可通过掺入引气剂、减水剂或防冻剂。

3）抗腐蚀性改善方法：合理选用水泥品种，降低水灰比，提高混凝土的密实性。

4）抗碳化性改善方法：结构设计中采用适当的保护层，使碳化深度在建筑物的设计年限内达不到钢筋表面；根据所处环境，合理选用水泥品种，如硅酸盐水泥；使用减水剂，改善密实度；加强施工质量控制，保证振捣质量，减少或避免混凝土出现蜂窝等质量事故；在混凝土表面涂保护层。

5）碱—骨料反应防治措施：控制水泥总含碱量不超过0.6%；选用非活性骨料；设法使混凝土处于干燥状态等。

6.3.3　选用原则

对于商品混凝土（预拌混凝土），必须根据工程要求选用合适的规格品种。对于现场搅拌的混凝土，必须经过试配满足工程所要求的技术经济指标方能使用，并且必须即拌即用。

6.3.4　注意事项

1. 水泥

根据工程的特点和所处的环境及施工条件来选择水泥品种或强度等级。详见表6.1.3。

2. 砂

（1）配制混凝土宜优先选用Ⅱ区砂，泵送混凝土宜选用中砂。当采用Ⅰ区砂时，应提高砂率，并保持足够的水泥用量，以满足混凝土的和易性。当采用Ⅲ区砂时，应适当降低砂率，以满足混凝土的强度。

（2）严格控制含泥量和泥块含量。海砂必须检测氯离子合格后方可使用。

3. 石

（1）单粒级宜用于组合成具有要求级配的连续粒级。

（2）严格控制含泥量、泥块含量及针、片状颗粒含量。

4. 拌和及养护用水

宜采用饮用水，地表水、地下水、工业废水必须按标准规定检验合格后方可使用。不得采用海水、生活污水。

5. 外加剂

（1）要求质量均匀、稳定、性能良好。

（2）掺量应适宜，保证搅拌均匀。

（3）掺用含有木质素磺酸盐类物质的外加剂时应先做水泥适应性试验，合格后方可使用。

（4）在预应力混凝土结构、大体积混凝土、相对湿度大于80%环境中使用的结构或工程中严禁采用含氯盐配制的早强剂及早强减水剂。

（5）掺引气剂及引气减水剂的混凝土，必须采用机械搅拌，搅拌时间应通过试验确定。出料到浇筑的停放时间也不宜过长。采用插入式振捣时，振捣时间不宜超过20s。

（6）含硫铝酸钙类、硫铝酸钙－氧化钙类膨胀剂的混凝土不得用于长期环境温度为80℃以上的工程。含氧化钙类膨胀剂的混凝土不得用于海水或有侵蚀性水的工程。

（7）不同品种外加剂复合使用时,应注意其相容性及对混凝土性能的影响,使用前应进行试验,满足要求方可使用。

6. 掺合料

（1）一般有粉煤灰、硅灰、磨细矿渣粉等等。如采用高钙粉煤灰时,必须对其体积安定性进行检验合格。采用硅灰时,必须同时掺加减水剂。

（2）配制泵送混凝土、大体积混凝土、抗渗混凝土、抗硫酸盐和抗软水腐蚀混凝土、蒸养混凝土、水下工程混凝土等宜掺用粉煤灰。

（3）掺用粉煤灰一般有等量取代法、超量取代法和外掺法三种方法。当粉煤灰取代水泥过多时,混凝土的抗碳化性能将变差,因此应加以控制。

6.3.5 检验要求

检验要求见表 6.3.5 - 1 ~ 表 6.3.5 - 3。

混凝土原材料常规检验项目及样品要求 表 6.3.5 - 1

原材料品种、名称	检 验 项 目		抽样规则及数量
普通混凝土用砂 （建筑用砂）	物理性能	颗粒级配、细度模数、含泥量、泥块含量	15kg
	化学分析	氯离子、有机物、硫化物及硫酸盐、轻物质	
	其 他	表观密度、堆积密度、吸水率、含水率、云母、坚固性、碱—骨料反应、碱含量	
普通混凝土用碎石、卵石 （建筑用碎石、卵石）	物理性能	颗粒级配、针片状颗粒含量、含泥量、泥块含量	15kg
粉煤灰		细度、需水量比、含水量、烧失量、三氧化硫	每批抽取 3kg
混凝土拌合用水		pH 值、氯化物含量、硫酸盐含量、可溶物含量、不溶物含量	抽取 1 000ml 水样 （自来水无需抽检）
混凝土外加剂 GB 8076—1997	掺外加剂混凝土性能	含气量、凝结时间差、抗压强度比(7d)、对钢筋的锈蚀作用、收缩率比、减水率、泌水率比	水剂 5kg 粉剂 3kg
	匀质性	含固量或含水量、氯离子含量、pH 值、总碱量、密度、水泥净浆流动度、细度、还原糖、泡沫性能、砂浆减水率	
混凝土泵送剂		含固量、含气量、泌水率比、减水率、水泥净浆流动度、坍落度增加值、坍落度保留值、抗压强度比	水剂 5kg 粉剂 3kg
混凝土膨胀剂		氯离子、含水率、总碱量、氧化镁、细度（比表、筛余）凝结时间、限制膨胀率、抗压强度、抗折强度	
砂浆、混凝土防水剂	匀质性	含固量、含水量、总碱量、密度、氯离子含量、细度	水剂 5kg 粉剂 3kg
	受检砂浆	净浆安定性、凝结时间、抗压强度比、48h 吸水量比、透水压力比、28d 收缩率比、对钢筋的锈蚀作用	
	受检混凝土	同受检砂浆＋泌水率比	

混凝土、砂浆配合比试验原材料要求 表 6.3.5 - 2

混凝土配合比名称	抽样规则及数量
混凝土配合比设计	水泥 50kg、砂 100kg、石 200kg，粉煤灰、外加剂等根据掺量而定
泵送混凝土配合比	水泥 50kg、砂 100kg、石 200kg，粉煤灰、外加剂等根据掺量而定
砂浆配合比设计	水泥 20kg、砂 40kg，外加剂等根据掺量而定

混凝土制品常规检验项目及样品要求 表 6.3.5 - 3

产品名称	检验项目	抽样规则及数量
先张法预应力混凝土管桩	桩身混凝土强度、外观质量、外观尺寸允许偏差、混凝土保护层厚度	同厂家、同规格抽 2 根（现场抽检）
混凝土预制方桩		
混凝土和钢筋混凝土排水管	桩身混凝土强度、外观质量、外观尺寸允许偏差、混凝土保护层厚度	同厂家、同规格抽 2 根（现场抽检）

6.3.6 附件

（1）《普通混凝土用砂质量标准及检验方法》JGJ 52—92；

（2）《建筑用砂》GB/T 14684—2001；

（3）《普通混凝土用碎石或卵石质量标准及检验方法》JGJ 53—92；

（4）《建筑用卵石、碎石》GB/T 14685—2001；

（5）《混凝土外加剂》GB 8076—97；

（6）《混凝土泵送剂》JC 473—92；

（7）《砂浆、混凝土防水剂》JC 474—92；

（8）《混凝土防冻剂》JC 475—92；

（9）《混凝土膨胀剂》JC 476—92；

（10）《用于水泥和混凝土中的粉煤灰》GB 1596—91；

（11）《预拌混凝土》GB/T 14902—2003；

（12）《混凝土质量控制标准》GB 50164—92；

（13）《混凝土强度检验评定标准》GBJ 107—87；

（14）《普通混凝土拌合物性能试验方法标准》GB/T 50080—2002；

（15）《普通混凝土力学性能试验方法标准》GB/T 50081—2002；

（16）《普通混凝土长期性能和耐久性能试验方法》GBJ 82—85；

（17）《先张法预应力混凝土管桩》GB 13476—1999；

（18）《混凝土和钢筋混凝土排水管》GB 11836—1999。

6.3.7 术语

（1）混凝土拌合物工作性：又称和易性。指混凝土拌合物在搅拌、运输、浇筑、捣实等各工序过程中易于施工操作，并能获得质量均匀、成型密实的混凝土的性能。它是一项综合性的技术指标，包括流动性、可塑性、稳定性及易密性等四方面的性能。

（2）混凝土的耐久性：是指混凝土抵抗环境介质作用并长期保持其良好的使用性能和外观完整性，从而维持混凝土结构的安全、正常使用的能力。包括抗渗性、抗冻性、抗腐蚀性、抗碳化性和碱－骨料反应。

6.4 砂 浆

6.4.1 主要内容

建筑砂浆是由胶结料、细骨料、掺加料加水配制而成的建筑工程材料，在建筑工程中起粘结、衬垫和传递应力的作用。建筑砂浆实为无骨料的混凝土。它也是建筑工程中一项用量大、用途广泛的建筑材料。在砌体结构中，砂浆可以把砖、石块、砌块胶结成砌体。墙面、地面及钢筋混凝土梁、柱等结构表面需要用砂浆抹面、起到保护结构和装饰作用。镶贴大理石、水磨石、陶瓷面砖等以及制作钢丝网水泥制品等都要使用砂浆。

根据用途，建筑砂浆分为砌筑砂浆、抹面砂浆（如装饰砂浆、普通抹面砂浆、防水砂浆等）及特种砂浆（如绝热砂浆、耐酸砂浆等）。

根据胶结材料不同，分为水泥砂浆（由水泥、细骨料和水配制而成的砂浆）、水泥混合砂浆（由水泥、细骨料、掺加料和水配制而成的砂浆）、石灰砂浆等。

6.4.2 主要技术性质

1. 砌筑砂浆

（1）和易性：新拌砂浆应具有良好的和易性，硬化后的砂浆应具有所需的强度和对基面的粘结力，而且变形不能过大。和易性良好的砂浆容易在粗糙的砖石基面上铺抹成均匀的薄层，而且能够和底面紧密粘结。和易性包括流动性和保水性两方面。

（2）流动性：也称稠度，是指在自重或外力作用下流动的性能，用砂浆稠度仪测定其稠度值。影响流动性的因素很多，如胶凝材料的种类和用量、用水量、砂子粗细程度与级配、搅拌时间和塑化剂用量等。

（3）保水性：新拌砂浆能保持其内部水分不泌出流失的能力。保水性不好的砂浆在运输和施工过程中容易产生离析，当铺抹在基面时，水分易被基面吸走，不易铺抹均匀，并影响胶凝材料的正常水化和硬化。

（4）强度：砂浆的强度取决于水泥抗压强度和水泥用量。

（5）粘结力：砌体结构是依靠砌筑砂浆将块状材料粘结为整体的，因此要求砂浆有一定的粘结力。砂浆的强度越高，与基底的粘结力越强。此外，粘结力还与基层材料的表面状态、清洁程度、湿润情况以及施工养护条件有关。

（6）砂浆的变形性：在承受载荷、温度和湿度变化时，容易产生变形。为减少因收缩引起的开裂，可在砂浆中加入纸筋等纤维材料。

2. 抹面砂浆

普通抹面砂浆也称为抹灰砂浆,以薄层抹在建筑物的内外表面,使建筑物表面平整、美观的同时,保持建筑物不受风、雨、雪、大气等有害介质侵蚀,提高建筑物的耐久性。

6.4.3 选用原则

(1)砌筑砂浆有水泥砂浆、水泥混合砂浆和石灰砂浆等,应根据砌体种类、性质及所处环境条件等进行选用。通常,水泥砂浆用于片石基础、砖基础、一般地下构筑物、砖平拱、钢筋砖过梁、水塔、烟囱等;水泥混合砂浆用于地面以上的承重和非承重的砖石砌体;石灰砂浆只能用于平房或临时性建筑。

(2)抹面砂浆有石灰砂浆、水泥混合砂浆、水泥砂浆、麻刀石灰浆(简称麻刀灰)、纸筋石灰浆(简称纸筋灰)。用于砖墙的底层抹灰,多为石灰砂浆;有防水、防潮要求时用水泥砂浆。用于混凝土基层的底层抹灰,多为水泥混合砂浆。中层抹灰多为水泥混合砂浆或石灰砂浆。面层抹灰多为水泥混合砂浆、麻刀灰或纸筋灰。对外墙抹灰、容易碰撞或潮湿部位,应采用水泥砂浆,如墙裙、踢脚板、地面、窗台、水池、雨棚等处。在硅酸盐砌块墙面上做砂浆抹面或粘贴饰面材料时,最好在砂浆层内夹一层事先固定好的钢丝网,以免日久剥落。水泥砂浆不得涂抹在石灰砂浆层上。

(3)防水砂浆。由防水砂浆构成的刚性防水层仅适用于不受振动和具有一定刚度的混凝土或砖石砌体工程,对于变形较大或可能发生不均匀沉陷的工程,都不宜采用。

(4)预拌砂浆。预拌砂浆(商品砂浆)具有产品质量高、生产和施工效率高、对环境污染小等优点,是新型绿色节能建筑材料,是国家鼓励开发的产品,代表建筑砂浆的发展方向,北京、上海、广东等地已制定有关的应用技术规程。

6.4.4 注意事项

(1)水泥砂浆采用的水泥,其强度等级不宜大于32.5级,水泥混合砂浆采用的水泥,其强度等级不宜大于42.5级,在配制砂浆时应尽可能选用低强度等级水泥和砌筑水泥。

(2)砌筑砂浆宜采用中砂。含泥量不应超过5%。

(3)掺合料严禁使用脱水硬化的石灰膏。消石灰粉不得直接用于砌筑砂浆中。

(4)外加剂须检验合格方可使用。

6.4.5 检验要求

检验要求见表6.3.5-1、表6.3.5-2。

6.4.6 附件

(1)《建筑砂浆基本性能试验方法》JGJ 70—90;

(2)《砌筑砂浆配合比设计规程》JGJ 98—2000。

6.4.7 术语

(1)预拌砂浆:指以水泥为主要胶结料、细骨料、矿物掺合料、外加剂和水等组分按一定比例,在搅拌站经集中计量、拌制后运至使用地点,放入容器或有覆盖严实的存放池储存,并在规定时间内使用完毕的砂浆拌合物。

（2）砂浆的流动性：也称为稠度，指砂浆在自重或外力作用下流动的性能。用沉入度表示。

（3）砂浆的保水性：指砂浆保持其内部水分不泌水流失。用分层度表示。

6.5 建筑钢材

6.5.1 主要内容

钢材是以铁为主要元素，含碳量一般在2%以下，并含有其他元素的材料。建筑钢材是最重要的建筑材料之一，可分为钢结构用型钢和钢筋混凝土结构用钢筋。另外，铝合金由于具有轻质、耐腐蚀、易加工等优良性能，在建筑工程中尤其在装饰领域中应用越来越广泛。常用的铝合金制品有铝合金门窗、铝合金装饰板等等。铝合金装饰板具有质量轻、外形美观、耐久性好、安装方便等特点，通过表面处理可获得各种色彩，适用于建筑物屋面和墙面等。

6.5.2 钢材的分类和主要技术性能

钢材有四种分类方法，按冶炼方法，分为转炉钢、电炉钢和平炉钢，按钢液浇铸方法分为沸腾钢、镇静钢和半镇静钢，按化学成分分为非合金钢、低合金钢和合金钢，按钢的品质分为普通质量、优质和特殊质量钢。

钢材的性能主要包括力学性能、工艺性能和化学性能等。

（1）力学性能。包括抗拉性能、冲击韧性、疲劳强度和硬度。

建筑钢材的主要受力形式是拉伸，因此抗拉性能是表示钢材性能和选用钢材的重要指标。有明显屈服点的钢筋可以通过图6.5.2-1来说明。

在 a 点以前，应力与应变按比例增加，其关系符合虎克定律，a 点对应的应力称为比例极限；过 a 点后，应变较应力增长为快；到达 b 点后，应变急剧增加，而应力基本不变，此阶段称为屈服阶段。应力–应变曲线呈水平段 cd，钢筋产生相当大的塑性变形。对于一般有明显屈服点的钢筋，b、c 两点称为屈服上限和屈服下限。屈服上限为开始进入屈服阶段时的应力，呈不稳定状态；到达屈服下限时，应变增长，应力基本不变，比较稳定。相应于屈服下限 c 点的应力称为"屈服强度"。当钢筋屈服塑流到一定程度，即达到图6.5.2-1中 d 后，应力–应变关系又形成上升曲线，其最高点为 e，de 段称为钢筋的"强化段"，相应于 e 点的应力称为钢筋的极限强度。过 e 点后，钢筋的薄弱断面显著缩小，产生"颈缩"现象，变形迅速增加，应力随之下降，到达了 f 点时断裂。

无明显屈服点的钢筋的抗拉性能见图6.5.2-2应力–应变图。这类钢筋的抗拉强度一般都很高，但变形很小，也没有明显的屈服点，通常取相应于残余应变 $\varepsilon = 0.2\%$ 时的应力 $f_{0.2}$ 作为名义屈服点，即条件屈服强度。

冲击韧性是指钢材抵抗荷载而不被破坏的能力。影响钢材冲击韧性的因素很多，当钢材内硫、磷含量高，存在化学偏析，含有非金属夹杂物及焊接形成的微裂纹时，都会使冲击韧性显著降低。同时环境温度的影响也很大。

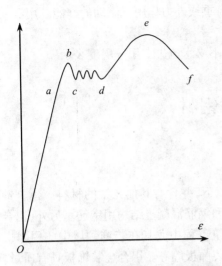
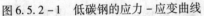
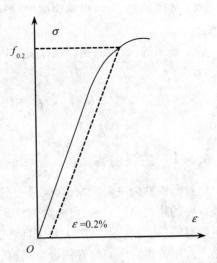

图 6.5.2 - 1　低碳钢的应力－应变曲线　　　图 6.5.2 - 2　中、高碳钢的应力－应变曲线

疲劳强度指钢材在交变荷载反复多次作用下,在最大应力远低于抗拉强度的情况下突然破坏时的强度。钢材的内部成分的偏析、夹杂物的多少、最大应力处的表面光洁程度及加工损伤等等都会影响钢材的疲劳强度。

硬度是指金属材料抵抗硬物压入表面局部体积的能力,亦即材料表面抵抗塑性变形的能力。各类钢材的硬度与抗拉强度之间有较好的相关关系,强度越高,硬度越大。

(2) 工艺性能。包括冷弯性能、冷加工性能及时效、焊接性能。

良好的工艺性能可以保证钢材顺利通过各种加工,而使钢材制品的质量不受影响。冷弯、冷拉、冷拔及焊接性能都是建筑钢材的重要工艺性能。

冷弯性能是指钢材在常温下承受变形的能力。通过冷弯试验钢材局部发生非均匀变形,更有助于暴露钢材的某些内在缺陷。相对于伸长率而言,冷弯是对钢材塑性更严格的检验,它揭示钢材内部是否存在组织不均匀、内应力和夹杂物等缺陷。冷弯试验对焊接质量也是一种严格的检验,能揭示焊件在受弯表面存在未熔合、微裂纹及夹杂物等缺陷。

冷加工性能。在常温下对钢材进行冷加工(如冷拉、冷拔或冷轧),使之产生塑性变形,从而提高屈服强度,这个过程称为冷加工强化处理。经过强化处理后钢材的塑性、韧性及弹性模量降低。建筑工程或预制构件厂常利用该原理对钢筋或低碳盘条按一定制度进行冷拉或冷拔加工,以提高屈服强度,节约钢材。

时效。钢材经冷加工后,在常温下存放 15～20d 或加热至 100～200℃,保持 2h 左右,其屈服强度、抗拉强度及硬度进一步提高,而塑性和韧性继续降低,这种现象称为时效,前者称为自然时效,后者称为人工时效。一般冷加工和时效同时采用,进行冷拉时通过试验来确定冷拉控制参数和时效方式,通常强度较低的钢筋宜采用自然时效,强度较高的钢筋则应采用人工时效。

焊接性能。焊接是各种型钢、钢板、钢筋的重要联接方式,焊接质量取决于焊接工艺、焊接材料及钢材的焊接性能。可焊性好的钢材是指易于用一般焊接方法和工艺施焊,焊口处不易形成裂纹、气孔、夹渣等缺陷。焊接后钢材的力学性能,特别是强度不低于原钢材,硬脆倾向小。钢材可焊性好坏主要取决于钢材的化学成分。

（3）化学性能。主要是化学成分对钢材性能的影响。

碳（C）的影响。碳是决定钢性能的主要元素，随着含碳量的增加，钢的强度和硬度相应提高，而塑性和韧性则相应降低。此外，含碳量过高会增加钢的冷脆性，降低可焊性。

锰（Mn）的影响。锰是炼钢过程中炼钢生铁和脱氧剂锰铁残留的元素。锰具有很好的脱氧能力，能还原钢中的氧化铁，改善钢的质量。锰能与钢中的硫形成高熔点的硫化锰（MnS），减少钢中硫的有害作用。此外，锰还能溶于铁素体以及渗碳体中，提高钢的强度和硬度。因此，锰在钢中是有益的元素。

硅（Si）的影响。硅也来自炼钢生铁和脱氧剂。硅的脱氧能力比锰还强，能更有效地消除氧化铁对钢的不良影响。硅也能溶于铁素体，对钢有一定的强化作用，所以硅在钢中也是有益元素。

硫（S）的影响。硫在钢中是一种有害杂质。硫是在冶炼时，通过生铁和燃料带入钢中的杂质。硫不溶于铁，硫在钢中与铁化合生成硫化铁（FeS），FeS 会再与 Fe 形成低熔点（985℃）的共晶体（FeS + Fe），并存在于晶界处。当钢材加热到 1000～1200℃进行压力加工时，由于分布在晶界上的低熔点共晶体已熔化，使钢材沿晶界脱开（开裂），变得极脆，这种现象称为热脆性。

在钢中增加含锰量，可消除硫的有害作用。因为锰与硫亲合力比较强，能从 FeS 中夺走 S 而形成熔点为 1620℃的 MnS，它比钢的热加工温度高，而且 MnS 在高温时具有塑性，能有效地清除钢的热脆性，因此钢中要有适当的含锰量，在钢中要严格控制含硫量。

磷（P）的影响。磷也是一种有害杂质。它是在冶炼时，由生铁带入钢中的。磷在钢中全部溶于铁素体中，虽可使钢的强度、硬度增加，但塑性和韧性却显著降低，尤其在低温表现更为突出。这种在低温时使钢严重变脆的现象，称为冷脆性。磷的存在还能使钢的焊接性变坏，因此，钢中含磷量也要严格控制。

6.5.3　铝合金型材

在铝中加入铜、镁、锰、锌等合金元素，制成各种类别的铝合金。铝合金既提高了铝的强度和硬度，同时又保持了铝的轻质、耐腐蚀、易加工等优良性能，在建筑工程中，特别在建筑装饰领域应用非常广泛。

铝合金的可塑性和延展性良好，可以采用挤压加工方式制造各种断面形状的铝合金型材。铝合金型材是一种新型结构材料，具有质量轻、耐腐蚀、刚度高等特点，表面经阳极氧化着色处理后外表美观、色泽雅致，耐日晒和耐气候性能好，除了直接用作建筑结构材料外，还可组装成门窗、龙骨等。

6.5.4　选用原则

建筑钢材的选用原则：

（1）钢结构用型钢

1）碳素结构钢。建筑工程中应用最广泛的是 Q235 号钢，具有较高的强度，良好的塑性、韧性及可焊性，综合性能好，能满足一般钢结构和钢筋混凝土要求，且成本较低。

2）低合金高强度结构钢。更适用于大跨度、承受动荷载和冲击荷载的结构中。与使用碳素钢相比，可节约钢材 20%～30%。

3）钢结构用钢材。钢结构构件一般应直接选用各种型钢。构件之间可直接或附联接钢板进行联接。联接方式有铆接、螺栓联接或焊接。所用母材主要是碳素结构钢及低合金高强度结构钢。

（2）钢筋混凝土结构用钢筋

1）热轧钢筋。热轧光圆钢筋强度较低，但塑性及焊接性能好，适用于普通钢筋混凝土构件的受力筋及各种钢筋混凝土结构的构造筋。HRB335 和 HRB400 钢筋强度较高，塑性及焊接性能也较好，适用于大、中型钢筋混凝土结构的受力筋。HRB500 强度较高，但塑性及焊接性能较差，适用于作预应力钢筋。

2）预应力混凝土用热处理钢筋。强度高、与混凝土粘结性能好、应力松驰率低、施工方便。适用于预应力钢筋混凝土轨枕、预应力梁、板结构及吊车梁等。

3）冷轧带肋钢筋。是国家推广应用的一种新型高效建筑钢材，具有强度高、塑性好、与混凝土粘结性能好、节约钢材等优点，将逐步替代冷拔低碳钢丝应用。

4）预应力混凝土用钢丝及钢绞线。预应力混凝土用钢丝具有强度高、柔性好、无接头、施工简便等优点，主要用于大跨度屋架及薄腹梁、大跨度吊车梁、桥梁、电杆、轨枕等的预应力钢筋。

5）钢筋焊接网。既是一种新型、高性能结构材料，也是一种高效施工技术。钢筋工程走焊接网方式是发展方向，目前在国内外已得到大量使用。具有提高工程质量、简化施工、缩短工期、节省钢材等特点，特别适用于大面积混凝土工程。

6.5.5 注意事项

应用建筑钢材的注意事项：

（1）表面刷漆、保证混凝土的密实度及足够的保护层厚度、掺用阻锈剂等，防止钢筋锈蚀。

（2）钢材的可焊性好坏，主要取决于其化学成分，含碳量高将增加焊接接头的硬脆性。加入合金元素（如硅、锰、钒、钛等），也会降低可焊性，特别是硫能使焊接产生热裂纹及硬脆性。

（3）冷拉钢筋的焊接应在冷拉之前进行，钢筋焊接之前，焊接部位应清除铁锈、熔渣、油污等，应尽量避免不同的进口钢筋之间或进口钢筋与国产之间的焊接。

6.5.6 检验要求

检验要求见表6.5.6-1～表6.5.6-4。

6.5.7 附件

（1）《钢筋混凝土用热轧光圆钢筋》GB 13013—91；

（2）《钢筋混凝土用余热处理钢筋》GB 13014—91；

（3）《冷轧带肋钢筋》GB 13788—2000；

（4）《钢筋混凝土用热轧带肋钢筋》GB 1499—1998；

（5）《不锈钢盘条》GB/T 4356—84；

（6）《预应力混凝土用热处理钢筋》GB/T 4463—84；

钢材品种、名称	检 验 项 目		抽样规则及数量
钢板、角钢、工字钢、槽钢、钢管、不锈钢	拉伸 冷弯		每批抽取两段,每段长约50cm(钢板为60cm×30cm)
钢 筋	拉伸、冷弯	<φ28	拉伸:2×50~60cm、弯曲2cm×35cm
		>φ30	
		>φ40	
冷轧带肋钢筋	抗拉强度、伸长率		每批切4根50cm长
冷轧扭钢筋	拉伸、冷弯		每批切3根50cm长
钢铰线	最大负荷、屈服负荷 $\sigma_{0.2}$、伸长率		每批抽取三盘,每盘抽一根,约取1m长,共抽三根
钢 丝	抗拉强度、规定非比例伸长应力、伸长率		同一牌号、规格同一生产工艺不大于60t为一批,每盘两端取样,约取1m长

产 品 名 称	检 验 项 目	抽样规则及数量
钢材化学成分	C、Si、Mn、P、S元素	2×200
不锈钢化学成分(SUS304)	C、Si、Mn、P、S、Cr、Ni元素	2×300
不锈钢化学成分(SUS316)	C、Si、Mn、P、S、Cr、Ni、Mo元素	

钢材品种、名称	检 验 项 目		抽样规则及数量
焊接钢筋网	拉伸、冷弯、剪切力		从网格中最大限度剪切十字形试样7根
钢筋电弧焊、电渣压力焊	拉 伸		同级别、同直径300个为一批,每批随机切取3个试件
钢筋闪光对焊	拉伸、冷弯		同级别、同直径300个为一批,每批随机切取6个试件
钢筋机械连接	拉 伸		3条/组、母材1条、注明接头类型、接头等级
锚具、夹具	硬 度		硬度检验抽取5%,静载锚固检验抽取一组3套
	静载锚固(单孔)		
钢结构高强螺栓连接(连接副)	扭矩系数、标准偏差、(大六角)	硬度、实物机械性能、螺母机械性能	扭矩系数和紧固轴力每批抽取8套为一组;其余项目每批抽取3套为一组
	紧固轴力、标准偏差、(扭剪型)		
	摩擦面抗滑移系数		每批抽取3件为一组,由生产单位提供试件

钢材品种、名称		检 验 项 目	抽样规则及数量
钢网架结构	钢管杆件与封板或锥头	焊缝抗拉 ≤φ60 >φ60~φ120 >φ120	不大于 300 根为一批,每批抽 3 根为一组,试件长度为 500~550mm,另需提供设计值。
	螺栓球螺孔与高强度螺栓配合	轴向抗拉 (≥M39 可用硬度试验代替拉力试验)	不大于 600 只为一批,每批抽取 3 只为一组
脚手架扣件	直 角	抗滑移、抗破坏	批量:281~500 抽 8 个; 501~1200 抽 13 个; 1201~1000 抽 20 个
		扭转刚度性能	281~500 抽 8 个; 501~1200 抽 13 个; 1201~1000 抽 20 个
	旋 转	抗滑移、抗破坏性能	281~500 抽 8 个; 501~1200 抽 13 个; 1201~1000 抽 20 个

铝合金型材及板材常规检验项目及样品要求　　　　　表 6.5.6－4

材 料 名 称	检 验 项 目	抽样规则及数量
铝合金建筑型材(阳极氧化、着色型材)	壁厚、韦氏硬度、氧化膜厚度、拉伸、伸长率	同一牌号、状态、规格为一批,每批抽取两根,每根长约 50cm
铝合金建筑型材(电泳涂漆型材)	壁厚、韦氏硬度、复合膜厚度	
铝合金建筑型材(粉末喷涂型材)	壁厚、韦氏硬度、涂层厚度	
铝合金建筑型材(氟碳喷涂型材)	壁厚、韦氏硬度、涂层厚度	
铝幕墙板-氟碳喷涂铝单板	板厚、涂层厚度、涂层硬度、外观质量	每批取总张数 2%,最少 2 张,每张取一个样
铝塑复合板	板厚、涂层厚度、涂层硬度、铅笔硬度	从每批中随机抽取三张

(7)《碳素结构钢》GB 700—88;

(8)《碳素结构钢冷轧钢带》GB/T 716—91;

(9)《低合金高强度结构钢》GB/T 1591—94;

(10)《合金结构钢》GB/T 3077—1999;

(11)《碳素结构钢和低合金结构钢热轧钢带》GB/T 3524—92;

(12)《优质碳素钢热轧盘条》GB/T 4354—94;

(13)《预应力混凝土用钢丝》GB/T 5223—1995;

(14)《预应力混凝土用钢绞线》GB/T 5224—1995;

(15)《优质碳素结构钢》GB/T 699—1999;

（16）《低碳钢热轧圆盘条》GB/T 701—1997；

（17）《冷轧扭钢筋》JG 3046—1998；

（18）《钢筋焊接及验收规程》JGJ 18—2003；

（19）《钢筋机械连接通用技术规程》JGJ 107—2003；

（20）《带肋钢筋套筒挤压连接技术规程》JGJ 108—96；

（21）《钢筋锥螺纹接头技术规程》JGJ 109—96；

（22）《钢结构用高强度大六角头螺栓、大六角头螺母、垫圈技术条件》GB/T 1228～1231—91；

（23）《钢结构用扭剪型高强度螺栓连接副》GB/T 3632～3633—95；

（24）《紧固件机械性能》GB/T 3098.1～17—2000；

（25）《钢结构工程质量检验评定标准》GB 50221—95；

（26）《钢管脚手架扣件》GB 15831—1995；

（27）《铝合金建筑型材》(基材)GB/T 5237.1～5237.5—2004；

（28）《铝合金建筑型材(阳极氧化、着色型材)》GB/T 5237.2—2004；

（29）《铝合金建筑型材(电泳涂漆型材)》GB/T 5237.3—2004；

（30）《铝合金建筑型材(粉末喷涂型材)》GB/T 5237.4—2004；

（31）《铝合金建筑型材(氟碳喷涂型材)》GB/T 5237.5—2004；

（32）《铝幕墙板—氟碳喷涂铝单板》YS/T 429.2—2000；

（33）《铝塑复合板》GB/T 17748—1999。

6.5.8　术语

（1）屈服点和屈服强度：钢材开始塑性变形时外加应力突然下降的现象称为屈服点现象，应力下降点称为屈服点。对于显示屈服点的材料，应力－应变曲线上屈服点所对应的应力即为屈服强度。

（2）钢材的冷弯性能：指钢材在常温下承受歪曲变形的能力。能揭示钢材内部是否存在组织不均匀、内应力和夹杂物等缺陷。

（3）焊接性能。焊接是各种型钢、钢板、钢筋的重要联接方式。可焊性是金属对焊接加工的适应性。可焊性好的钢材是指易于用一般焊接方法和工艺施焊，焊口处不易形成裂纹、气孔、夹渣等缺陷。钢材可焊性好坏主要取决于钢材的化学成分。

（4）钢筋焊接网：钢筋焊接网是在工厂制造，纵向钢筋和横向钢筋分别以一定间距排列且互成直角，全部交叉点均用电阻点焊(低电压、高电流，焊接接触时间一般不超过0.5s)在一起的钢筋网片。

6.6　防水材料

6.6.1　主要内容

建筑工程中的防水材料可分为刚性防水材料和柔性防水材料两大类。刚性防水材料是以水泥混凝土自防水为主,外掺各种刚性防水剂、膨胀剂等,主要包括防水混凝土和防水砂浆。柔性防水材料可适应各种不同用途和各种外形的防水工程,是产量和用量最大的一类防水材料,主要包括防水卷材、防水涂料、密封材料三大类。

6.6.2 主要技术性质

1. 防水卷材。防水卷材是一种可卷曲的片状防水材料。根据其中主要组成材料可分为沥青防水卷材、高聚物改性沥青防水卷材和合成高分子防水卷材三大类。防水卷材应具有良好的耐水性、温度稳定性和抗老化性,以及必要的机械强度、延伸性、柔韧性和抗断裂性能。

(1) 沥青防水卷材。是传统的防水材料(俗称油毡),因其性能远不及改性沥青,已逐渐被改性沥青防水卷材所代替。

(2) 改性沥青防水卷材。与传统的氧化沥青相比,改性沥青使用的温度范围更广,制成的卷材光洁柔软、高温不流淌、低温不脆裂,可以单层使用,具有 10~20 年的防水效果。主要品种有弹性体改性沥青防水卷材(SBS 卷材)、塑性体改性沥青防水卷材(APP 卷材)。

(3) 合成高分子防水卷材。是以合成橡胶、合成树脂或两者的共混体为基料,加入适量的化学助剂和填充料等,加工而成的可卷曲的片状防水材料。合成高分子防水卷材具有拉伸强度高、抗撕裂强度高、断裂伸长率大、耐热性和低温柔性好、耐腐蚀、耐老化、单层施工及冷作业等一系列优异性能,是继石油沥青防水卷材之后发展起来的性能更优的新型高档防水卷材。常见的有三元乙丙橡胶防水卷材、聚氯乙烯防水卷材、氯化聚乙烯防水卷材、氯化聚乙烯 – 橡胶共混防水卷材等。多用于要求有良好防水性能的屋面、地下工程。

2. 防水涂料。指在混凝土等基面上涂刷后形成的涂膜能防止雨水或地下水渗漏的一类涂料。与防水卷材相比,由于涂料在成膜过程中没有接缝,因而形成无缝的防水层,不仅能够使用在平面上,还能够在立面、阴阳角及其他各种复杂表面的基层上形成连续不断的整体性的防水涂层。

建筑防水涂料按液态类型可分为溶剂型、乳液型和反应型三大类。按成膜物质分为沥青类、高聚物改性沥青类及合成高分子类。

乳液型防水涂料为单组分涂料,涂刷在建筑物上能够随着水分挥发而成膜。施工时无有机溶剂逸出,因而安全无毒、不污染环境,不易燃烧。主要品种有:水乳型再生胶沥青防水涂料、阳离子型氯丁胶沥青防水涂料、丙烯酸乳液系防水涂料和氯 – 偏共聚乳液系防水涂料等。

溶剂型防水涂料是以高分子合成树脂有机溶剂的溶液为主要成膜物质,它的防水效果好,可在低温下施工,但该涂料的溶剂是有机溶剂,在挥发时易污染环境,容易燃烧,对人体产生毒副作用。主要品种有:氯丁橡胶防水涂料、氯磺化聚乙烯防水涂料等。

反应型防水涂料是双组分型,它的膜层是由涂料中的主要成膜物质与固化剂进行反应后形成的。它的耐水性、耐老化性和弹性好,具有较好的抗拉强度和撕裂强度,是目前工程中使用较多的一类涂料。但施工复杂、价格较贵。主要品种有:聚氨酯系防水涂料、环氧树脂防水涂料等。

3. 密封材料。指为提高建筑物整体的防水、抗渗性能,嵌入建筑物缝隙中,能承受位移且能达到气密、水密目的的材料。密封材料应具有良好的粘结性、耐老化性和对高、低温的适应性,能长期经受被粘构件的收缩与振动而不破坏。

密封材料分为定型密封材料(密封条等)和非定型密封材料(密封膏、嵌缝膏等)。工程中常用的密封材料有沥青嵌缝油膏、聚氨酯密封膏、聚氯乙烯接缝膏、丙烯酸酯密封膏、硅酮密封膏等等。

4. 刚性防水材料。主要原理是将外加剂或合成高分子材料掺加入水泥砂浆或混凝土中,堵塞毛细孔,增加密实作用,减小孔隙率,形成具有一定抗渗能力的防水砂浆或防水混凝土。

防水砂浆常用的防水剂有:

(1) 金属盐类防水剂如氯化铝、氯化钙等无机盐类。这一类防水剂含氯量高,对钢筋有腐蚀作用,不得用于接触钢筋部位;

(2) 金属皂类防水剂。以碳酸钠、氢氧化钾等与氨水、硬脂酸和水混合配制加入水泥砂浆中使其具有憎水能力;

(3) 以阳离子氯丁胶乳或有机硅防水剂等合成高分子材料按一定比例掺入水泥砂浆中,或使用高分子益胶泥等直接加水使之固化后形成聚合物防水砂浆,具有较高的抗渗能力及憎水能力。

防水混凝土有三种:

(1) 不加外加剂,依靠调整混凝土配合比达到抗渗要求。一般抗渗能力较差;

(2) 掺加防水剂、减水剂等外加剂,提高抗渗能力;

(3) 掺加混凝土膨胀剂,使混凝土产生微膨胀性能,从而补偿混凝土内部收缩,提高抗渗、抗裂能力。

6.6.3 选用原则

1. 国家推广、限制及禁止使用的防水材料

(1) 防水卷材

1) 国家推荐使用的防水卷材

SBS 或 APP 改性沥青防水卷材(Ⅱ型):长纤维聚酯毡胎基 SBS 或 APP 改性沥青防水卷材适用于防水等级为Ⅰ、Ⅱ级的屋面和地下防水工程;无碱玻纤毡胎基 SBS 或 APP 改性沥青防水卷材适用于结构稳定的一般屋面和地下防水工程;SBS 改性沥青卷材适用于寒冷地区的建筑防水工程;APP 改性沥青卷材适用于较炎热地区的建筑工程和道路桥梁的防水。

三元乙丙橡胶(硫化型)防水卷材:适用于耐久性、耐腐蚀性和适应变形要求高、防水等级为Ⅰ、Ⅱ级的屋面和地下防水工程。

聚氯乙烯防水卷材(Ⅱ型)。适用于建筑屋面和地下工程防水,也适用于种植屋面作防水层。

2) 国家限制使用的防水卷材

石油沥青纸胎油毡:不得用于防水等级为Ⅰ、Ⅱ级的建筑屋面和各类地下防水工程。

沥青复合胎柔性防水卷材:不得用于防水等级为Ⅰ、Ⅱ级的建筑屋面和各类地下防水

工程。在防水等级为Ⅲ级的建筑屋面使用时,必须采用三层叠加构成一道防水层。

聚乙烯膜层厚度在 0.5mm 以下的聚乙烯丙纶等复合防水卷材:凡在屋面工程和地下防水工程设计中选用聚乙烯丙纶等复合防水卷材时,必须是采用一次成型工艺生产且厚度在 0.5mm 以上(含 0.5mm)的,并应满足屋面工程和地下防水工程技术规范的要求。

3)国家禁止使用的防水卷材:采用二次加热复合成型工艺生产的聚乙烯丙纶等复合防水卷材。S 型聚氯乙烯防水卷材。

(2)防水涂料

1)国家推荐使用的防水涂料

聚氨酯防水涂料:适用于地下室和厕浴间等工程防水,也可用于非暴露型屋面工程防水。

聚合物水泥防水涂料。适用于非暴露型屋面、厕浴间及外墙面的防水、防渗和防潮工程。

2)国家禁止使用的防水涂料:焦油型聚氨酯防水涂料、水性聚氯乙烯焦油防水涂料、橡胶改性沥青溶剂防水涂料及含苯的涂料。

(3)密封材料

1)国家推荐使用的密封材料

建筑用硅酮结构密封胶:适用于建筑幕墙和石材等结构粘结和密封工程。

硅酮建筑密封膏:适用于建筑物变形缝、门窗框和厕浴间等工程部位的嵌缝密封处理。

聚硫建筑密封膏:适用于中空玻璃、油库、机场、污水处理池、垃圾填埋场、道桥和门窗等构造接缝的粘接密封处理。

聚氨酯建筑密封膏:适用于道路、桥梁、运动场、机场和屋面及地下工程接缝的粘接密封处理。

丙烯酸酯建筑密封膏:适用于各种小型混凝土板、石膏板、门窗框接缝和家用装饰装修工程。

2)国家禁止使用的密封材料:焦油型聚氯乙烯建筑防水接缝材料。

2. 防水材料的一般选用原则

(1)根据气候条件选用防水材料。一般来说,北方寒冷地区可优先考虑选用三元乙丙橡胶防水卷材、氯化聚乙烯 – 橡胶共混防水卷材等合成高分子防水卷材,或选用 SBS 改性沥青防水卷材、焦油沥青耐低温卷材,以及具有良好低温柔韧性的合成高分子防水涂料、高聚物沥青防水涂料等防水材料。南方炎热地区可选择 APP 改性沥青防水卷材、合成高分子防水卷材和具有良好耐热性的合成高分子防水涂料或采用掺入微膨胀剂的补偿收缩水泥砂浆、细石混凝土刚性防水材料作防水层。

(2)根据湿度条件选用防水材料。对于我国南方多雨、多湿地区宜选用吸水率低、无接缝、整体性好的合成高分子涂膜防水材料防水层、或采用以排水为主、防水为辅的瓦屋面结构形式,或采用补偿收缩细石混凝土刚性材料作防水层。如采用合成高分子防水卷材作防水层,则卷材搭接边应切实粘结紧密、搭接缝应用合成高分子密封材料封严;如用高聚物改性沥青防水卷材作防水层,则卷材的搭接边宜采用热熔焊接,尽量避免因接缝不好而产生渗漏。梅雨地区不得采用石油沥青纸胎油毡作防水层,因纸胎吸油率低,浸渍不透,长期遇水,会造成纸胎吸水腐烂变质而导致渗漏。

(3)根据结构选用防水材料。对于结构较稳定的钢筋混凝土屋面,可采用补偿收缩防水混凝土作防水层,或采用合成高分子防水卷材、高聚物改性沥青防水卷材、沥青防水卷材作防水层。

对于预制化、异型化、大跨度、频繁振动的屋面,容易增大移动量和产生局部变形裂缝,可选高强度、高伸长率的三元乙丙橡胶防水卷材和氯化聚乙烯－橡胶共混防水卷材等合成高分子防水卷材,或具有良好伸长率的合成高分子防水涂料等作防水层。

(4)根据防水层暴露程度选用防水材料。用柔性防水材料作防水层,一般应在其表面用浅色涂料或刚性材料作保护层。用浅色涂料作保护层时,防水层呈"外露"状态而长期暴露于大气中,所以应选择耐紫外线、耐热老化和耐霉烂性好的各类防水卷材或防水涂料作防水层。

(5)根据不同部位选用防水材料。对于屋面工程,细部构造(如檐沟、变形缝、女儿墙、水落口、伸出屋面管道、阴阳角等)是最易发生渗漏的部位。对于这些部位应重点设防,即使防水层由单道防水材料构成,细部构造部位亦应进行多道设防。贯彻"大面防水层单道构成,局部(细部)构造复合防水多道设防"的原则。对于形状复杂的细部构造基层(如圆形、方形、角形等),当采用卷材作大面防水层时,可用整体性好的涂膜作附加防水层。

(6)根据环境介质选用防水材料。某些生产酸、碱化工产品或用酸、碱产品作原料的工业厂房或贮存仓库,空气中散发出一定量的酸、碱气体介质,这对柔性防水层有一定的腐蚀作用,所以应选择具有相应耐酸、耐碱性能的柔性防水材料作防水层。

(7)根据技术可行又经济合理的原则选用防水材料。根据工程防水等级的要求及工程投资的多少,综合考虑技术经济两方面的因素,在满足防水层耐用年限要求的前提下,尽可能经济选材。

6.6.4 注意事项

(1)使用高聚物改性沥青防水卷材应注意:

1)采用热熔施工方法时,卷材的厚度必须达到3mm以上,3mm以下的卷材和自粘型橡胶沥青卷材一般采用冷粘法施工;

2)表面覆PE膜的高聚物改性沥青防水卷材在以冷粘法进行搭接缝处理时,应消除PE膜对冷粘剂的隔离作用;

3)在地下室等长期泡水的环境中应用的高聚物改性沥青防水卷材不应使用以含棉、麻等易腐烂的植物纤维为胎体的卷材。

(2)溶剂型SBS改性沥青防水涂料应密封储放于阴凉通风处,禁止接近火源。

(3)双(多)组分聚氨酯防水涂料禁止用于建筑物内部厕浴间、地下室、地下沟渠、深坑及通风不良的施工作业面。

(4)加强溶剂型防水涂料(含溶剂型冷底子油)在施工现场应是即开即用的产品,在施工现场不准许添加苯类溶剂。

6.6.5 检验要求

检验要求见表6.6.5-1~表6.6.5-3。

防水卷材常规检验项目及样品要求   表6.6.5-1

产品名称		检 验 项 目	抽样规则及数量
高分子防水材料——片材	常规处理	拉伸强度、伸长率、不透水性、撕裂强度、低温弯折	同品种、同规格的5 000m²为一批,随机抽取3m²样品
	老化处理	拉伸强度、伸长率:(加热处理、碱处理、100%伸长率、外观)加热伸缩率、粘合性能(无处理、热处理、碱处理)	
高分子防水材料——橡胶止水带	常规检验	硬度、拉伸强度、扯断伸长率、撕裂强度	以每月同标记的止水带产量为一批,随机抽取2m试样
	其他项目	压缩永久变形(包括23℃和70℃)、脆性温度、热空气老化(硬度、拉伸强度、扯断伸长率、橡胶与金属粘合情况)	
高分子防水材料——遇水膨胀橡胶	腻子型	体积膨胀倍率、高温流淌性、低温试验	以每月同标记的膨胀橡胶产量为一批,随机抽取1m试样。标明膨胀倍率
	制品型	硬度、拉伸强度、扯断伸长率、体积膨胀倍率、低温弯折、反复浸水后的拉伸强度、扯断伸长率、反复浸水后的体积膨胀倍率	
APP、SBS防水卷材		拉力、断裂延伸率、不透水性、撕裂强度、耐热度、柔度、可溶物含量	随机抽取2m²样品;标明聚酯胎或玻纤胎
自粘橡胶沥青防水卷材		拉力、断裂延伸率、不透水性、耐热度、柔度、剪切性能、剥离性能	同品种、同规格的5 000m²为一批,随机抽取2m²样品
沥青复合胎柔性防水卷材		拉力、断裂延伸率、柔度、耐热度、不透水性	同品种、同规格、等级的1 000卷为一批,随机抽取2m²样品
氯化聚乙烯-橡胶共混防水卷材		拉伸强度、断裂延伸率、直角撕裂强度、不透水性、热老化后拉伸强度及断裂伸长率保持率、脆性温度、粘结剥离强度(无处理、浸水)	同类型、同规格的250卷为一批,随机抽取2m²样品
聚氯乙烯防水卷材 氯化聚乙烯防水卷材	常规处理	拉伸强度、断裂伸长率、不透水性、撕裂强度、热处理尺寸变化率、低温弯折	同品种、同规格的5 000m²为一批,随机抽取2m²样品
	老化处理	拉伸强度、伸长率(加热处理、碱处理、酸处理、盐溶液)低温柔性(加热处理、盐溶液处理、碱处理、酸处理)剪切状态下粘合性、抗穿孔性	
EVA防水板		拉伸强度、断裂伸长率、直角撕裂强度、尺寸稳定性	同品种、同规格的5 000m²为一批,随机抽取2m²样品

产品名称	检验项目	抽样规则及数量
聚氨酯建筑密封膏 聚硫建筑密封膏 丙烯酸酯建筑密封膏	密度、适用期、表干时间、渗出性指数、流变性、拉伸粘接性、定伸粘接性、低温柔性、恢复率	以出厂的同等级、同型号的2t 为一批，抽取3kg 样品

防水涂料常规检验项目及样品要求　　　　表 6.6.5-3

产品名称		检验项目	抽样规则及数量
聚氨酯防水涂料 聚合物乳液防水涂料	常规检验	固体含量、拉伸强度、伸长率、不透水性、撕裂强度、干燥时间、低温柔性、粘结强度	甲组分以 5t 为一批，乙组分按产品重量配比相应组批，两组分按配比共取 3～5kg 样品
	老化处理	拉伸强度、伸长率(加热处理、紫外线处理、碱处理、酸处理)、低温柔性(加热处理、紫外线处理、碱处理、酸处理)、加热伸缩率、拉伸时的老化	
水性沥青基防水涂料		固体含量、无处理延伸性、柔韧性、耐热性、粘结性、不透水性	以每班的生产量为一批，抽取3kg 样品
聚合物水泥防水涂料	常规检验	固体含量、拉伸强度、伸长率、不透水性、粘结强度、低温柔性(Ⅰ型要求)、抗渗性(Ⅱ型要求)、干燥时间	同一类别、同一型号10t 为一批，两组分按配比共抽取3kg 样品
	老化处理	拉伸强度、伸长率:(加热处理、紫外线处理、碱处理)	
水泥基渗透结晶型防水涂料	受检涂料	安定性、凝结时间、抗折、抗压强度、粘结强度、抗渗压力、第二次抗渗压力、渗透压力比	粉料抽取10kg
	掺防水剂混凝土	减水率、泌水率比、抗压强度比、含气量、凝结时间差、收缩率比、渗透压力比、第二次抗渗压力、对钢筋的锈蚀作用	防水剂抽取3kg

6.6.6　附件

(1)《聚氯乙烯防水卷材》GB 12952—2003；

(2)《氯化聚乙烯防水卷材》GB 12953—2003；

(3)《高分子防水材料第1 部分　片材》GB 18173.1—2000；

(4)《高分子防水材料第2 部分　止水带》GB 18173.2—2000；

(5)《高分子防水材料第3 部分　遇水膨胀橡胶》GB 18173.3—2002；

(6)《弹性体改性沥青防水卷材》GB 18242—2000；

(7)《塑性体改性沥青防水卷材》GB 18243—2000；

(8)《砂浆、混凝土防水剂》JC 474—1999；

（9）《自粘橡胶沥青防水卷材》JC 840—1999；

（10）《三元丁橡胶防水卷材》JC/T 645—1996；

（11）《氯化聚乙烯—橡胶共混防水卷材》JC/T 684—1997；

（12）《沥青复合胎柔性防水卷材》JC/T 690—1998；

（13）《建筑表面用有机硅防水剂》JC/T 902—2002；

（14）《水性沥青基防水涂料》JC 408—2005；

（15）《聚氨酯防水涂料》GB/T 19250—2003；

（16）《聚氯乙烯弹性防水涂料》JC/T 674—1997；

（17）《溶剂型橡胶沥青防水涂料》JC/T 852—1999；

（18）《聚合物乳液建筑防水涂料》JC/T 864—2000；

（19）《聚合物水泥防水涂料》JC/T 894—2001；

（20）《无机防水堵漏材料》JC 900—2002；

（21）《水泥基渗透结晶型防水材料》GB 18445—2001；

（22）《建筑用硅酮结构密封胶》GB/T 16776—1997；

（23）《建筑密封材料试验方法》GB/T 13477—2002；

（24）《硅酮建筑密封胶》GB/T 14683—2003；

（25）《建筑窗用弹性密封剂》JC/T 485—1992；

（26）《建筑密封胶系列产品标准》JC/T 881～JC/T 885—2001,JC/T 486—2001。

6.6.7　术语

（1）耐水性:在水的作用和水浸湿后,防水卷材的基本性能不变,在水的压力下不穿透的性能。

（2）低温柔性:指材料在低温条件下的柔韧程度,以便于施工的性能。

（3）拉伸粘结性:反映防水材料在给定基材上的粘结能力。

（4）抗老化性:指防水卷材在大气作用下的稳定性,并能抗一般酸、碱侵蚀和微生物腐蚀。

6.7　建筑塑料及制品

6.7.1　主要内容

建筑塑料是利用高分子材料的特性,以高分子材料为主要成分,添加各种改性剂及助剂,为适合建筑工程不同部位的特点和要求而生产的塑料制品,是继钢材、木材、水泥之后的第四大类建筑材料。建筑塑料符合现代材料的发展趋势,是一种理想的可用于替代木材、部分钢材和混凝土等传统建筑材料的新型材料。

6.7.2　塑料的种类和特性

1. 塑料的种类:按其受热时所含树脂发生的不同变化分为热塑性塑料和热固性塑料

两类。热塑性塑料具有线形分子,在加热时呈现可塑性,甚至熔化,冷却后又凝固硬化,而且这种变化是可逆的并能重复进行,如聚乙烯、聚氯乙烯、聚苯乙烯等。热固性塑料在固化前也具有线形分子结构,在加热时转变成黏稠状态,再继续加热则固化,转变成体型结构,这种变化是不可逆的。热固性塑料有酚醛树脂、环氧树脂等。

2. 塑料的特性:

(1) 良好的加工性能:可用各种方法加工成具有各种断面形状的通用材或异型材,如塑料薄膜、塑料薄板、管材、门窗型材和扶手等。生产效率高。

(2) 比强度高:即单位密度的强度高,玻璃钢的比强度超过钢材和木材,远超过水泥和混凝土,是一种轻质高强的材料。

(3) 自重轻:密度为 0.9~2.2,是钢的 1/5,与木材接近。

(4) 导热性低:塑料制品的导热、导电能力较岩石为小,泡沫塑料是好的绝热材料。

(5) 装饰性优异:表面可以着色,制成各种色彩和图案,能仿制各种石材或木材的表面装饰效果。还可以用烫金或电镀的方法对其表面进行处理,使其表面具有立体感和金属质感,并易与其他材料复合。

(6) 经济性:能耗低、价值高,且安装、维护、施工费用低。在使用过程中,某些塑料产品具有节能效果。如塑料窗隔热性能好,代替钢铝窗节省空调费用;塑料管内壁光滑,输水能力比白铁管高 30%。

塑料及其制品具有有机高分子材料的一般通病,如易燃、易老化、耐热性差,但是近年随着改性添加剂和加工工艺的不断发展,这些缺点已得到很大的改善,如加入阻燃剂可使之成为优于木材的具有自熄性和难燃性的产品。经改进后的建筑塑料制品其使用寿命可以与其他建筑材料相媲美,甚至高于传统材料。

3. 常见塑料及对应的简称:

聚氯乙烯:PVC

聚乙烯:PE

交联聚乙烯:PE - X

聚丙烯:PP

聚丁烯:PB

聚苯乙烯:PS

工程塑料管:ABS 管

铝塑复合管:PAP 管

钢塑复合管:SP 管

玻璃夹砂管:RPM 管

聚甲基丙烯酸甲酯:PMMA

聚氨酯:PU

ABS 树脂:由丙烯、丁二烯、苯乙烯三种元素组成

6.7.3 选用原则

(1) 聚乙烯(PE)主要用作建筑防水材料、给排水管、卫生洁具等。聚氯乙烯(PVC)主要用作管道和门窗。聚苯乙烯(PS)主要用作隔热材料。ABS 塑料可制作装饰板和室

内装饰用配件及日用品等。聚甲基丙烯酸甲酯(PMMA)可代替玻璃用于受振或易碎处。玻璃纤维增强塑料(玻璃钢)可广泛用于各种层压板、装饰板、门窗框等。

（2）塑料管包括硬质聚氯乙烯管(PVC–U)、聚乙烯管(PE)、玻璃钢夹砂管(RPM)、钢塑复合管(SP)、增强聚丙烯管(FRPP)等等。

（3）在建筑物给、排水管网中,塑料管已逐步替代灰口铸铁管、混凝土和钢筋混凝土管。在建筑物燃气管网中,塑料管也已逐步替代传统的钢管和铸铁管。近几年发展起来的新型塑料与金属复合的管材,如钢塑复合管和铝塑复合管,由于综合性能优良,应用越来越广泛。

（4）应根据建筑部位的不同性能要求来选择不同功能的塑料或塑料制品,如用于顶棚、天花板等装饰材料及容易引起火灾的电线套管、嵌线槽板等制品时,应选用耐燃的塑料,用于地面材料时,应选用耐磨的塑料等等。

6.7.4 注意事项

塑料在使用过程中应注意以下几点:

（1）易老化:因在热、阳光、空气或环境介质中的酸、碱、盐等作用下,分子结构产生递变,增塑剂被挥发,化合键产生断裂,发生硬脆、破坏的现象。

（2）耐热性差:一般都具有受热变形的问题。热塑性塑料的热变形温度仅为 80～120℃,而热固性塑料也不超过 150℃。在施工、使用和保养时,应注意这一特性。

（3）易燃:塑料不仅可燃,而且燃烧时挥发出的气体有毒、有味,对人体有害。所以在生产过程中一般都加入一定量的阻燃剂。在使用时,建筑物的某些容易导致火焰蔓延的部位,应尽量不用塑料。

（4）刚度小。是一种粘弹性材料,弹性模量低,在长期的荷载下产生蠕变,所以用作承重结构时应慎重。

6.7.5 检验要求

检验要求见表 6.7.5–1、表 6.7.5–2。

塑料给排水管常规检验项目及样品要求　　　　　　　　　　表 6.7.5–1

产品名称	检验项目	抽样规则及数量
给水用 PVC–U 管材	外观、尺寸、落锤冲击试验、液压试验	同型号取 4 条 1m(φ20～φ110)
给水用 PVC–U 管件	外观、尺寸、烘箱试验、坠落试验、液压试验	同型号取 9 个
给水 PPR 管材	外观、尺寸、纵向回缩率、液压试验、简支梁冲击试验	同型号取 4 条 1m(液压只做常温)
给水 PPR 管件	外观、尺寸、液压试验	同型号取 9 个
给水用 HDPE 管材	外观、尺寸、纵向回缩率、拉伸屈服应力、液压试验	同型号取 4 条 1m
给水钢塑复合管	外观、内衬塑料厚度、弯曲(压扁)性能、结合强度	取 3 条 1m(外径大于 65mm 取 3 条 50～100mm)和 2 件 20mm

产品名称	检验项目	抽样规则及数量
给水衬塑管件	外观、结合性能、耐压强度	同型号取9个
建筑用铜管管件	外观、强度试验、爆破压力试验	同型号取9个
排水 PVC-U 管材	外观、尺寸、拉伸性能、落锤冲击性能、维卡软化温度	同型号取4条1m(40~160mm)
排水 PVC-U 管件	外观、尺寸、维卡软化温度、烘箱试验、坠落试验	同型号取9个
埋地排水 PVC-U 双壁波纹管	外观、尺寸、环柔性、冲击强度、烘箱试验、环刚度(注明环刚度级别)	取6条1m(大外径取16段200mm 和3段300mm)
埋地排污、废水用硬聚氯乙烯(PVC-U)管材	外观、尺寸、维卡软化温度、环刚度、落锤冲击试验	4条1m(大外径取15段200mm)
排水用芯层发泡 PVC-U 管材	外观、尺寸、扁平试验、纵向回缩率、落锤冲击、环刚度	同型号取4条1m,注明环刚度级别
铝塑复合压力管	外观、尺寸、工作压力、环径向拉伸力、爆破强度	同型号取4条1m
铝塑复合管件	外观、密封性试验、液压爆破试验	同型号取9个
地下通信塑料管	外观、落锤冲击试验、扁平试验、环刚度(注明级别)	同型号取4条1m

塑料线管槽常规检验项目及样品要求 表6.7.5-2

产品名称	检验项目	抽样规则及数量
PVC 电线管	外观、尺寸、冲击性能、弯曲性能(小于ϕ25)、电气性能	同型号取5条1m和3条 1 200mm
PVC 电线管件	外观、跌落性能、耐热性能、电气性能	同型号取9个
难燃绝缘 PVC 电线槽	外观、尺寸、冲击性能、外负载性能、耐热性能	同型号取8条600mm
难燃绝缘 PVC 电线槽配件	外观、尺寸、冲击性能、耐热性能	同型号取8个

6.7.6 附件

(1)《建筑排水用硬聚氯乙烯管材》GB/T 5836.1—92;

(2)《建筑排水用硬聚氯乙烯管件》GB/T 5836.2—92;

(3)《给水用硬聚氯乙烯(PVC-U)管材》GB/T 10002.1—1996;

(4)《给水用硬聚氯乙烯(PVC-U)管件》GB/T 10002.2—2003;

(5)《埋地排污、废水用硬聚氯乙烯管材》GB/T 10002.3—1996;

（6）《排水用芯层发泡硬聚氯乙烯（PVC－U）管材》GB/T 16800—1997；

（7）《建筑用绝缘电工套管及配件》JG 3050—1998；

（8）《难燃绝缘电线槽及配件》QB/T 1614—2000；

（9）《建筑物隔热用硬质聚氨酯泡沫塑料》GB/T 10800—1989；

（10）《绝热用模塑聚苯乙烯泡沫塑料》GB/T 10801.1—2002；

（11）《绝热用挤塑聚苯乙烯泡沫塑料》GB/T 10801.2—2002；

（12）《软质聚氨酯泡沫塑料》GB/T 10802—1989；

（13）《隔热用聚苯乙烯泡沫塑料》GB/T 3807—1999；

（14）《给水用聚乙烯（PE）管材》GB/T 13663—2000；

（15）《埋地排水用硬聚氯乙烯双壁波纹管材》GB/T 18477—2001；

（16）《冷热水用氯丙烯（PP－R）管道系统。总则、管材、管件》GB/T 18742—2002；

（17）《门窗用未增塑聚氯乙烯（PVC－U）型材》GB/T 8814—2004。

6.7.7 术语

（1）钢塑复合管（SP管）：由钢管原管（或镀锌钢管）在其内部复合高密度聚乙烯或交联聚乙烯层的复合管材。

（2）铝塑复合管（PAP管）：由内塑料管、内胶、铝合金管、外胶、外塑料管五层复合组成的复合管材。

（3）玻璃钢：即玻璃纤维增强塑料（FRP），是以合成树脂为基料，用玻璃纤维及其织物加以增强的复合材料。由于其密度仅为普通钢材的 1/5～1/4，而其机械强度可达到甚至超过普通碳钢的强度，所以又称之为玻璃钢。

（4）维卡软化温度：反映塑料管材耐热性能指标。

（5）扁平试验：反映塑料管材受压至扁平状态时是否破坏（裂）的能力。

（6）落锤冲击试验：反映塑料管材抵抗冲击破坏的能力。

（7）氧指数：衡量高分子材料阻燃性好坏或燃烧难易的重要指标。

6.8 建筑涂料

6.8.1 主要内容

涂料是指涂敷于物体的表面，能与物体粘结牢固形成完整而坚韧的保护膜的一种材料。具有装饰和保护的作用，某些品种的涂料还具有特殊的性能，如防霉变、防火、防水等功能。由于涂料的施工方法简单方便，具有装饰性好、工期短、效率高、自重轻、维修方便等特点，广泛使用于建筑、家具、汽车、飞机、家用电器等领域中物品表面的涂饰。

油漆是涂料的一类。由于早期涂料中的主要物质是天然树脂、干性和半干性油，如松香、生漆、虫胶、桐油、豆油等，因而涂料被称为油漆。随着现代石油化学工业的飞速发展，为各种新型涂料提供了丰富的原材料，例如各种合成树脂、溶剂等。以合成树脂、有机稀释剂为主要原料的涂料品种非常多，甚至出现了以水为稀释剂的乳液型涂料（乳胶漆），所以人们通常称呼的油漆与传统意义上的油漆概念有了很大的区别。现在人们仍将溶剂型涂料称为油漆,而把用于建筑物上涂饰的涂料通称为建筑涂料。

6.8.2 涂料种类及技术要求

按主要成膜物质的化学成分不同分为有机涂料、无机涂料和有机－无机复合涂料。按涂料膜层的厚度和质感不同分为薄质涂料、厚质涂料、砂粒状涂料和凹凸立体状涂料。按涂料在建筑物中的使用部位不同分为外墙涂料、内墙涂料、地面涂料和顶棚涂料。

1. 有机涂料:按稀释剂又分为溶剂型涂料、水溶性涂料和乳胶涂料。溶剂型是以有机溶剂为稀释剂,有一定的耐水性和耐酸碱性,使用温度低,但易燃、有毒、透气性差、价格较贵,因而在工程中的用量不大;水溶性涂料是以水溶性合成树脂为主要成膜物质,水为稀释剂。它无毒、不燃、价格便宜,有一定的透气性,但耐水性、耐候性和耐擦洗性较差,一般只用于内墙面的装饰,如聚乙烯醇缩甲醛内墙壁涂料;乳胶涂料又称乳胶漆,它是将合成树脂以 $0.1 \sim 0.5 \mu m$ 的极细颗粒分散于水中形成乳液,并作为主要成膜物质,加入适量的颜料、填料及辅助材料等,经研磨而成。它的造价较低,无毒,是一种环保型涂料,有较好的透气性和较好耐水、耐擦洗性,但对施工温度有一定要求,一般要求在 10℃ 以上。乳胶涂料可用于各种内外墙面的涂饰,是目前建筑工程中所使用的主要涂料品种。

2. 无机涂料:在建筑物的装饰中,无机涂料的使用较早,如石灰水、大白浆等,但这类涂料的使用性能差,易产生起粉、剥落等现象,目前已被硅溶胶、水玻璃等性能优异的无机涂料淘汰。与有机涂料相比,有以下特点:涂膜的粘结力较高,遮盖力强,经久耐用,色彩丰富,有较好的装饰效果;对温度的适应性、色牢度性能优异,具有优良的耐热性、无毒、不燃。

无机涂料是一种很有发展前途的建筑涂料。目前无机涂料的品种主要有以碱金属硅酸盐为主要成膜的无机涂料和胶态二氧化硅为主要成膜物质的无机涂料。

3. 无机－有机复合涂料:有机或无机涂料使用时有这样或那样的优点,也有不同程度的局限性。品种有聚乙烯醇水玻璃内墙涂料、硅溶胶－丙烯醇外墙涂料等。

4. 内墙涂料:包括合成树脂乳液内墙涂料(乳胶漆)、水溶性内墙涂料、多彩内墙涂料等。

(1)合成树脂乳液内墙涂料(乳胶漆):以合成树脂乳液为主要成膜物质,以水为分散剂,无有机溶剂溢出,因而无毒,可避免施工时发生火灾,透气性好,因而可以避免因膜内外温差而鼓泡。

聚醋酸乙烯乳胶漆,是以醋酸乙烯单体通过乳液聚合得到的均聚乳液。无毒、不燃、涂膜细腻、色彩鲜艳,透气性好,价格较低,但耐水、耐碱、耐候性较差,是一种中档的内墙涂料。

丙烯酸酯乳胶漆,是丙烯酸酯共聚乳液。涂膜光泽柔和、耐候性、保光性、保色性优异,是一种高档的内墙涂料。但纯丙烯酸酯乳胶漆价格昂贵,常以丙烯酸系为单体,与醋酸乙烯、苯乙烯等单体进行共聚,制成性能较好而价格适中的中高档内墙涂料,主要品种有乙－丙乳胶漆和苯、丙乳胶漆。乙－丙乳胶漆,是醋酸乙烯和丙烯酸酯共聚的乳液涂料。它的耐碱性、耐水性优于聚醋酸乙烯乳胶漆。苯、丙乳胶漆是苯乙烯和丙烯酸酯共聚乳液涂料的简称。这种涂料的耐碱性、耐水性、耐洗刷性及耐久性稍低于纯丙烯酸酯涂料,但优于其他品种的内墙涂料。适用于混凝土、水泥砂浆、水泥类墙板等基层。基层应清洁、平整、坚实、不太光滑,以增强涂料与墙体的粘结力。基层的含水率应小于10%,pH值应在7和10之间,以免出现涂层变色、起泡、剥落等现象。最佳气候为15~25℃,湿度为50%~75%。

(2)水溶性内墙涂料:是以水溶性合成树脂聚乙烯醇及其衍生物为主要成膜物质的涂料。这类涂料原材料丰富,价格便宜,有一定的装饰效果,曾在国内内墙涂料市场占绝对优势,属低档涂料。

聚乙烯醇水玻璃内墙涂料(106内墙涂料):主要成膜物质是聚乙烯醇和水玻璃。无毒、无味、不燃,能在稍微潮湿的墙面上施工。干燥快,表面光滑,但涂料的耐水性差,涂膜表面不能用湿布擦洗,容易起粉、脱落。适用于一般建筑物的内墙装饰。

聚乙烯醇缩甲醛涂料(803内墙涂料):是以聚乙烯醇和甲醛进行不完全缩合反应生成的聚乙烯醇缩甲醛水溶液为主要成膜物质。干燥快,遮盖力强、涂层光洁等,耐水性、耐刷洗性虽比106涂料强,但仍不够好,且涂料中含有少量游离甲醛,对人有刺激性。适用于一般公共建筑的内墙面。

(3)多彩内墙涂料:是一种较为新颖的内墙涂料,是有不相混溶的两个液相组成。一相为分散介质、另一相为分散相。常用的分散介质为水相,另一相为分散相,由大小不等、有两种或两种以上不同颜色的着色液滴组成。涂层干燥后形成坚硬结实的多彩花纹涂层。又分为水包油型和水包水型。水包油型的主要成膜物质是能溶解于脂肪烃石油溶剂的丙烯酸树脂,稳定性好,现被广泛应用,但为低毒型;水包水型的成膜物质是合成树脂乳液,对环境几乎没有任何污染。

仿壁毯涂料(又称纤维质内墙涂料,或"好涂壁"):是20世纪80年代从日本引进,现国内也开发了同类产品。它是在各种色彩的纤维材料中加入了胶粘剂和辅助材料而制得的。这种涂料成膜后外观类似毛毯或绒面。质感丰富,装饰效果独特,有的产品混入少量真空镀铝的聚酯纤维,具有闪光效果。其次有隔热吸声效果,因其涂层较厚,有1~2mm。但涂层表面的耐污染性和耐水性较差。施工时需现场稀释配制。

梦幻内墙涂料:又称云彩内墙涂料,是一种水溶性涂料,不燃、无毒,属环保型装饰材料。施工比较方便。这种涂料的涂层由底层、中层和面层组成。底层涂料有良好的耐碱性和粘结性,能够抵抗水泥中的碱性物质对涂料的腐蚀且与基层牢固粘结。中层涂料是由特种树脂、有机和无机颜料、填料和助剂等组成。它的膜层有优良的耐水性、遮盖力和流平性,表面光滑坚韧,有各种色彩。面层有两种,一种是半丝光质或珠光丝质的面层涂料,另一种是闪光树脂金属颗粒涂料或彩色树脂纤维涂料。它的表面装饰效果类似"云雾"、"大理石"、"树林",这种面层涂料常采用喷涂方法施工,表面涂层光彩夺目、色彩艳丽。梦幻内墙涂料的膜层外表面一般喷涂透明涂料,以保护面层不受污染。施工时,先在基层涂刷一至二道底层涂料,然后用喷枪或刷子涂饰两道中间涂料,再在中层上喷涂面层涂料,最后在刷透明涂料保护层。都必须等前一层干后进行下一层。属高档涂料。适用于房间、宾馆的标准间、办公楼的会议室、酒店等场所。

除以上各品种外,还有仿瓷涂料和彩砂涂料等等。

5. 外墙涂料:包括聚合物水泥系涂料、溶剂型涂料、乳液型涂料等等。

(1)聚合物水泥系涂料。在水泥中掺加有机高分子材料制成。主要组成有水泥、高分子材料、颜料和助剂等。这种外墙涂料为双组分涂料,甲组分为高分子聚合物、颜料、分散剂和水等,乙组分为白水泥或普通水泥。施工时按比例将两种组分混合搅拌即可使用。

（2）溶剂型涂料

氯化橡胶外墙涂料:又称氯化橡胶水泥漆,有良好的粘结力、耐水性、耐腐蚀性和防霉功能。施工时不受温度影响。

丙烯酸酯外墙涂料:耐候性好,不易变色、脱落、粉化,施工不受温度限制,在零度以下也能很好地干燥成膜。但涂料由于易燃、有毒,施工时应注意采取保护措施。是国内外主要使用的品种之一,我国多用于高层建筑外墙的涂饰。

聚氨酯系外墙涂料:它的品种有聚氨酯－丙烯酸酯外墙涂料和聚氨酯高弹性外墙防水涂料。特点是涂膜柔软,弹性变形能力大;能与混凝土、金属、木材等牢固粘结;具有极好的耐水性、耐碱性;涂膜表面光洁、呈瓷质感,耐候性、耐污性好,使用寿命可达15年。特别是这种涂料具有类似橡胶的性质,对基层的裂缝有很大的随动性,能够"动态防水",是一种性能优异的高级外墙涂料。可直接涂刷在水泥砂浆、混凝土基层的表面,但基层的含水率应低于8%,施工时应将甲组分和乙组分按要求称量,搅拌均匀后使用,做到随配随用,配好的应及时用完。另外一点是它的有机溶剂容易着火,施工现场应注意防火。

丙烯酸酯有机硅外墙涂料:是有机硅改性丙烯酸酯为主要成膜物质,加入颜料、填料、助剂后制得。常用的溶剂为芳烃溶剂和酮类溶剂,如二甲苯、醋酸丁酯等。它的特点是渗透性好,耐污性好,易清洁。但施工时应注意基层的含水率应小于8%且注意防火。

仿瓷涂料:也称为瓷釉涂料。主要成膜物质为热固性树脂。这种涂料按涂层使用位置不同分为两种:用于底层的要求膜层柔韧、附着力强;用于面层的要求膜层硬度高、光泽强。

（3）乳液型涂料:按涂料的表面质感不同分为薄型乳液涂料、厚质涂料和彩色砂壁状涂料。

丙烯酸酯乳胶漆:以该乳液为主要成膜物质,加入颜料、填料和助剂,经各种工艺加工而成。特点:漆膜光泽柔和,有良好的耐候性、保色性,但价格较高。施工温度应在5℃以上。

苯－丙乳胶漆:是用量较大的外墙涂料,它的组成、特点与内墙的这种涂料相同。

乙－丙乳液厚质涂料:是由醋酸乙烯－丙烯酸酯共聚物乳液为主要成膜物质,掺入了一定量的粗骨料而制成的外墙涂料。这种涂料的膜层厚实,有一定的立体感,与基层有较强的粘结力,较好的耐候性、耐水性和色牢度,安全无毒,是一种常用的外墙涂料。

氯－醋－丙涂料:是由氯乙烯、醋酸乙烯、丙烯酸三丁酯在引发剂作用下聚合而得的乳液作为主要成膜物质制成的一种中档外墙涂料。特点是耐水性、耐碱性较好,长期使用表面微粉化,在雨水冲刷下连同表面的沾污物一同除去。适用于污染较重的城市建筑物外墙。

苯－丙外墙涂料:具有丙烯酸酯类的高耐光性、耐候性、不泛黄、耐碱性、耐水性和耐擦洗性优良,色彩艳丽、质感好,且与水泥材料附着力好,是目前应用较普遍的外墙乳液涂料之一。

彩色砂壁状外墙涂料:又称彩砂涂料或彩石漆,是以合成树脂乳液为主要成膜物质,以彩色砂粒为骨料,采用喷涂方法涂饰于建筑物外墙,形成粗面状涂层的厚质涂料。涂料所采用的合成树脂通常为苯-丙乳液。着色主要依靠着色骨料或天然砂粒、石粉加颜料。着色骨料由彩色岩石破碎或石英砂加矿物颜料烧结而成。石英砂与金属氧化物、矿化剂混合烧结得到的人工彩砂着色效果最好。人工彩砂与石英砂和白云石粉配合使用,获得色调的层次感和天然饰面石材的质感。具有无毒、无溶剂污染;快干、不燃,耐强光、不褪色等特点,利用骨料的不同组成和搭配,形成不同的层次,取得类似天然石材的质感和装饰效果。

水乳型环氧树脂外墙涂料:是由环氧树脂配以适当的乳化剂等搅拌分散而成的乳液为主要成膜物质制成的另一类乳液型涂料。是双组分涂料,即作为涂料的一种和以固化剂的另一组分,混合均匀后通过特制的喷枪一次喷成仿石纹的装饰涂层,是目前高档外墙涂料之一。

(4) 外墙无机建筑涂料:有前面介绍的水泥系涂料、还有碱金属硅酸盐系和硅溶胶系等。它们是以水溶性碱金属硅酸盐或二氧化硅胶体为主要成膜物质,加入颜料、填料和助剂后混合而成的。这类涂料的涂膜有良好的耐候性、耐久性、防水性、耐污性,对环境的污染程度低。碱金属硅酸盐的代表产品是 JH 80-1 型屋脊建筑涂料,硅溶胶系涂料的代表产品为 JH 80-2 型无机建筑涂料。与有机涂料相比,无机建筑涂料的耐水性、耐碱性、抗老化性等性能特别优异,其粘结力强,适用于混凝土墙体、砖墙、石膏板等基层。储存稳定性好,施工方便,可刷、辊或喷;以水为介质,无毒、无味、安全,且价格低。

6. 功能性建筑涂料。主要有防水涂料、防火涂料、防霉涂料、防腐蚀涂料等等。

防水涂料详见 6.6。

防火涂料:在易燃材料表面上,能够提高材料的耐火性能或能减缓火势蔓延传播速度,为人们提供灭火时间的一类涂料,也称阻燃涂料。按照防火涂料的组成分为非膨胀型和膨胀型防火涂料。非膨胀型防火涂料是由难燃或不燃的树脂及阻燃剂、防火填料等材料组成。难燃或不燃树脂主要是含卤素、磷、氮等的高分子合成树脂;膨胀型防火涂料是由难燃树脂、阻燃剂及成碳剂、脱水成碳催化剂、发泡剂等材料组成。涂层在受到高温或火焰作用下产生体积膨胀,形成比原来涂层厚度大几十倍的泡沫炭化层,从而有效阻止了外部热源的作用。防火涂料可涂饰在木材或木制品、钢材和混凝土等材料表面,使之的防火性能达到消防规定。常用的防火涂料品种有 SJ-86 水性木结构防火涂料、A60-1 改性氨基膨胀防火涂料、SS-I 型钢结构防火涂料和 TN-106 预应力混凝土涂料。

防霉涂料:是指能够抑制霉菌生长的功能涂料。防霉涂料与普通的装饰涂料的根本区别在于前者在涂料制造过程中加入了一定量的霉菌抑制剂。

防腐蚀涂料:是指能够保护建筑物避免酸、碱、盐及各种有机物质侵蚀的涂料。

6.8.3 选用原则

涂料的选用原则主要有:

禁止使用溶剂型木器漆和溶剂型防水涂料,推广使用水性木器涂料、水性防水涂料、低 TVOC 内墙乳胶漆、氟碳树脂外墙涂料等。

(1) 内墙涂料

1) 内墙涂料的主要要求:质地平滑,色调柔和,耐擦洗性,透气性好,耐水性和耐碱性,不易粉化,施工方便,甲醛、TVOC 等应符合国家标准。

2）内墙涂料的选用：

合成树脂乳液内墙涂料（乳胶漆）：一般用于室内墙面装饰，不宜用于厨房、卫生间、浴室等潮湿墙面。

溶剂型内墙涂料：主要用于大型厅堂、室内走廊、门厅等部位，一般民用住宅室内墙面装饰很少采用。

多彩内墙涂料：适用于建筑物内墙和顶棚水泥混凝土、砂浆、石膏板、木材、钢、铝等多种基面的装饰。

此外，还有梦幻内墙涂料、仿瓷涂料、彩砂涂料，以及以碱金属硅酸盐为主要成膜物质和以胶态二氧化硅为主要成膜物质的无机内墙涂料和无机－有机复合内墙涂料，如聚乙烯醇水玻璃内墙涂料。

（2）外墙涂料

1）外墙涂料的主要要求是：装饰性好、耐水、耐候、耐污染、施工维修方便。

2）外墙涂料的的选用：

丙烯酸系列外墙涂料：耐候性好，施工不受温度限制，但易燃、有毒，施工时应注意采取保护措施。适用于民用、工业、高层建筑及宾馆，也适用于钢结构、木结构的装饰防护。

聚氨酯系外墙涂料：适用于高级住宅、商业楼群、宾馆建筑的外墙饰面，是一种性能优异的高级外墙涂料。耐候性、耐污性好；对基层的裂缝有很大的随动性，能够"动态防水"。可直接涂刷在水泥砂浆、混凝土基层、金属、木材的表面，但基层的含水率应低于8%，施工时应将甲组分和乙组分按要求称量，搅拌均匀后使用，做到随配随用，配好的应及时用完。另外一点是它的有机溶剂容易着火，施工现场应注意防火。

乳液型涂料：如丙烯酸酯乳胶漆、苯－丙外墙涂料、乙－丙乳液厚质涂料等，都是常用的外墙涂料。

无机外墙涂料：适用于工业与民用建筑外墙和内墙饰面工程，也可用于水泥预制板、水泥石棉板、石膏板等。有良好的耐候性、耐久性、防火性、耐污性，对环境的污染程度低。

氯－醋－丙涂料：耐水性、耐碱性较好，适用于污染较严重的城市建筑物外墙。

彩色砂壁状外墙涂料：又称彩石漆，可获得天然饰面石材的质感。

水乳型环氧树脂外墙涂料：可用喷枪一次喷成仿石纹的涂层，是目前高档外墙涂料之一。

（3）地面涂料

地面涂料主要功能是对室内地面的装饰及保护，使之与室内墙面及其他布置环境相适应，一般涂饰在水泥砂浆、木制品等基体上，要求具有良好的耐碱性、耐水性、耐磨性、耐冲击性，施工简便。

地面涂料的选用：

过氯乙烯地面涂料：干燥快、施工方便、耐磨性较好、耐水性及耐化学腐蚀性好。但要注意通风防火、防毒，基层含水率不大于8%。

环氧树脂地面涂料：涂层坚硬、耐磨、良好的耐化学腐蚀，耐油、耐水性能与基层粘结力强。但双组分固化、操作时较复杂、施工时应注意通风、防火，地面含水率不大于8%。

聚氨酯地面涂料：质感舒适。适用于高级住宅地面、与基层粘结力强、整体性好、涂层的弹性变形能力大，不会因地基开裂、裂纹而导致涂层开裂，耐磨性好、色彩丰富、重涂性好、易于维修,但施工较复杂,施工中应注意通风、防火及劳动保护,此外,价格较贵。

6.8.4 注意事项

应用涂料的注意事项有:

1)溶剂型涂料易燃,溶剂挥发时对人体有害,施工时要求基层干燥,且价格较贵。

2)水溶性涂料耐水性、耐候性、耐洗刷性较差,一般只用于内墙涂料。

6.8.5 检验要求

检验要求见表6.8.5。

建筑涂料常规检验项目及样品要求   表6.8.5

涂料品种、名称	检验项目	抽样规则及数量
内墙乳胶漆	容器中状态、施工性、涂膜外观、耐洗刷性、耐碱性	同一厂家批号抽2L
外墙乳胶漆	容器中状态、施工性、涂膜外观、耐洗刷性、耐水性、耐碱性	
溶剂型外墙涂料		
外墙无机建筑涂料		
合成树脂乳液砂壁状建筑涂料		
建筑室内腻子	容器中状态、施工性、干燥时间、耐水性、耐碱性、打磨性、粘结强度	3kg
建筑外墙用腻子	容器中状态、施工性、干燥时间、耐水性、耐碱性、打磨性、粘结强度(标准状态、冻融循环5次)动态抗开裂性	3kg
饰面型防火涂料通用技术条件	容器中状态、干燥时间、附着力、柔韧性、耐水性、耐湿热性	2kg
钢结构防火涂料	容器中状态、干燥时间、外观与颜色、粘结强度	2kg

6.8.6 附件

(1)《合成树脂乳液砂壁状建筑涂料》JG/T 24—2000;

(2)《合成树脂乳液外墙涂料》GB/T 9755—2001;

(3)《合成树脂乳液内墙涂料》GB/T 9756—2001;

(4)《溶剂型外墙涂料》GB/T 9757—2001;

(5)《复层建筑涂料》GB/T 9779—88;

(6)《水溶性内墙涂料》JC/T 423—91;

(7)《建筑室内用腻子》JG/T 3049—1998;

(8)《民用建筑工程室内环境污染控制规范》GB 50325—2001。

6.8.7 术语

(1)涂层附着力:反映涂层与基材结合程度。

（2）涂层干燥时间：反映涂料成膜干燥固化所用时间。

（3）涂层耐洗刷性：表征涂层耐水擦洗程度的指标。

（4）涂料刷涂性：也称为涂料施工性。反映涂料在刷涂过程中的流平状态。

（5）涂料遮盖力：利用涂料试样能够遮住一定面积的底层所需要的试样量来表征涂料的遮盖能力。

（6）涂料贮存稳定性：将试样密封放置在规定环境中一定时间后，打开密封盖搅拌试样，观察有无结块、凝聚、发霉及组成变化等现象。

6.9　胶　粘　剂

6.9.1　主要内容

胶粘剂又称粘结剂、结合剂。凡能形成一薄膜层，并通过膜层将一物体和另一物体的表面紧密地连接起来，同时满足一定的物理、化学性能要求的非金属物质均可称为胶粘剂。胶结与焊接、铆接、螺纹连接等连接方式相比，具有很多突出的优点，如不受胶结物的形状、材质等因素的限制、胶结后有良好的密封性、胶结方法简便、几乎不增加粘结物的重量等。胶结剂已成为工程上不可缺少的重要配套材料。

应用于建筑行业的各类胶粘剂都叫建筑胶粘剂，包括用于建筑结构构件在施工、加固、维修等方面的建筑结构胶，应用于室内、外装修用建筑装修胶以及用于防水、保温等方面的建筑密封胶，还有用于建材产品制造、粘结铺装用材及特种工程应急维修、堵漏用的各种胶结剂等。

6.9.2　胶粘剂的组成和分类

1. 胶粘剂的组成

胶粘剂通常由粘结物质、固化剂、增塑剂、稀释剂、填料和改性剂（阻燃剂、促进剂、发泡剂、着色剂等）等组分配制而成。

（1）胶结物质：也称粘料，它是胶结剂中的基本组分，起粘结作用，其性质决定了胶粘剂的性能、用途和使用条件，一般多为树脂、橡胶类及天然高分子化合物作为粘结物质。

（2）固化剂：促使粘结物质通过化学反应加快固化的组分。有的胶粘剂中的树脂（如环氧树脂）若不加固化剂本身不能变成坚硬的固体。它也是胶粘剂的主要成分，其性质和用量对胶粘剂的性能起着重要的作用。

（3）增韧剂：为了改善粘结层的韧性，提高其抗冲击强度的组分。常用的有橡胶类和邻苯二甲酸二丁酯等。

（4）稀释剂：又称溶剂，主要起降低胶粘剂黏度的作用，以便于操作。如丙酮、二甲苯等。

（5）填料：它是建筑胶粘剂中必不可少的组成部分，一般不参与胶粘剂中的化学反应。但作用是多方面的。

（6）改性剂：是为了改善胶粘剂的某一方面性能，以满足特殊要求而加入的一些组分。如偶联剂、防腐剂、阻燃剂等。

2. 胶粘剂的分类

胶粘剂的品种繁多,组成各异,分类方法也各不相同。一般可按胶粘物质的性质、胶粘剂的强度特性及固化条件来划分。

按粘结物质的性质分为:有机和无机二大类。有机胶粘剂又分为合成胶粘剂和天然胶粘剂。

按强度特性分为:结构胶粘剂、次结构胶粘剂和非结构胶粘剂。

按固化形式分为:溶剂挥发型、化学反应型、热熔型和厌氧型。

按外观形态分为:溶液型、乳胶型、膏糊型、粉末型、薄膜型和固体型等。

按使用用途分为:建筑构件用建筑结构胶、建筑装修装饰用建筑装修胶、密封防漏用建筑密封胶,以及建筑铺装材料用特种胶。

6.9.3 胶粘剂的胶结性能及影响胶结强度的因素

1. 胶粘剂的主要性能

(1) 工艺性:指粘结操作方面的性能。粘结工艺性是有关粘结操作难易程度的总评价指标。

(2) 粘结强度:单位胶结面积所能承受的最大破坏力,是胶粘剂的主要性能指标。不同品种的粘结剂粘接强度不同,结构型胶粘剂的粘接强度最高,次结构胶粘剂次之,非结构型胶粘剂的粘接强度最低。

(3) 稳定性:在指定介质中,浸渍一段时间后的强度变化。

(4) 耐久性:所形成的胶粘层随着时间推移逐渐老化,直至失去粘结强度的这种性能。

(5) 耐温性:在规定的温度范围内的性能变化情况。包括耐热性、耐寒性及耐高低温交变性等。

(6) 耐化学性:抵抗化学介质作用的性能。

(7) 耐候性:胶粘件在一定自然条件的作用下,粘结层耐老化性能的表现。

(8) 其他性能。包括颜色、刺激性气味、毒性大小等。

2. 影响胶结强度的主要因素

(1) 胶粘剂及被粘物的性质。

(2) 被粘物的表面含水状况、粗糙度和表面处理方法。

(3) 被粘物的表面被胶粘剂浸润程度。

(4) 粘结层厚度、接头形式等。

6.9.4 选用原则

胶粘剂的选用原则:

(1) 应从被粘物的种类和性质、胶粘剂的性能、粘接的目的与用途、粘结件的使用环境、工艺上的可能性及经济性等等方面综合考虑。

(2) 环氧树脂胶粘剂(万能胶)。粘合力强、收缩性小、固化后具有很高的化学稳定性和胶结强度。适用于水中作业和需耐酸碱等场合及建筑物的修补。

（3）聚醋酸乙烯胶粘剂（白乳胶）。常温固化速度快,耐候性、耐水性好,可用水兑稀,耐霉变性能好,不含溶剂、无毒、不燃,使用运输安全方便。适用于粘结玻璃、陶瓷、混凝土、纤维织物、木材等非结构用胶。

（4）石材、面砖建筑胶粘剂。107胶（聚乙烯醇缩甲醛胶）是我国使用最早、用量最大的胶种。但由于它是一种初级胶,有残留的甲醛,现已淘汰使用。现有新开发的多种聚合乳液,如聚醋酸乙烯、环氧乳液和各种橡胶乳液已成为石材、面砖胶粘剂的主体。如AH－03石材胶粘剂（环氧乳液）,适用于大理石、花岗石、马赛克、面砖、瓷砖等与水泥基层的粘结。

（5）玻璃、有机玻璃类专用胶粘剂。玻璃胶是一种不透明的膏状体,有浓烈的醋酸味,微溶于酒精,不溶于其他溶剂,适用于玻璃门窗、橱窗、玻璃容器等的粘结,以及有防水、防潮要求的场所。

（6）禁止使用聚乙烯醇缩甲醛类胶粘剂、以苯系物为溶剂的氯丁胶粘剂、脲醛树脂木材胶粘剂,推广使用无醛胶粘剂。

6.9.5 注意事项

应用胶粘剂的注意事项:

（1）被粘物表面应保持一定的清洁度、粗糙度和温度;

（2）涂刷胶层时应均薄,有充分的晾干时间,以便于稀释剂的挥发。胶粘剂的固化要完全,同时保证胶粘剂固化时对压力、温度和时间的要求;

（3）尽可能增大粘结面积,保持施工现场中空气的湿度和清洁度。

6.9.6 检验要求

检验要求见表6.9.6。

粘结胶、结构胶常规检验项目及样品要求　　　　表6.9.6

产品名称	检验项目	抽样规则及数量
排（给）水管件胶粘剂	外观、固体含量、剪切强度、胶膜特性、耐静液压（给水）	同一批号取500ml（一瓶）
高分子防水卷材胶粘剂	黏度、不挥发物含量、适用期、剪切状态下的粘合性（标准试验条件）、剥离强度（标准试验条件）	同一批号取500ml
胶粘剂（结构胶）	拉伸强度、伸长率、拉伸剪切强度、压缩强度、弯曲强度、正拉粘结强度、弹性模量	同一批次抽取3kg样品、注明配比
陶瓷墙地砖胶粘剂	晾置时间、调整时间、收缩性、压剪胶粘强度（原强度、耐水强度、耐温强度、耐冻融强度）	A类产品30t为一批、其他类产品3t为一批、每批抽取4kg样品

6.9.7 附件

(1)《建筑用硅酮结构密封胶》GB/T 16776—1997；

(2)《陶瓷墙地砖胶粘剂》JC/T 547—94；

(3)《干挂石材幕墙用环氧胶粘剂》JC 887—2001；

(4)《建筑胶粘剂通用试验方法》GB/T 12954—1991；

(5)《室内装饰装饰材料　胶粘剂中有害物质限量》GB 18583—2001。

6.9.8 术语

(1)结构胶：用于建筑结构构件及结构工程中粘结受力结构和次受力结构的胶粘剂。

(2)非结构胶：又称为通用胶。用于粘结受力较小或不受力的构件，或作定位、紧固、堵漏、密封、灌注等用途的胶粘剂。

(3)粘结强度：单位胶结面积所能承受的最大破坏力，是胶粘剂的主要性能指标。

(4)剥离强度：破坏两种基材之间的粘附所需的力。是衡量胶层线受力（即抵抗裂缝扩展）能力的指标。

6.10 石 材

6.10.1 主要内容

现代建筑中石材装饰材料有天然石材和人造石材两大类。天然石材的装饰效果好、耐久性强，但造价高。与天然石材相比，人造石材具有质量轻、强度高、造价低、花纹可设计等优点，但色彩、质感方面始终不如天然石材。

6.10.2 主要技术性质

主要考虑石材的技术性能能否满足使用要求。可根据石材在建筑物中的用途和部位及所处环境来选定石材。如承重用的石材应考虑其强度等级、耐久性、抗冻性等技术指标；装饰用的构件（饰面板、扶手等）考虑石材的色彩与环境的协调及可加工性。

1. 天然石材

（1）物理性质

1）表观密度：又称容重，是石材在自然状态下的单位体积的质量。它与石材的组成成分、孔隙率及含水率有关。通常情况下，表观密度越大，则越致密，空隙越少，抗压强度越高，吸水率越小，耐久性越好。如致密的花岗石和大理石，其表观密度接近于真实密度，一般为 2500～3100kg/m³，而多空隙的浮石，表观密度只有 500～1700kg/m³。

天然石材可根据密度分为重石和轻石两类。密度大于 1 800kg/m³ 的为重石，用于建筑物的基础、房屋的外墙、道路等。密度小于 1 800kg/m³ 的为轻石，可用作砌筑保暖房屋的墙体材料。

2）吸水性：石材在水中吸收水分的性质。主要与石材的孔隙率和孔隙特征有关，也与其中的矿物成分有关。花岗石的吸水率一般小于0.5%，吸水率小于1.5%的称为低吸水性岩石，高于3%称为高吸水性岩石。

石材的吸水性对其强度有很大影响。吸水后，结构减弱，颗粒之间的粘合力降低，强度也因此下降。

3）耐水性：石材的耐水性是指石材长期在饱和水的作用下不破坏，强度无显著降低的性质。

4）抗冻性：石材的抗冻性取决于矿物组成成分、吸水性及冻结温度有关。吸水率越低，抗冻性越好。致密的花岗石、石灰石和砂岩等的抗冻性都很高。

5）耐热性：石材的耐热性与其化学成分和矿物组成有关。含石膏的石材在100℃以下就开始破坏；含有碳酸镁的石材，温度高于725℃会发生变化；含有碳酸钙的石材，温度达827℃时开始破坏。而石英组成的石材，温度达到700℃时。由于石英受热膨胀，强度迅速降低。

（2）力学性质

石材的力学性质主要包括抗压强度、冲击韧性、硬度和耐磨性。

1）抗压强度：以边长为70mm的立方体试件，用标准试验方法所得的抗压强度值作为评定标准。石材的抗压强度大小取决于岩石的矿物组成、晶体结构特征以及胶结物质的种类和均匀性。如石英是一种坚硬的物质，花岗石中其含量越多，强度越高。而云母是一种片状的矿物，因此，云母含量越多，强度越低。构造越致密的，强度越大。硅质物质胶结的石材的抗压强度较大，而泥质物质胶结的则较小。

2）冲击韧性：是指石材抵抗冲击荷载的能力。与矿物组成和结构有关。石英石、硅质砂岩的脆性较高，而含暗色矿物较多的辉长岩、辉绿岩等具有较高的韧性。晶体结构较非晶体结构具有较高的韧性。

3）硬度：岩石的硬度大小用莫氏硬度或肖氏硬度表示，是指石材抵抗其他较硬物体压入的能力，也即材料表面的抗变形能力。它取决于矿物组成的硬度与构造。

4）耐磨性：石材在使用条件下抵抗摩擦、冲击等综合外力作用的能力。石材的耐磨性与其矿物组成的硬度、结构、构造特征有关。组成矿物越坚硬、构造越致密、抗压强度和冲击韧性越高，则耐磨性越好。

（3）工艺性质

1）加工性：指岩石劈解、破碎、锯切等加工工艺的难易程度。凡强度、硬度和韧性较高的石材，均不易加工。而质脆、含层状或已风化的岩石，其固型能力差，也不易加工。大理石质地致密而硬度不大(肖氏硬度为50)，较易锯切和磨光，加工性能好。

2）磨光性：岩石能磨成光滑表面的性质。均匀、致密和细粒的岩石磨光性好，疏松、多孔或有鳞片结构的，磨光性不好。

3）抗钻性：钻孔的难易程度，因素较复杂，但与强度和硬度有关。

2. 人造石材

人造石材是以大理石、花岗石碎料，石英砂、石渣等为骨料，树脂或水泥等为胶结料，经拌和、成型、聚合或养护后，研磨抛光、切割而成。常用的人造石材有人造大理石、人造花岗石和水磨石。按照人造石材生产所用原料，可分为以下四类：

（1）树脂型人造石材。胶结剂为不饱和聚脂。具有光泽好、颜色丰富、可加工性好、装饰效果好等特点。室内装饰工程中采用的人造石材多为此类型。

（2）复合型人造石材。胶结剂既有无机材料，又有高分子材料。复合型人造石材造价较低，受温差影响聚脂面易产生剥落或开裂。

（3）水泥型人造石材。胶结剂为各种水泥。水泥型人造石材价格低廉，装饰性较差，水磨石和各类花阶砖即属此类。

（4）烧结型人造石材。生产方法类似陶瓷。烧结型人造石材的装饰性好，性能稳定，但能耗大、造价高。

人造石材的技术性质基本上与天然石材相同，但以有机材料为胶结剂的人造石材存在易老化的问题，由于在长期受自然环境（风吹、雨淋、日晒）的综合作用下，会逐渐产生老化，表面会变暗，失去光泽，降低装饰效果。

6.10.3　选用原则

（1）适用性：主要考虑石材的技术性能能否满足使用要求。可根据石材在建筑物中的用途和部位及所处环境来选定石材。如承重用的石材应考虑其强度等级、耐久性、抗冻性等技术指标；装饰用的构件（饰面板、扶手等）考虑石材的色彩与环境的协调及可加工性。

（2）经济性：天然石材密度大，运费高，应尽量就地取材。

（3）安全性：主要是指石材的放射性。

6.10.4　注意事项

石材的放射性。石材中的放射性物质主要是镭等放射性元素。天然石材按放射性水平由低到高分为 A,B,C 类。A 类可在任何场合下使用，B 类不可用于居室的内饰面，但可用于其他建筑的内外饰面，C 类只用于建筑物的外饰面。

6.10.5　检验要求

检验要求见表 6.10.5。

石材常规检验项目及样品要求　　　　　　　　　　表 6.10.5

产 品 名 称	检 验 项 目	抽样规则及数量
天然花岗石 天然大理石	弯曲强度（平行层理、垂直层理）	随机抽取 6 块
	放射性核素	每批抽取 3kg

6.10.6　附件

（1）《天然板石》GB/T 18600—2001；

（2）《天然花岗石建筑板材》GB/T 18601—2001；

（3）《天然大理石建筑板材》GB/T 18601—2001；

（4）《天然饰面石材试验方法》JC/T 79—2001；

（5）《建筑材料放射性核素限量》GB 6566—2001。

6.10.7 术语

（1）建筑石材：具有一定的物理、化学性能，可用作建筑材料的岩石。在建筑工程中，石材可用作结构材料和装饰材料，也可用作耐磨、耐腐蚀、绝缘等特殊功能材料。

（2）饰面石材：用来加工饰面板材的石材。饰面石材外表必须美丽大方、能高度满足美学上的艺术要求，还必须具有一定的硬度和强度。可以采用大理石和花岗石材料作为饰面石材，要求材质均匀、致密、无明显缺陷。

（3）装饰石材。具有装饰性能的石材。其概念较饰面石材更为广泛，除作饰面之用外，还用于制作各种艺术雕刻品及墙壁装饰石材等。

6.11 建筑饰面陶瓷

6.11.1 主要内容

常用建筑饰面陶瓷制品有釉面砖、墙地砖和陶瓷锦砖等。

6.11.2 主要技术性质

（1）外观质量：包括产品的规格尺寸、平整度及表面质量。规格尺寸及平整度必须符合相应的技术标准，以保证使用时的装饰效果。表面质量主要检查产品表面是否存在光泽、色调的差异，是否有斑点、波纹、缺釉等问题。

（2）吸水率：主要反映产品的致密程度。吸水率越大，说明材料的孔隙越多，材料的强度和抗冻性等性能越小。

（3）热稳定性：指制品受温度的剧烈变化而不破坏的性能。

（4）机械性能：包括抗折强度、抗冲击强度和硬度等。

（5）白度：白度采用比色法，用双光光电白度计测量，标准白度定为80。一般釉面砖的白度不低于78。

6.11.3 建筑饰面陶瓷的主要品种

（1）釉面砖

釉面砖又称釉面内墙砖、瓷砖、瓷片，属于薄型精陶制品。是瓷土或耐火黏土低温烧成。表面施透明釉、乳浊釉或各种色彩釉及装饰釉。

按形状分为通用砖（正方形和长方形）和异形配件砖；按釉面色彩分为单色、花色和图案砖。通用砖用于大面积墙面的铺贴，异形配件砖多用于墙面阴阳角和各收口的细部构造。

发展趋势是规格趋向大而薄，彩色图案繁多。

（2）陶瓷墙地砖

陶瓷墙地砖为陶瓷外墙面砖和室内外陶瓷铺地砖的统称。更注重耐磨性和抗冲击性，而外墙面砖，应注重装饰性能外，要满足一定的抗冻融性能和耐污染性能。现已趋于两用。陶瓷墙地砖属于粗炻类制品。多采用陶土为原料,经压制成型,在1100℃烧制而成。根据表面施釉与否分为彩色釉面陶瓷墙地砖、无釉陶瓷墙地砖和无釉陶瓷地砖。新品种有劈离砖、麻面砖、渗花砖、玻化砖等,发展非常快。

6.11.4 选用原则

建筑饰面陶瓷的选用原则:

(1)釉面砖。热稳定性好,防火、防潮,耐酸碱腐蚀,坚固耐用,易于清洁。适用于厨房、浴室、卫生间、实验室、医院等的室内墙面或台面的饰面材料。

(2)墙地砖。陶瓷墙地砖质地致密、强度高、吸水率小、热稳定性好、耐磨性好等。彩色釉面陶瓷墙地砖适用于各类建筑物的外墙和柱的饰面和地面装饰;无釉陶瓷地砖(又称无釉砖)适用于商场、饭店等场所的室内外地面,近年来常用于公共建筑的大厅和室外广场的地面铺贴。

(3)陶瓷锦砖。俗称陶瓷马赛克。具有色泽明净、质地坚硬、强度高、耐污染、耐磨性、耐水、防火、易清洗、自重小、造价低等特点,适用于车间、餐厅、厕所等处的地面和墙面的饰面,并可用于建筑物的外墙饰面。

此外玻璃马赛克也可用于室内外墙面的装饰。玻璃马赛克质地坚硬、性能稳定、表面不易受污染、雨天能自涤,耐久性好,但不宜用于地面的装饰。

6.11.5 注意事项

釉面砖不能用于室外。受温差的冻融循环作用,由于釉层与坯体的膨胀性悬殊较大,釉层易脱落;在地下走廊、运输港道等特殊空间和部位,应选用吸水率低于5%的釉面砖;应在干燥的室内储存,并按品种、规格、级别分别整齐堆放。

在施工铺贴前,一般要浸水2h,再取出晾干至无明水时,才可进行铺贴。否则,干砖粘贴后会吸走水泥浆中的水分,影响水泥的正常水化、凝结硬化,降低了粘结强度,从而造成空鼓、脱落现象的发生。

6.11.6 检验要求

检验要求见表6.11.6。

建筑饰面陶瓷常规检验项目及样品要求　　　　　　　表6.11.6

产品名称	检 验 项 目	抽样规则及数量
内墙釉面砖 陶瓷墙地砖	尺寸偏差、表面质量、吸水率、破坏强度、釉面抗龟裂(内墙釉面砖)	1 000m² 为一批,抽取30件,其中外墙不贴纸的抽100件,贴纸抽25联
建筑材料放射性	放射性核素	每批抽取3kg

6.11.7 附件

《干压陶瓷砖 第一部分～第五部分》GB/T 4100.1～5—1999

6.11.8 术语

（1）吸水率：反映产品的致密程度。吸水率越大，说明材料的孔隙越多，产品的强度和抗冻性等性能越小。根据吸水率的大小，可分为瓷质（吸水率 $E \leqslant 0.5\%$）、炻瓷质（$0.5\% < E \leqslant 3\%$）、细炻质（$3\% < E \leqslant 6\%$）、炻质（$6\% < E \leqslant 10\%$）、陶质（$E > 10\%$）。

（2）热稳定性：也称为抗热震性。指制品受温度的剧烈变化而不破坏的性能。该性能是釉面砖的重要技术指标。

（3）耐污染性：反映陶瓷耐污染性能的指标。将试样与试液接触一定时间后，用规定的清洗方法清洗后，观察试样的变化。

6.12 墙体材料

6.12.1 主要内容

在房屋建筑物中，墙体具有承重、围护和分隔作用。用于墙体的材料品种较多，总体可分为砌墙砖、砌块和板材三大类。

6.12.2 主要品种及技术性能

1. 砌墙砖。凡以黏土、工业废料或其他地方资源为主要原料，以不同工艺制成的，在建筑中用于砌筑承重和非承重墙体的砖，统称砌墙砖。砌墙砖按孔洞率大小可分为普通砖和空心砖两大类。按生产工艺分为烧结砖和非烧结砖，烧结砖有黏土砖、页岩砖、煤矸石砖、粉煤灰砖等，非烧结砖有碳化砖、蒸汽养护砖（粉煤灰砖、炉渣砖、灰砂砖等）。

（1）烧结砖。烧结砖的技术性能指标有尺寸规格、表观密度、吸水率、强度等级、抗风化性能等等。烧结普通砖具有一定的强度，较好的耐久性及隔热、隔声、价格低廉等优点，加之原料广泛、工艺简单，是应用最久、应用范围最广泛的墙体材料。但黏土砖除了制作要毁田取土，还有自重大、烧砖能耗高、成品尺寸小、施工效率低等缺点，目前我国正大力推广墙体材料改革，以空心砖、工业废渣砖及砌块、轻质板材来代替实心黏土砖。

（2）非烧结砖。目前应用较多的是蒸养（压）砖，主要品种有粉煤灰砖、炉渣砖、灰砂砖等。这类砖是以含钙材料和含硅材料与水拌和，经压制成型，在自然条件下或人工水热合成条件（蒸养或蒸压）下，反应生成以水化硅酸钙、水化铝酸钙为主要胶结料的硅酸盐建筑制品。

2. 砌块。是砌筑用的人造块材，形体较砌墙砖大。砌块具有生产工艺简单、利用工业废渣、可改善墙体功能、使用方便等特点，是一种新型墙体材料。按用途可分为承重砌块和非承重砌块，按空心率可分为实心砌块（无孔洞或空心率小于25%）和空心砌块（空心率大于25%），按材质可分为硅酸盐砌块、轻骨料混凝土砌块、加气混凝土砌块等等。

3. 板材。板材具有质轻、节能、施工方便、开间布置灵活等优点，是具有良好发展前景的新型墙体材料。常用的板材有：

（1）水泥类板材。具有良好的力学性能、耐久性，生产技术成熟，产品质量可靠，可用于承重墙、外墙和复合墙板的外层面。缺点是表观密度大、抗拉强度低。

（2）石膏类板材。具有质轻、耐火、隔声、绝热等优点，强度低，在轻质墙体材料中占很大比例。

（3）植物纤维类板材。采用农作物的废弃物制成的板材，具有质轻、表观密度底、隔热保温性能好等优点，但耐水性差，可燃。

（4）复合墙板。常用的复合墙板主要由承受（或传递）外力的结构层（多为普通混凝土或金属板）和保温层（矿棉、泡沫塑料、加气混凝土等）及面层（各种具有可装饰性的轻质薄板）组成，如混凝土夹心板、泰柏墙板等。复合墙板克服了单一材料板材的局限性，可以根据需要组合成多功能的复合墙体。

6.12.3 选用原则

墙体材料的选用原则：

1. 砌墙砖

根据生产工艺分为烧结砖和非烧结砖。烧结实心黏土砖已逐渐被空心砖、工业废渣砖及砌块、轻质板材所替代。非烧结砖应用较多的有蒸压灰砂砖、蒸压粉煤灰砖。还有实心玻璃砖、空心玻璃砖等等。国家重点鼓励发展非黏土砖，包括孔洞率大于25%的非黏土烧结多孔砖和空心砖、混凝土空心砖、烧结页岩砖、废渣砖等。

烧结普通砖。具有一定的强度，较好的耐久性及防热、隔声、价格低廉等优点，是应用最久、最广泛的墙体材料。

烧结多孔砖。主要用于六层以下建筑物的承重墙体。

烧结空心砖。主要用作非承座墙。如多层建筑内隔墙或框架结构的填充墙等。

烧结粉煤布砖。可代替普通砖用于一般工业与民用建筑中。

蒸压灰砂砖。不适用于长期受热（200℃以上）、受急冷急热和有酸性介质侵蚀的建筑部位，也不宜用于有流水冲刷的部位。

蒸压粉煤灰砖。用于工业与民用建筑的墙体和基础，不适用于长期受热（200℃以上）、受急冷急热和有酸性介质侵蚀的建筑部位。

炉渣砖。用于一般工程的内墙和非承受外墙，但不适用于受高温受急冷急热交替作用或有酸性介质侵蚀的部位。

2. 砌块

蒸压加气混凝土砌块。适用于低层建筑的承重墙、多层建筑的间隔墙和高层框架结构的填充墙，也可用于一般工业建筑的围护墙。

蒸养粉煤灰砌块。适用于一般工业与民用建筑，但不适宜用于长期受高温（如炼钢车间）和经常受潮湿的承重墙，也不适宜用于有酸性介质侵蚀的建筑部位。

普通混凝土小型空心砌块。适用于地震设计烈度为8度及8度以下地区的一般工业与民用建筑的墙体。

国家重点鼓励发展的砌块产品包括普通混凝土小型空心砌块、轻骨料混凝土小型空心砌块、蒸压加气混凝土砌块、石膏砌块、废渣砌块等。轻骨料混凝土小型空心砌块具有质轻、高强、绝热性能好、抗震性能好等特点，适用于各种建筑的墙体，特别是绝热要求高的维护结构上。蒸压加气混凝土砌块具有体积密度小、保温及耐火性能好、抗震性能强、易于加工、施工方便等特点,适用于低层建筑的承重墙,多层建筑的隔墙和高层框架结构的填充墙,也可用于复合墙板和屋面结构中。

3. 板材

(1) 水泥类墙用板材。包括:

预应力混凝土空心墙板。适用于承重或非承重外墙板、内墙板、楼板、屋面板和阳台板等。

玻璃纤维增强水泥空心轻质墙板。适用于工业与民用建筑的内墙板及复合墙体的外墙面。

纤维增强水泥平板。适用于各类建筑物的内隔墙和复合外墙,特别是高层建筑有防火、防潮要求的隔墙。

(2) 石膏类墙用板材。包括:

纸面石膏板。普通纸面石膏板适用于室内隔墙板、复合外墙板的内壁板和天花板。耐水型板可用于湿度较大的环境如厕所等。耐火型板可用于对防火要求较高的房屋建筑中。

石膏纤维板。质轻、高强、耐火、隔声、韧性高。用途同纸面石膏板。

石膏空心板。适用于各类建筑物的非承重内隔墙,但若用于相对湿度大于75%的环境中,则板材表面应作防水等相应处理。

(3) 复合板材。包括:

混凝土夹心板。适用于内外墙。

泰柏墙板。适用于自承重外墙、内隔墙、屋面板、3m跨内的楼板等。

轻型夹心板。用途同泰柏墙板。

国家重点鼓励发展的建筑板材产品包括玻璃纤维增强水泥轻质多孔隔墙条板(GRC板)、纤维增强低碱度水泥建筑平板、蒸压加气混凝土板、轻骨料混凝土板、钢丝网架水泥夹芯板、石膏墙板、金属面夹芯板、复合轻质隔墙夹芯板、废渣板等等。

6.12.4 注意事项

(1) 蒸压粉煤灰砖应在出釜后存放1周后使用,以避免砖的收缩,此外蒸压粉煤灰砖有吸水滞后的特性,使得砖的吸水状况不能满足随浇随砌的施工要求,为保证砌筑质量,须提前湿水,保持砖的含水率在10%左右,雨期施工时应采取防雨措施。

(2) 砌块堆放运输及砌筑时应有防雨措施,砌块装卸时,严禁碰撞、摔打,应轻拿轻放,不许翻斗倾卸。砌块应按规格、等级分别堆放,不得混杂。不同干密度和强度等级的蒸压加气混凝土砌块不应混砌,也不得与其他砖、砌块混砌(墙底、墙顶、门窗洞口处局部除外)。石膏砌块严禁露天堆放,避免淋雨受潮。

(3) 板材在运输、存放过程中应防止淋雨受潮,并应控制出厂时的含水率,以避免产生干缩裂缝。

6.12.5 检验要求

检验要求见表6.12.5。

墙体材料品种、名称	检 验 项 目	抽样规则及数量
烧结普通砖 烧结多孔砖	抗压强度	3.5～15 万块为一批,每批抽 10 块/组
蒸压灰砂砖	抗压、抗折强度	10 万块为一批,随机抽取 10 块
粉煤灰砖	抗压、抗折强度	10 万块为一批,随机抽取 20 块
烧结空心砖和空心砌块	抗压强度	每 3 万块为一批,每批抽取 10～20 块
加气混凝土砌块	抗压强度、干体积密度	同品种、同规格、同等级的砌块,以 1 000 块为一批,100×100 取 3 组 18 块
普通混凝土小型空心砌块 轻骨料混凝土小型空心砌块	抗压强度	以 10 000 块为一批,随机抽取 5 块
耐酸耐温砖	外观、尺寸、吸水率、压缩强度、 耐酸度、耐急冷急热	20 块
耐 酸 砖	外观、尺寸、吸水率、弯曲强度、 耐酸度、耐急冷急热	20 块

6.12.6　附件

(1)《蒸压灰砂砖》GB 11945—1999;

(2)《烧结多孔砖》GB 13544—2000;

(3)《烧结空心砖和空心砌块》GB 13545—2003;

(4)《轻骨料混凝土小型空心砌块》GB 15229—2002;

(5)《普通混凝土小型空心砌块》GB 8239—1997;

(6)《蒸压加气混凝土砌块》GB/T 11968—1997;

(7)《蒸压灰砂空心砌块》JC 637—1996;

(8)《烧结普通砖》GB/T 5101—2003;

(9)《粉煤灰砖》JC 239—2001;

(10)《粉煤灰小型空心砌块》JC 862—2000。

6.12.7　术语

(1)泛霜:在砖使用过程中的一种盐析现象。砖内过量的可溶性盐受潮吸水而溶解,随水分蒸发迁移至砖表面,在过饱和状态下结晶析出,形成白色粉末状附着物,影响建筑物的美观。如果溶盐为硫酸盐,当水分蒸发呈晶体析出时,产生膨胀,使砖面及砂浆剥落。

(2)石灰爆裂:指砖坯中夹杂有石灰块,砖吸水后,由于石灰逐渐熟化而膨胀产生的爆裂现象。这种现象影响砖的质量,并降低砌体强度。

(3)抗风化性能:指砖在长期受风、雨、冻融等作用下,抵抗破坏的能力。

(4)空心率(孔洞率):空心砌块(砖)孔洞和槽的体积总和与按外廓尺寸算出的体积之比的百分率。

第7章 建筑机械技术

7.1 基础工程施工设备及机具

7.1.1 基础工程施工设备及机具种类

常用基础工程施工设备及机具主要包括：土方机械、桩工机械以及相关的电动机具。

1. 土方机械

主要包括：推土机、铲运机、装载机、挖掘机、散装物料运输车、载重(自卸)汽车、机动翻斗车、凿岩机等。

2. 桩工机械

主要包括：预制桩施工机械、灌注桩施工机械、地下连续墙施工机械。

（1）预制桩施工机械主要包括：柴油锤打桩机、液压桩锤打桩机、振动桩锤、静力压桩机。

（2）灌注桩施工机械主要包括：冲击钻机、回旋钻机、螺旋钻孔机、回转斗(旋挖)钻机、潜水钻孔机等。

（3）地下连续墙施工机械主要包括：液压抓斗成槽机、双轮铣槽机等。

3. 电动机具

主要包括：夯实机、水泵、风机。

（1）夯实机包括：振动平板夯、振动冲击夯、蛙式夯实机等。

（2）水泵包括：单级单吸式离心水泵、分级分段式离心水泵、潜水泵、轴流泵、泥浆泵等。

（3）风机包括：通风机、鼓风机等。

7.1.2 基础工程施工设备及机具选用原则

1. 土方机械

土方机械的选用应综合考虑机械的应用范围、土质类型及特性、施工工艺方法等因素，以选择技术性和经济性适合的机型。

（1）推土机、铲运机、装载机

推土机、铲运机、装载机的选择主要从 4 个方面考虑：土方工程量、施工场地状况、土质类型、技术经济性。

（2）挖掘机

挖掘机选择根据以下几个方面考虑:

1)按施工土方位置选择:当挖掘土方在机械停机面以上时,可选择正铲挖掘机;当挖掘土方在停机面以下时,一般选择反铲挖掘机。

2)按土的性质选择:挖取水下或潮湿泥土时,应选用拉铲或反铲挖掘机;如挖掘坚硬土或开挖冻土时,应选用重型挖掘机;装卸松散物料时,应采用抓斗挖掘机。

3)按土方运距选择:如挖掘不需将土外运的基础、沟槽等,可选用挖掘装载机;长距离管沟的挖掘,应选用多斗挖掘机;当运土距离较远时,应采用自卸汽车配合挖掘机运土。

4)按土方量大小选择:当土方工程量不大而必须采用挖掘机施工时,可选用机动性能好的轮胎式挖掘机或装载机;而大型土方工程,应选用大型挖掘机,并采用多种机械联合施工。

挖掘机需用台数选择:

挖掘机需用台数 N 可用下式计算:

$$N = \frac{W}{QT}$$

式中　W——设计期限内应由挖掘机完成的总工程量(m^3);

　　　Q——所选定挖掘机的实际生产率(m^3/h);

　　　T——设计期限内挖掘机的有效工作时间(h)。

运输机械的选配:

运输机械配合挖掘机运土时,应保证挖、装、运合理配套,连续均衡作业,以避免设备闲置,提高生产效率。挖掘机与自卸汽车联合施工时,每台挖掘机应配自卸汽车的台数可按下式计算:

$$N_{汽} = \frac{T_{汽}}{n t_{挖}}$$

式中　$T_{汽}$——汽车运土循环时间(min);

　　　$t_{挖}$——挖掘机工作循环时间;

　　　n　——每台汽车装土的斗数。

(3)载重(自卸)汽车、散装物料运输车

主要考虑作业区路况及运距。对于大型土方工程,在道路条件允许情况下,选用载重量大的车辆通常更为经济合理。车辆数量要与配套的设备相匹配,以发挥最高效率。

(4)机动翻斗车

常用机动翻斗车载重量为 1~1.5t,是一种方便灵活的水平运输机械,常用于运输砂浆、混凝土熟料以及散装物料等,根据作业对象选择合适的斗容量。

(5)凿岩机

凿岩机属于高噪声、高粉尘作业机械,尽量选用带有消声装置和排粉降尘设置的凿岩机。各类凿岩机特点见表 7.1.2-1,可供选择参考。

2. 桩工机械

(1)预制桩施工机械:柴油锤打桩机、液压桩锤打桩机、振动桩锤、静力压桩机。

1)柴油打桩的选择

柴油锤打桩机的选择主要是选择合适的打桩锤:

① 桩锤的冲击力应能充分超过沉桩阻力,包括桩尖阻力,桩的侧面摩擦阻力,桩的弹性位移所产生的能量损失等。保证桩能通过较厚的土层,进入持力层,达到设计预定的深度。

常用凿岩机特点 表 7.1.2 - 1

类别	风动凿岩机	液压凿岩机	电动凿岩机	内燃凿岩机
动力源	压缩空气	高压液体	电动机	汽油机
类型	手持式 气腿式 向上式 导轨式	轻型导轨式 重型导轨式	手持式 支腿式	手持式
特点	结构简单,适应性强,制造容易,成本低,维修使用方便	凿岩速度快,为同级风动凿岩机的 2~3 倍;能量利用率高,可达 40% 以上;动力消耗少,为同级风动凿岩机的 1/4 ~ 1/3;动力单一,不需庞大的压气设备;无排气,噪声小,工作环境好	能量利用率高,可达 60% ~ 70%;动力消耗少,为同级风动凿岩机的 1/10;动力来源方便,配套简单,噪声和振动小,改善了劳动条件	重量轻,携带使用方便,适用于流动性和高山无风、水、电地区作业

② 桩的锤击应力应小于桩材的容许强度,保证桩不致遭受锤击的破坏。

③ 打桩时的总锤击数和全部锤击时间应适当,以避免桩的疲劳和破坏、降低桩锤效率。锤击数建议控制值见表 7.1.2 - 2。

④ 桩的贯入度不宜过小,以免损坏桩锤。柴油桩锤的贯入度不宜小于 1 ~ 2mm/击。

锤击数建议控制值 表 7.1.2 - 2

桩 型	总锤击数	最后 5m 锤击数
钢管或型钢	< 3500 ~ 4000	< 1000 ~ 1200
预应力钢筋混凝土	< 2000 ~ 2500	< 700 ~ 800
钢筋混凝土	< 1500 ~ 2000	< 500 ~ 600

表 7.1.2 - 3 为筒式柴油锤选用参考表可供选择时参考。

2) 液压桩锤打桩机的选择

液压打桩锤以日本进口机型居多,可根据表 7.1.2 - 4 进行选择。

3) 振动桩锤的选择

可根据振动桩锤的适用范围进行选择:

① 轻级(30kW 及以下)振动桩锤 适用于下沉钢板桩、2t 及以下的木桩和钢筋混凝土桩。

② 中级(功率 40 ~ 75kW)振动桩锤 适用于下沉直径 1m 以内的实体桩及管桩。

③ 重级(功率90kW及以上)振动桩锤 适用于下沉大型管柱桩,如并联组合若干台同步工作,可将特大直径的钢筋混凝土管柱桩下沉很大深度。

筒式柴油锤选用参考表   表7.1.2-3

锤型			筒 式 柴 油 锤									
		1.2t	1.8t	2.5t	3.5t	4t	4.5t	6t	7t	8t	15t
锤冲击力(kN)		600～900	900～1500	2000～3000	3000～4000	4000～6000	4500～7000	5000～8000	6000～10000	7000～12000	12000～18000
适用的桩规格	钢管桩直径(cm)	φ250～φ350	φ350～φ450	φ400～φ550	φ500～φ700	φ550～φ750	φ600～φ900	φ800～φ1000	φ900～φ1200	φ1000～φ1500	φ1500～φ2200
	预制方桩、管桩的边长或直径(cm)	25～30	30～40	35～41	40～50	45～55	50～60	55～65	60～70	65～80	80～100
	I、H型钢桩边长(cm)	20～30	25～35	30～40	35～45	40～50	45～55				
	钢板桩(幅)	1	1～2	2	2～3	3	3～4	4	4～5		
	木桩的直径或边长(cm)	φ200以上	φ350以上	φ400以上							
黏性土	一般进入深度(m)	0.5～1.0	1～2	1.5～2.5	2～3	2.5～3.5	3～4	3.5～4.5	4～5		
	桩尖可达到静力触探"Ps"值(MPa)	2.0	3	4	5	6	7	>7	>7		
砂土	一般进入深度(m)	<0.5	0.5～1.0	0.5～1.0	1～1.5	1～1.5	1.5～2	2～2.5	2～3	2.5～3.5	3.5～5
	桩尖可达到标准击数N值	15～20	15～25	20～30	25～35	35～45	40～50	45～50	50	50	50
软质岩石 桩尖可进入深度	强风化			0.5	0.5～1	0.5～1.5	1～1.5	1.5～2.5	2～3	2.5～3	3～4
	中等风化				表层	表层	0.5	0.5～1	1～1.5	1.5～2.0	2～2.5
锤的常用控制贯入度(cm/10击)		2～3	2～3	2～3	2～3	3～4	3～5	3～5	4～8	4～8	5～10
设计单桩极限承载力(kN)		250～600	400～1000	800～1600	1500～3000	2500～4000	3000～5000	4000～8000	5000～9000	7000～11000	10000～16000
锤的质量(t)		1.2/2.75	1.8/4.00	2.5/5.65	3.5/7.50	4.0/10.0	4.5/10.5	6.0/15.0	7.2/21.0	8.0/16.4	15.0
适宜的桩质量(t)		1.0～1.5	1.3～2.5	1.7～11.0	2.5～6.0	3.0～7.0	3.5～8.0	5.0～10	6.0～12	7～15	10～40

项 目	单 位	TK110	TK160	HNC65	HNC80	PM55	PM100	MK70
冲击部分重量	t	6.5	8.5	6.5	8.0	2.5	3.8	7.0
桩锤总重	t	12.5	18.5	12.0	13.5	7.1	9.5	14.4
外罩重量	t	0.8	计入总体	3.0	3.5	计入总体	计入总体	计入总体
桩锤全长	m	5.5	5.3	7.0	7.3	6.42	7.2	6.5
桩锤外径	m	0.914	1.3	1.4~1.6	1.4~1.6	0.71	0.71	1.2
最大冲程	m	1.2	1.2	1.2	1.2	2.2	2.7	1.2
锤体冲程调节量	m	0.1~1.2	0.1~1.2	0.1~1.2	0.1~1.2	0.5~2.2	0.5~2.7	0.2~1.2
冲击频率	次/min	18~40	18~50	18~60	18~60	24~48	24~48	20~50
液压站重量	t	3.5	4.0		4.0	4.5	4.5	4.0
配用三点式打桩架	t	>35	>40	>35	>40	>30	>30	>35

4）静力压桩机的选择

静力压桩机根据压桩阻力选用适当机型，一般应比压桩阻力大 40% 左右。

压桩阻力可按照下列公式计算：

$$F = U\sum f_i h_i + g_i A\mathrm{p}$$

式中 F——压桩阻力（kN）；

    U——桩周长（m）；

    f_i——各层桩身侧面单位面积上的摩阻力，简称桩侧阻力系数（kPa）；

    h_i——各土层厚度（m）；

    q_i——桩底单位面积上的阻力，简称桩底阻力系数（kPa）；

    $A\mathrm{p}$——桩截面面积（m²）。

其中 f_i 和 q_i 的确定方法：

① 静力触探法 用静力触探仪的活动探头和探管以静压力压入各土层中，分别测出探头的阻力和探管的摩擦阻力，根据尺寸大小，计算出各土层的桩底阻力和桩侧的摩擦阻力系数。

② 现场压入试桩法 试桩断面一般用 20cm×20cm，桩底带活动桩尖，将其压入设计标高，分别测出各土层桩底阻力系数和桩侧摩擦阻力系数。

③ 参考其他地区压桩经验数据法。

④ 压桩过程中，应尽量避免中途停歇。中途停歇 2~3h，其压桩阻力的起动值，约比原来要增加 40% 左右。

（2）灌注桩施工机械：冲击钻机、回旋钻机、螺旋钻孔机、回旋斗（旋挖）钻机、潜水钻孔机等。

1）冲击钻机：是一种使用时间较早的常规机械，它的钻具是合金钢制钻头，利用卷扬机提升钻头，达到一定高度后让其自由下落从而对地层产生冲击作用，连续不断的冲击最终破坏了地层形成了垂直的圆柱形桩孔。

2）回旋钻机:是另一种常规机械,它是利用电动机经过变速箱带动带有钻头的钻杆旋转,并对钻杆施加一定压力使其钻进地层形成桩孔。

以上这两种机械结构简单,易于操作,机械台班费低,尤其是冲击钻机地质适应性极广,目前在许多场合还广泛应用中。

3）螺旋钻孔机、回转斗(旋挖)钻机、潜水钻孔机等是目前先进的成孔机械,具有高效、低噪、环保、成孔质量高、机械化程度高等诸多优点,越来越多应用在高层建筑地基基础工程施工。

以进口设备居多,种类齐全而且性能稳定可靠,效率较高,但机械台班费较高。其中长螺旋钻机等近年来国内也有较快发展。选择时,要根据设计要求,综合考虑地质情况、桩径桩深、工程量、工程期、运输条件等各种因素,在满足工程要求前提下力求经济实用。必要时应配备不同类型的钻机和不同形式的钻头,多机种联合作业。

（3）地下连续墙施工机械:液压抓斗成槽机、双轮铣槽机等。

地下连续墙施工机械目前以进口设备居多,种类齐全而且性能稳定可靠,效率较高,但机械台班费较高。近年国内同类也有较快发展。选择时,要根据设计要求,综合考虑地质情况、连续墙厚度深度、工程量、工程期、运输条件等各种因素,在满足工程要求前提下力求经济实用。必要时应配备不同类型的钻机和不同形式的钻具,多机种联合作业。

3. 电动机具

电动机具的选择要遵循以下基本原则:

① 安全原则,基础施工用电动机具多为手持式电动机具及电机类电器为主,选用时要注意产品应有"CCC"国家强制认证标识。

② 环保原则,主要是低噪声,无油类污染。

③ 低能耗原则,推广节能型用电产品。

④ 高效原则,即高的效率,高的产品可靠性指标。

各种电动机具选用原则:

（1）夯实机械选择

常用夯实机的类型、特点及应用范围见表7.1.2-5,可供选型时参考。

各类夯实机特点及应用范围 表 7.1.2-5

分类和特点		应 用 范 围
振动平板夯	内燃式:以内燃机为动力,不受电源限制,但结构复杂	具有冲击和振动的综合作用,适用于沥青混合物、砂质土壤、砾石、碎石和灰土的夯实,尤其适用于沥青路面的修补、室内外场地夯实和边坡、道路的基础夯实
	电动式:以电动机为动力,要受电源限制,但结构较简单	
振动冲击夯	内燃式:以内燃机为动力,不受电源限制,但结构复杂	适用于砂土层、三合土、碎石、砾石等土层的夯实,因其机动灵活,更适合室内地面、庭院、坪根、各种沟槽等狭窄地段作业
	电动式:以电动机为动力,受电源限制,但结构较简单,操作方便	
蛙式夯实机	电动式:结构简单,操作方便	适用于道路、水利等土方夯实和场地平整,尤其适用于灰土和素土的道路夯实作业

（2）水泵的选择

根据施工需要的扬程和流量选择机型。务必使计算扬程处于所选水泵的合理扬程范围内,或在水泵铭牌扬程的90%～110%范围内。

当给、排水系统需要较高的扬程或较大的流量,而现有水泵中单机又不能满足需要时,可选择水泵联合运行。水泵联合运行可分为串联和并联两种方式。

1）水泵串联即几台型号相同或流量相近的水泵首尾相联,后一台泵的出水管和前一台泵的进口管相联,其目的是增加扬程。容量不同的水泵串联时,大泵必须放置在后一级向小泵供水,如果将小泵放在后一级,则大泵会产生气蚀。

2）水泵并联将两台或两台以上的水泵连接到一个共同出水管上的做法称为水泵并联,其目的是增加流量,节省管路。并联水泵的扬程应相等,否则扬程低的水泵不能发挥作用,甚至产生水倒流现象(流向低扬程水泵),使低扬程水泵失去工作能力,起不到并联的作用。

（3）风机的选择

以风机的风量和风压(工作压力)主要依据,鼓风机的工作压力、风量高于通风机。

7.1.3 基础工程施工设备及机具技术特点和注意事项

1. 土方机械

（1）推土机

推土机是以履带式或轮胎式拖拉机牵引车为主机,再配置悬式铲刀的自行式铲土运输机械。主要进行短距离推运土方、石渣等作业。推土机作业时,依靠机械的牵引力,完成土壤的切割和推运。配置其他工作装置可完成铲土、运土、填土、平地、压实以及松土、除根、清除石块杂物等作业,是土方工程中广泛使用的施工机械。

按行走装置不同分为履带式和轮胎式推土机。履带式推土机附着性能好,接地比压小通过性好,爬坡能力强,但行驶速度低,适用于条件较差地带作业,轮胎式推土机行驶速度快,灵活性好,不破坏路面,但牵引力小,通过性差。

按传动形式分为机械传动、液力机械传动和全液压传动三种。液力机械传动应用最广。

按发动机功率分为:轻型(功率小于75kW),中型(功率75～225kW),大型(功率大于225kW)推土机。

推土机的安全使用:

① 推土机在Ⅲ—Ⅳ级土或多石土壤地带作业时,应先进行爆破或用松土器翻松。在沼泽地带作业时,应使用有湿地专用履带板的推土机。

② 不得用推土机推石灰、烟灰等粉尘物料和用作碾碎石块的工作。

③ 牵引其他机械设备时,应有专人负责指挥钢丝绳的连接应牢固可靠。在坡道上或长距离牵引时,应采用牵引杆连接。

④ 填沟作业驶近边坡时,铲刀不得越出边缘。后退时,应先换挡,方可提升铲刀进行倒车。

⑤ 在深沟、基坑或陡坡地区作业时,应有专人指挥,其垂直边坡深度一般不超过2m,否则应放出安全边坡。

（2）铲运机

铲运机是一种挖土兼运土的机械设备，可以在一个工作循环中独立完成挖土、装土、运输和卸土等工作，还兼有一定的压实和平地作用。铲运机运土距离较远，铲斗容量较大，是土方工程中应用最广泛的重要机种之一，主要用于大土方量的填挖和运输作业。

铲运机按铲斗容量分为小型（6m³ 以下）、中型（6～15m³）、大型（15～30m³）、特大型（30m³ 以上）。

铲运机按行走方式分为拖式和自行式两种。

铲运机的安全使用要点：

① 作业前应检查钢丝绳、轮胎气压、铲土斗及卸土板回位弹簧、拖杆方向接头、撑架和固定钢丝绳部分以及各部滑轮等；液压式铲运机铲斗与拖拉机连接的叉座与牵引连接块应锁定，液压管路连接应可靠，确认正常后，方可起动。

② 开动前，应使铲斗离开地面，机械周围应无障碍物，确认安全后，方可开动。

③ 作业中严禁任何人上、下机械，传递物件，以及在铲斗内、拖把或机架上坐、立。

④ 多台铲运机联合作业时，各机之间前后距离不得小于 10m（铲土时不得小于 5m），左右距离不得小于 2m。行驶中，应遵守下坡让上坡、空载让重载、支线让干线的原则。

⑤ 铲运机上、下坡道时，应低速行驶，不得中途换档，下坡时不得空档滑行。行驶的横向坡度不得超过 6°，坡宽应大于机身 2m 以上。

⑥ 在新填筑的土堤上作业时，离堤坡边缘不得小于 1m，需要在斜坡横向作业时，应先将斜坡挖填，使机身保持平衡。

⑦ 在坡道上不得进行检修作业。在陡坡上严禁转弯、倒车或停车。在坡上熄火时，应将铲斗落地、制动牢靠后再行启动。下陡坡时，应将铲斗触地行驶，帮助制动。

（3）装载机

装载机是一种作业效率较高的铲装机械，可用来装载松散物料，同时还能用于清理、平整场地、短距离装运物料、牵引和配合运输车辆作装土使用。如更换相应的工作装置后，还可以完成推土、挖土、松土、起重等多种工作，且有较好的机动性，被广泛用于建筑、筑路、矿山、港口、水利及国防等各种建设中。

装载机按其行走装置可分为履带式、轮胎式；按机身结构可分为刚性式和铰接式；按回转形式分为全回转、90°回转、非回转式；按传动方式分为机械传动、液压传动、液力机械传动；按卸料方式分为前卸式、回转卸料式、后卸式；按铲斗额定装载量可分为小型：<1m³、中型 1～5m³、大型 5～10m³、特大型≥10m³。

装载机安全要点：

1）机械起动必须先鸣笛，将铲斗提升离地面 50cm 左右。行驶中可用高速档，但不得进行升降和翻转铲斗动作，作业时应使用低速档，铲斗下方严禁有人，严禁用铲斗载人。

2）装载机不得在倾斜的场地上作业，作业区内不得有障碍物及无关人员。装卸作业应在平整地面进行。

3）向汽车内卸料时，严禁将铲斗从驾驶室顶上越过，铲斗不得碰撞车厢，严禁车厢内有人，不得用铲斗运物料。

4）在沟槽边卸料时，必须设专人指挥，装载机前轮应与沟槽边缘保持不少于 2m 的安全距离，并放置挡木挡掩。

5）作业后应将装载机开至安全地区,不得停在坑洼积水处,必须将铲斗平放在地面上,将手柄放在空档位置,拉好手制动器。关闭门窗加锁后,司机方可离开。

（4）挖掘机

挖掘机是以开挖土、石方为主的工程机械、广泛用于各类建设工程的土、石方施工中,如开挖基坑、沟槽和取土等。更换不同工作装置,可进行破碎、打桩、夯土、起重等多种作业。

普遍使用的是单斗挖掘机,可以挖Ⅵ级以下的土壤和爆破后的岩石。专用型供矿山采掘用,通用型主要用在各种建设工程施工中。

单斗挖掘机可以将挖出的土石就近卸掉或配备一定数量的自卸车进行远距离的运输。此外,其工作装置根据建设工程的需要可换成起重、碎石、钻孔和抓斗等多种工作装置,扩大了挖掘机的使用范围。

单斗挖掘机的种类按传动的类型不同可分为机械式和液压式两类;按行走装置不同可分为履带式、轮胎式和步履式三种。

挖掘机安全使用要点:

1）挖掘机驾驶室内外露传动部分,必须安装防护罩。

2）电动的单斗挖掘机必须接地良好,油压传动的臂杆的油路和油缸确认完好。

3）取土、卸土不得有障碍物,在挖掘时任何人不得在铲斗作业回转半径范围内停留。装车作业时,应待运输车辆停稳后进行,铲斗应尽量放低,并不得砸撞车辆,严禁车箱内有人,严禁铲斗从汽车驾驶室顶上越过。卸土时铲斗应尽量放低,但不得撞击汽车任何部位。

4）在崖边进行挖掘作业时,作业面不得留有伞沿及松动的大块石,发现有坍塌危险时应立即处理或将挖掘机撤离至安全地带。

拉铲作业时,铲斗不得超载。拉铲作沟渠、河道等项作业时,应根据沟渠、河道的深度、坡度及土质确定距坡沿的安全距离,一般不得小于2m,反铲作业时,必须待大臂停稳后再吃土、收斗,伸头不得过猛、过大。

5）驾驶司机离开操作位置,不论时间长短,必须将铲斗落地并关闭发动机。不得用铲斗吊运物料。

6）使用挖掘机拆除构筑物时,操作人员应了解构筑物倒塌方向,在挖掘机驾驶室与被拆除构筑物之间留有构筑物倒塌的空间。

7）作业结束后,应将挖掘机开到安全地带,落下铲斗制动好回转机构,操纵杆放在空档位置。

（5）散装物料运输车和载重汽车

散装物料运输车和载重(自卸)汽车是专门运送土、石方为主的运输车辆、一般的散装物料运输车兼备自卸功能,盛料箱上装有简易的启闭门、防止物料在运输途中洒落和尘扬。

（自卸）汽车使用注意事项:

1）自卸汽车应保持顶升液压系统完好,工作平稳,操纵灵活,不得有卡阻现象。各节液压缸表面应保持清洁。

2）非顶升作业时,应将顶升操纵杆放在空档位置。顶升前,应拔出车厢固定销。作业后,应插入车厢固定销。

3）配合挖装机械装料时,自卸汽车就位后应拉紧手制动器,在铲斗需越过驾驶室时,驾驶室内严禁有人。

4）卸料前,车厢上方应无电线或障碍物,四周应无人员来往。卸料时,应将车停稳,不得边卸边行驶。举升车厢时,应控制内燃机中速运转,当车厢升到顶点时,应降低内燃机转速,减少车厢振动。

5）向坑洼地区卸料时,应和坑边保持安全距离,防止塌方翻车。严禁在斜坡侧向倾卸。

6）卸料后,应及时使车厢复位,方可起步,不得倾斜情况下行驶。严禁在车厢内载人。

7）车厢举升后需进行检修,润滑等作业时,应将车厢支撑牢靠后,方可进入车厢下面工作。

8）装运混凝土或粘性物料后,应将车厢内外清洗干净,防止凝结在车厢上。

（6）机动翻斗车

机动翻斗车是一种方便灵活的水平运输机械,在建筑施工中常用于运输砂浆、混凝土熟料以及散装物料等。一般以柴油机发动机为动力,具有前翻斗、自动倒料、自动复位功能。常用机动翻斗车载重量为 $1 \sim 1.5t$。

机动翻斗车安全使用要点:

1）机动翻斗车属厂内运输车辆,司机按有关培训考核,持证上岗。

2）车上除司机外不得带人行驶。此种车辆一般只有驾驶员座位,如其他人吊车,无固定座位,且现场作业路面不好,行驶不安全。驾驶时以一档起步为宜,严禁三档起步。下坡时,不得脱档滑行。

3）向坑槽或混凝土料斗内卸料,应保持安全距离,并设置轮胎的防护挡板,防止到槽边自动下溜或卸料时翻车。

4）翻斗车卸料时先将车停稳,再抬起锁机构,手柄进行卸料,禁止在制动的同时进行翻斗卸料,避免造成惯性移位事故。

5）严禁料斗内载人。

6）内燃机运转或料斗内载荷时,严禁在车底下进行任何作业。

7）用完后要及时冲洗,司机离车必须将内燃机熄灭,并挂档拉紧手制动器。

（7）凿岩机

凿岩机是对岩石进行冲击破碎以形成炮孔的钻孔机械。按其动力源的提供形式分为风动式、液压式、电动式和内燃机等多种形式。手持式风动凿岩机最为常用,型号有:YE12、Y6。

手持式风动凿岩机使用注意事项:

1）风动凿岩机的使用条件:风压宜为 $0.5 \sim 0.6MPa$,风压不得小于 $0.4MPa$;水压应符合要求;压缩空气应干燥;水应用洁净的软水。

2）使用前,应检查风、水管,不得有漏水、漏气现象,并应采用压缩空气吹出风管内的水分和杂物。

3）使用前,应向自动注油器注入润滑油,不得无油作业。

4）将钎尾插入凿岩机机头，用手顺时针应能够转动钎子，如有卡塞现象，应排除后开钻。

5）开钻前，应检查作业面，周围石质应无松动，场地应清理干净，不得遗留瞎炮。

6）在深坑、沟槽、井巷、隧道、洞室施工时，应根据地质和施工要求，设置边坡、顶撑或固壁支护等安全措施，并应随时检查及严防冒顶塌方。

7）严禁在废炮眼上钻孔和骑马式操作，钻孔时，钻杆与钻孔中心线应保持一致。

8）风、水管不得缠绕、打结，并不得受各种车辆辗压。不应用弯折风管的方法停止供气。

9）开钻时，应先开风、后开水；停钻后，应先关水、后关风；并应保持水压低于风压，不得让水倒流入凿岩机汽缸内部。

10）开孔时，应慢速运转，不得用手、脚去挡钎头。应待孔深达 10～15mm 后再逐渐转入全速运转。退钎时，应慢速徐徐拔出，若岩粉较多，应强力吹孔。

11）运转中，当遇卡钎或转速减慢时，应立即减少轴向推力；当钎杆仍不转时，应立即停机排除故障。

12）使用手持式凿岩机垂直向下作业时，体重不得全部压在凿岩机上，应防止钎杆断裂伤人。凿岩机向上方作业时，应保持作业方向并防止钎杆突然折断。并不得长时间全速空转。

13）当钻孔深度达 2m 以上时，应先采用短钎杆钻孔，待钻到 1.0～1.3m 深度后，再换用长钎杆钻孔。

14）在离地 3m 以上或边坡上作业时，必须系好安全带。不得在山坡上拖拉风管，当需要拖拉时，应先通知坡下的作业人员撤离。

15）在巷道或洞室等通风条件差的作业面，必须采用湿式作业。在缺乏水源或不适合湿式作业的地方作业时，应采取防尘措施。

16）在装完炸药的炮眼 5m 以内，严禁钻孔。

17）夜间或洞室内作业时，应有足够的照明。洞室施工应有良好的通风措施。

18）作业后，应关闭水管阀门，卸掉水管，进行空运转，吹净机内残存水滴，再关闭风管阀门。

2. 桩工机械

（1）预制桩施工机械

1）柴油锤打桩机

柴油锤打桩机以柴油打桩锤为锤体，柴油锤打桩机以柴油为燃料，以冲击作用方式进行打桩，柴油桩锤是一个单缸二冲程自由活塞式内燃机，它既是柴油原动机，又是打桩工作机。

柴油打桩锤按其动作特点分为导杆式和筒式两种，筒式桩锤又分为直打型和斜打型，筒式桩锤较常用型号 D8－D100。

柴油打桩机安全操作注意事项：

① 严格遵守操作规程程序和有关安全规定。

② 作业前重点检查：

A. 各主要部件的紧固情况，不得在松动或缺件情况下作业；

B. 起落架各工作机构应安全可靠,起动钩和上活塞接触线在 5~10mm 之间;

C. 提起桩锤脱出桩帽后,其下滑长度应调整在 200mm 以内;

D. 导向板磨损间隙不超过 7mm。

③ 作业中注意事项

A. 桩锤起动前,应使桩锤、桩帽和桩在同一轴线上,不得偏心打桩。

B. 在桩贯入度较大的软土层起动桩锤时,应先关闭油门冷打,待每击贯入度小于 100mm 时;再开启油门起动桩锤。

C. 当上活塞下落而桩锤未燃爆时,上活塞可发生短时间的起伏,此时起落架不得落下,应防撞击碰块。

D. 打桩过程中,应有专人负责拉好曲臂上的控制绳;在意外情况下,可使用控制绳紧急停锤。

E. 当上活塞和起动钩脱离后,应将起落架继续提起,应使起落架和上活塞达到或超过 2m 的距离。

F. 作业中,当桩锤冲击能量达到最大能量时,其最后 10 锤的贯入值不得小于 5mm。

G. 桩帽中的填料不得偏斜,作业中应保证锤击桩帽中心。

H. 打桩机在吊有桩和锤的情况下,操作人员不得离开工作岗位。在打桩过程中,操作人员必须在距离桩锤中心 5m 以外监视。

I. 作业中,当停机时间较长时,应将桩锤落下垫好。检修时不得悬吊桩锤。

J. 在作业过程中,应经常注意地质变化,出现滑桩(桩突然大幅度下沉)和断桩(因受力不均或桩的强度不够被打断)时,应及时采取必要措施。

K. 水冷式桩锤应使用软水,使用前要用净水冲洗水套内部,防止水垢积存。冬季使用时,起动前应向水套加入温水。运转完毕冷却水必须全部放出。

2) 液压桩锤打桩机

液压桩锤打桩机以液压桩锤为锤体,液压桩锤是靠压力油的作用将锤体抬升,再靠变换给油方向使锤体在重力和油压力的推动下,下落冲击桩头使桩下沉。

液压打桩锤的安全使用注意事项:

① 一般要求

A. 桩锤在运输过程中,必须平卧放置,并拴好保险绳。

B. 桩锤在运输之前,要确保动力装置中溢流阀调节准确,并安装好液压油管路和连接信号线。

C. 在拆卸过程中,要尽量减少液压油的损失,如把逆止阀从动力装置中拆下时,不要将油管拆掉。同时,各进出油口必须用闷头螺栓拧好。如有可能,在拆装或运输过程中,油管应一直装在桩锤上。

D. 桩帽内无缓冲材料时,不可起动桩锤。在使用过程应注意检查,发现损坏及磨损,应及时更换。

E. 经运输后重新使用的桩锤,每次起动前,应对溢流阀的卸载压力进行调试,以确保桩锤的正常运行。

② 液压桩锤的操作要点

A. 将桩锤控制箱的各种油管及导线和动力装置连接好,注意连接好桩锤的导线。

B. 起动动力装置,并逐渐加速。

C. 打开控制板上的电源开关,并把行程开关调节到适当的位置:700~1200mm 行程应调节到最大位置,小于600mm 只要调节到一半。整个作业过程可随时进行调整。

D. 当用人工控制时,只要按动手控制阀按钮,即可提起冲击块。松掉按钮,冲击块即下落冲击。

E. 如进行连续作业,须将"提升"和"停止"控制装置调整到所要求的位置,并把"输出"开关拨到"自动控制"位置。用手动控制方法进行起动,按下手动控制按钮,使冲击块至少提起300mm,然后放松按钮,桩锤即进行连续自动冲击。

F. 对首次使用的桩锤,由于油管内呈空管状态,应注意添加液压油。

G. 停锤时,只要把"输出开关"拨回到关闭位置。

3）振动锤打桩机

振动锤打桩机是利用桩锤的机械振动使桩沉入土中,适用于承载较小的预制混凝土桩板,钢板桩等。振动锤打桩机主要由悬挂装置、振动器、液压操纵箱和液压夹紧器等组成。振动桩锤可分为液压式和电动式两种。

振动桩锤的使用注意事项:

① 作业场地至电源变压器或供电主干线的距离应在200m 以内。

② 电源容量与导线截面应符合出厂使用说明书的规定,启动时,电压降应在 −5%~+10% 的范围内。

③ 液压箱、电气箱应置于安全平坦的地方。电气箱和电动机必须安装保护接地设施。

④ 长期停放重新使用前,应测定电动机的绝缘值,且不得小于0.5MΩ,并应对电缆芯线进行导通试验。电缆外包橡胶层应完好无损。

⑤ 应检查并确认电气箱内各部件完好,接触无松动,接触器触点无烧毛现象。

⑥ 作业前,应检查振动桩锤减振器与连接螺栓的紧固性,不得在螺栓松动或缺件的状态下启动。

⑦ 应检查并确认振动箱内润滑油位在规定范围内。用手盘转胶带轮时,振动箱内不得有任何异响。

⑧ 应检查各传动胶带的松紧度,过松或过紧时应进行调整。胶带防护罩不应有破损。

⑨ 夹持器与掘动器连接处的紧固螺栓不得松动。液压缸根部的接头防护罩应齐全。

⑩ 应检查夹持片的齿形。当齿形磨损超过4mm 时,应更换或用堆焊修复。使用前,应在夹持片中间放一块10~15m 厚的钢板进行试夹。试夹中液压缸应无渗漏,系统压力应正常,不得在夹持片之间无钢板时试夹。

⑪ 悬挂振动桩锤的起重机,其吊钩上必须有防松脱的保护装置。振动桩锤悬挂钢架的耳环上应加装保险钢丝绳。

⑫ 启动振动桩锤应监视启动电流和电压,一次启动时间不应超过10s。当启动困难时,应查明原因,排除故障后,方可继续启动。启动后,应待电流降到正常值时,方可转到运转位置。

⑬ 振动桩锤启动运转后,应待振幅达到规定值时,方可作业。当振幅正常后仍不能

拔桩时,应改用功率较大的振动桩锤。

⑭ 拔钢板桩时,应按沉入顺序的相反方向起拔,夹持器在夹持板桩时,应靠近相邻一根,对工字桩应夹紧腹板的中央。如钢板桩和工字桩的头部有钻孔时,应将钻孔焊平或将钻孔以上割掉,亦可在钻孔处焊加强板,应严防拔断钢板桩。

⑮ 夹桩时,不得在夹持器和桩的头部之间留有空隙,并应待压力表显示压力达到额定值后,方可指挥起重机起拔。

⑯ 拔桩时,当桩身埋入部分被拔起 1.0~1.5m 时,应停止振动,拴好吊桩用钢丝绳,再起振拔桩。当桩尖在地下只有 1~2m 时,应停止振动,由起重机直接拔桩。待桩完全拔出后,在吊桩钢丝绳未吊紧前,不得松开夹持器。

⑰ 沉桩前,应以桩的前端定位,调整导轨与桩的垂直度,不应使倾斜度超过 2°。

⑱ 沉桩时,吊桩的钢丝绳应紧跟桩下沉速度而放松。在桩入土 3m 之前,可利用桩机回转或导杆前后移动,校正桩的垂直度;在桩入土超过 3m 时,不得再进行校正。

⑲ 沉桩过程中,当电流表指数急剧上升时,应降低沉桩速度,使电动机不超载;但当桩沉入太慢时,可在振动桩锤上加一定量的配重。

⑳ 作业中,当遇液压软管破损、液压操纵箱失灵或停电(包括熔丝烧断)时,应立即停机,将换向开关放在"中间"位置,并应采取安全措施,不得让桩从夹持器中脱落。

㉑ 作业中,应保持振动桩锤减振装置各摩擦部位具有良好的润滑。

㉒ 作业后,应将振动桩锤沿导杆放至低处,并采用木块垫实,带桩管的振动桩锤可将桩管插入地下一半。

㉓ 作业后,除应切断操纵箱上的总开关外,尚应切断配电盘上的开关,并应采用防雨布将操纵箱遮盖好。

4) 静力压桩机

静力压桩机主要利用机械卷扬机或液压系统产生的压力。使桩在持续静压力作用下压入土中,适用范围于一般承载力的预制桩。静力桩机因独特的环保性能以及成桩率高越来越受到施工单位欢迎。

静力压桩机分为机械式和液压式两种。机械式压桩力由机械方式传递,液压式则使用液压缸产生压力来压桩或拔桩。YZY400、YZY500 型液压式静力压桩机较为常见。

静力压桩机使用应注意

① 压桩机安装地点应按施工要求进行先期处理,应平整场地,地面应达到 35kPa 的平均地基承载力。

② 安装时,应控制好两个纵向行走机构的安装间距,使底盘平台能正确对位。

③ 电源在导通时,应检查电源电压并使其保持在额定电压范围内。

④ 各液压管路连接时,不得将管路强行弯曲。安装过程中,应防止液压油过多流损。

⑤ 安装配重前,应对各紧固件进行检查,在紧固件未拧紧前不得进行配重安装。

⑥ 安装完毕后,应对整机进行试运转,对吊桩用的起重机,应进行满载试吊。

⑦ 作业前应检查并确认各传动机构、齿轮箱、防护罩等良好,各部件连接牢固。

⑧ 作业前应检查并确认起重机起升、变幅机构正常,吊具、钢丝绳、制动器等良好。

⑨ 应检查并确认电缆表面无损伤,保护接地电阻符合规定,电源电压正常,旋转方向正确。

⑩ 应检查并确认润滑油、液压油的油位符合规定,液压系统无泄漏,液压缸动作灵活。

⑪ 冬季应清除机上积雪,工作平台应有防滑措施。

⑫ 压桩作业时,应有统一指挥,压桩人员和吊桩人员应密切联系,相互配合。

⑬ 当压桩机的电动机尚未正常运行前,不得进行压桩。

⑭ 起重机吊桩进入夹持机构进行接桩或插桩作业中,应确认在压桩开始前吊钩已安全脱离桩体。

⑮ 接桩时,上一节应提升 350～400mm,此时,不得松开夹持板。

⑯ 压桩时,应按桩机技术性能表作业,不得超载运行。操作时动作不应过猛,避免冲击。

⑰ 顶升压桩机时,四个顶升缸应二个一组交替动作,每次行程不得超过 100mm。当单个顶升缸动作时,行程不得超过 50mm。

⑱ 压桩时,非工作人员应离机 10m 以外。起重机的起重臂下,严禁站人。

⑲ 压桩过程中,应保持桩的垂直度,如遇地下障碍物使桩产生倾斜时,不得采用压桩机行走的方法强行纠正,应先将桩拔起,待地下障碍物清除后,重新插桩。

⑳ 当桩在压入过程中,夹持机构与桩侧出现打滑时,不得任意提高液压缸压力,强行操作,而应找出打滑原因,排除故障后,方可继续进行。

㉑ 当桩的贯入阻力太大,使桩不能压至标高时,不得任意增加配重。应保护液压元件和构件不受损坏。

㉒ 当桩顶不能最后压到设计标高时,应将桩顶部分凿去,不得用桩机行走的方式,将桩强行推断。

㉓ 当压桩引起周围土体隆起,影响桩机行走时,应将桩机前进方向隆起的土铲平,不得强行通过。

㉔ 压桩机行走时,长、短船与水平坡度不得超过 5°。纵向行走时,不得单向操作一个手柄,应二个手柄一起动作。

㉕ 压桩机在顶升过程中,船形轨道不应压在已入土的单一桩顶上。

㉖ 压桩机上装设的起重机及卷扬机的使用,应执行相关产品安全技术使用要求及规定。

㉗ 作业完毕,应将短船运行至中间位置,停放在平整地面上,其余液压缸应全部回程缩进,起重机吊钩应升至最上部,并应使各部制动生效,最后应将外露活塞杆擦干净。

（2）灌注桩施工机械钻孔机

1）冲击钻机、回旋钻机:是使用较早技术成熟的常规机械,使用时必须遵循其专有的安全技术规程。

2）螺旋钻孔机

螺旋钻孔机使用注意事项:

① 使用钻机的现场,应按钻机说明书的要求清除孔位及周围的石块等障碍物。

② 作业场地距电源变压器或供电主干线距离应在 200m 以内,启动时电压降不得超过额定电压的 10%。

③ 电动机和控制箱应有良好的接地装置。

④ 安装前,应检查并确认钻杆及各部件无变形;安装后,钻杆与动力头的中心线允许偏斜为全长的1%。

⑤ 安装钻杆时,应从动力头开始,逐节往下安装。不得将所需钻杆长度在地面上全部接好后一次起吊安装。

⑥ 动力头安装前,应先拆下滑轮组,将钢丝绳穿绕好。钢丝绳的选用,应按说明书规定的要求配备。

⑦ 安装后,电源的频率与控制箱内频率转换开关上的指针应相同,不同时,应采用频率转换开关予以转换。

⑧ 钻机应放置平稳、坚实,汽车式钻孔机应架好支腿,将轮胎支起,并应用自动微调或线锤调整挺杆,使之保持垂直。

⑨ 启动前应检查并确认钻机各部件连接牢固,传动带的松紧度适当,减速箱内油位符合规定,钻探限位报警装置有效。

⑩ 启动前,应将操纵杆放在空档位置。启动后,应作空运转试验,检查仪表、温度、声响、制动等各项工作正常,方可作业。

⑪ 施钻时,应先将钻杆缓慢放下,使钻头对准孔位,当电流表指针偏向无负荷状态时即可下钻。在钻孔过程中,当电流表超过额定电流时,应放慢下钻速度。

⑫ 钻机发出下钻限位报警信号时,应停钻,并将钻杆稍稍提升,待解除报警信号后,方可继续下钻。

⑬ 钻孔中卡钻时,应立即切断电源,停止下钻。未查明原因前,不得强行起动。

⑭ 作业中,当需改变钻杆回转方向时,应待钻杆完全停转后再进行。

⑮ 钻孔时,当机架出现摇晃、移动、偏斜或钻头内发出有节奏的响声时,应立即停钻,经处理后,方可继续施钻。

⑯ 扩孔达到要求孔径时,应停止扩削,并拢扩孔刀管,稍松数圈,使管内存土全部输送到地面,即可停钻。

⑰ 作业中停电时,应将各控制器放置零位,切断电源,并及时将钻杆全部从孔内拔出,使钻头接触地面。

⑱ 钻机运转时,应防止电缆线被缠入钻杆中,必须有专人看护。

⑲ 钻孔时,严禁用手清除螺旋片中的泥土。发现紧固螺栓松动时,应立即停机,在紧固后方可继续作业。

⑳ 成孔后,应将孔口加盖保护。

㉑ 作业后,应将钻杆及钻头全部提升至孔外,先清除钻杆和螺旋叶片上的泥土,再将钻头按下接触地面,各部制动住,操纵杆放到空档位置,切断电源。

㉒ 当钻头磨损量达20mm时,应予更换。

3）回转斗(旋挖)钻机、潜水钻孔机

旋挖钻机:以履带式行走专用底盘,带主、副卷扬系统的可倾斜调节的钻桅机构、转台、动力头和钻杆等部分组成,旋挖钻机可配用多种钻头,如螺旋钻头、旋挖钻斗、筒式取芯钻头、扩底钻头、冲击钻头、冲抓锥钻头、液压抓头等。

潜水钻孔机:电动机和钻头在结构上连接在一起,工作时电机随钻头能潜至孔底的机械。按行走装置分为简易式、轨道式、步履式和车载式四种,按冲洗液的排渣方式分为正循环和反循环两大类,反循环又分为气举反循环、泵吸反循环和喷射负压反循环三种。

回转斗(旋挖)钻机、潜水钻孔机是新型的成孔机械,使用时应按说明书及相关的安全技术规程操控。

（3）地下连续墙施工机械

1）液压抓斗成槽机:主体工作装置为液压抓斗,液压抓斗的提升与挖掘可由履带式起重机或多功能液压旋挖钻机进行控制,液压抓斗的开闭是通过液压来驱动。

2）双轮铣槽机:是一种全液压基础处理设备,其工作原理是通过铣刀架上的两个反向回转铣轮、从地表面向下连续进行铣削,所铣削的泥砂和碎石与槽内预灌的泥浆混合,经铣刀架上的泥浆泵抽出槽外,形成截面为长方形的立槽,其槽深最大可达80m,然后在槽中放入相应尺寸的钢筋笼并浇筑混凝土,即可形成一道垂直于地面的钢筋混凝土墙,沿该墙长度方向继续重复工作,即可得到所需长度的地下连续墙。

液压抓斗成槽机、双轮铣槽机等是目前深基础连续墙施工先进的成槽机械,使用时应按说明书及相关的安全技术规程操控。

3. 电动工具

（1）夯实机

常用夯实机主要有:冲击式（如蛙式夯实机、强夯机）、振动式（如振动平板夯）和振动－冲击式（如振动冲击夯）。

振动平板夯安全使用注意事项:

1）平板夯的振动频率应符合设计要求,其偏差不得超过±3Hz。

2）平板夯应具有良好的减振性能,在振动夯实松土时,其上机架纵向对称中心平面上前。后两端垂直振幅的平均值不得大于0.4mm。

3）操纵机构应轻便灵活、工作可靠,其手柄的操作力不应超过100kN。

4）平板夯应具有良好的夯实性能,对粒径小于5mm的砂性土壤夯实10遍后,其表层的压实度不得小于90%。

5）作业前,检查传动带松紧度应合适,带轮、振动体、夯板等应安装牢固。

6）作业时,夯土层必须摊铺平整,不准打坚石、金属及硬的土层。

7）操纵手柄时要掌握机身平稳,不要用力向后压,以免影响夯机跳动,注意夯机行进方向,并及时加以调整。

8）平板夯前进方向和靠近1m范围内,不准站立非操作人员。

9）平板夯连续作业1.5h后,振动箱内润滑油的油温不得超过80℃。

振动冲击夯安全使用注意事项:

1）振动冲击夯适用于黏性土、砂及砾石等散状物料的压实,不可在水泥路面和其他坚硬地面作业。

2）作业前重点检查项目应符合下列要求:

A. 各部件连接良好,无松动。

B. 内燃冲击夯有足够的润滑油,油门控制器转动灵活。

C. 电动冲击夯有可靠的接零或接地,电缆线表面绝缘完好。

D. 内燃冲击夯起动后,内燃机应怠速运转3～5min,然后逐渐加大油门,待夯机跳动稳定后,方可作业。

E. 电动冲击夯在接通电源起动后,应检查电动机旋转方向,有错误时应倒换相线。

F. 作业时应正确掌握夯机,不可倾斜,手把不宜握得过紧,能控制夯机前进速度即可。

G. 正常作业时,不可使劲往下压手把,影响夯机跳起高度。在较松的填料上作业或上坡时,可将手把稍向下压,并应能增加夯机前进速度。

H. 在需要增加密实度的地方,可通过手把控制夯机在原地反复夯实。

I. 根据作业要求,内燃冲击夯应通过调整油门的大小,在一定范围内改变夯机振动频率。

J. 内燃冲击夯不宜在高速下连续作业。在内燃机高速运转时不可突然停车。

K. 电动冲击夯应装有漏电保护装置,操作人员必须戴绝缘手套,穿绝缘鞋。作业时,电缆线不应拉得过紧,应经常检查线头安装,防止松动而引起漏电。严禁冒雨作业。

L. 作业中,当冲击夯有异常响声,应立即停机检查。

M. 当短距离转移时,应先将冲击夯手把稍向上抬起,将运输轮装入冲击夯的挂钩内,再压下手把,使重心后倾,方可推动手把转移冲击夯。

N. 作业后,应清除夯板上的泥砂和附着物,保持夯机清洁,并妥善保管。

蛙式夯实机安全使用注意事项:

① 蛙式打夯机只适用于夯实灰土、素土地基以及场地平整工作,不能用于夯实竖硬或软硬不均相差较大的地面,更不得夯打混有碎石、碎砖的杂土。

② 作业前,应对工作面进行清理排除障碍,搬运打夯机到沟槽中作业时,应使用起重设备,上下槽时选用跳板。

③ 无论在工作之前和工作中,凡需搬运打夯机必须切断电源,不准带电搬运,以防造成打夯机误动作。

④ 蛙式打夯机属于手持移动式电动工具,必须按照电气规定,在电源首端装设漏电动作电流不大于30mA、动作时间不大于0.1s的漏电保护器,并对打夯机外壳做好保护接零。

⑤ 操作人员必须穿戴好绝缘用品。

⑥ 蛙式打夯机操作必须有两个人,一人扶夯,一人提电线,提线人也必须穿戴好绝缘用品,两人要密切配合,防止拉线过紧和夯打在线路上造成事故。

⑦ 蛙式打夯机的电器开关与人线处的联接,要随时进行检查,避免人接线处因振动、磨损等原因导致松动或绝缘失效。

⑧ 在夯实室内土时,夯头要躲开墙基础,防止因夯头处软硬相差过大,砸断电线。

⑨ 两台以上蛙夯同时作业时,左右间距不小于5m,前后不小于10m。相互间的胶皮电缆不要缠绕交叉,并远离夯头。

（2）水泵

水泵的种类主要有离心水泵、潜水泵、深井泵、泥浆泵等。离心式水泵中又以单级单吸式离心水泵为最多。

离心水泵的安全操作要点:

1）水泵的安装应牢固、平稳,有防雨、防冻措施。多台水泵并列安装时,间距不小于80cm,管径较大的进出水管,须用支架支撑,转动部分要有防护装置。

2）电动机轴应与水泵轴同心,螺栓要紧固,管路密封,接口严密,吸水管阀无堵塞,无漏水。

3）起动时,就将出水阀关闭,起动后逐渐打开。

4）运行中,若出漏水、漏气、填料部位发热、机温升高、电流突然增大等不正常现象,应停机检修。

5）水泵运行中,不得从机上跨越。

6）升降吸水管时,要站到有防护栏杆的平台上操作。

7）应先关闭出水阀,后停机。

潜水泵安全操作要点:

1）潜水泵宜先装在坚固的篮筐里再放入水中,亦可在水中将泵的四周设立坚固的防护围网。泵应直立于水中,水深不得小于0.5m,不得在含泥砂的水中使用。

2）潜水泵放入水中或提出水面时,应切断电源,严禁拉拽电缆或出水管。

3）潜水泵应装设保护接零和漏电保护装置,工作时泵周围30m以内水面,不得有人、畜进入。

4）启动前应认真检查,水管结扎要牢固,放气、放水、注油等螺塞均旋紧,叶轮和进水节无杂物,电缆绝缘良好。

5）接通电源后,应先试运转,并应检查并确认旋转方向正确,在水外运转时间不得超过5min。

6）应经常观察水位变化,叶轮中心至水面距离应在0.5~3.0m之间,泵体不得陷入污泥或露出水面。电缆不得与井壁、池壁相擦。

7）新泵或新换密封圈,在使用50h后,应旋开放水封口塞,检查水、油的泄漏量。当泄漏量超过5ml时,应进行0.2MPa的气压试验,查出原因,予以排除,以后应每月检查一次;当泄漏量不超过25ml时,可继续使用。检查后应换上规定的润滑油。

8）经过修理的油浸式潜水泵,应先经0.2MPa气压试验,检查各部无泄漏现象,然后将润滑油加入上、下壳体内。

9）当气温降到0℃以下时,在停止运转后,应从水中提出潜水泵擦干后存放室内。

10）每周应测定一次电动机定子绕组的绝缘电阻,其值应无下降。

深井泵安全使用要点:

1）深井泵应使用在含砂量低于0.01%的清水源,泵房内设预润水箱,容量应满足一次启动所需的预润水量。

2）新装或经过大修的深井泵,应调整泵壳与叶轮的间隙,叶轮在运转中不得与壳体摩擦。

3）深井泵在运转前应将清水通入轴与轴承的壳体内进行预润。

4）启动前必须认真检查,要求:底座基础螺栓已紧固;轴向间隙符合要求,调节螺栓的保险螺母已装好;填料压盖已旋紧并经过润滑;电动机轴承已润滑;用手旋转电动机转子和止退机构均灵活有效。

5）深井泵不得在无水情况下空转。水泵的一、二级叶轮应浸入水位1m以下。运转中应经常观察井中水位的变化情况。

6）运转中,当发现基础周围有较大振动时,应检查水泵的轴承或电动机填料处磨损情况;当磨损过多而漏水时,应更换新件。

7）已吸、排过含有泥砂的深井泵,在停泵前,应用清水冲洗干净。

8）停泵前,应先关闭出水阀,切断电源,锁好开关箱。冬期停用时,应放净泵内积水。

泥浆泵安全使用要点:

1）泥浆泵应安装在稳固的基础架上或地面上,不得松动。

2）启动前,检查项目应符合下列要求:各连接部位牢固;电动机旋转方向正确;离合器灵活可靠;管路连接牢固,密封可靠,底阀灵活有效。

3）启动前,吸水管、底阀及泵体内应注满引水,压力表缓冲器上端应注满油。

4）启动前应使活塞重复两次,无阻梗时方可空载起动。启动后,应待运转正常,再逐步增加载荷。

5）运转中,应经常测试泥浆含砂量。泥浆含砂量不得超过10%。

6）有多档速度的泥浆泵,在每班运转中应将几档速度分别运转,运转时间均不得少于30min。

7）运转中不得变速;当需要变速时,应停泵进行换档。

8）运转中,当出现异响或水量、压力不正常,或有明显高温时,应停泵检查。

9）在正常情况下,应在空载时停泵。停泵时间较长时,应全部打开放水孔,并松开缸盖,提起底阀水杆,放尽泵体及管道中的全部泥砂。

10）长期停用时,应清洗各部泥砂、油垢,将曲轴箱内润滑油放尽,并应采取防锈、防腐措施。

（3）风机

工程施工风机的主要种类有通风机和鼓风机,鼓风机的工作压力和风量高于通风机。

通风机在施工中应用应注意:

1）通风机和管道的安装,应保持在高速运转情况下稳定牢固。不得露天安装,作业场地必须有防火设备。

2）风管接头应严密,口径不同的风管不得混合连接,风管转角处应做成大圆角。风管出风口距工作面宜为6~10m。风管安装不应妨碍人员行走及车辆通行;若架空安装,支点及吊挂应牢固可靠。隧道工作面附近的管道应采取保护措施,防止放炮砸坏。

3）通风机及通风管应装有风压水柱表,并应随时检查通风情况。

4）启动前应检查并确认主机和管件的连接符合要求、风扇转动平稳、电器部分包括电流过载继电保护装置均齐全后,方可启动。

5）运行中,运转应平稳无异响,如发现异常情况时,应立即停机检修。

6）运行中,当电动机温升超过铭牌规定时,应停机降温。

7）运行中不得检修。对无逆止装置的通风机,应待风道回风消失后方可检修。

8）严禁在通风机和通风管上放置或悬挂任何物件。

9）作业后,应切断电源。长期停用时,应放置在干燥的室内。

7.1.4 附件

（1）《建筑机械通用术语》GB 7920.1—87;

（2）《建筑机械与设备分类》ZBJ 04007—88;

（3）《建筑机械设备型号编制方法》ZBJ 04008—88;

（4）《建筑机械使用安全技术规程》JGJ 33—2001；

（5）《土方机械基本类型术语》GB 8498—87；

（6）《土方机械自卸车术语》JJ 64—87；

（7）《挖掘机名词术语》GB 6572—86；

（8）《液压挖掘机分类》GB 9139.1—88；

（9）《筒式柴油打桩锤分类》GB 8515—87；

（10）《振动桩锤分类》GB 8517—87；

（11）《潜水钻孔机》JJ 34—86；

（12）建设部关于推进技术进步，淘汰落后技术产品公告；

（13）国家质量监督检验检疫总局关于《电气电子产品强制性认证实施规则》。

7.1.5 术语

（1）建筑机械：广泛应用于房屋建筑、铁路、公路、桥梁、港口、机场和水利等各种建筑工程中的施工机械与设备的部称。

（2）土方机械：应用于建筑工程中，对土壤或其他材料进行切削、挖掘、铲运（短距离运输）的机械，也包括对现场表面进行处理的机械。

（3）桩工机械：用于完成预制桩的打入、沉入、压入、拔出或灌注桩成孔等作业的机械。

7.2 主体结构工程施工机械设备

7.2.1 主体结构工程施工机械设备主要内容

主体结构工程施工机械设备主要包括：混凝土机械、钢筋加工机械、建筑起重机、焊接设备等。

1. 混凝土机械主要包括：混凝土的搅拌设备、混凝土的运输设备、各种施工机具。

（1）混凝土搅拌设备有：混凝土搅拌站（楼）、混凝土搅拌机等。

（2）混凝土运输设备有：混凝土搅拌运输车、散装水泥运输车、混凝土泵及泵车、混凝土布料杆等。

（3）混凝土施工机具有：配料机、混凝土振动器、混凝土喷射机等。

2. 钢筋加工机械主要包括：钢筋强化机械、钢筋成型机械、钢筋镦头机械、钢筋预应力张拉设备。

（1）钢筋强化机械有：钢筋冷拉机、钢筋冷拔机、钢筋轧扭机等。

（2）钢筋成型机械有：钢筋切断机、钢筋调直机、钢筋弯机、钢筋镦头机等。

3. 建筑起重机械主要包括：汽车起重机、履带式起重机、塔式起重机、施工升降机、物料提升机、轻小型起重设备等。其中轻小型起重设备主要包括：桅杆式起重机、卷扬机、起重葫芦、千斤顶等。

4. 焊接设备主要包括：交流焊机、直流焊机、氩弧焊、二氧化碳保护焊机、竖向电渣压力焊机、点焊机、对焊机、钢筋网片成形机气焊设备、钢筋气压焊机等。

7.2.2 主体结构工程施工机械设备选用原则

1. 混凝土机械

（1）混凝土搅拌站（楼）

1）混凝土搅拌站与搅拌楼区别是：搅拌站生产能力较小，结构容易拆装，能组成集装箱转移安装地点，适用于建筑工程现场；搅拌楼体积大，生产率高，只能作为固定式的搅拌装置，与"三车"配套。此外，混凝土搅拌站和搅拌楼在物料提升方式也不尽相同，搅拌站采用双阶式。搅拌楼采用单阶式。中、小型建筑工程多选用移动式混凝土搅拌站。

单、双阶式工艺流程见示意图（图7.2.2-1、图7.2.2-2）。

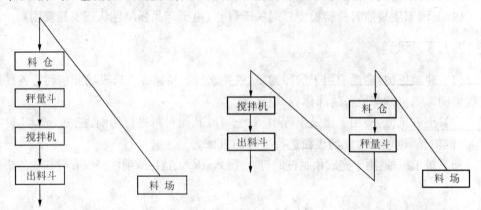

图7.2.2-1　单阶式搅拌楼工艺流程示意图　　　图7.2.2-2　双阶式搅拌楼工艺流程示意图

2）混凝土搅拌站一般由搅拌主机、物料供给系统、配水系统、计量系统、电气控制系统等多种机械和系统配套组成。选择好的配套机械对搅拌站的使用至关重要，选型时还需考虑安装、拆卸、维修方便。

3）以满足施工进度的混凝土搅拌站生产率为主要因素进行选择。

（2）混凝土搅拌机

1）按工程量和工期要求选择　混凝土工程量大且工期长时，宜选用中型或大型固定式混凝土搅拌机群或搅拌站。如混凝土工程量小且工期短时，宜选用中小型移动式搅拌机。

2）按设计的混凝土种类选择　搅拌混凝土为塑性或半塑式时，宜选用自落式搅拌机。如搅拌混凝土为高强度、干硬性或为轻质混凝土时，宜选用强制式搅拌机。

3）按混凝土的组成特性和稠度方面选择　如搅拌混凝土稠度小且骨料粒度大时，宜选用容量较大的自落式搅拌机。如搅拌稠度大而骨料粒度大的混凝土时，宜选用搅拌筒转速较快的自落式搅拌机。如稠度大而骨料粒度小时，宜选用强制式搅拌机或中、小容量的锥形反转出料的搅拌机。不同容量搅拌机的适用范围见表7.2.2-1，自落式搅拌机容量和骨料最大粒度的关系见表7.2.2-2。

（3）混凝土搅拌运输车、散装水泥运输车

混凝土搅拌运输车、散装水泥运输车作为搅拌站的配套运输设备，要与混凝土搅拌站生产率相配套，并考虑到道路、桥梁的承重能力。

不同容量搅拌机的适用范围 表7.2.2-1

进料容量(L)	出料容量(L)	适 用 范 围
100	60	试验室制作混凝土试块
240	150	修缮工程或小型工地拌制混凝土及砂浆
320	200	
400	250	一般工地、小型移动式搅拌站和小型混凝土制品厂的主机
560	350	
800	500	
1 200	750	大型工地、拆装式搅拌站和大型混凝土制品厂搅拌楼主机
1 600	1 000	
2 400	1 500	大型堤坝和水工工程的搅拌楼主机
4 800	3 000	

自落式搅拌机容量和骨料最大粒度的关系 表7.2.2-1

搅拌机容量(m^3)	0.35 以下	0.75	1.00
拌合料最大粒度(mm)	60	80	120

（4）混凝土泵及泵车

1）泵机类型的选择 混凝土泵车具有机动性强、布料灵活等特点，但价格比拖式泵贵1倍左右，结构复杂，维修费用高，能耗大，泵送距离短。适用于在大体积基础、零星分散工程和泵送距离较短的混凝土浇筑施工。拖式泵结构较简单，价格较低，能耗较少，使用费也低，输送距离长；适用于在固定地点长时间作业、远距离泵送和浇筑混凝土。

2）泵机规格的选择选用泵机的规格，主要取决于单位时间内混凝土浇筑量和输送距离。生产厂提供的性能参数往往是理论计算值或在理想条件下得出的，即最大理论排量 Q_{max}，选用时应按平均排量 Q_m 进行修正：

$$Q_m = \alpha E_t Q_{max}$$

式中 E_t——泵的作业率，一般取0.4~0.8；

α——泵送距离影响系数，见表7.2.2-3。

泵送距离影响系数 α 表7.2.2-3

换点的水平泵送距离(m)	0~49	50~99	100~149	150~179	180~199	200~250
α 值	1.0	0.9~0.8	0.8~0.7	0.7~0.6	0.6~0.5	0.5~0.4

上表适用于 30~40m^3/h 泵，对于 60~90m^3/h 泵，换算水平泵送距离超过150m时，α 值增大0.10。

泵送距离和输送压力的关系，可参照生产厂提供的资料及有关计算公式进行核算。

3）液压系统的选择液压回路有开式和闭式两类。开式回路系统结构较简单，控制部件少，价格低，维修方便，贮油量大，油温不易升高，不需配备冷却器，但泵送时压力波动较大,油耗较大;闭式回路系统结构复杂,控制和驱动元件多,必须配备油冷却系统,价格较高,但泵送时压力平稳,油耗较少。

4)泵缸缸径的选择泵缸缸径的大小,主要取决于对输送压力和排量的要求,用于大排量短距离或低扬程输送时应选用较大缸径;用于小排量远距离或高扬程输送时应选用较小缸径。但缸径也受到混凝土中粗骨料最大粒径的限制,一般不能小于骨料最大粒径的 3.5 ~ 4 倍(碎石)或 2.5 ~ 3 倍(卵石)。

5)料斗高度和容量的选择料斗离地高度必须低于搅拌输送车卸料槽的高度,以便受料。料斗容量一般为 400 ~ 600L 左右,这对于用 $6m^3$ 搅拌输送车喂料,特别是采用摆动管式阀的泵,料斗容量嫌小,最好选用 800 ~ 900L 的,以提高搅拌车的使用效率,并使料斗中经常保持一定的存量,以防吸入空气。

(5)混凝土布料杆

1)混凝土布料杆是泵送混凝土的配套设备,其选择要与混凝土泵相适应。

2)与施工现场布置和起重设备有关,当施工现场允许时可选用移动式布料杆完成、梁、柱的灌浆工作。移动式布料杆依靠施工现场起重设备辅助移位,当施工现场不允许使用移动式布料杆可选用自升布料杆工作,自升式布料杆经济成本较高。

3)在合理设计施工方案后,也可采用塔吊、布料杆一体化的起重设备。

(6)配料机

1)配料机可用于小型号混凝土站的给料配套设备,选用应与混凝土站主机生产率相适应。

2)与配料机配套的电—气控制系统应可靠、耐用,由于配料机多用于现场搅拌,粉尘较大。

3)应选择可靠性高的气动或液压配套件。

4)选择装、拆、维修较方便的机型。

(7)混凝土振动器

混凝土振动器的选用原则是根据混凝土施工工艺确定。也就是应根据混凝土的组成特性(如骨料粒径、粒形、级配、水灰比和稠度等)以及施工条件(如建筑物的类别、规模和构件的形状、断面尺寸和宽窄、钢筋稀密程度、操作方法、动力来源等具体情况),选用适用的机型和工作参数(如振动频率、振幅和振动力速度等)的振动器。同时还应根据振动器的结构特点、供应条件、使用寿命和功率消耗等技术经济指标各因素进行合理选择。

1)动力形式的选择 建筑施工普遍采用电动式振动器。如工地附近只有单相电源时,应选用单相串励电动机的振动器;有三相电源时,则可选用各种电动振动器;如有瓦斯的工作环境,应选用风动式振动器;如在无电源的临时性工程施工,可选用内燃式振动器。

2)结构形式的选择 大面积混凝土基础的柱、梁、墙,厚度较大的板,以及预制构件的振实,可选用插入式振动器;钢筋稀密或混凝土较薄的结构,以及不宜使用插入式振动器的地方,可选用附着式振动器;面积大而平整的结构物,如地面、屋面、路面等,通常选用平板式振动器;而混凝土构件预制厂的空心板、壁板及厚度不大的梁柱构件等,则选用振动台可取得快速而有效的振实效果。

3)振动频率的选择 一般情况下,高频率的振动器,适用于干硬性混凝土和塑性混凝土的振捣,而低频率的振动器则一般作为外部振动器使用。在实际施工中,振动器使用频率在 50～350Hz(3000～20000 次/min)范围内。对于普通混凝土振捣,可选用频率为 120～200Hz(7800～12000 次/min)的振动器;对于大体积(如大坝等)混凝土,振动器的平均振幅不应小于 0.5～1mm,频率可选 100～200Hz(6000～12000 次/min);对于一般建筑物,混凝土坍落度在 3～6cm 左右,骨料最大粒径在 80～150mm 时,可选用频率为 100～120Hz(6000～7200 次/min),振幅为 1～1.5mm 的振动器;对于小骨料低塑性的混凝土,可选用频率为 120～150Hz(7200～9000 次/min)以上的振动器;对于干硬性混凝土由于振波传递困难,应选用插入式振动器,但其干硬系数超过 60s 时,高频振幅也难以振实,应选用外力分层加压。

(8)混凝土喷射机

1)以满足施工需要的最大生产率,最大垂直(水平)输送距离进行选型。

2)搭配好合适的混凝土搅拌设备,输送设备,空气压缩机、贮气罐、压力水箱等。

3)注意骨料料径会影响喷射机的使用和使用效果。

2. 钢筋加工机械

各种钢筋加工机械具有不同的功能和特定的用途,选用时根据实际需要,合理配套,力求经济实用。

3. 起重机械

(1)塔式起重机

塔式起重机选型时主要考虑的因素:

1)起重特性:起重特性反映工作幅度及相应起重量的关系,据此对分析最大工作幅度是否足够,最大工作幅度所对应的起重能力是否满足要求;最大起重能力是否足够,最大起重能力对应的工作幅度是否满足工程施工需要等。

2)使用高度:塔机使用高度指标有两个,一个是独立使用状态下的最大起升高度,另一个是附着状态下的最大起升高度。对后者的确定除考虑建筑物高度因素外,还要考虑建筑物封顶过程辅助棚架高度以及塔机吊臂起重钢丝绳自重下垂的影响因素。

3)周边环境状况:建筑物状况、与高压线间的距离、公共场地及设施的净空要求等。

4)基础受力是否足够,建筑物结构承受来自塔机附着杆件传递的载荷是否满足设计要求等。

5)根据工程量、工期和起重机台班、定额产量选定塔吊台数。

(2)施工升降机

施工升降选型主要考虑如下因素:

1)额定起重量、最大起升高度、需要台数。

2)最合适安装位置:以最方便材料运输和人员进出为原则,安装位置垂直面无阻碍施工升降机运行的障碍物。

3)基础、附着布置的受力情况以及对建筑物结构的影响。

(3)物料提升机

1)物料提升机使用高度 30～150m,一般城乡住宅建设采用 30m 以内低架提升机。

2)根据建筑物及施工现场布置、以方便运送材料为原则,选择龙门架式或井架式或并排使用形式。

3)物料提升机起重量大小决定于配套的卷扬机,卷扬机起重量范围有 1t、1.5t、2t,根据实际需要进行选择。

4）尽量选用带自动停层、停层摄影头监控、可上下呼叫控制的较为先进的操作控制系统。

5）选择有制造许可资格企业生产的产品。

（4）轻型起重设备

轻、小型起重设备根据所需起重量、起升高度进行选择，选用时以操作简单、实用为原则。

4. 焊接设备

（1）根据焊接对象的材料、外形尺寸、质量要求、现场作业环境、技术经济性等因素选用具有不同性能、用途的焊接设备。

（2）焊接设备用电负荷较大，选用时要注意施工现场用电线路的设计与布置。

7.2.3 主体结构工程施工机械设备技术特点和注意事项

1. 混凝土机械

（1）混凝土搅拌站（楼）

混凝土搅拌站（楼）是完成对原材料的预处理、供给、计量以及对混合料的搅拌、由计算机控制与管理的成套设备。

混凝土搅拌站运转时应注意的安全技术事项：

1）搅拌站（楼）应由专业人员技术规范要求进行安装，并经调试、验收合格后方可投产。

2）机组各部分应逐步起动。起动后检查各仪表，在确认油、气、水、电各项指标符合要求，系统运转情况正常方可开始作业。

3）搅拌筒起动前应盖好仓盖；机械运转中，严禁将手、脚伸入料斗探摸。作业过程中，在贮料区内和提升斗下，严禁人员进入。

4）控制器的室温应保持在25℃以下，以免电子元件因温度而影响灵敏和精确度。

5）搅拌机不具备满载起动的性能。在满载搅拌时不得停机。如发生故障或停电时，应立即切断电源，锁好开关箱，将搅拌筒内的混凝土清除干净，然后排除故障或等待电源恢复。

6）搅拌站各机械不得超载作业。应随时观察电动机运转情况，当发现声音异常或温升过高时，应立即停机检查；电压过低时不可强制运行。

7）停机前应先卸载，然后按顺序关闭各部开关和管路。应将螺旋管内的水泥全部输送出来，管内不可残留物料。

8）作业后，应清理搅拌筒、出料门及出料斗，并用水冲洗，同时冲洗附加剂及其供给系统。称量系统的刀座、刀口应清洗干净，并应确保称量精度。

9）冰冻季节，应放尽水泵、附加剂泵、水箱及附加剂箱内的存水，并应起动水泵和附加剂泵运转 1～2min。

10）当搅拌站转移或停用时，应将水箱、附加剂箱、水泥、砂、石贮存料斗及称量斗内的物料排净，并清洗干净。转移中，应将杆杠秤表头平衡砣秤杆固定，传感器应卸载。

（2）混凝土搅拌机

施工现场常用的搅拌机是锥形反转出料的搅拌机,搅拌站常用的搅拌机是双卧轴强制式搅拌机。常用搅拌机有:锥形反转出料搅拌机,锥形倾翻出料搅拌机,立轴涡桨式搅拌机,单卧轴强制式搅拌机,双卧轴强制式搅拌机。各种搅拌机的使用应按说明书和有关的技术规程操控。

（3）混凝土搅拌运输车

混凝土搅拌输送车汽车底盘使用和维护参照载重汽车的相关规定。搅拌装置的安全使用应按说明书和有关的安全技术规程操控。

（4）散装水泥运输车

散装水泥运输车用于向搅拌站（楼）或现场搅拌水泥储存仓运输散装水泥。车上配备有压缩机,利用压力将罐内水泥压送到水泥储存仓,运输车行走过程中,压缩空气作用于罐内,使罐内水泥处于悬浮状态,防止水泥凝结。

散装水泥运输车的使用应按说明书和有关的技术规程操控。

（5）混凝土泵及泵车

混凝土泵是一种通过管道将混凝土连续输送到浇筑工作面的混凝土输送机械。混凝土泵车是将混凝土泵装置安装在汽车底盘上,并用液压折叠式臂架（又称布料杆）管道来输送混凝土。臂架具有变幅、曲折和回转三个动作,在其活动范围内可任意改变混凝土浇筑位置,在有效幅度内进行水平和垂直方向的混凝土输送,从而降低劳动强度,提高生产率,并能保证混凝土质量。

混凝土泵及泵车的安全使用要点:

1）泵机必须放置在坚固平整的地面上,如必须在倾斜地面停放时,可用轮胎制动器卡住车轮,倾斜度不得超过3°。

2）料斗网格上不得堆满混凝土,要控制供料流量,及时清除超粒径的骨料及异物。

3）搅拌轴卡住不转时,要暂停泵送,及时排除故障。

4）供料中断时间,一般不宜超过1h。停泵后应每隔10min。作2~3个冲程反泵一正泵运动,再次投入泵送前应先搅拌。

5）作业后如管路装有止流管,应插好止流插杆,防止垂直或向上倾斜管路中的混凝土倒流。

6）在管路末端装上安全盖,其孔口应朝下。若管路末端已是垂直向下或装有向下90°弯管,可不装安全盖。

7）洗泵时,应打开分配阀阀窗,开动料斗搅拌装置,作空载推送动作。同时在料斗和阀箱中冲水,直至料斗、阀箱、混凝土缸全部洗净,然后清洗泵的外部。若泵机几天内不用,则应拆开工作缸橡胶活塞,把水放净。如果水质浑浊,必须清洗供水系统。

（6）混凝土布料杆

混凝土布料杆主要用于建筑主体结构的梁、柱的混凝土灌注,由数节折叠布料杆及回转台,平衡重操作台支脚等组成。具有自升功能的布料杆还有液压顶升装置,可通过增加标准节的形式升高塔身。简易型移动式布料杆设备成本低,易于制造和维修。

混凝土布料杆使用安全注意事项:

1）自升式布料杆要注意加高环节的安全操作过程,严格掌握好上部结构的前后平衡。

2）简易型移动式布料杆使用范围不应有障碍物影响工作,楼面应有足够的强度支承布料杆重量,布料杆支脚支承面应稳固。

3）起重设备起吊简易布料杆移位时,要注意吊具、钢索安全和起吊安全,不允许超出起重范围和起重量范围的起重作业。

（7）配料机

配料机用于小型号混凝土站或现场搅拌中型搅拌机的给料,带有计量称重装置,能自动控制砂、石以及水泥的进给量。

配料机的操作使用按照说明书和有关的技术规程进行。

（8）混凝土振动器

混凝土振动器是用以振动捣实混凝土的专用器具。其种类繁多,有内部式（插入式）、外部式（附着式）、平板式等。

内部式（插入式）有软轴行星式、软轴偏心式和直联式三种。

外部式（附着式）常用的有附着式、平板式两种。

1）插入式振动器的使用要点

① 插入式振动器在使用前应检查各部件是否完好,各连接处是否紧固,电动机绝缘是否良好,电源电压和频率是否符合铭牌规定。检查合格后,方可接通电源进行试运转。

② 作业时,要使振动棒自然沉入混凝土,不可用力猛往下推。一般应垂直插入,并插到下层尚未初凝层中 50～100mm,以促使上下层相互结合。

③ 振动棒各插点间距应均匀,一般间距不应超过振动棒抽出有效作用半径的1.5 倍。

④ 应配开关箱安装漏电保护装置,熔断器选配应符合要求。

⑤ 振动器操作人员应掌握一般安全用电知识,作业时应穿绝缘鞋、戴绝缘手套。

⑥ 工作停止移动振动器时,应立即停止电动机转动;搬动振动器时,应切断电源。不得利用软管和电缆线拖拉、扯动电动机。

⑦ 电缆不得有裸露导电之处和破皮老化现象。电缆线必须敷设在干燥、明亮处;不得在电缆线上堆放其他物品,以及车辆碾压;更不能用电缆线吊挂振动器等。

2）附着式振动器安全使用要点

① 在一个模板上同时使用多台附着式振动器时,各振动器的频率应保持一致,相对面的振动器应错开安装。

② 使用时,引出电缆线不得拉得过紧,以防断裂。作业时,必须随时注意电气设备的安全,熔断器和保护接零装置必须合格。

3）振动台的安全使用要点

① 振动台是一种强力振动成型设备,应安装在牢固的基础上,地脚螺栓应有足够强度并拧紧。同时在基础中间必须留有地下坑道,以便调整和维修。

② 使用前要进行检查和试运转,检查机件是否完好。

③ 齿轮因承受高速重负荷,故需要有良好的润滑和冷却。齿轮箱内油面应保持在规定的水平面上,工作时温升不得超过 70℃。

（9）混凝土喷射机

混凝土喷射机是将混凝土拌合料喷向建筑物表面或结构物上,使建筑物表面得到加强或形成结构物的一部分的机械。

转子式喷射机使用安全注意事项：

1）操作时的顺序为：开机时先送风，后开电动机，最后向料斗加料；停机时为先停止加料，后停电动机，最后停风，注意不可颠倒。

2）准备工作结束后，就可向机内加拌合料，主机操作人员应先开足进气阀，开始少量进料，然后逐渐开启辅进气阀，再依照喷射手的信号反馈进一步调节两路气阀直至效果最好，就可满负荷作业。

3）喷射作业过程中要注意压力表值的变化。当发现输料管路堵塞或压力表值急剧升高超过正常值时，应立即停机、停料，让其自行吹通，若不能吹通，需进行人工疏通并排除故障后方能再行开机。

4）当用压风排除堵塞时，喷头要可靠固定，不可使喷嘴对人。此外，送风前必须发出信号，以防事故发生。

5）要经常观察结合板的密封情况，如发现有跑风跑尘时，应及时调整结合板的压紧力，注意不要过紧、过松或压紧不平衡。

6）作业过程中，应始终保持料斗中一定的储存料量，以保证给料的均匀和连续性。

7）加料时，应尽量做到轻倒料，并及时清除掉残存在振动筛上的粗骨料。

8）喷射时，喷射手应根据拌合料的含水率状况，及时合理地调节水量，并尽可能保持喷嘴和受喷面垂直。喷射距离应控制在 500～800mm 之间。喷射手应始终站在已喷射过的混凝土支护面以内。在任何情况下，严禁将喷嘴朝向有人员活动的方向。

9）喷射机运转时，严禁用手或其他工具伸入速凝添加剂的料斗中或触摸运转机件。如因拌合料含水率过多使料腔内有粘附料时，可从观察孔中用木棍等钝器轻轻敲打其外壁，使粘附料剥落脱离。严禁用锋利器具铲凿料腔。

10）为防止堵管，拌合料必须过筛。如遇堵管，应停机、停风后检查堵塞部位（一般用脚踩管道即可查明），用锤击其外表，使物料松散后用压风吹通，此时要防止管道甩动伤人。在管道中还有压力时，不可拆卸管接头。

11）作业结束时，应在停止加料后再继续运转一段时间，使料腔和管道中的剩料吹送干净。添加器料斗中有剩余速凝剂时，应将盖子盖好防止受潮结块和杂物混入。

12）作业结束后，应卸下输料管道、出料弯头和结合板，清除管道和出料弯头中的粘料和清洗水环。

13）在整机清理干净后，应及时将结合板和出料弯头安装上主机，但不能压得过紧，出料弯头出口应采取封堵措施。

2. 钢筋加工机械

（1）钢筋强化机械

钢筋冷拉机：是对热轧钢筋在正常温度下进行强力拉伸的机械。提高钢筋强度（20%～25%）。通过冷拉不但可使钢筋被拉直、延伸，而且还可以起到除锈和检验钢材的作用。

钢筋冷拔机：它是在强拉力的作用下将钢筋在常温下通过一个比其直径小 0.5～1.0mm 的孔模（即钨合金拔丝模），使钢筋在拉应力和压应力作用下被强行从孔模中拔过去，使钢筋直径缩小而强度提高 40%～90%，塑性则相应降低，成为低碳冷拔钢丝。

钢筋轧扭机:它是由多台钢筋机械组成的冷轧扭生产线,能连续地将直径6.5～10mm的普通盘圆钢筋调直、压扁、扭转、定长、切断、落料等完成钢筋轧扭全过程。

(2)钢筋成型机械

包括:钢筋切断机、钢筋调直机、钢筋弯曲机等,根据需要实现对钢筋的成型处理。

(3)钢筋墩头机械

钢筋镦头机都为冷镦机,按其动力传递的不同方式可分为机械传动和液压传动两种类型。机械传动为电动和手动,只适用于冷镦直径5mm以下的低碳钢丝。液压冷镦机需有液压油泵配套使用10型冷镦机最大镦头力为100kN,适用于冷镦直径为5mm的高强度碳素钢丝;45型冷镦机最大镦头为450kN,适用于冷镦直径为12mm普通低合金钢筋。

(4)预应力钢筋张拉设备

预应力钢筋张拉设备用于预应力混凝土结构中,对钢筋施加张拉力的专用设备。常用的是液压式拉伸机。

3.起重机械

(1)塔式起重机

塔式起重机是一种臂架安置在垂直塔身顶部的可回转臂架的起重机,在施工中主要作用是是解决重物的垂直运输和施工现场内短距离水平运输。

中、小型建筑工程常使用固定的、可自升附着的、上回转、非自行架设、小车变幅式塔式起重机。

塔式起重机的主要技术性能参数有:起升高度(最大起升高度)、工作速度(起升速度、回转速度、小车变幅速度)、工作幅度、起重量、自重等。

塔式起重机型号是以标准起重力矩来命名,即以基本臂长(以《塔式起重机分类》JG/T 5037规定的臂长)以及该臂长所能起吊的最大起重量的乘积来命名。常用的塔式起重机型号有QTZ630、QTZ800、QTZ1000、QTZ1200。也有以最大臂长以及相对应的臂端最大起重量来定型,如QT4812、QT5014、QT5515等。

塔式起重机属于特种设备范围,其使用应严格遵守国家以及地方特种设备管理法律法规和管理规定,塔机安装、拆卸前应向有关部门办理报装申请,塔机的安装应请有资质的安装队伍进行安装,安装自检完毕后应报检,经法定检验检测机构检验合格发证后才可以投入使用。

塔机顶升作业是塔机加高的必需环节,是一项平衡要求、安全要求极高的工作,应严格按使用说明书的顶升步骤和程序进行,由专业队伍实施。

塔式起重机的使用,要遵守使用说明书中的有关规定,遵照国家和主管部门颁发的安全技术标准、规范和规程。

(2)施工升降机

施工升降机是一种使用工作笼沿导轨架作垂直(或倾斜)运动用来运送人员和物料的机械。

施工升降机主要型号:SC100/100、SCD100/100、SC200/200、SCD200/200,常用型号为SC200/200。

施工升降机主要技术性能参数:额定起重量、最大起升高度、起升速度、吊笼内部尺寸、整机功率、限速器型号、吊杆额定起重量等。

施工升降机属于特种设备范围,其使用应严格遵守国家以及地方特种设备管理法律、法规和管理规定,施工升降机安装拆卸前应向有关部门办理报装申请,安装应请有资质的安装队伍进行安装,安装自检完毕后应报检,经法定检验检测机构检验合格发证后才可以投入使用。使用时要遵守使用说明书中的有关规定,遵照国家和主管部门颁发的安全技术标准、规范和规程。

（3）物料提升机

物料提升机是一种仅输送物料较为简便的垂直运输设备。

物料提升机按结构形式的不同分为龙门架和井架式两种物料提升机。额定载重量规定为 2 000kg 以下。物料提升机使用高度一般在 30～150m,一般城乡住宅建设常用高度为 30m 以内的低架提升机。

物料提升机的主要技术参数有:额定起重量、最大提升高度、吊篮尺寸、功率等。选型时主要根据最大提升高度及额定起重量,选择井架及卷扬机、卷扬机机型多为 1～2t。

物料提升机的使用要遵守使用说明书中的有关规定,遵照安全技术标准、规范和规程。

（4）轻小型起重设备

包括:桅杆式起重机、卷扬机(绞车)、起重葫芦(手拉、手扳、电动)、千斤顶等,根据需要灵活配置选用,使用时必须遵守相应的安全技术规程。

4. 焊接设备

焊接属于特种作业,有专门安全操作技术规程,操作人员必须经过专门培训,经考核合格后持证上岗。

（1）交流焊机、直流电焊机:是普遍使用的焊接设备,建筑工程中以交流焊机更为常用。

（2）氩弧焊,二氧化碳保护焊机

氩弧焊,二氧化碳保护焊属于金属熔焊中的气电焊接,利用气体保护焊接区,使焊接金属与空气隔绝,确保焊接质量。焊接设备增加供气及水流系统以及相关的控制系统。

（3）竖向电渣压力焊机

竖向渣压力焊机属于金属熔焊中的埋弧焊接设备,施工中多用于钢筋的竖直驳接。具有功效高、节能省源、节约钢筋、改善劳动环境、提高焊接质量、降低工程成本作用。彻底抛弃旧工艺绑条焊、搭接焊、坡口焊,是国家建设部重点推广应用项目。

1）引弧过程:当接通电源的瞬时,上下钢筋端头开始打火引弧。起弧方法有两种:一种是辅助引弧法,即用铁丝球或小段电焊条夹在上下钢筋之间电时铁丝烧化,引起电弧。另一种是直接引弧法,即上下钢筋顶住,在通电瞬间,上提钢筋 2～4mm,即能引起电弧。

2）电弧过程:电弧引燃后,继续维持电弧稳定燃烧,产生大量热量,使上下钢筋端头熔化,周围焊剂也随同熔化。随着电弧燃烧使钢筋端部逐渐烧平,熔化的金属形成熔池,熔化的焊剂成为渣池。液态的渣池覆盖在金属熔池之上,随着电弧过程的延长,渣池和熔池均不断扩大加深。

3）电渣过程:电弧燃烧到一定时间使渣池达到一定深度时,上钢筋直接向下深入液态渣池中,电弧熄灭,进入电渣熔炼阶段。由于电流经过渣池放出大量电阻热,使上下钢筋端头熔化的速度加快,最终形成微凸形平整的形状。

4) 顶压过程:钢筋熔化到一定量,迅速下送上钢筋,使其端部压入金属熔池,使液态金属和熔渣从接头处挤压出去,这时未熔焊剂包敷挤出的溶液,断电后逐渐冷却成为固态,熔渣形成外面的渣壳,液态金属形成焊包,完全冷却后敲去渣壳就能见到黑蓝光泽的焊包。竖向电渣压力焊工艺过程见示意图(图7.2.3)。

竖向电渣压力焊机按接头方式分齿轮式机头和杠杆式机头,焊接设备有同体式和分体式两种。常用的竖向电渣压力焊机有 MH - 36(或 40) 型。

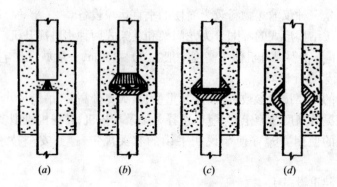

图7.2.3 电渣压力焊工艺过程示意
(a)引弧过程;(b)电弧过程;(c)电渣过程;(d)顶压过程

竖向钢筋电渣压力焊机使用安全注意事项:

① 应根据施焊钢筋直径选择具有足够输出电流的电焊机。电源电缆和控制电缆联接应正确、牢固。控制箱的外壳应牢靠接地。

② 施焊前,应检查供电电压并确认正常,当一次电压降大于 8% 时,不宜焊接。焊接导线长度不得大于 30m,截面面积不得小于 50mm²。

③ 施焊前应检查并确认电源及控制电路正常,定时准确,误差不大于 5% ,机具的传动系统、夹装系统及焊钳的转动部分灵活自如,焊剂已干燥,所需附件齐全。

④ 施焊前,应按所焊钢筋的直径,根据参数表,标定好所需的电源和时间。一般情况下,时间(s)可为钢筋的直径数(mm),电流(A)可为钢筋直径的 20 倍数(mm)。

⑤ 起弧前,上、下钢筋应对齐,钢筋端头应接触良好。对锈蚀粘有水泥的钢筋,应采用钢丝刷清除,并保证导电良好。

⑥ 施焊过程中,应随时检查焊接质量,当发现倾斜、偏心、未熔合、有气孔等现象时,应重新施焊。

⑦ 每个接头焊完后,应停留 5~6min 保温;寒冷季节应适当延长。当拆下机具时,应扶住钢筋,过热的接头不得过于受力。焊渣应待完全冷却后清除。

(4) 点焊机、对焊机

点焊机、对焊机用于薄板、管材、棒料等的焊接。点焊机按使用形式分有手提式、脚踏式、气动式三种,常用型号有 DN - 16 ~ DN - 35。

对焊机按加压形式分有弹簧加压式和杠杆加压式两种,常用型号有 DN16 ~ 80。

(5) 钢筋网片成形机

钢筋网片成形机是利用先进技术把钢筋焊成网格状结构的新型钢筋焊接机械,实质

316

上是一台多头点焊机,常用钢筋网片成形机型号有 GWC1250 - 3300。

（6）气焊设备

气焊和气割都是利用可燃气体与助燃气体混合燃烧作热源,对焊件和割件进行加工,常用的气焊和气割设备工具有,乙炔发生器,气瓶(氧气瓶、乙炔气瓶、特利气气瓶)、减压器、焊炬、割炬以及橡皮胶管等。

（7）钢筋气压焊机

气压焊接是利用氧和乙炔按一定的比例混合产生燃烧的火焰,将被焊钢筋两端加热,使之达到热塑状态,经施加适当压力使其结合而成,气压焊机就是用来完成气压焊接的设备。

气压焊机的工艺过程如下:

1）钢筋端部加工先把端面切平用角向磨光机把端头及端面上的脏物清除干净,倒掉边缘光刺。把焊接夹具卡紧待焊接的钢筋端头,再把顶压器安装在夹具上,施加压力使钢筋两端面接触,即可进行初期压焊。

2）初期压焊。加热开始至钢筋端面闭合的加热加压过程为初期压焊。此过程采用碳化焰对接接缝处连续加热,淡白色羽状内焰前端面触及钢筋或伸入接缝内,火焰始终不离开接缝,以防止接合面的氧化。待接缝处钢筋红热时加够顶锻压力,并保证压到端面闭合为止。

3）主压焊。初期压焊完成后,连续进行主压焊,它是在钢筋端面闭合后,把加热焰调成乙炔稍多的中性焰。以接合面为中心,将多嘴加热器沿钢筋轴向在两倍钢筋直径范围内均匀摆动加热,摆幅由小变大,摆速逐渐加快,待钢筋表面成炽白色,并有氧化物变成小粒灰白色球状物继而聚集成泡沫随加热器摆动方向移动时,再加足顶锻压力,并保持接合处均匀变粗,直径增大约 1.4 ~ 1.6 倍,变形长度为钢筋直径的 1.2 ~ 1.5 倍,即可终断火焰。

主压焊的关键是钢筋加热到适宜的温度,加压不要过早,一方面是避免接头过早镦粗而影响钢筋的热量引入和造成外表过烧,另一方面避免在温度不对时硬顶造成接头,"夹生"。但如加热时间过长,将使钢筋内部组织晶粗大,造成韧性下降,脆性增加,强度降低。

4）加压作业焊接过程中,在均匀加热的同时,加压作业要密切配合。加压的方法有等压法、二次加压法及三次加压法等,应以保证焊接接头的质量为准。

气压焊机安全使用注意事项:

1）使用前要先检查各操作手柄、压力机构、夹具等是否灵活可靠,根据被焊钢筋的规格,调节好动力源,并检查气路系统应无渗漏现象。

2）操作人员必须熟悉气焊焊机的构造,各组成装置的性能及使用方法,并严格按气压焊机操作规程进行作业。

3）气压焊可用于钢筋在垂直位置、水平位置或倾斜位置时的对接焊接。当两钢筋直径不同时,其两直径之差不得大于7mm。

4）为保证焊接质量,焊接前应对焊接端头进行除污、除锈、矫直。

5）施焊前,钢筋端面应切平,并应和钢筋轴线相垂直,并经打磨,使其露出金属光泽。钢筋装上夹具时应夹紧,并使两根钢筋的轴线在同一直线上。钢筋安装后应加压顶紧,两根钢筋之间的局部缝隙不得大于 2mm。

6）气压焊时，应根据钢筋直径和焊接设备等具体条件选用等压法、二次加压法或三次加压法等焊接工艺。在两根钢筋缝隙密合和镦粗过程中，对钢筋施加的轴向压力，按钢筋截面面积计算，应为 30 ~ 40MPa。

7）气压焊开始阶段应采用碳化焰，对准两钢筋接缝处条中加热，并应使其内焰包住缝隙，防止钢筋端面产生氧化；待确认两根钢筋的缝隙已完全密合，应改用中性焰，以压焊面为中心，在两侧各一倍钢筋直径长度范围内往复宽幅加热，钢筋端面的加热温度应为 1150 ~ 1250℃；钢筋端部表面的加热温度应稍高于该温度，并应随钢筋直径大小而产生的温度梯差确定。

8）施焊过程中，通过最终的加热加压，应使接头的镦粗区形成规定的形状，然后应停止加热，略微延时，卸除压力，拆下焊接夹具。

9）在加热过程中，当在钢筋端面缝隙完全密合之前发生灭火中断现象时，应将钢筋取下重新打磨、安装，然后再点燃火焰进行焊接。当钢筋端面缝隙完全密合后，可继续加热加压。

10）焊机停止工作，应切断气源，清除杂物和焊渣。将组成焊机的设备、工具、夹具等妥善保管。

7.2.4 附件

主体结构施工机械设备涉及的相关规范和标准同基础施工机械部分，还有：
（1）《塔式起重机技术条件》GB/T 9462；
（2）《塔式起重机分类》JG/T 5037；
（3）《塔式起重机安全规程》GB 5144；
（4）《施工升降机分类》GB/T 10052—1996；
（5）《施工升降机技术条件》GB/T 10054—1996；
（6）《施工升降机安全规则》GB 10055—1996；
（7）《龙门架及井架物料提升机安全技术规范》JGJ 88；
（8）《建筑卷扬机》GB/T 1955—2002；
（9）电动、手动葫芦标准。

7.2.5 术语

（1）混凝土机械：用于混凝土的搅制、输送。
（2）钢筋强化机械：在常温下，对钢筋或钢丝进行强力拉、拔的机械。
（3）钢筋成型机械：对钢筋进行调直、切断、弯曲等工序的机械。
（4）钢筋镦头机械：把钢筋（或钢丝）的端头直径镦粗成腰鼓形或蘑菇形柱体的机械。
（5）建筑起重机：应用于建筑工程中，进行结构与设备安装工作，以及用于在一定空间范围内提升和搬运建筑材料和建筑构件的机械和设备。

7.3 装饰工程施工机具

7.3.1 装饰工程施工机具种类

装饰工程施工机具主要包括:装修机械及木工机械。

1. 装修机械包括:灰浆材料加工机械、涂装机械、地面修整机械、装饰平台及吊篮、手持机具以及钣金管工机械等。

（1）灰浆材料加工机械有:灰浆搅拌机、灰浆泵、灰浆喷射器等。

（2）涂料机械有:喷涂机和弹涂机。

（3）地面修整机械有:地面抹光机、水磨石机、混凝土切割机、地板刨平机、地板磨光机、踢脚线磨光机、打蜡机、地面清除机、地板砖切割机等。

（4）手持机具有:手提式或便携式小型电动机具,如各种饰面机具、打孔机具、切割机具、加工机具以及铆接紧固机具等。

（5）钣金、管工机械有:咬口机、坡口机、弯管机、套丝切管机等通用机械及机具。

2. 木工机械主要包括:制材机械、细木机械和附属机具。

（1）制材机械有:带锯机、圆锯机、框锯机等。

（2）细木机械有:刨床、铣床、开榫机、钻孔机、榫槽机、车床、磨光机等。

（3）附属机具有:锯条开齿机、锯条焊接机、锯条辊压机、压料机、锉锯机、刃磨机等。

7.3.2 装饰工程施工机具选用原则

1. 灰浆材料加工机械,涂料机械

灰浆材料加工机械是连续性作业时间较长的配套辅助机械。大多数为可移动式配置,选择时主要考虑机械生产率、质量可靠性、安装拆卸方便性。

2. 地面修整机械、手持机具

此类机械以电动机为动力,手持式为主,选用时要根据作业场所类别选择相应的接电保护等级合理,一般场所选用Ⅰ类,潮湿场所或金属构架作业场所所选Ⅱ类或Ⅲ类。使用时采取相应的安全保护措施。

注意选购有安全认证标志的产品。

3. 装饰平台及吊篮

选择安全装置、防护设施等配置齐全,实用而经济,满足施工需要的产品。此外应备有应急控制措施。

4. 钣金管工机械、木工机械

此类机械多为专机,选择时注重安全装置的配置及对环境造成的噪声的控制。

7.3.3 装饰工程施工机具技术特点和注意事项

1. 装修机械

（1）灰浆搅拌机

灰浆搅拌机是利用拌和作用制作灰浆的机械。可分为移动式和固定式两类。常用倾翻式灰浆机型号有:UJZ100~UJZ300。选型以搅拌筒容量为主要选型参数。

灰浆搅拌机使用安全注意事项:

1)运转中不得用手或木棒等伸进搅拌筒内或在筒口清理灰浆。

2)作业中如发生故障不能继续运行时,应立即切断电源,将筒内灰浆倒出,进行检修或排除故障。

3)定式搅拌机的上料斗能在轨道上平稳移动,并可停在任何位置。料斗提升时,严禁斗下站人。

(2)灰浆泵

灰浆泵按结构分有柱塞式、隔膜式、气动式、挤压式以及螺杆式灰浆泵。常用为柱塞式、膈膜式和挤压式。

(3)灰浆喷射器

灰浆喷射器主要是把泵送来的灰浆形成射流对建筑物表面进行喷涂装修的施工机具,有射流式、挤压式、气动式和排气动式等四类。

(4)涂料机械

有喷涂机和弹涂机两种。分有气喷射和无气喷射两种形式。

常用的喷涂机形式为高压无气喷涂机,利用高压泵提供的高压涂料,经过喷枪的特殊喷嘴,把涂料均匀雾化,实现高压无气喷涂。

高压无气喷涂机使用安全注意事项:

1)启动前,调压阀、卸压阀应处于开启状态,吸入软管、回路软管接头和压力表、高压软管及喷枪等均应连接牢固。

2)喷涂燃点在21℃以下的易燃涂料时,必须接好地线,地线的一端接电动机零线位置,另一端应接涂料桶或被喷的金属物体。喷涂机不得和被喷物放在同一房间里,周围严禁有明火。

3)作业前,应先空载运转,然后用水或溶剂进行运转检查。确认运转正常后,方可作业。

4)喷涂中,当喷枪堵塞时,应先将枪关闭,使喷嘴手柄旋转180°,再打开喷枪用压力涂料排除堵塞物,当堵塞严重时,应停机卸压后,拆下喷嘴,排除堵塞。

5)不得用手指试高压射流,射流严禁正对其他人员。喷涂间隙时,应随手关闭喷枪安全装置。

6)高压软管的弯曲半径不得小于250mm,亦不得在尖锐的物体上用脚踩高压软管。

7)作业中,当停歇时间较长时,应停机卸压,将喷枪的喷嘴部位放入溶剂内。

8)作业后,应彻底清洗喷枪。清洗时不得将溶剂喷回小口径的溶剂桶内。应防产生静电火花引起着火。

(5)地面抹光机及水磨石机

1)地面抹光机:对凝固前的混凝土地坪或地面表面进行平面光整的机械。常用的抹光机为单盘电动抹光机。

2)水磨石机:对建筑物(或构件)的混凝土、砖石表面进行研磨光整的装修机械。

水磨石机使用安全注意事项:

A. 水磨石机宜在混凝土达到设计强度70%~80%时进行磨削作业。

B. 作业前,应检查并确认各连接件紧固,当用木槌轻击磨石发出无裂纹的清脆声音时,方可作业。

C. 电缆线应离地架设,不得放在地面上拖动。电缆线应无破损,保护接地良好。

D. 在接通电源、水源后,应手压扶把使磨盘离开地面,再起动电动机。并应检查确认磨盘旋转方向与箭头所示方向一致,待运转正常后,再缓慢放下磨盘,进行作业。

E. 作业中,使用的冷却水不得间断,用水量宜调至工作面不发干。

F. 作业中,当发现磨盘跳动或异响,应立即停机检修。停机时,应先提升磨盘后关机。

G. 更换新磨石后,应先在废水磨石地坪上或废水泥制品表面磨1~2h,待金刚石切削刃磨出后,再投入工作面作业。

H. 作业后,应切断电源,清洗各部位的泥浆,放置在干燥处,用防雨布遮盖。

3)混凝土切割机:对混凝土进行表面切割的机械。

混凝土切割机使用安全注意事项:

A. 使用前,应检查并确认电动机、电缆线均正常,保护接地良好,防护装置安全有效,锯片选用符合要求,安装正确。

B. 启动后,应空载运转,检查并确认锯片运转方向正确,升降机构灵活,运转中无异常、异响,一切正常后,方可作业。

C. 操作人员应双手按紧工件,均匀送料,在推进切割机时,不得用力过猛。操作时不得带手套。

D. 切割厚度应按机械出厂铭牌规定进行,不得超厚切割。

E. 加工件送到与锯片相距300mm处或切割小块料时,应使用专用工具送料,不得直接用手推料。

F. 作业中,当工件发生冲击、跳动及异常音响时,应立即停机检查,排除故障后,方可继续作业。

G. 严禁在运转中检查、维修各部件。锯台上和构件锯缝中的碎屑应采用专用工具及时清除,不得用手拣拾或抹试。

H. 作业后,应清洗机身,擦干锯片,排放水箱余水,收回电缆线,并存放在干燥、通风处。

4)地板刨平机:对木质地板表面进行平整加工的机械。

5)地板磨光机:对木质地板进行磨光作业的机械。多应用于高档木地面的装饰或修复工程。

踢脚线磨光机、打蜡机、地面清除机、地板砖切割机等多属于手持电动工具类。选型时应注意产品有否贴有国家强制认证的"CCC"标识。使用时注意用电安全。

(6)装修平台及吊篮

装修平台及吊篮用于建筑物内、外装立面的装修施工。

1)装修升降平台:装修升降平台能根据建筑物的施工位置,通过自身设置的升降机构调节作业高度的活动工作平台。它是一种举升式活动脚手架。常用为电动式和液压式,有移动、也有固定式使用形式。

液压升降台安全使用注意事项：

① 工作场地应平整,其倾斜度纵横方向均不得大于 2°,作业地面及上空不得有障碍物。

② 起升平台前应放下支腿,使支撑坚实牢固,调整底盘处于水平位置,不得倾斜。

③ 作业前进行空载升降两次,复查各部动作,确认正常后方可作业。

④ 严禁超载使用,在平台上作业时,水平方向操作力不得大于额定载荷的 30%。

⑤ 作业中出现液压系统异常声,升降架抖动,歪斜等情况时,应立即停机检修。

⑥ 升降过程,应保持载荷的中心位置。

⑦ 作业后,应将平台降到起始位置,收起支腿,切断电源。

⑧ 转移作业时,应放下防护栏杆,并注意不得碰撞操作铵钮。

2）吊篮:利用钢丝绳等挠性件从建筑物顶部沿装立面悬挂着的作业平台,多用于建筑物立面外装修的一种悬垂式活动脚手架,控制方式有手动、电动、液压三种形式,常用形式为移动式电动吊篮。

吊篮安全使用注意事项：

① 悬挂式吊篮的挑梁必须与房屋结构连接牢固。

② 挑梁挑出长度应保证悬挂吊篮的钢丝绳垂直于地面,若挑梁的挑出长度过长,应在其下加高斜撑。

③ 吊篮的提升系统必须配备手动滑降装置,吊篮在断电时能使平台平稳下降,下降速度应不大于 1.5 倍额定速度。提升系统的限速器应灵敏可靠,限速器调定速度为 1.15～15 倍的提升速度。

④ 平台上的作业人员必须配置安全带,并将安全带钩挂在平台的挂结点上。

⑤ 应定期检查维护吊篮的安全装置(安全锁、超载限制器、行程限位器等)。确保安全装置处于灵敏状态。

⑥ 经常观察钢丝绳的使用磨损状况,保证钢丝绳在正常使用范围内使用。

⑦ 严格按产品使用说明书要求进行吊篮的安装、架设和使用。

（7）手持机具

手持机具技术特点是运用小容量电动机,通过传动机构驱动工作装置进行作业,各类电动机具的电机和传动机构基本相同,主要区别是工作装置的不同。

手持电动机具的安全使用注意事项：

1）使用刀具的机具,应保持刃磨锋利,完好无损,安装正确,牢固可靠。

2）使用砂轮的机具,应检查砂轮与接盘间的软垫并安装稳固,螺帽不得过紧,凡受潮、变形、裂纹、破碎、磕边缺口或接触过油、碱类的砂轮均不得使用,并不得将受潮的砂轮片自行烘干使用。

3）在潮湿地区或在金属构架、压力容器、管道等导电良好的场所作业时,必须使用双重绝缘或加强绝缘的电动工具。

4）非金属壳体的电动机、电器,在存放和使用时不应受压、受潮,并不得接触汽油等溶剂。

5）作业前的检查应符合下列要求：

A. 外壳、手柄不出现裂缝、破损；

B. 电缆软线及插头等完好无损,开关动作正常保护接零连接正确牢固可靠;

C. 各部防护罩齐全牢固,电气保护装置可靠。

6）机具起动后,应空载运转,应检查并确认机具联动灵活无阻。作业时,加力应平稳,不得用力过猛。

7）严禁超载使用。作业中应注意音响及温升,发现异常应立即停机检查。在作业时间过长,机具温升超过60℃时,应停机,自然冷却后再行作业。

8）作业中,不得用手触摸刃具、模具和砂轮,发现其有磨钝、破损情况时,应立即停机修整或更换,然后再继续进行作业。

9）机具转动时,不得撒手不管。

（8）钣金、管工机械

钣金、管工机械大多为专机,针对加工对象的某一过程工序而设计而成,有很强的加工针对性,要根据各类机械的使用说明书要求进行操作。

2. 木工机械

木工机械设备属于危险性较大的机械设备,其比一般金属切削机床具有更高的切削速度和更锋利的刀刃。因而更易引起伤害事故,所以使用时应注意安全。

（1）锯机

锯机主要分带锯机和圆锯机。

圆锯机主要由机架、工作台、锯轴、切削刀片、导尺、传动机构和安全装置等组成。

圆盘锯使用安全注意事项:

1）设备本身应设按钮开关控制,闸箱距设备距离不大于3m,以便在发生故障时,迅速切断电源。

2）锯片必须平整坚固,锯齿尖锐有适当锯路,锯片不能有连续断齿,不得使用有裂纹的锯片。

3）安全防护装置要齐全有效。分料器的厚薄适度,位置合适,锯长料时不产生夹锯;锯盘护罩的位置应固定在锯盘上方,不得在使用中随意转动;台面应设防护挡板,防止破料时遇节疤和铁钉弹回伤人;传动部位必须设置防护罩。

4）锯盘转动后,应待转速正常时,再进行锯木料。所锯木料的厚度,以不碰到固定锯盘的压板边缘为限。

5）木料接近到尾端时,要由下手拉料,不要用上手直接推送,推送时使用短木板顶料,防止推空锯手。

6）木料较长时,两人配合操作。操作中,下手必须待木料超过锯片20cm以外时,方可接料。接料后不要猛拉,应与送料配合。需要回料时,木料要完全离开锯片后再送回,操作时不能过早过快,防止木料碰锯片。

7）截断木料和锯短料时,就用推棍,不准用手直接进料,进料速度不能过快。下手接料必须用刨钩。木料长度不足50cm的短料,禁止上锯。

8）需要换锯盘和检查维修时,必须拉闸断电,待完全停止转动后,再进行工作。

9）下料应堆放整齐,台面上以及工作范围内的木屑,应及时清除,不要用手直接擦抹台面。

（2）刨床

根据不同的工艺用途,木工刨床可分为平刨、压刨、双面刨、三面刨、四面刨和刮光机等多种形式,常用到的刨床为电平刨(手压刨)。

电平刨使用安全注意事项有:

1)应明确规定,除专业木工外,其他工种人员不得操作。

2)应检查刨刀的安装是否符合要求,包括刀片紧固程度,刨刀的角度,刀口出台面高度等。刀片的厚度、重量应均匀一致,刀架、夹板必须平整贴紧,紧固刀片的螺钉应嵌入槽内不少于10mm。

3)设备应装按钮开关,不得装扳把开关,防止误开机。闸箱距设备不大于3m,便于发生故障时,迅速切断电源。

4)使用前,应空转运行,转速正常无故障时,才可进行振作。刨料时,应双手持料;按料时应使用工具,不要用手直接按料,防止木料移动手按空发生事故。

5)刨木料小面时,手按在木料的上半部,经过刨口时,用力要轻,防止木料歪倒时刨口伤手。

6)短于20cm的木料不得使用机械。长度超过2m的木料,应由两人配合操作。

7)刨料前要仔细检查木料,有铁钉、灰浆等物要先清除,遇木节、逆茬时,要适当放慢推进速度。

8)需调整刨口和检查维修时,必须拉闸切断电源,待完全停止转动后进行。

9)台面上刨花,不要用手直接擦抹,周围刨花应及时清除。

10)电平刨的使用,必须装设灵敏可靠的安全防护装置。目前各地使用的防护装置不一,但不管何种形式,必须灵敏可靠,经试验认定确实可以起到防护作用。

防护装置安装后,必须专人负责管理,不能以各种理由拆掉,发行故障时,机械不能继续使用,必须待装置维修试验合格后,方可再用。

7.3.4 附件

装饰施工机具涉及的相关规范和标准主要有:包含7.1.4、7.2.4相关部分并增加以下标准:

(1)《木工机械分类方法》GB 12448—90;

(2)《手持式电动工具》GB 3888.1~12;

(3)《手持式电动工具的管理、使用、检查和维修安全技术规程》GB 3787—93。

7.3.5 术语

装饰施工机具涉及的相关术语主要有:

(1)装修机械:完成建筑物的装潢、修饰工程的机械。

(2)灰浆材料加工机械:对灰浆的混合材料进行加工处理的机械。

(3)地面修整机械:对建筑物地坪进行平整加工的机械。

(4)手持机具:进行建筑装修施工用的手持小型机械或工具。

第8章 建筑施工管理技术

8.1 施工组织设计

8.1.1 施工组织设计的含义

施工组织设计是指导拟建工程项目投标、签订承包合同、施工准备和组织实施施工全过程的全局性的技术、经济文件,是指导现场施工的纲领性文件。

8.1.2 施工组织设计的种类

根据建筑工程施工组织设计编制阶段和对象的不同,施工组织设计可分为两大类:

1. 投标施工组织设计(标前施工组织设计)。

2. 实施性施工组织设计(标后施工组织设计)。实施性施工组织设计可进一步分为:施工组织总设计;单位工程施工组织设计;专业工程施工组织设计。

8.1.3 施工组织设计的编制原则

施工组织设计的编制原则:

1. 施工组织设计应具有前瞻性,应与城镇的发展相协调。

2. 严格遵守国家、地方政府的法律法规,重点保护自然环境和人文景观,保障人民的生命安全,以人为本,稳定中求发展。

3. 充分考虑当地的经济实力状况,充分利用当地有利的地理环境资源、劳动力资源等优势进行施工组织设计的策划。

4. 严格遵守工期定额和合同规定的工程竣工及交付使用期限。

5. 做好现场工程技术资料的调查工作。

6. 合理策划施工程序和顺序,土建施工与机电安装施工应密切搭接配合。

7. 合理采用先进的施工技术,进一步加强建筑新技术的推广和应用。

8. 合理安排好特殊时期的施工项目。如冬雨期的施工、三防水利工程的施工、农忙季节的劳动力调配等等。

8.1.4 施工组织设计的编制内容

1. 投标施工组织设计(标前施工组织设计)的编制内容

投标施工组织设计的重点是针对招标文件的要求,有目的地优选施工方案,最大限度地满足招标方的合理需求。投标施工组织设计的主要内容有:工程概况、特点;编制依据;编制范围;项目管理架构;工期计划;施工部署;施工方案;质量、安全、文明施工(环保)措施;工期控制措施;需要说明的问题等。

2. 实施性施工组织设计(中标后施工组织设计)的编制内容

(1) 施工组织总设计的编制内容

施工组织总设计是以整个建设项目或若干个单项工程为编写对象,是对整个工程施工的综合性策划文件,其内容应包括:工程概况;特点分析:包括建设项目概况、建设所在地的自然环境条件、技术经济条件等;项目管理架构;总体施工部署和策划;主要施工方案;劳动力计划;材料计划;施工机械设备计划;施工总进度计划;施工总平面布置图;为了确保某些目标的施工措施。

(2) 单位工程施工组织设计的编制内容

1) 工程概况

包括:工程名称、工程地址;建设(投资)单位、设计单位、监理单位、质量监督单位、施工总承包单位、主要分包单位(含大型机电设备、大宗材料订购);设计概况;建设所在地的自然环境条件、技术经济条件;合同要求;施工条件。

2) 施工部署

包括:项目管理架构;施工部署和策划;施工总进度计划;承总包组织协调;主要施工目标的控制等。

3) 施工准备

4) 主要施工方案

包括:主要施工管理措施;技术管理措施;质量保证措施;安全保证措施;文明施工、环境保护保证措施;消防保证措施;雨期施工措施;工期保证措施;成品保护措施;成本控制措施等。

(3) 专业工程施工组织设计的注意事项

对人工挖孔桩施工、边坡及基坑支护施工、大型土方开挖施工、高支模施工、大型钢结构施工、特种结构施工、脚手架施工、拆除和爆破施工,以及建设主管部门规定的其他危险性较大的工程等均应严格按照国家和地方有关法律法规、规范规程、建设文件的要求进行组织设计。

对涉及深基坑支护、地下暗挖工程、高大脚手架支撑体系的专项施工方案,还应当组织专家进行论证、审查。

要大力推广新型环保节能的建筑材料,严禁破坏城镇的生态资源,要加强建筑材料中有害物质含量的控制。

工程项目要做到施工过程安全,使用过程更安全。

8.1.5 施工组织设计的审批

施工组织设计的审批,原则上应充分考虑城镇的经济实力状况,充分利用当地有利的地理环境资源、劳动力资源,应具有前瞻性,注意环保,以人为本,应与城镇的未来发展协调一致。

对不同层次的施工组织设计应制定相关的审批程序,做到组织设计科学合理、审批程序严谨合法、监控到位。

8.1.6 施工组织设计的实施和监控

施工单位要严格按照合同要求和相关法律法规履行总包或分包的施工管理责任,监理公司、质量监督部门等在项目施工过程中各负其责,确保工程项目按照国家和地方的有关建设法律法规要求完成。

8.1.7 附件

施工组织设计涉及的相关法规和标准:

(1)建筑法;

(2)建筑工程安全生产管理条例;

(3)安全生产许可证条例;

(4)《地下工程防水技术规范》GB 50108—2001;

(5)《建筑地基基础工程施工质量验收规范》GB 50202—2002;

(6)《砌体工程施工质量验收规范》GB 50203—2002;

(7)《混凝土结构工程施工质量验收规范》GB 50204—2002;

(8)《钢结构工程施工质量验收规范》GB 50205—2001;

(9)《木结构工程质量验收规范》GB 50206—2002;

(10)《屋面工程质量验收规范》GB 50207—2002;

(11)《地下防水工程质量验收规范》GB 50208—2002;

(12)《建筑地面工程施工质量验收规范》GB 50209—2002;

(13)《建筑装饰装修工程质量验收规范》GB 50210—2001;

(14)《建筑防腐工程施工及验收规范》GB 50212—2002;

(15)《组合钢模板技术规范》GB 50214—2001;

(16)《建筑给水排水及采暖工程施工质量验收规范》GB 50242—2002;

(17)《建筑工程施工质量验收统一标准》GB 50300—2001;

(18)《通风与空调工程施工质量验收规范》GB 50243—2002;

(19)《电气装置安装工程施工及验收规范(2001 版)》GB 50254(—5、6、7、8、9)—96;

(20)《建筑电气安装工程施工质量验收规范》GB 50303—2002;

(21)《电梯工程施工质量验收规范》GB 50310—2002;

(22)《建设工程监理规范》GB 50319—2000;

(23)《民用建筑工程室内环境污染控制规范》GB 50325—2001;

(24)《建设工程项目管理规范》GB/T 50326—2001;

(25)《住宅装饰装修工程施工规范》GB 50327—2001;

(26)《建设工程文件归档整理规范》GB/T 50328—2001;

(27)《建筑边坡工程技术规范》GB 50330—2002;

(28)《给水排水工程管道结构设计规范》GB 50332—2002;

(29)《建筑材料放射性核素限量》GB 6566—2001;

(30)《室内装饰装修材料人造板及其制品中甲醛释放限量》GB 18580—2001;

（31）《室内装饰装修材料溶剂型木器涂料中有害物质限量》GB 18581—2001；

（32）《室内装饰装修材料内墙涂料中有害物质限量》GB 18582—2001；

（33）《室内装饰装修材料胶粘剂中有害物质限量》GB 18583—2001；

（34）《室内装饰装修材料木家具中有害物质限量》GB 18584—2001；

（35）《室内装饰装修材料壁纸中有害物质限量》GB 18585—2001；

（36）《室内装饰装修材料聚氯烯卷材地板中有害物质限量》GB 18586—2001；

（37）《室内装饰装修材料地毯、地毯衬垫及地毯胶粘剂有害物质释放限量》GB 18587—2001；

（38）《混凝土外加剂中释放氨的限量》GB 18588—2001；

（39）《高层建筑混凝土结构技术规程》JGJ 3—2002；

（40）《建筑机械使用安全技术规程》JGJ 33—2001；

（41）《建筑施工安全检查标准》JGJ 59—99；

（42）《建筑地基处理技术规范》JGJ 79—2002；

（43）《既有建筑地基基础加固技术规范》JGJ 123—2000；

（44）《外墙饰面砖工程施工及验收规范》JGJ 126—2000；

（45）《建筑施工门式钢管脚手架安全技术规范》JGJ 128—2000；

（46）《建筑施工扣件式钢管脚手架安全技术规范》JGJ 130—2001；

（47）《城镇燃气设施运行、维护和抢修安全技术规程》CJJ 51—2001；

（48）《城市绿化工程施工及验收规范》CJJ/T 82—99；

（49）《城市生活垃圾堆肥处理厂运行、维护及其安全技术规程》CJJ/T 86—2000；

（50）《城市道路照明工程施工及验收规程》CJJ 89—2001；

（51）《质量管理体系》ISO 9001：2000（GB/T 19001—2000）；

（52）《环境管理体系》ISO 14001：1996（GB/T 24001—1996）；

（53）《职业健康安全管理体系 OHSAS 18001》GB/T 28001—2001；

（54）《施工企业质量管理规范》（意见稿）。

8.1.8 术语

（1）建设单位：是指建设工程的投资人，也称"业主"，是以合同或协议形式，将其拥有的建设项目交与施工单位承建的人士或机构。

（2）施工单位：是指从事建设工程的新建、扩建、改建活动的施工承包企业。

（3）监理单位：是指受发包方委托，依照国家法律法规、技术标准和发包方要求，在发包方委托的范围内对建设工程进行监督管理的企业。

（4）分包单位：以合同或协议形式向工程施工企业承担部分工程、劳务的单位（包括承担专业工程施工的专业分包方和纯提供劳务的承建队伍的劳务分包方）。

（5）供应商：向工程施工企业提供工程用材料、设备和施工设施的单位或个人（包括供货单位和生产单位）。

（6）项目经理部：工程施工企业下属单位，负责承建项目实施的机构，也可称为工程项目部。是工程项目管理的实施机构，是在一定的约束条件下，以最优地实现建设工程项目目标为目的，按照其内在的逻辑规律对工程项目的建设进行计划、组织、协调和控制。

8.2 施工队伍的选择和人员管理

8.2.1 施工队伍的选择和人员管理的原则

1. 施工队伍选择的原则

（1）凡属于国家和省、市明文规定必须进行招投标的工程项目，应通过公开招投标程序选取符合相应条件的施工队伍。

（2）对于未列入相关法规必须进行招投标的工程项目，由项目业主或其有效委托单位根据项目要求选择符合条件的施工队伍。

2. 人员管理的原则

（1）所有施工人员由施工单位负责统一管理。

（2）所有施工管理人员和作业工人均须经过相应岗位和工种的技术培训并取得上岗证。

（3）所有施工管理人员和作业人员均应与用人单位建立有效的劳动合同关系。

8.2.2 施工队伍的选择和人员管理注意事项

施工队伍的选择和人员管理注意事项：

《工程建设施工招标投标管理办法》（建设部令第 23 号）已于 2001 年 6 月 1 日废止。

8.2.3 附件

施工队伍的选择和人员管理主要法规：

（1）中华人民共和国招标投标法（中华人民共和国主席令第 21 号）。

（2）房屋建筑和市政基础设施工程施工分包管理办法（建设部令第 124 号）。

8.2.4 术语

（1）施工队伍：又称施工单位、施工企业，是指从事土木工程、建筑工程、线路管道和设备安装工程及装修工程的新建、扩建、改建和拆除等有关活动的有组织的群体。

（2）招标：兴建工程时，由建设方或其代理人公布标准和条件，提出价格，招人承包。

（3）投标：承包工程时，承包人按照招标公告的标准和条件，提出价格，填具标单。

（4）劳动合同：指用人单位与所使用的施工管理人员或作业人员在项目管理和施工过程中订立的确定了各自权利和义务的共同遵守的条文。

8.3 工程质量管理

8.3.1 工程质量管理的意义

工程质量管理是工程项目各项管理工作的重要组成部分，是为了保证工程项目按合法的建设程序和科学的设计图纸施工并保证和提高其工程质量所进行的一系列项目组织管理工作,它贯通工程项目从城镇规划、投资立项到施工准备直至交付使用的整个过程。主要包括:工程项目投标及合同管理、工程项目管理策划、施工准备管理、施工过程质量控制、回访及保修管理。

8.3.2 工程质量管理的基本要求

工程质量管理的的基本要求:

1. 认真贯彻执行《建筑法》、《建设工程质量管理条例》和国家、地方主管部门其他相关质量管理工作的方针、政策、法规和建筑施工的技术标准、规范、规程及各项管理制度。

2. 结合工程项目的具体情况,制定质量管理计划和施工工艺标准,确保工程的质量达到预期的要求,令各方建设主体满意。

8.3.3 工程质量管理的主要内容

工程质量管理的主要内容:

在中国境内各城镇从事建设工程的新建、扩建、改建等有关工程建设的活动,均应对建设工程实施质量监督管理。

1. 工程项目质量计划的编制和组织实施:

(1) 确定质量目标;

(2) 健全项目质量管理架构,明确各职能部门和人员的职责、权限;

(3) 明确工程项目各阶段的质量管理要求。

2. 加强项目工序上的自检和专检。

3. 做好分项、分部和单位工程的质量检验评定工作。

4. 做好质量回访工作。

5. 加强对工程项目竣工资料的收集和归档管理。

8.3.4 工程质量管理的工作流程

1. 工程质量管理的初期准备阶段

各方建设主体应根据各自的合同要求制定各方的质量管理方案(质量管理计划)。

施工单位的技术部门编写施工组织设计,质量管理部门组织质量管理人员编写质量计划、工程创优计划、各工序流水段的质量控制计划。

2. 施工过程的质量控制阶段

(1) 质量预控

1) 施工组织设计中技术关键点的技术交底;

2) 建筑材料、机械、设备的进场验证和标识;

3) 各层次的质量意识教育及其交底;分项工程施工前的技术交底。

(2) 对分包方施工过程的质量控制和验收

1) 施工总承包方必须按照国家和地方的有关法律法规的要求进行专业分包;

2) 分承包方质量管理架构必须齐全,并与总承包方对口管理;

3) 总承包方的质量管理部门应建立周检质量例会和月检质量例会制度,对存在的工

程质量问题会同监理方和设计方解决;

4）总承包方的质量管理部门有责任对每道工序的检验评定负责;

5）总承包方的质量管理部门应制定分项工程的班组、项目部质量技术员、项目专业工程师的内部自检程序,并组织协调监理方、质监部门的验收。

（3）对分部工程的质量控制和验收

1）项目部、公司技术部、公司质量部自检通过后向监理方提出验收申请;

2）监理方初验通过后协同建设方组织质量监督站、设计方（勘察方）进行验收。

（4）对单位工程的竣工验收

1）项目部组织全面预检;

2）项目部向公司提出预检申请;

3）公司技术部门、质量部门及各专业部门进行预检;

4）公司技术部做出质保资料核查表;

5）公司质量部门作出单位工程观感质量评定表和工程质量综合评定表;

6）业主指定的专业分包的验收。注意相关专业质保资料的收集归档,如人防、电梯、消防、煤气等工程;

7）建设方组织各方（业主、监理、设计、勘察、项目部）进行竣工验收。

（5）工程项目的备案验收

业主向质量监督部门申请工程竣工验收备案,质监部门验收合格后在备案表上签署意见,最后由政府主管部门的备案小组按法定程序文件的要求进行最后备案验收。

8.3.5 工程质量管理监控的关键点和注意事项

工程质量管理监控的关键点和注意事项:

1. 应注重工程项目各方建设主体的经营资质以及各方工作程序的合法性、有效性。

2. 工程成品应经合法检验,质量监控应具有可追溯性。

3. 工程质量控制的关键点主要在基础分部、主体结构分部,特别是特殊的结构形式,如大型结构转换体系、大跨度钢结构、高耸结构物、深基础、深基坑复合围护结构体、大型设备安装、结构伸缩缝、沉降缝、防水施工等,若这些关键点的质量控制不好,很容易发生如结构坍塌、裂断、高空坠落、倾覆等重大质量事故,或者造成"裂、漏、沉"等质量隐患。

4. 建设各方主体应加强图纸会审,加强施工组织设计的可行性研究,对结构复杂、结构体量巨大的建筑物应谨慎采用不成熟的四新技术,或在项目策划上引入实力雄厚的建筑科研机构进行深入论证,在充分试验的基础上实施施工,确保工程质量的符合国家规范的要求。

8.3.6 附件

涉及的相关法规和标准:

（1）建筑法;

（2）建设工程质量管理条例;

（3）《地下工程防水技术规范》GB 50108—2001;

（4）《建筑地基基础工程施工质量验收规范》GB 50202—2002;

（5）《砌体工程施工质量验收规范》GB 50203—2002；

（6）《混凝土结构工程施工质量验收规范》GB 50204—2002；

（7）《钢结构工程施工质量验收规范》GB 50205—2001；

（8）《木结构工程质量验收规范》GB 50206—2002；

（9）《屋面工程质量验收规范》GB 50207—2002；

（10）《地下防水工程质量验收规范》GB 50208—2002；

（11）《建筑地面工程施工质量验收规范》GB 50209—2002；

（12）《建筑装饰装修工程质量验收规范》GB 50210—2001；

（13）《建筑防腐工程施工及验收规范》GB 50212—2002；

（14）《组合钢模板技术规范》GB 50214—2001；

（15）《建筑给水排水及采暖工程施工质量验收规范》GB 50242—2002；

（16）《通风与空调工程施工质量验收规范》GB 50243—2002；

（17）《电气装置安装工程施工及验收规范（2001版）》GB 50254（—5、6、7、8、9）—96；

（18）《建筑工程施工质量验收统一标准》GB 50300—2001；

（19）《建筑电气安装工程施工质量验收规范》GB 50303—2002；

（20）《电梯工程施工质量验收规范》GB 50310—2002；

（21）《建设工程监理规范》GB 50319—2000；

（22）《民用建筑工程室内环境污染控制规范》GB 50325—2001；

（23）《建设工程项目管理规范》GB/T 50326—2001；

（24）《住宅装饰装修工程施工规范》GB 50327—2001；

（25）《建设工程文件归档整理规范》GB/T 50328—2001；

（26）《建筑边坡工程技术规范》GB 50330—2002；

（27）《给水排水工程管道结构设计规范》GB 50332—2002；

（28）《建筑材料放射性核素限量》GB 6566—2001；

（29）《室内装饰装修材料人造板及其制品中甲醛释放限量》GB 18580—2001；

（30）《室内装饰装修材料溶剂型木器涂料中有害物质限量》GB 18581—2001；

（31）《室内装饰装修材料内墙涂料中有害物质限量》GB 18582—2001；

（32）《室内装饰装修材料胶粘剂中有害物质限量》GB 18583—2001；

（33）《室内装饰装修材料木家具中有害物质限量》GB 18584—2001；

（34）《室内装饰装修材料壁纸中有害物质限量》GB 18585—2001；

（35）《室内装饰装修材料聚氯烯卷材地板中有害物质限量》GB 18586—2001；

（36）《室内装饰装修材料地毯、地毯衬垫及地毯胶粘剂有害物质释放限量》GB 18587—2001；

（37）《混凝土外加剂中释放氨的限量》GB 18588—2001；

（38）《高层建筑混凝土结构技术规程》JGJ 3—2002；

（39）《建筑地基处理技术规范》JGJ 79—2002；

（40）《既有建筑地基基础加固技术规范》JGJ 123—2000；

（41）《外墙饰面砖工程施工及验收规范》JGJ 126—2000；

（42）《城市绿化工程施工及验收规范》CJJ/T 82—99；

（43）《城市道路照明工程施工及验收规程》CJJ 89—2001；

（44）《质量管理体系》ISO 9001：2000（GB/T 19001—2000）；

（45）《环境管理体系》ISO 14001：1996（GB/T 24001—1996）；

（46）《职业健康安全管理体系 OHSAS 18001》GB/T 28001—2001；

（47）《建设工程质量责任主体和有关机构不良记录管理办法（试行）》（建质[2003]113 号）；

（48）《施工企业质量管理规范》（意见稿）。

8.3.7 术语

（1）质量：一组存在于某事或某物中的内在特性（固有特性）满足要求的程度。这种内在特性尤指那种永久的特性，而不是人为赋予的特性，如：对一座大楼而言，结构、层高、配套设施、外观、装饰等；对过程而言，过程能力、过程的稳定性、可靠性、先进性和工艺水平等。

"质量"可以使用形容词，如差、好或优秀来表示，也可使用修饰词，如工程质量、工作质量、过程质量、服务质量等。

（2）工程质量：建设工程满足相关标准规定和合同约定要求的程度，包括其在安全、使用功能及其在耐久性能、环境保护等方面所有明示和隐含能力的固有特性。

（3）质量管理：在质量方面指挥和控制组织的协调的活动。通常包括制定质量方针和质量目标以及质量策划、质量控制、质量保证和质量改进。

就施工企业而言，质量管理是企业围绕着使工程质量能满足不断更新的质量要求，而开展的策划、组织、计划、实施、检查和监督、审核等所有管理活动的总和。

（4）质量管理体系：在质量方面指挥和控制组织的管理体系。就企业而言，质量管理体系就是对组织结构、程序、过程和资源加以规定，把影响质量的技术、管理、人员和资源等因素综合在一起组成有机整体，使之为一个共同目的，在质量方针的引导下，为达到质量目标而互相配合，努力工作。

（5）质量方针：由组织的最高管理者正式发布的该组织总的质量意图和质量方向。质量方针还会涉及环境、安全、发展战略等方面。

就施工企业而言，质量方针是企业向社会和顾客对工程质量满足要求和持续改进质量管理体系有效性的承诺，是实施质量管理的推动力，是评价质量管理体系有效性的基础。

（6）质量目标：就施工企业而言，质量目标应涉及工程质量满足要求和持续改进增强顾客满意的内容，是评价质量管理体系有效性的重要判定指标。

（7）项目质量管理计划：对特定的工程项目规定由谁及何时应使用哪些质量管理过程和工程实现过程相关资源的文件。

（8）工程项目：是指具有独立的设计文件，建成后可以独立发挥生产能力或使用效益的工程。

（9）质量回访：根据 ISO 19001：2000 质量管理体系的管理要求，对已竣工验收交付使用的工程产品应结合质量保修书的约定，并根据各企业的体系要求进行质量回访。对存在的质量问题进行跟踪处理。

8.4　安全生产管理

8.4.1　安全生产管理的意义、指导思想和管理目标

1. 安全生产管理的意义

安全生产管理是工程建设各方贯彻安全生产方针,从政治、经济、法律、体制、行政、技术、组织、教育等方面采取一系列措施和手段,通过安全管理组织网络和程序,贯穿于生产经营活动当中,创造一个安全、舒适、无危险的劳动环境,控制事故和职业病的发生,其根本目的就是减少伤亡事故,保护职工的安全健康,保护国家和人民财产免遭损失,实现安全生产,确保生产和经济建设的顺利进行。

2. 安全生产管理的指导思想和目标

建设部《关于贯彻落实国务院〈关于进一步加强安全生产工作的决定〉的意见》(建质[2004]47号)指出我国未来一段时期内安全生产管理的指导思想和奋斗目标是:

(1) 指导思想:认真贯彻"三个代表"的重要思想,落实国务院《关于进一步加强安全生产工作的决定》,全面实施《建筑法》、《安全生产法》、《建设工程安全生产管理条例》和《安全生产许可证条例》,强化组织领导,加强基础工作,改进监管方式,依法落实建设活动各方主体安全责任,建立建设系统安全生产长效机制,努力实现全国建设系统安全生产状况的根本好转。

(2) 奋斗目标:到2007年,全国建设系统安全生产状况稳定好转,死亡人数和建筑施工百亿元产值死亡率有一定幅度的下降。到2010年,全国建设系统安全生产状况明显好转,重特大事故得到有效遏制,建筑施工和城市市政公用行业事故起数和死亡人数均有较大幅度的下降。力争到2020年,全国建设系统安全生产状况实现根本性好转,有关指标达到或者接近世界中等发达国家水平。

8.4.2　安全生产管理的原则

1. 安全生产管理的基本内容

以国家安全生产方针、政策、法律法规作为行为的准则,建立健全安全生产保证体系,贯彻落实以安全生产责任制为中心的各项安全生产管理制度,采取各种组织和技术措施,执行安全卫生与主体工程"三同时"的规定,编制安全技术措施计划,组织安全教育和培训,开展安全检查和安全技术科研工作,加强机器设备(特种设备)、防尘防毒和防火防爆的安全管理,进行伤亡事故的报告、调查、分析、处理、统计工作。

2. 建设工程安全生产的特点

(1) 建筑产品的多样性决定建筑安全问题的不断变化。建筑产品是固定的、附着在土地上的,而世界上没有完全相同的两块土地;建筑结构是多样的,有混凝土结构、钢结构、木结构等等;规模是多样的,从几百平方米到数百万平米不等;建筑功能和工艺方法也同样是多样的,建筑产品没有完全相同的。建造不同的建筑产品,对人员、材料、机械设

备、防护用品、施工技术等有不同的要求,而且建筑现场环境也千差万别。

(2)建筑工程的流水施工班组需要经常更换工作环境。建筑业的工作场所和工作内容是动态的、不断变化的。建设过程中的周边环境、作业条件、施工技术等都是在不断发生变化的,包含着较高的风险,而相应的安全防护设施往往是落后于施工过程。

(3)建筑施工现场存在的不安全因素复杂多变。建筑施工的高能耗、施工作业的高强度、施工现场的噪声、热量、有害气体和尘土等,以及施工工人露天作业,受天气、温度影响大,这些都是工作经常面对的不利工作环境和负荷,劳动对象体积、规模大。

(4)公司与项目部的分离,致使公司的安全措施并不能在项目部得到充分的落实。

(5)多个建设主体的存在及其关系的复杂性决定了建筑安全管理的难度较高。工程建设的责任单位有建设、勘察、设计、监理及施工等诸多单位。

(6)建筑施工中的管理主要是一种目标导向的管理,目标(结果)导向对建设单位形成一定压力。

(7)施工作业的非标准化使得施工现场危险因素增多。建筑业生产过程技术含量低,劳动、资本密集。

8.4.3 安全生产管理的基本观点

(1)系统的观点。从整体上全面综合分析生产过程中存在着各种错综复杂的危害因素,运用系统工程的理论和方法解决安全工作中的问题。

(2)预防的观点。采用各种行政或技术的措施、活动和手段,通过强化安全监督和检查,使各项安全规章制度和劳动安全卫生技术措施得到落实,防止伤亡事故和职业病发生。

(3)强制的观点。严格遵照安全生产的法律法规,依法治安。

(4)科学的观点。必须实事求是,按客观规律以科学的态度和扎实有效的工作方法,运用现代科学管理原理和方法进行安全管理。

8.4.4 安全生产管理的实施

1. 安全生产管理的基本原则

(1)安全第一的原则。保护劳动者在生产劳动中的生命安全和健康是一切经济部门和生产企业的头等大事,是企业领导的第一职责,当生产与安全发生矛盾时,生产必须服从安全。

(2)预防为主的原则。建立健全规章制度和安全管理体制,加强职工的培训教育,提高领导和职工的安全意识,分析事故发生的原因和规律,把工作的重点从事后处理变为事前预防,把事故消灭在萌芽状态中。

(3)群防群治、综合治理的原则。安全管理必须切实做到专业管理和群众管理相结合,要运用法律、行政、经济、技术和思想教育等各种行之有效的治理手段,纵向到底,横向到边,全面管理。

(4)科学管理的原则。把行之有效的传统管理经验和现代管理理论、方法有机地结合起来,采用安全系统工程的方法,建立安全信息系统,变事故追查为安全预测,找出发生伤亡事故的规律。

2. 安全生产管理体制

（1）我国安全生产工作格局

《国务院关于进一步加强安全生产工作的决定》（国发〔2004〕2 号）指出：要构建全社会齐抓共管的安全生产工作格局，努力构建"政府统一领导、部门依法监管、企业全面负责、群众参与监督、全社会广泛支持"的安全生产工作格局。

（2）建设工程各方责任主体的安全责任

《建设工程安全生产管理条例》对于各级部门和建设工程有关单位的安全责任有了更为明确的规定。主要规定如下：

1）建设单位的安全责任

建设单位应当向施工单位提供施工现场及毗邻区域内供水排水、供电、供气、供热、通信、广播电视等地下管线资料，气象和水文观测资料，相邻建筑物和构筑物、地下工程的有关资料，并保证资料的真实、准确、完整。

建设单位不得对勘察、设计、施工、工程监理等单位提出不符合建设工程安全生产法律、法规和强制性标准规定的要求，不得压缩合同给定的工期。

建设单位在编制工程概算时，应当确定建设工程安全作业环境及安全施工措施所需费用。

建设单位不得明示或者暗示施工单位购买、租赁、使用不符合安全施工要求的防护用具、机械设备、施工机具及配件、消防设施和器材。

建设单位在申请领取施工许可证时，应当提供建设工程有关安全施工的资料。

依法批准开工报告的建设工程，建设单位应当自开工报告批准之日起 15 日内，将保证安全施工的措施报送建设工程所在地的县级以上地方人民政府建设行政主管部门或者其他有关部门备案。

建设单位应当将拆除工程发包给具有相应资质等级的施工单位。并应在拆除工程施工 15 日前，将下列资料报送建设工程所在的县级以上地方人民政府建设行政主管部门或者其他有关部门备案：

① 施工单位资质等级证明；

② 拟拆除建筑物、构筑物及可能危及毗邻建筑的说明；

③ 拆除施工组织方案；

④ 堆方、清除废弃物的措施。

2）勘察单位的安全责任

勘察单位应当按照法律、法规和工程建设强制性标准进行勘察，提供的勘察文件应当真实、准确、满足建设工程安全生产的需要。

勘察单位在勘察作业时，应当严格执行操作规程，采取措施保证各类管线、设施和周边建筑物、构筑物的安全。

3）设计单位的安全责任

设计单位应当按照法律、法规和工程建设强制性标准进行设计，防止因设计不合理导致生产安全事故的发生。设计单位和注册建筑师等注册执业人员应当对其设计负责。

设计单位应当考虑施工安全操作和防护的需要，对涉及施工安全的重点部位和环节在设计文件中注明，并对防范生产安全事故提出指导意见。

对于采用新结构、新材料、新工艺的建设工程和特殊结构的建设工程,设计单位应当在设计中提出保障施工作业人员和预防生产安全事故的措施建议。

4) 工程监理单位的安全责任

工程监理单位和监理工程师应当按照法律法规和工程建设强制性标准实施监理,并对建设工程安全生产承担监理责任。

工程监理单位应当审查施工组织设计中的安全技术措施或者专项施工方案是否符合工程建设强制性标准。

工程监理单位在实施监理过程中,发现存在安全事故隐患的,应当要求施工单位整改;情况严重的,应当要求施工单位暂时停止施工,并及时报告建设单位。施工单位拒不整改或者不停止施工的,工程监理单位应当及时向有关主管部门报告。

5) 施工单位的安全责任

① 施工单位的安全生产责任是:

A. 施工单位从事建设工程的新建、扩建、改建和拆除等活动,应当具备国家规定的注册资本、专业技术人员、技术装备和安全生产等条件,依法取得相应等级的资质证书,并在其资质等级许可的范围内承揽工程。

B. 施工单位主要负责人依法对本单位的安全生产工作全面负责。施工单位应当建立健全的安全生产责任制度和安全生产教育培训制度,制定安全生产规章制度和操作规程,对所承担的建设工程进行定期和专项安全检查,并做好安全检查记录。要保证本单位安全生产条件所需资金的投入,对于列入建设工程概算的安全作业环境及安全施工措施所需费用,应当说明用于施工安全防护用具及设施的采购和更新、安全施工措施的落实、安全生产条件的改善,不得挪作他用。

C. 施工单位应当设立安全生产管理机构,配备专职安全生产管理人员。

D. 施工单位应当在施工组织设计中编制安全措施和施工现场临时用电方案及基坑支护与降水工程、土方开挖工程、模板工程、起重吊装工程、脚手架工程、拆除、爆破工程、国务院建设行政主管部门或者其他有关部门规定的其他危险性较大的工程等达到一定规模的危险性较大的分部分项工程编制专项施工方案,并附具安全验算结果,经施工单位技术负责人、总监理工程师签字后实施,由专职安全生产管理人员进行现场监督。

对上述工程中涉及深基坑、地下挖土工程、高大模板工程的专项施工方案,施工单位还应当组织专家进行论证、审查。

施工单位应当在施工现场入口处、施工起重机械、临时用电设施、脚手架、出入通道口、楼梯口、电梯井口、孔洞口、隧道口、基坑边沿、爆破物及有害危险气化体和液体存放处等危险部位,设置明显的安全警示标志。安全警示标志必须符合国家标准。

施工单位应当根据不同施工阶段和周围环境及季节、气候的变化,在施工现场采取相应的安全施工措施。施工现场暂时停止施工的,施工单位应当做好现场防护,所需费用由责任方承担,或者按照合同约定执行。

施工单位应当将施工现场的办公、生活区与作业区分开设置,并保持安全距离,办公、生活区的选址应当符合安全性要求。职工的膳食、饮水、休息场所等应当符合卫生标准。施工单位不得在尚未竣工的建筑物内设置员工集体宿舍。

施工现场临时搭建工程施工可能造成损害的毗邻建筑物、构筑物和地下管线等,应当采取专项防护措施。

施工单位应当遵守有关环境保护法律、法规的规定，在施工现场采取措施，防止或者减少粉尘、废气、废水、固体废物、噪声、振动和施工照明对人和环境的危害和污染。

在城市市区内的建设工程，施工单位应当对施工现场实行封闭围挡。

施工单位应当在施工现场建立消防安全责任制度，确定消防安全责任人，制定用火、用电、使用易燃易爆材料等各项消防安全管理制度和操作规程，设置消防通道、消防水源，配备消防设施和灭火器材，并在施工现场入口处置明显标志。

施工单位应当向作业人员提供安全防护用具和安全防护服装，并书面告知危险岗位的操作规程和违章操作的危害。施工单位采购、租赁的安全防护用具、机械设备、施工机具及配件，应当具有生产（制造）许可证、产品合格证，并在进入施工现场前进行查验。

施工现场的安全防护用具、机械设备、施工机具及配件必须由专人管理，定期进行检查、维修和保养，建立相应的资料档案，并按照国家有关规定及时报废。

施工单位在使用起重机械和整体提升脚手架、模板等自升式架设设施前，应当组织有关单位进行验收，也可以委托具有相应资质的检验检测机构进行验收；使用承租的机械设备和施工机具及配件的，由施工总承包单位、分包单位、出租单位和安装单位共同进行验收，验收合格的方可使用。《特种设备安全监察条例》规定的施工起重机械，在验收前应当经有相应资质的检验检测机构监督检验合格。

施工单位应当自施工起重机械和整体提升脚手架、模板等自升式架设设施验收合格之日起30日内，向建设行政主管部门或者其他有关部门登记。登记标志应当置于或者附着于该设备的显著位置。

施工单位的主要负责人、项目负责人、专职安全生产管理人员应当经建设行政主管部门或者其他有关部门考核合格后方可任职。

施工单位应当对管理人员和作业人员每年至少进行一次安全生产教育培训，其教育培训情况记入个人工作档案。安全生产教育培训考核不合格的人员，不得上岗。

施工单位在采用新技术、新工艺、新设备、新材料时，应当对作业人员进行相应的安全生产教育培训。

施工单位应当为施工现场从事危险作业的人员办理意外伤害保险。意外伤害保险费由施工单位支付。实行施工总承包的，由总承包单位支付意外伤害保险费。意外伤害保险期限自建设工程开工之日起至竣工验收合格止。

施工单位应当制定本单位生产安全事故应急救援预案，建立应急救援组织或者配备应急救急救援人员，配备必要的应急救援器材、设备，并定期组织操练。

施工单位应当根据建设工程的特点、范围，对施工现场易发生重大事故的部位、环节进行监控，制定施工现场生产安全事故应急救援预案，工程总承包单位和分包单位按照应急救援预案，各自建立应急救援组织或者配备就急救援人员，配备救援器材、设备，并定期组织操练。

施工单位发生生产安全事故，应当按照国家有关伤亡事故报告和调查处理规定，及时、如实地向负责安全生产监督管理的部门、建设行政主管部门或者其他有关部门报告；特种设备发生事故的，还应当同时向特种设备安全监督管理部门报告。

发生生产安全事故后，施工单位应当采取措施防止事故扩大，保护事故现场。需要移动物品时,应当做好标记和书面记录,妥善保管有关证物。

② 总分包单位的安全责任:

实行施工总承包的建设工程,由总承包单位对施工现场的安全生产负总责。总承包单位的安全责任是:

A. 总分包单位应当自行完成建设工程主体结构的施工。

B. 承包单位依法将建设工程分包给其他单位的,分包合同中就当明确各自的安全生产的权利、义务。总承包单位和分包单位对分包工程的安全生产承担连带责任。

C. 建设工程实行总承包的,如发生事故,由总承包单位负责上报事故。

分包单位应当服从总承包单位的安全生产管理,分包单位不服从管理导致生产安全事故的,由分包单位承担主要责任。

（3）施工单位内部的安全职责分工

职责分工包括主要负责人、管理者代表、技术负责人、财务负责人、经济负责人、党政工团、项目经理以及员工的责任制和横向各专业部门,即安全、质量、设备、技术、生产、保卫、采购、行政、财务等部门的责任。

1）施工企业的主要负责人的职责是:

① 贯彻执行国家有关安全生产的方针政策和法规、规范;

② 建立、健全本单位的安全生产责任制,承担本单位安全生产的最终责任;

③ 组织制定本单位安全生产规章制度和操作规程;

④ 保证本单位安全生产投入的有效实施;

⑤ 督促、检查本单位的安全生产工作,及时消除安全事故隐患;

⑥ 组织制度并实施本单位的生产安全事故应急救援预案;

⑦ 及时、如实报告安全事故。

2）技术负责人的职责是:

① 贯彻执行国家有关安全生产的方针政策、法规和有关规范、标准,并组织落实;

② 组织编制和审批施工组织设计或专项施工组织设计;

③ 对新工艺、新技术、新材料的使用,负责审核其实施过程中的安全性,提出预防措施,组织编制相应的操作规程和交底工作;

④ 领导安全生产技术改进和研究项目;

⑤ 参与重大安全事故的调查,分析原因,提出纠正措施,并检查措施的落实,做到持续改进。

3）财务负责人的职责是:

保证安全生产的资金能做到专项专用,并检查资金的使用是否正确。

4）工会的职责是:

① 工会有权对违反安全生产法律、法规,侵犯员工合法权益的行为要求纠正;

② 发现违章指挥、强令冒险作业或者发现事故隐患时,有权提出解决的建议,单位应当及时研究答复;

③ 发现危及员工生命的情况时,有权建议组织员工撤离危险场所,单位必须立即处理;

④ 工会有权依法参加事故调查,向有关部门提出处理意见,并要求追究有关人员的

责任。

5）安全部门的职责是：

① 贯彻执行安全生产的有关法规、标准和规定，做好安全的宣传教育工作。

② 参与施工组织设计和安全技术措施的编制，并组织进行定期和不定期的安全生产检查。对贯彻执行情况进行监督检查，发现问题及时改进。

③ 制止违章指挥和违章作业，遇有紧急情况有权暂停生产，并报告有关部门。

④ 推广总结先进经验，积极提出预防和纠正措施，使安全生产工作能持续改进。

⑤ 建立健全安全生产档案，定期进行统计分析，探索安全生产的规律。

6）生产部门的职责是：

合理组织生产，遵守施工顺序，将安全所需的工序和资源排入计划。

7）技术部门的职责是：

按照有关标准和安全生产要求编制施工组织设计，提出相应的措施，进行安全生产技术的改进和研究工作。

8）设备材料采购部门的职责是：

保证所供应的设备安全技术性能可靠，具有必要的安全防护装置，按机械使用说明书的要求进行保养和检修，确保安全运行。所供应的材料和安全防护用品能确保质量。

9）财务部门的职责是：

按照规定提供实现安全生产措施、安全教育培训、宣传的经费，并监督其合理使用。

10）教育部门的职责是：

将安全生产教育列入培训计划按工作需要组织各级员工的安全生产教育。

11）劳务管理部门的职责是：

做好新员工上岗前培训、换岗培训，并考核培训的效果，组织特殊工种的取证工作。

12）卫生部门的职责是：

定期对员工进行体格检查，发现有不适合现岗的员工要立即提出。要指导组织监测有毒有害作业场所的有害程度，提出职业病防治和改善卫生条件的措施。

13）项目经理部安全生产责任制的内容包括：

① 项目经理应当由取得相应执业资格的人员担任，对建设工程项目的安全施工负责，其安全职责包括：认真贯彻安全生产方针、政策、法规和各项规章制度，制定和执行安全生产管理办法，严格执行安全技术考核指标和安全生产奖惩办法，确保安全生产措施费用的有效使用，严格执行安全技术措施审批和施工安全技术措施交底制度；建设工程施工前，施工单位负责项目管理的技术人员应当对有关安全施工的技术要求向施工作业班组、作业人员作出详细说明，并由双方签字确认。施工中定期组织安全生产检查和分析，针对可能产生的安全隐患制定相应的预防措施；当施工过程中发生安全事故时，项目经理必须及时、如实，按安全事故处理的有关规定和程序及时上报和处置，并制定防止同类事故再次发生的措施。

② 施工单位安全员的安全职责应包括：对安全生产进行现场监督检查。发现安全事故隐患，应当及时向项目负责人和安全生产管理机构报告；对违章指挥、违章操作的，予以立即制止。

③ 作业队长安全职责应包括：向本工种作业人员进行安全技术措施交底，严格执行

本工种安全技术操作规程,拒绝违章指挥;组织实施安全技术措施;作业前应对本次作业所使用的机具、设备、防护用具、设施及作业环境进行安全检查,消除安全隐患,检查安全标牌,是否按规定设置,标识方法和内容是否正确完整;组织班组开展安全活动,对作业人员进行安全操作规程培训,提高作业人员的安全意识,召开上岗前安全生产会;每周应进行安全讲评。当发生重大或恶性工伤事故时,应保护现场,立即上报并参与事故调查处理。

④ 作业人员安全职责应包括:认真学习并严格执行安全技术操作规程,自觉遵守安全生产规章制度,执行安全技术交底和有关安全生产的规定;不违章作业;服从安全监督人员的指导,积极参加安全活动;爱护安全设施。

作业人员有权对施工现场的作业条件、作业程序和作业方式中存在的安全问题提出批评、检举和控告,有权对不安全作业提出意见;有权拒绝违章指挥和强令冒险作业,在施工中发生危及人身安全的紧急措施撤离危险区域。

作业人员进入新的岗位或者新的施工现场前,应当接受安全生产教育培训。未经教育培训或者教育不合格的人员,不得上岗作业。垂直运输机械作业人员、安装拆卸工、爆破作业人员、起重信号工、登高架设人员等特种作业人员,必须按照有关规定经过专门的安全作业培训,并取得特种作业操作资格证书后,方可上岗作业。

作业人员应当努力学习安全技术,提高自我保护意识和自我保护能力。安全员安全职责应包括:落实安全设施的设置;对施工全过程的安全进行监督,纠正违章作业,配合有关部门排除安全隐患,组织安全教育和全员安全活动,监督检查劳保用品质和正确使用。

(4) 其他有关单位的安全责任

为建设工程提供机械设备和配件的单位,应当按照安全施工的要求配备齐全有效的保险、限位等安全设施装置。所出租的机械设备和施工机具及配件,应当具有生产(制造)许可证、产品合格证。

出租单位应当对出租的机械设备和施工机具及配件的安全性能进行检测,在签订租赁协议时,应当出具检测合格证明。禁止出租检测不合格的机械设备和施工机具及配件。

要施工现场安装、拆卸施工起重机械和整体提升脚手架、模板等自升式架设设施,必须由具有相应资质的单位承担。

施工起重机械和整体提升脚手架、模板等设施安装完毕后,安装单位应当自检,出具自检合格证明,并向施工单位进行安全使用说明,办理验收手续并签字。

(5) 安全生产责任制度

安全生产责任制度就是对各级负责人、各职能部门以及各类施工人员在管理和施工过程中,应当承担的责任做出明确的规定。具体来说,就是将安全生产责任分解到施工单位的主要负责人、项目负责人、班组长以及每个岗位的作业人员身上。安全生产责任制度使施工企业最基本的安全管理制度,是施工企业安全生产管理的核心和中心环节。依据《建设工程安全生产管理条件》和《建筑施工安全检查标准》的相关规定,安全生产责任制度的主要内容如下:

1) 安全生产责任制度主要包括施工企业主要负责人的安全责任,负责人或其他副职的安全责任,项目负责人(项目经理)的安全责任,生产、技术、材料等各职能管理负责人及其工作人员的安全责任,技术负责人(工程师)的安全责任、专职安全生产管理人员的

安全责任、施工员的安全责任、班组长的安全责任和岗位人员的安全责任等;

2）项目对各级、各部门安全生产责任制应规定检查和考核办法,并按规定期限进行考核,对考核结果及兑现情况应有记录;

3）项目独立承包的工程在签订承包合同中必须有安全生产工作的具体指标和要求。工地由多单位施工时,总分包合同的同时要签订安全生产合同（协议）,签订合同前要检查分包单位的营业执照、企业资质证、安全资格证等。分包队伍的资质应与工程要求相符,在安全合同中应明确总分包单位各自的安全职责,原则上,实行总承包的由总承包单位负责,分包单位向总包单位负责,服从总包单位对施工现场的安全管理。分包单位在其分包范围内建立施工现场安全生产管理制度,并组织实施;

4）项目的主要工种应有相应的安全技术操作规程,一般应包括:砌筑、拌灰、混凝土、木作、钢筋、机械、电气焊、起重司索、信号指挥、塔司、架子、水暖、油漆等工种,特种作业应另行补充。应将安全技术操作规程列为日常安全活动和安全教育的主要内容,并应悬挂在操作岗位前;

5）施工现场应按工程项目大小配备专（兼）职安全人员。可按建筑面积 1 万 m^2 以下的工地,至少有一名专职人员;1 万 m^2 以上的工地设 2 ~ 3 名专职人员;5 万 m^2 以上的大型工地,按不同专业组成安全管理组进行安全监督检查。

（6）安全生产教育培训制度

1）教育和培训的时间:

根据建设建[1997]83 号文件印发的《建筑企业职工安全培训教育暂行规定》的要求如下:

① 企业法人代表、项目经理每年不少于 30 学时;

② 专职管理和技术人员每年不少于 40 学时;

③ 其他管理和技术人员每年不少于 20 学时;

④ 特殊工种每年不少于 20 学时;

⑤ 其他职工每年不少于 15 学时;

⑥ 待、转、换岗重新上岗前,接受一次不少于 20 学时的培训;

⑦ 新工人的公司、项目、班组三级培训教育时间分别不少于 15 学时、15 学时、20 学时。

2）教育和培训的形式与内容:

教育和培训按等级、层次和工作性质分别进,管理人员的重点是安全生产意识和安全管理水平,操作者的重点是遵章守纪、自我保护和提高防范事故的能力。

① 新工人（包括合同工、临时工、学徒工、实习和代培人员）必须进行公司、工地和班组的三级安全教育。教育内容包括安全生产方针、政策、法规、标准及安全技术知识、设备性能、操作规程、安全制度、严禁事项及本工种的安全操作规程。

② 电工、焊工、架子工、司炉工、爆破工、机操工及起重工、打桩机和各种机动车辆司机等特殊工种工人,除进行一般安全教育外,还要经过本工程的专业安全技术教育。

③ 采用新工艺、新技术、新设备施工和调换工作岗位时,对操作人员进行新技术、新岗位的安全教育。

3）安全教育和培训的形式:

① 新工人三级安全教育

对新工人或调换工种的工人,必须按规定进行安全教育和技术培训,经考核合格,方准上岗。

三级安全教育是每个刚进企业的新工人必须接受的首次安全生产方面的基本教育,三级安全教育是指公司(即企业)、项目(或工程处、施工处、工区)、班组这三级。对新工人或调换工种的工人,必须按规定进行安全教育和技术培训,经考核合格,方准上岗。

② 特种作业人员培训

除进行一般安全教育外,还要执行 GB 5306—85《关于特种作业人员安全技术考核管理规划》的有关规定,按国家、行为、地方和企业规定进行本工种专业培训、资格考核,取得《特种作业人员操作证》后上岗。

③ 特定情况下的适时安全教育

④ 三类人员的安全培训教育

施工单位的主要负责人是安全生产的第一责任人,必须经过考核合格后,做到持证上岗。在施工现场,项目负责人是施工项目安全生产的第一责任者,也必须持证上岗,加强对队伍培训,使安全管理进入规范化。

⑤ 安全生产的经常性教育

⑥ 班前安全活动

班组长在班前进行上岗交流,上岗教育,做好上岗记录。

上岗交底。交当天的作业环境、气候情况、主要工作内容和各个环节的操作安全要求,以及特殊工种的配合等。

上岗检查。查上岗人员的劳动防护情况,每个岗位周围作业环境是否安全无患,机械设备的安全保险装置是否完好有效,以及各类安全技术措施的落实情况等。

(7) 依法批准开工报告的建设工程和拆除工程备案制度

1) 建设工程备案制度:

依法批准开工报告的建设工程,建设单位应当自开工报告批准之日起 15 日内,将保证安全施工的措施报送建设工程所在地的县级以上地方人民政府建设行政主管部门或者其他有关部门备案。

2) 拆除工程备案制度:

建设单位应当将拆除工程发包给具有相应资质等级的施工单位。建设单位应当在拆除工程施工 15 日前,将下列资料报送建设工程所在的县级以上地方人民政府建设行政主管部门或者其他有关部门备案:

① 施工单位资质等级证明;

② 拟拆除建筑物、构筑物及可能危及毗邻建筑的说明;

③ 拆除施工组织方案;

④ 堆放、清除废弃物的措施。

实施爆破作业的,应当遵守国家有关民用爆炸物品管理的规定。

(8) 特种作业人员持证上岗制度

特种作业人员的范围包括:电工作业;金属焊接切割作业;起重机(含电梯)作业;企业内机动车辆驾驶;登高架设作业;锅炉作业(含水质化验);压力容器操作;制冷作业;爆

破作业;矿山通风作业(含瓦斯检验);矿山排水作业(含尾矿坝作业);垂直运输机械作业人员;安装拆卸工;起重信号工;由省、自治区、直辖市安全生产综合管理部门或国务院行业主管部门提出,并经前国家经济贸易委员会批准的其他作业。

特种作业人员必须按照国家有关规定经过专门的安全作业培训,并取得特种作业操作资格证书后,方可上岗作业。特种作业操作资格证书在全国范围内有效,离开特种作业岗位达6个月以上的特种作业人员,就当重新进行实际操作考核,经确认合格后方可上岗作业。

1)特种作业定义:

根据《特种作业人员安全技术培训考核管理办法》(1999年7月12日国家经济贸易委员会第13号令)规定,特种作业是指容易发生人员伤亡事故,对操作者本人、他人及周围设施的安全有重大危害的作业。

2)特种作业人员具备的条件:

① 年龄满18岁;

② 身体健康、无妨碍从事相应工种作业的疾病和生理缺陷;

③ 初中以上文化程度,具备相应工程的安全技术知识,参加国家规定的安全技术理论和实际操作考核并成绩合格;

④ 符合相应工种作业特点需要的其他条件。

(9)专项施工方案专有论证审查制度

施工单位应在施工组织设计中编制安全技术措施和施工现场临时用电方案,对下列达到一定规模的危险性较大的分部分项工程编制专项施工方案,并附具安全验算结果,经施工单位技术负责人、总监理工程师签字后实施,由专职安全生产管理人员进行现场监督:

① 基坑支护与降水工程;

② 土方开挖工程;

③ 模板工程;

④ 起重吊装工程;

⑤ 脚手架工程;

⑥ 拆除、爆破工程;

⑦ 建设行政主管部门或者其他有关部门规定的其他危险性较大的工程。

对上述所列工程中涉及深基坑、地下暗挖工程、高大模板工程的专项施工方案,施工单位还应当组织专家进行论证、审查。

(10)施工起重机械使用登记制度

施工起重机械在验收合格之日起30日内,施工单位应当向建设行政主管部门或者其他有关部门登记。

施工单位应当将登记标志置于或者附着于该设备的显著位置,也便于使用者的监督,保证施工起重机械的安全使用。

(11)危及施工安全工艺、设备、材料淘汰制度

严重危及施工安全的工艺、设备、材料是指不符合生产安全要求,极有可能导致生产安全事故发生,致使人民生命财产遭受重大损失的工艺、设备和材料。国家对严重危及施

工安全的工艺、设备和材料实行淘汰制度。

（12）施工现场消防安全责任制度

1）防火制度的建立：

① 现场都要建立、健全防火检查制度；

② 建立义务消防队，人数不少于施工总人员的10%；

③ 建立动用明火审批制度，按规定划分级别审批手续完善，并有监护措施。

2）消防器材的配备：

① 临时搭设的建筑物区域内，每100m² 配备2只10L灭火器；

② 大型临时设施总面积超过1 200m²，应备有专供消防用的积水桶（池）、黄砂池等设施，上述设施周围不得堆放物品；

③ 临时木工间、油漆间和木、机具间等每25m² 配备一只种类合适的灭火器，油库危险仓库应配备足够数量、种类合适的灭火器；

④ 24m 高度以上高层建筑施工现场，应设置具有足够扬程的高压水泵或其他防火设备和设施。

3）施工现场的防火要求：

① 各单位在编制施工组织设计时，施工总平面图、施工方法和施工技术均要符合消防安全要求；

② 施工现场应明确划分用火作业、易燃可燃材料堆场、仓库、易燃废品集中站和生活区等区域；

③ 施工现场夜间应有照明设备，保持消防车通道畅通无阻，并要安排力量加强值班巡逻；

④ 施工作业期间需搭设临时性建筑时，必须经施工企业技术负责人批准，施工结束应及时拆除。但不得在高压架空下面搭设临时性建筑物或堆放可燃物品；

⑤ 施工现场应配备足够的消防器材，指定专人维护、管理、定期更新，保证完整好用；

⑥ 在土建施工时，应先将消防器材和设施配备好，有条件的，应敷设好室外消防水管和消火栓；

⑦ 焊、割作业点与氧气瓶、电石桶和乙炔发生器等危险物品的距离不得少于10m，与易燃易爆物品的距离不得少于30m；如达不到上述要求的，应执行动火审批制度，并采取有效的安全隔离措施；

⑧ 乙炔发生器和氧气瓶的存放之间距离不得小于2m，使用时，二者的距离不得小于5m；

⑨ 氧气瓶、乙炔发生器等焊割设备上的安全附件应完整有效，否则不准使用；

⑩ 施工现场的焊、割作用，必须符合防火要求，严格执行"十不烧"规定；

⑪ 冬期施工采用保温，应设电压调整器控制电压，导线应绝缘良好，连接牢固，并在现场设置多处测量点。采用电热器加温，应设电压调整器控制电压，导致应绝缘良好，连接牢固，并在现场设置多处测量点；采用锯末石灰蓄热，应选择安全配方比，并经工程技术人员同意后方可使用；采用保温或加热措施前，应进行安全教育，施工过程中，应安排专人巡逻检查，发现隐患及时处理；

⑫ 施工现场的动火作业，必须执行审批制度：

A. 一级动火作业由所在单位行政负责人填写动火申请表,编制安全技术措施方案,报公司保卫部门及消防部门审查批准后,方可动火。

B. 二级动火作业由所在工地、车间的负责人填写动火申请表,编制安全技术措施方案;报本单位主管部门审查批准后,方可动火。

C. 三级动火作业由所在班组填写动火申请表,经工地、车间负责人及主管人员审查批准后,方可动火。

D. 古建筑和重要文物单位等场所动火作业,按一级动火手续上报审批。

(13)生产安全事故报告制度

施工单位发生生产安全事故,应当按照国家有关伤亡事故报告和调查处理的规定,及时、如实地向负责安全监督管理的部门、建设行政主管部门或者有关部门报告;特种设备发生事故的,还应当同时向特种设备安全监督管理部门报告。接到报告的部门应当按照国家有关规定,如实上报。

安全生产事故报告程序:

1)依据《企业职工伤亡事故报告和处理规定》的规定,生产安全事故报告制度为:

① 伤亡事故发生后,负伤者或者事故现场有关人员应当立即直接或者逐级报告企业负责人。

② 企业负责人接到重伤、死亡、重大死亡事故报告后,应当立即报告主管部门和企业所在地安全生产监督管理部门、公安部门、工会。

③ 企业主管部门和相关部门接到死亡、重大死亡事故报告后,应当立即按系统逐级上报;死亡事故报至省、自治区、直辖市企业主管部门和安全生产监督管理部门;重大死亡事故报至国务院有关主管部门。

④ 发生死亡、重大死亡事故的企业应当保护事故现场,并迅速采取必要措施抢救人员和财产,防止事故扩大。

2)依据《工程建设重大事故报告和调查程序规定》的规定,工程建设重大事故的报告制度为:

① 重大事故发生后,事故发生单位必须以最快方式,将事故的简要情况向上级主管部门和事故发生地建设行政主管部门报告;事故发生单位属于国务院部委的,应同时向国务院有关主管部门报告。

② 事故发生地的建设行政主管部门接到报告后,应当立即向人民政府和省、自治区、直辖市建设行政主管部门报告;省、自治区、直辖市建设行政主管部门接到报告后,应当立即向人民政府和建设部报告。

③ 重大事故发生后,事故发生单位应当在24小时内写出书面报告,按①所列程序和部门逐级上报。

④ 重大事故书面报告应当包括以下内容:

A. 事故发生的时间、地点、工程项目、企业名称;

B. 事故发生的简要经过、伤亡人数和直接经济损失的初步估计;

C. 事故发生原因的初步判断;

D. 事故发生后采取的措施及事故控制情况;

E. 事故报告单位。

3）依据《特别重大事故调查程序暂行规定》的规定,对建设工程特别重大事故的报告要求如下:

A. 特大事故发生单位在事故发生后,必须做到:

a. 立即将所发生特大事故的情况,报告上级归口管理部门和所在地地方人民政府,并报告所在地的省、自治区、直辖市人民政府和国务院归口管理部门。

b. 在24小时内写出事故报告,报本条a.项所列部门。

B. 涉及军民两个方面的特大事故,特大事故发生单位在事故发生后,必须立即将所发生特大事故的情况报告当地警备司令部或最高军中事机关,并应当在24小时内写出事故报告,报上述单位。

C. 省、自治区、直辖市人民政府和国务院归口管理部门,接到特大事故报告后,应当立即向国务院作出报告。

D. 特大事故报告应当包括的内容同"重大事故书面报告应当包括的内容"。

（14）生产安全事故应急救援制度

1）应急救援预案的主要规定:

① 县级以上地方人民政府建设行政主管部门应当根据本级人民政府的要求,制定本行政区域内建设工程特大生产安全事故应急救援预案。

② 施工单位应当制定本单位生产安全事故应急救援预案,建立应急救援组织或者配备应急救援人员,配备必要的应急救援器材、设备,并定期组织演练。

③ 施工单位应当根据建设工程施工的特点、范围,对施工现场易发生重大事故的部位、环节进行监控,制定施工现场生产安全事故应急救援预案。实行施工总承包的,由总承包单位统一组织编制建设工程生产安全事故应急救援预案,工程总承包单位和分包单位按照应急救援预案,各自建立应急救援组织或者配备应急救援人员,配备救援器材、设备,并定期组织演练。

④ 工程项目经理部应针对可能发生的事故制定相应的应急救援预案,准备应急救援的物资,并在事故发生时组织实施,防止事故扩大,以减少与之有关的伤害和不利环境影响。

2）现场应急预案的编制和管理:

① 编制审核和确认

A. 现场应急预案的编制:

应急预案的编制应与安保计划同步编写。根据对危险源与不利环境因素的识别结果,确定可能发生的事故或紧急情况的控制措施失效时所采取的补弃措施和抢救行动,以及针对可以随之引发的伤害和其他影响所采取的措施。

应急预案是规定事故应急救援工作的全过程。

应急预案适应于项目部施工现场范围内可能出现的事故或紧急情况的救援和处理。

——应急预案中应明确:应急救援组织、职责和人员的安排,应急救援器材、设备的准备和平时的维护保养。

——在作业场所发生事故时,如何组织抢救,保护事故现场的安排,其中应明确如何抢救、使用什么器材、设备。

——应明确内部和外部联系的方法、渠道,根据事故性质,制定在多少时间内由谁如何向上级、政府主管部门和其他有关部门、需要通知有关的近邻及消防、救险、医疗等单位的联系方式。

——工作场所内全体人员如何疏散的要求。

——应急救援的方案（在上级批准以后），项目部还应根据实际情况定期和不定期举行应急救援的演练，检验应急准备工作的能力。

B. 现场应急救援预案的审核和确认：

由施工现场项目经理部的上级有关主管部门对应急预案的适宜性进行审核和确认。

② 现场应急救援预案的内容

应急救援预案可以包括下列内容，但不局限于下列内容：目的；适用范围；引用的相关文件。

A. 应急准备。领导小组组长、副组长及联系电话，组员，办公场所（指挥中心）及电话；项目经理部应急救援指挥流程图；急救工具、用具（列出急救的器材、名称）。

B. 应急响应：

——一般事故的应急响应：当事故或紧急情况发生后，应明确由谁向谁汇报，同时采取什么措施防止事态扩大。现场领导如何组织处理，同时，在多少时间内向公司领导或主管部门汇报。

——重大事故的应急响应：重大事故发生后，由谁在最短时间内向项目领导汇报，如何组织抢救、由谁指挥、配合对伤员、财物的应急处理，防止事故扩大。项目部立即汇报：向内汇报，多少时间、报告哪个部门、报告的内容。向外报告，什么事故，可以由项目部直接向外报警，什么事故应由项目部上级公司向有关上级部门上报。

C. 演练和预案的评价及修改：

项目部还应规定平时定期演练的要求和具体项目。

演练或事故发生后，对应急救援预案的实际效果进行评价和修改预案的要求。

8.4.5　注意事项

安全生产管理的注意事项：

（1）安全生产管理要严格遵照国家关于安全生产的法律法规，依法办事，依法治安。

（2）安全生产管理重在落实，要切实将安全生产的制度、措施、设施、方案落到实处，要有针对性地制定相关的制度和专项方案，要求得实效。

8.4.6　附件

安全管理涉及的主要法律法规和标准规范：

（1）《中华人民共和国安全生产法》；

（2）《中华人民共和国建筑法》；

（3）《中华人民共和国劳动法》；

（4）《中华人民共和国刑法》；

（5）《中华人民共和国消防法》；

（6）《中华人民共和国职业病防治法》；

（7）《特别重大事故调查程序暂行规定》（国务院令第 34 号）；

（8）《企业职工伤亡事故报告和处理规定》（国务院令第 75 号）；

（9）《国务院关于特大安全事故行政责任追究的规定》（国务院令第 302 号）；

（10）《特种设备安全监察条例》（国务院令第 373 号）；

（11）《建设工程安全生产管理条例》（国务院令第 393 号）；

（12）《安全生产许可证条例》（国务院令第 397 号）；

（13）《国务院关于进一步加强安全生产工作的决定》（国发［2004］2 号）；

（14）《工程建设重大事故报告和调查程序规定》（建设部令第 3 号）；

（15）《建筑安全生产监督管理规定》（建设部令第 13 号）；

（16）《建设工程施工现场管理规定》（建设部令第 15 号）；

（17）《建筑工程施工许可管理办法》（建设部令第 91 号）；

（18）《安全生产违法行为行政处罚办法》［国家安全生产监督管理局（2003 年 5 月 9 日）］；

（19）《工伤认定办法》（劳动和社会保险部令第 17 号）；

（20）《非法用工单位伤亡人员一次性赔偿办法》（劳动和社会保险部令第 19 号）；

（21）《因工死亡职工养亲属范围规定》（劳动和社会保障部令第 18 号）；

（22）《特种作业人员安全技术培训管理办法》（国家经贸委令第 13 号）；

（23）《施工现场临时用电安全技术规范》JGJ 46—88；

（24）《建筑施工高处作业安全技术规范》JGJ 80—91；

（25）《建筑机械使用安全技术规程》JGJ 33—2001；

（26）《建筑施工扣件式钢管脚手架安全技术规范》JGJ 130—2001；

（27）《建筑施工门式钢管脚手架安全技术规范》JGJ 128—2000；

（28）《龙门架及井字架物料提升机安全技术规范》JGJ 88—92；

（29）《建筑桩基技术规范》JGJ 94—94；

（30）《建筑地基处理技术规范》JGJ 79—2002；

（31）《建筑安装工程安全技术规程》。

8.4.7　术语

（1）安全生产：是指在生产过程中保障人身安全、设备安全和环境的良好状态。

（2）安全生产管理：是为了达到预防和消除在生产过程中发生的人身伤害、设备损害、中毒和职业病，预防和消除火灾、爆炸和其他各类事故，利用计划、组织、指挥、协调、控制等管理机能，控制来自机械的、物质的不安全因素和人的不安全行为的一系列综合性活动。

（3）资质：特指经上级部门审批，允许建筑企业（包括勘察、设计、施工、监理单位等）在特定范围内从事工程建设相关活动的企业等级。

（4）责任制：根据工作目标，将工作职责按层级或岗位进行划分的职责管理体系和考核体系。

（5）应急救援预案：针对可能发生的突发性事件或事故，为保证迅速、有序、有效地开展应急与救援行动、降低事故损失，以对危险源的评价和事故预测结果为依据而预先制定的事故控制和抢险救灾的计划和方案。

8.5   文明施工管理

8.5.1   文明施工管理的意义和管理目标

1. 文明施工管理的意义

建筑工程文明施工管理是以"以人为本"为指导思想,以安全、环境、爱民为主要内容,通过认真落实文明施工的责任、义务和现场布局、围栏、标识、硬底化、作业时间、工人食堂、工人宿舍、厕所、卫生管理、作业场地管理以及费用补偿、监督管理等有关措施,加强施工现场的管理,促进工程质量和安全水平的提高。

2. 文明施工管理的目标

文明施工管理目标就是实现场地布置合理化、维护设施标准化、场地道路硬底化、厨房厕所卫生化、宿舍办公室规范化、外脚手架安全美观化、施工场容整洁化。

8.5.2   文明施工管理的主要原则

文明施工管理的主要原则是依据国家和各地建筑工程文明施工管理有关标准和规定制定文明施工专项方案,在此基础上,可根据工程项目的自身特色和工程所在地的地理和环境特点进行深化和实施。

8.5.3   文明施工管理的实施

1. 施工现场的平面布置与划分

施工现场的平面布置图是施工组织设计的重要组成部分,必须科学合理的规划,绘制出施工现场平面布置图,在施工实施阶段按照施工总平面图要求,设置道路、组织排水、搭建临时设施、堆放物料和设置机械设备等。

(1) 施工总平面图编制的依据

1) 工程所在地区的原始资料,包括建设、勘察、设计单位提供的资料;

2) 原来和拟建建筑工程的位置和尺寸;

3) 施工方案、施工进度和资源需要计划;

4) 全部施工设施建造方案;

5) 建设单位可提供房屋和其他设施。

(2) 施工平面布置原则

1) 满足施工要求,场内道路畅通,运输方便,各种材料能按计划分期分批进场,充分利用场地;

2) 材料尽量靠近使用地点,减少二次搬运;

3) 现场布置紧凑,减少施工用地;

4) 在保证施工顺利进行的条件下,尽可能减少临时设施搭设,尽可能利用施工现场附近的原有建筑物作为施工临时设施;

5）临时设施布置,应便于工人生产和生活,办公用房靠近施工现场,福利设施应在生活区范围内;

6）平面图布置就符合安全、消防、环境保护的要求。

（3）施工总平面图表示的内容

1）拟建建筑的位置,平面轮廓;

2）施工用机械设备的位置;

3）塔式起重机轨道、运输路线及回转半径;

4）施工运输道路、临时供水、排水管线、消防设施;

5）临时供电线路及变配设施位置;

6）施工临时设施位置;

7）物料堆放位置与绿化区域位置;

8）围墙与入口位置。

（4）施工现场功能区域划分要求

施工现场按照功能可划分为施工作业区、辅助作业区、材料堆放区和办公室生活区。施工现场的办公生活区应当与作业区分开设置,并保持安全距离。办公生活区应当设置于在建建筑物坠落半径之外,与作业区之间设置防护措施,进行明显的划分隔离,以免人员误入危险区域;办公生活区如果设置在在建建筑物附落半径之内时,必须采取可靠的防砸措施。功能区的规划设置时还应考虑交通、水电、消防和卫生、环境等因素。

这里的生活区是指建设工程作业人员集中居住、生活的场所,包括施工现场以内和施工现场以外独立设置的生活区。施工现场以外独立设置的生活区是指施工现场无条件建立生活区,在施工现场以外搭设的用于作业人员居住生活的临时用房或者集中居住的生活基地。

2. 场地

施工现场的场地应当整平,清除障碍物,无坑洼和凹凸不平,雨季不积水,暖季应适当绿化。施工现场应当具有良好的排水系统,设置排水沟及沉淀池,现场废水不得直接排入市政污水管网和河流;现场存放的油料、化学溶剂等应设有专门的库房,地面应进行防渗漏处理。地面应当经常洒水,对粉尘源进行覆盖遮挡。

3. 道路

（1）施工现场的道路应畅通,应当有循环干道,满足运输、消防要求;

（2）主干道应当平整坚实,且有排水措施,硬化材料可以采用混凝土、预制块或用石屑、焦渣、砂头等压实整平,保证不沉陷,不扬尘,防止泥土带入市政道路;

（3）道路应当中间起拱,两侧设排水设施,主干道宽度不宜小于3.5m,载重汽车转弯半径不宜小于15m,如因条件限制,应当采取措施;

（4）道路布置要与现场的材料、构件、仓库等堆场、吊车位置相协调、配合;

（5）施工现场主要道路应尽可能用永久性道路,或先建好永久性道路的路基,在上建工程结束之前再铺路面。

4. 封闭管理

施工现场的作业条件差,不安全因素多,在作业过程中既容易伤害作业人员,也容易伤害现场以外的人员。因此,施工现场必须实施封闭式管理,将施工现场与外界隔离,防止"扰民"和"民扰"问题,同时保护环境、美化市容。

（1）围挡

1）施工现场围挡应沿工地四周连续设置,不得留有缺口,并根据地质、气候、围挡材料进行设计与计算,确保围挡的稳定性、安全性;

2）围挡的用材应坚固、稳定、整洁、美观,宜选用砌体、金属材板等硬质材料,不宜使用彩布条、竹笆或安全网等;

3）施工现场的围挡一般应当高于1.8m;

4）禁止围挡内侧堆放泥土、砂石等散状材料以及架管、模板等,严禁围挡做挡土墙使用;

5）雨后、大风后以及春融季节应当检查围挡的稳定性,发现问题及时处理。

（2）大门

1）施工现场应有固定的出入口,出入口应设置大门;

2）施工现场的大门应牢固美观,大门上应标有企业名称或企业标识;

3）出入口处应设置专职门卫保卫人员,制定门卫管理制度及交接班记录制度;

4）施工现场的施工人员应当佩戴工作卡。

5. 临时设施

施工现场的临时设施较多,这里主要指施工期间临时搭建、租赁的各种房屋临时设施。临时设施必须合理选址、正确用材,确保使用功能和安全、卫生、环保、消防要求。

（1）临时设施和种类

1）办公设施,包括办公室、会议室、保卫传达室;

2）生活设施,包括宿舍、食堂、厕所、沐浴室、阅览娱乐室、卫生保健室;

3）生产设施,包括材料仓库、防护棚、加工棚（站、厂,如混凝土搅拌站、砂浆搅拌站、木材加工厂、钢筋加工厂、金属加工厂和机械维修厂）、操作棚;

4）辅助设施,包括道路、现场排水设施、围墙、大门、供水处、吸烟处。

（2）临时设施的设计

施工现场搭建的生活设施、办公设施、两层以上、大跨度及其他临时房屋建筑物应当进行结构计算,绘制简单施工图纸,并经企业技术负责人审批方可搭建。临时建筑物设计应符合《建筑结构可靠度设计统一标准》(GB 50068)、《建筑结构荷载规范》(GB 50009)的规定。临时建筑物使用年限定为5年。临时办公用房、宿舍、食堂、厕所等建筑物结构重要性系数=1。工地非危险品仓库等建筑物结构重要性系数=0.9,工地危险品仓库按相关规定设计。临时建筑及设施设计可不考虑地震作用。

（3）临时设施的选址

办公室生活临时设施的选址首先应考虑与作业区相隔离,保持距离,其次位置,周边环境必须具有安全性,例如不得设置在高压线下,也不得设置在沟边、崖边、河流边、强风口外、高墙下以及滑坡、泥石流等灾害地质带上和山洪可能冲击到的区域。

安全距离是指在施工坠落半径和高压线防电距离之外。建筑物高度2~5m,坠落半径为2m;高度30m,坠落半径为5m(如因条件限制,办公和生活区设置在坠落半径区域内,必须有防护措施)。1kV以下裸露输电线,安全距离为4m;330~550kV,安全距离为15m(最外线的投影距离)。

（4）临时设施的布置原则

1）合理布局，协调紧凑，充分利用地形，节约用地；

2）尽量利用建设单位在施工现场或附近能提供的现有房屋和设施；

3）临时的房屋应本着厉行节约，减少浪费的精神，充分利用当地材料，尽量采用活动式或容易拆装的房屋；

4）临时房屋布置应方便生产和生活；

5）临时房屋的布置应符合安全、消防和环境卫生的要求。

（5）临时设施的布置方式

1）生活性临时房屋布置在工地现场以外，生产性临时设施按照生产的需要在工地选择适当的位置，行政管理的办公室等应靠近工地或是工地现场出入口；

2）生活性临时房屋设在工地现场以内时，一般布置在现场的四周或集中于一侧；

3）生产性临时房屋，如混凝土搅拌站、钢筋加工厂、木材加工厂等，应全面分析比较确定位置。

（6）临时房屋的结构类型

1）活动式临时房屋，如钢骨架活动房屋、彩钢板房；

2）固定式临时房屋，主要为砖木结构、砖石结构和砖混结构；

3）临时房屋应有尽有优先先用钢骨架彩板房，生活办公设施不宜选用菱苫土板房。

6．临时设施的搭设与使用管理

（1）办公室

施工现场应设置办公室，办公室内布局应合理，文件资料宜归类存放，并应保持室内清洁卫生。

（2）职工宿舍

1）宿舍应当选择在通风、干燥的位置，防止雨水、污水流入；

2）不得在尚未竣工建筑物内设置员工集体宿舍；

3）宿舍必须设置可开启式窗户，设置外开门；

4）宿舍内应保证有必要的生活空间，保证必需的室内净高和通道宽度，每间宿舍居住人员不应超过16人；

5）宿舍内的单人铺不得超过2层，严禁使用通铺，床铺应高于地面0.3m，单人床铺面积不得小于1.9m×0.9m，床铺间距不得小于0.3m；

6）宿舍内应设置生活用品专柜，有条件的宿舍宜设置生活用品储藏室；宿舍内严禁存放施工材料、施工机具和其他杂物；

7）宿舍周围应当搞好环境卫生，应设置垃圾桶、鞋柜或鞋架，生活区内应为作业人员提供晾晒衣物的场地，房屋外应道路平整，晚间有充足的照明；

8）寒冷地区冬季宿舍应有保暖措施、防煤气中毒措施，火炉应当统一设置、管理，炎热季节应有消暑和防蚊虫咬措施；

9）应当制定宿舍管理使用责任制，轮流负责卫生和使用管理或安排专人管理。

（3）食堂

1）食堂应当选择在通风、干燥的位置，防止雨水、污水流入；应当保持环境卫生，远离厕所、垃圾站、有毒有害场所等污染源的地方，装修材料必须符合环保、消防要求；

2）食堂应设置独立的制作间、储藏间；

3）食堂应配备必要的排风设施和冷藏设施,安装纱门纱窗,室内不得有蚊蝇,门下方应设不低于0.2m的防鼠挡板；

4）食堂的燃气罐应单独设置存放间,存放间应通风良好并严禁存放其他物品；

5）食堂制作间灶台及其周边应贴瓷砖,瓷砖的高度不宜小于1.5m；地面应做硬化和防滑处理,按规定设置污水排放设施；

6）食堂制作间的刀、盆、案板等炊具必须生熟分开,食品必须有遮盖,遮盖物品有正反面标识,炊具宜存放在封闭的橱柜内；

7）食堂内应有存放各种佐料和副食的密闭器皿,并应有标识,粮食存放台距墙和地面应大于0.2m；

8）食堂外应设置密闭式泔水桶,并应及时清运,保持清洁；

9）应当制定并在食堂张挂食卫生责任制,责任落实到人,加强管理。

（4）厕所

1）厕所大小应根据施工现场作业人员的数量设置。

2）高层建筑施工超过8层以后,每隔四层宜设置临时厕所。

3）施工现场应设置水冲式或移动式厕所,厕所地面应硬化,门窗齐全。蹲坑间宜设置隔板,隔板高度不宜低于0.9m。

4）厕所应设专人负责,定时进行清扫、冲刷、消毒、防止蚊蝇孳生,化粪池应及时清掏。

（5）防护棚

施工现场的防护棚较多,如加工站厂棚、机械操作棚、通道防护棚等。

大型站厂棚可用砖混、砖木结构,应当进行结构计算,保证结构安全。小型防护棚一般铜管扣件脚手架搭设,应当严格按照《建筑施工扣件式钢管脚手架安全技术规范》要求搭设。

防护棚顶应当满足承重、防雨要求,在施工坠落半径之内的,棚顶应当具有抗砸能力。可采用多层结构。最上材料强度应能承受10kPa的均布静荷载,也可采用50mm厚木板架设或采用两层竹笆,上下竹笆层间距应不小于600mm。

（6）搅拌站

1）搅拌站应有后上料场地,应当综合考虑砂石堆场、水泥库的设置位置,既要相互靠近,又要便于材料的运输和装卸。

2）搅拌站应当尽可能设置在垂直运输机械附近,在塔式起重机吊运半径内,尽可能减少混凝土、砂浆水平运输距离。采用塔式起重机吊运时,应当留有起吊空间,使吊斗能方便地从出料口直接挂钩起吊和放下；采用小车、翻斗车运输时,应当设置在大路旁,以方便运输。

3）搅拌站场地四周应当设置沉淀池、排水沟：

① 避免清洗机械时,造成场地积水；

② 沉淀后循环使用,节约用水；

③ 避免将未沉淀的污水直接排水城市排水设施和河流。

4）搅拌站应当搭设搅拌棚,挂设搅拌安全操作规程和相应的警示标志、混凝土配合比牌,采取防止扬尘措施,冬期施工还应考虑保温、供热等。

（7）仓库

1）仓库的面积应通过计算确定,根据各个施工阶段的需要的先后进行布置;

2）水泥仓库应当选择地势较高、排水方便、靠近搅拌机的地方;

3）易燃易爆品仓库的布置应当符合防火、防爆安全距离要求;

4）仓库内各种工具器件物品应分类集中放置,设置标牌,标明规格型号;

5）易燃和剧毒物品不得与其他物品混放,并建立严格的进出库制度,由专人管理。

7. 施工现场的卫生与防疫

（1）卫生保健

1）施工现场应设置保健卫生室,配备保健药箱、常用药及绷带、止血带、劲托、担架等急救器材,小型工程可以用办公用房兼做保健卫生室;

2）施工现场应当配备兼职或专职急救人员,处理伤员和职工保健,对生活进行监督和定期检查食堂、饮食等卫生情况;

3）要利用板报等形式向职工介绍防病的知识和方法,做好对职工卫生防病的宣传教育工作,针对季节性流行病传染病等;

4）当施工现场作业人员发生法定传染病、食物中毒、急性职业中毒时,必须在 2 小时内向事故发生所在地建设行政主管部门和卫生防疫部门报告,并应积极配合调查处理;

5）现场施工人员患有法定的传染病或病源携带者时,应及时进行隔离,并由卫生防疫部门进行处置。

（2）保洁

办公区和生活区应设专职或兼职保洁员,负责卫生清扫和保洁,应有灭鼠、蚊、蝇、蟑螂等措施,并应定期投放和喷洒药物。

（3）食堂卫生

1）食堂必须有卫生许可证;

2）炊事人员必须持有身体健康证,上岗应穿戴洁净的工作服、工作帽和口罩,并保持个人卫生;

3）炊具、餐具和饮水器具必须及时清洗消毒;

4）必须加强食品、原料的进货管理,做好进货登记,严禁购买无照、无证商贩经营的食品和原料,施工现场的食堂严禁出售变质食品。

8. 五牌一图与两栏一报

施工现场的进口处应有整齐明显的"五牌一图",在办公区、生活区设置"两栏一报"。

（1）五牌指:工程概况牌、管理人员名单及监督电话牌、消防保卫牌、安全生产牌、文明施工牌;一图指:施工现场总平面图。

（2）各地区也可根据情况再增加其他牌图,如工程效果图。五牌具体内容没有作具体规定,可结合本地区、本企业及本工程特点设置。工程概况牌内容一般应写明工程名称、面积、层数、建设单位、设计单位、施工单位、监理单位、开竣工日期、项目经理以及联系电话。

（3）标牌是施工现场重要标志的一项内容,所以不但内容应有针对性,同时标牌制作、挂设也应规范整齐、美观,字体工整。

（4）为进一步对职工做好安全宣传工作,所以要求施工现场在明显处,应有必要的安全内容的标语。

（5）施工现场应设置"两栏一报",即读报栏、宣传栏和黑板报,丰富学习内容,表扬好人好事。

9. 警示标牌布置与悬挂

施工现场应当根据工程特点及施工的不同阶段,有针对性地设置、悬挂安全标志。

（1）安全标志的定义

安全警示标志是指提醒人们注意各种标牌、文字、符号以及灯光等。一般来说,安全警示标志包括安全色和安全标志。安全警示标志应当明显,便于作业人员识别。如果是灯光标志,要求明亮显眼;如果是文字图表标志,是要求明确易懂。

根据《安全色》GB 2893—82 规定,安全色是表达安全信息含义的颜色,安全色分为红、黄、蓝、绿四种颜色,分别表示禁止、警告、指令和指示。

根据《安全标志》GB 2894—96 规定,安全标志是用于表达特定信息的标志,由图形符号、安全色、几何图形（边框）或文字组成。安全标志分禁止标志、警告标志、指令标志和提示标志。安全警示标志的图形、尺寸、颜色、文字说明和制作材料等,均应符合国家标准规定。

（2）设置悬挂安全标志的意义

施工现场施工机械、机具种类多、高空与交叉作业多、临时设施多、不安全因素多、作业环境复杂,属于危险因素较大的作业场所,容易造成人身伤亡事故。在施工现场的危险部位和有关设备、设施上设置安全警示标志,这是为了提醒、警示进入施工现场的管理人员、作业人员和有关人员,要时刻认识到所处环境的危险性,随时保持清醒和警惕,避免事故发生。

（3）安全标志平面布置图

施工单位应当根据工程项目的规模、施工现场的环境、工程结构形式以及设备、机具的位置等情况,确定危险部位,有针对性地设置安全标志。施工现场应绘制安全标志布置总平面图,根据施工不同阶段的施工特点,组织人员有针对性的进行设置、悬挂或增减。

安全标志设置位置的平面图,是重要的安全工作内业资料之一,当一张较长不能表明时可以分层表明或分层绘制。安全标志设置位置的平面图应由绘制人员签名,项目负责人审批。

（4）安全标志的设置与悬挂

根据国家有关规定,施工现场入口处、施工起重机械、临时用电设施、脚手架、出入通道、楼梯口、孔洞口、桥梁口、隧道口、基坑边沿、爆破物及有害危险气体和液体存放处等属于危险部位,应当设置明显的安全警示标志。安全警示标志的类型、数量应当根据危险部位的性质不同,设置不同的安全警示标志。如:在爆破物及有害危险气体和液体存放处设置禁止烟火、禁止吸烟等禁止标志;在施工机具旁设置当心触电、当心伤手等警告标志;在施工现场入口处设置必须戴安全帽等指令标志;在通道口处设置安全通道等指示标志;在施工现场的沟、坎、深基坑等处,夜间要设红灯示警。

安全标志设置后应当进行统计记录,并填写施工现场安全标志登记表。

10. 塔式起重机的设置

（1）位置的确定原则

塔式起重机的位置首先就满足安装的需要，同时，又要充分考虑混凝土搅拌站、料场位置，以及水、电管线的布置等。固定式塔式起重机设置的位置应根据机械性能、建筑物的平面形状、大小、施工段划分、建筑物四周的施工现场条件和吊装工艺等因素决定，一般宜靠近路边，减少水平运输量。有轨式塔式起重机的轨道布置方式，主要取决于建筑物的平面形状、尺寸和四周施工场地条件。轨道布置方式通常是沿建筑物一侧或内外两侧布置。

（2）应注意的安全事项

1）轨道塔式起重机的塔轨中心距建筑外墙的距离应考虑到建筑物突出部分、脚手架、安全网、安全空间等因素，一般应不少于3.5m；

2）拟建的建筑物临近街道，塔臂可能覆盖人行道，如果现场条件允许，塔轨应尽量布置在建筑物的内侧；

3）塔式起重机临近的高压线，应搭设防护架，并且应限制旋转的角度，以防止塔式起重机作业时造成事故；

4）在一个现场内布置多台起重设备时，应能保证交叉作业的安全，上下左右旋转，应留有一定的空间以确保安全；

5）轨道式塔式起重机轨道基础与固定式塔式起重机机座基础必须坚实可靠，周围设置排水措施，防止积水；

6）塔式起重机布置时就考虑安装与拆除所需要的场地；

7）施工现场应留出起重机进出场道路。

11. 材料的堆放

（1）一般要求

1）建筑材料的堆放应当根据用量大小、使用时间长短、供应与运输情况确定，用量大、使用时间长、供应运输方便的，应当分期分批进场，以减少和仓库面积；

2）施工现场各种工具、构件、材料的堆放必须按照总平面图规定的位置放置；

3）位置应选择适当，便于运输和装卸，应减少二次搬运；

4）地势较高、坚实、平坦、回填土应分层夯实，要有排水措施，符合安全、防火要求；

5）应当按照品种、规格堆放，并设明显标牌，标明名称、规格和产地等；

6）各种材料物品必须堆放整齐。

（2）主要材料半成品堆放

1）大型工具，应当一头见齐；

2）钢筋应当堆放整齐，用木垫起，不宜放在潮湿和暴露在外受雨冲淋；

3）砖应丁码成方垛，不准超高并距沟槽坑边不小于0.5m，防止坍塌；

4）砂应堆成方、石子应当按不同粒径规格分别堆放成方；

5）各种模板应当按规格分类堆放整齐，地面应平整坚实，叠放高度一般不宜高1.6m；大模板存放应放在经专门设计的存架上，应当采用两块大模板面对面存放，当存放在施工楼层上时，应当满足自稳角度并有可靠的防倾倒措施；

6）混凝土构件堆放场地应坚实、平整，按规格、型号堆施，垫木位置要正确，多层构件的垫木要上下对齐，垛位不准超高；混凝土墙板宜设插放架要焊接或绑扎牢固，防止倒塌。

（3）场地清理

作业区及建筑物楼层内，要做到工完场地清，拆模时应当随清理运走，不能马上运走的应码放整齐。

各楼层清理的垃圾不得长期堆放在楼层内，应当及时运走，施工现场的垃圾也应分类集中堆放。

12. 社区服务与环境保护

（1）社区服务

施工现场应当建立不扰民措施，有责任人管理和检查。应当与周围社区定期联系，听取意见，对合理意见应当及时采纳处理。工作应当有记录。

（2）环境保护的相关法律法规

国家关于保护和改善环境，防治污染的法律、法规主要有：《环境保护法》、《大气污染防治法》、《固体废物污染环境防治法》、《环境噪声污染防治法》等，施工单位在施工时应当自觉遵守。

（3）防治大气污染

1）施工现场宜采取措施硬化，其中主要道路、料场、生活办公区域必须进行硬化处理，土方应集中堆放。裸露的场地和集中堆放的土方应采取覆盖、固化或绿化等措施；

2）使用密目式安全网对在建建筑物、构筑物进行封闭，防止施工过程扬尘；

拆除旧有建筑物时，应采用隔离、洒水等措施防止扬尘，并应在规定期限内将废弃物清理完毕；

不得在施工现场熔融沥青，严禁在施工现场焚烧含有有毒、有害化学成分的装饰废料、油毡、油漆、垃圾等各类废弃物。

3）从事土方、渣土和施工垃圾运输应采用密闭式运输车辆或采取覆盖措施；

4）施工现场出入口处应采取保证车辆清清洁的措施；

5）施工现场应根据风力和大气湿度的具体情况，进行土方回填、转运作业；

6）水泥和其他飞扬的细颗粒建筑材料应密闭存放，砂石等散料应采取覆盖措施；

7）施工现场混凝土搅拌场所应采取封闭、降尘措施；

8）建筑物内施工垃圾的清运，应采用专用封闭式容器吊运或传送，严禁凌空抛散；

9）施工现场应设置密闭式垃圾站，施工垃圾、生活垃圾应分类存放，并及时清运出场；

10）城区、旅游景点、疗养区、重点文物保护地及人口密集区的施工现场应使用清洁能源；

11）施工现场的机械设备、车辆的尾气排放应符合国家环保排放标准要求。

（4）防治水污染

1）施工现场应设置排水沟及沉淀池，现场废水不得直接排入市政污水管网和河流；

2）现场存放的油料、化学溶剂等应设有专门的库房，地面应进行防渗漏处理；

3）食堂应设置隔油池，并应及时清理；

4）厕所的化粪池应进行抗渗处理；

5）食堂、盥洗室、淋浴间的下水管线应设置隔离网，并应与市政污水管线连接，保证排水通畅。

（5）防治施工噪声污染

1）施工现场应按照现行国家标准《建筑施工场界噪声限值》（GB 12523）及《建筑施工场界噪声测量方法》（GB 12524）制定降噪措施，并应对施工现场的噪声值进行监测和记录；

2）施工现场的强噪声设备设置在远离居民区的一侧；

3）对因生产工艺要求或其他特殊需要，确需在 22 时至次日 6 时期间进行强噪声施工的，施工前建设单位和施工单位应到有关部门提出申请，经批准后方可进行夜间施工，并公告附近居民；

4）夜间运输材料的车辆进入施工现场，严禁鸣笛，装卸材料应做到轻拿轻放；

5）对产生噪声和振动的施工机械、机具的使用，应当采取消声、吸声、隔声等有效控制和降低噪声。

（6）防治施工照明污染

夜间施工严格按照建设行政主管部门和有关部门的规定执行，对施工照明器具有种类、灯光亮度就以严格控制，特别是在城市市区居民居住区内，减少施工照明对城市居民的危害。

（7）防治施工固体废弃物污染

施工车辆运输砂石、土方、渣土和建筑垃圾，采取密封、覆盖措施，避免泄露、遗撒，并按指定地点倾卸，防止固体废物污染环境

8.5.4　注意事项

文明施工管理的注意事项：

（1）凡投资在 100 万元以上、建筑面积 1 000m² 以上的在建或新开工的项目，都应列为实施文明施工的工程范围。

（2）建设工程文明施工实行建设行政主管部门管理监督检查，建设单位支持协助下的总承包单位负责制。

8.5.5　附件

文明施工涉及的主要标准和规定：

《建筑施工安全检查标准》JGJ 59—99。

8.5.6　术语

文明施工：是指在施工过程中按照以人为本、安全、健康、文明、环保的理念进行施工策划、组织和实施。

8.6　项目成本管理

8.6.1　编制的目的

自改革开放以来，建筑业跟随着经济发展的步伐得以迅猛发展，建筑业规模日趋庞

大,项目投资方式的多样化给项目施工的成本管理提出了更高的要求。项目施工成本管理的好与坏是项目管理成败的关键,也是直接影响建筑业稳定发展的主要因素。

8.6.2　项目成本管理的含义

工程项目成本管理是在保证满足工程质量、工期等合同要求的前提下,充分整合各方面的有利资源,通过有效的计划、组织、控制和协调等活动实现预定的成本目标,并尽可能地降低成本费用、实现目标利润、创造良好经济效益的一种科学的管理活动。

8.6.3　编制的原则

根据《中华人民共和国建筑法》、《中华人民共和国招标法》、《中华人民共和国合同法》、《工程建设项目施工招标投标办法》(国务院7部委联合颁布的30号部令)、各地建设主管部门有关文件,同时在严格执行国家新颁布的14项新的施工规范的基础上,确保满足设计和质量验收要求,确保安全生产,在以上前提下进行有效的项目成本管理。

8.6.4　成本管理的主要内容

各地市、镇政府的发展改革主管部门对投资立项的可行性进行审批。

项目投资方根据自身资金的来源按相关管理规定选择公开招标或议标的形式决定施工单位。

地市、镇政府的相关主管部门应对投资立项、招投标(议标)、施工承建、项目结算等过程进行相应的监控,尤其是通过造价、定额部门对招投标(议标)的标底价进行审核,以免投资商恶意压低标底价,令施工单位蒙受不合理的损失。

项目成本管理的主要过程:

1. 招投标(议标)报价阶段

(1) 工程信息的跟踪

经营人员收集招投标(议标)信息,由主管工程师、经济师对工程信息进行筛选,以获取有效的经营信息。

(2) 资格预审文件整理和报送。

根据工程项目的施工技术特点,在公司内部选派最优化的项目经理部管理班子,务必选派有同类型项目施工经验、业务水平高的项目经理和施工管理人员。

(3) 经营概预算部人员在熟悉投标(议标)报价文件和进行现场考察的基础上进行预算报价书(经济标)的编制。

(4) 技术部人员在熟悉投标(议标)文件(含图纸)和现场考察基础上,汇同经营人员拟任项目经理,根据实际情况和本公司可利用的劳动力、机械、周转材料等资源优化施工组织设计,由经济、技术总负责人审批确认,以求利用最低成本完成施工任务。

(5) 根据项目的规模和重要性,公司总经理汇同三总师(总工程师、总经济师、总会计师)研究决定投标(议标)报价。

2. 工程开工准备阶段

(1) 确认中标后,由施工单位经营部组织相关人员与建设方商议签订施工承包合同。

(2) 经营预算人员,技术人员根据中标工程量清单细化各分项分段工程的目标成本。

（3）经营预算员、技术人员根据工程量清单的措施项目费、专项技术方案费用，以及质量、安全、文明施工措施费用，还有与其他专业承建单位的配合费用、其他不可预见费用等，拆分出非定额子目的其他成本。

（4）经营部人员根据中标（议标）价，分列以上各成本、公司管理费用、税金，则可确定现场项目部的全部实施成本，以便公司与项目经理部进行承包交底。

3．工程施工实施阶段

（1）项目经理部根据投标策划的施工组织设计，进行总体施工成本投入的策划，列出具体劳动力投入计划（人工费）、材料进场计划（材料费）、机械投入计划（机械费）、临时设施投入计划（临设费）、措施项目费、其他配合费。

（2）材料物资部根据材料计划和目标成本进行内部材料招标，或与材料供应商议价，签署供货合同，对公司现有周转材料编制综合调配进场计划。

对建设方有特殊要求的主材料还需建设方、监理方确认后方可与第三方签订供货合同。

对于已实行质量管理体系认证的企业，还需按体系的管理要求进行材料评审程序，确保材料优质优价，把成本控制在目标成本范围之内。

（3）在投标（议标）及中标阶段技术部应与机械设备部商讨各种大型机械的使用计划，对于公司无法调配的大型设备，需作出租赁计划，并与第三方签署租赁合同，确保按施工的进程正常投入使用。

（4）人力资源部会同项目经理部，根据项目施工的进度计划，做好劳动力投入的配合工作。

（5）项目经理部管理班子对公司下达的项目实施成本计划进行事前成本分析，与材料、机械、劳动力等部门协调，成本控制的力度务必具体到每个施工工序。

（6）在项目管理方面，对每个施工工序的管理成本控制责任到人，由工序负责人控制工序的每个实施过程，务必使每一工序按施工组织设计的要求实施。

（7）在施工期间，对于建设方、设计方、监理方提出的超出施工合同范围的修改意见，项目部要做好修改签证记录，以便对新增成本进行有效控制和成本追讨。

4．工程竣工决算阶段

工程竣工决算过程是项目成本控制的关键。工程竣工验收后，施工方对整个工程的造价进行详细的结算，并把结算书提交监理方和建设方审核，对于国家财政投资的项目还需要经过上级有关财政结算审核中心的审核。

结算工作应按合同条约和国家、省、市区有关造价定额的规定做到有依有据、公平、公开、公正，确保项目的成本管理合理、合法。

8.6.5　注意事项

鉴于项目成本管理影响因素的多方面性，在成本管理过程中，应注意以下事项：

（1）加强有形建筑市场的管理，杜绝恶性竞争，严打围标、串标等违法行为。

（2）不提倡低价中标的招投标方式，建议采用合理低价中标的形式，既能够让投资方以较低的投入获得预期的效益，又可以让施工方获得一定的管理利润。

（3）严厉制止低价中标后企图二次经营的违法行为。

（4）施工企业应建立建材市场价格信息实时跟踪制度,务求对建材价格及其走向有一定的风险预测。

（5）对于高、难、精、尖的新技术应用,施工企业在施工方案的的选择和施工工艺的应用上,应充分研究和论证,对其可行性要有充分的风险评估和应急预案。

（6）推行工程保险和工程担保,尽力控制工程项目风险。

8.6.6 附件

项目成本管理涉及的相关法规和标准:

（1）《中华人民共和国建筑法》;

（2）《中华人民共和国招标投标法》;

（3）《中华人民共和国合同法》;

（4）《建设工程质量管理条例》;

（5）《工程建设项目招标范围和规模标准规定》（国家计委令第3号）;

（6）《工程建设项目施工招标投标办法》;

（7）《建设工程价款结算暂行办法》;

（8）《基本建设财务管理规定》;

（9）《建设工程施工发包与承包价格管理暂行规定》（建标[1999]1号）;

（10）《建设工程质量保证金管理暂行办法》（建质[2005]7号）;

（11）《建设工程工程量清单计价规范》GB 50500—2003;

（12）《建筑工程施工发包与承包计价管理办法》（建设部令第107号）;

（13）《全国统一建筑装饰装修工程消耗量定额》（建标[2001]271号）。

8.6.7 术语

（1）项目成本:是指具体的建筑施工项目在其施工过程中发生的可以归纳到该项目的所有耗费。

（2）成本控制:是指有组织、有计划的对施工管理过程中的各种耗费进行事前预测、过程调控、事后评估的管理行为。

（3）围标:参加投标的数家单位结成联盟,密谋统一步调,操控合围投标的违法行为。

（4）串标:参加投标的几家单位密谋串通,以谋取中标的违法行为。

（5）竣工决算:工程竣工验收后,按合同的要求进行工程造价的最终结算。

（6）二次经营:一些投标人为了中标,不惜冒险故意压低投标价来换取中标,中标后在施工过程中对相关方施行经营手段获取工程增量或造价补偿。

（7）临时设施:施工单位为了完成工程而搭建的临时性办公室、材料仓、宿舍等设施。

（8）工程保险:施工单位根据有关规定,对承接的项目的施工过程购买相关的工程类别的保险。

（9）工程担保:施工单位为了承接项目,应建设单位的要求所提供的担保。

（10）措施项目费:为了完成合同工程所必须采用的技术措施而产生的费用。

8.7 工期管理

8.7.1 工期管理的意义

工期的合理与否直接影响到建设项目能否按期交付使用,影响到建设方的投资效益,同时直接影响到施工方的施工效益,尤其是目前非常规地大幅度压缩工期已经给施工质量构成很多隐患,因此,工期管理是建筑施工管理工作中一项非常重要的内容。

8.7.2 工期管理的原则

施工工期的管理主要体现在进度计划的管理和进度控制的管理。施工进度计划是根据施工中的施工方案和施工工序,对整个工程项目作出时间上的安排。通过合同签订的开工时间和竣工时间这两个目标时间,进行科学的、合理的工期策划。

严格执行工程建设的法定程序,认真贯彻国家、地方对工程建设地各项方针政策,结合各地城镇的地理、气候特点,合理地、科学地进行工期管理。

遵循建筑科学规律,按照科学的施工程序和施工工艺,合理安排施工工期。

8.7.3 工期管理的主要内容

工期管理主要是通过施工进度计划这条主线展开,期间需对劳动力、机械设备、材料三大方面进行科学详尽的组织安排。

1. 施工进度计划的种类可分为以下几类:

（1）根据计划时间控制的长短可分为:年、季、月、周、日五种进度计划。

（2）根据计划的对象可分为:施工总进度计划、单位工程进度计划、分部工程进度计划、分项工程进度计划。

施工进度计划常用的的表现形式有:横道图、网络图等。工期管理过程中,对施工工序起点、终点时间的确定,对工序搭接、流水节拍、施工步骤的控制,进行有效的控制。

2. 工期控制技术

坚持施工组织设计逐层把关、逐层审批的审核制度,在工期管理过程中,应综合采用流水施工方法和网络计划技术。根据合同对工期的节点要求,结合工程量的大小合理控制流水节拍,通过网络计划对工序关键点的分解明晰,确保关键路线工期的均衡、顺畅和连续。

3. 影响工期的主要因素有:

（1）财力:正常的运作资金;

（2）人力:管理层人力与施工项目相匹配的技术能力、充足的劳动力;

（3）物力:主要建筑材料、匹配的机械设备、充足的周转材料;

（4）气候:严寒、酷暑、狂风、暴雨的影响;

（5）特发事情:地震、海啸、瘟疫、战争等不可抗力因素;

（6）新技术的应用。

4. 大型建设项目的工期管理

必须成立强有力的总承包项目经理部,对各阶段、各分部工程进行网络策划,统一协调管理,合理安排施工顺序,尽可能推广应用建筑施工十项新技术,通过高技术含量的施工工艺降低能耗、提高工作效率、缩短施工工期。

在推广十项建筑新技术的同时,也要重点考虑城镇各种资源的综合利用和城镇所在区域的地理气候的特点,协调好城镇农忙季节劳动力的调配,目的都是为了优化施工组织,充分体现科学的工期管理所带来的综合效益。

5. 工期的索赔与反索赔管理

各建设主体要严格履行合同条款,做到公平公正,做好工期责任的索赔和反索赔的管理,确保建设工程健康发展。

8.7.4 工期管理的注意事项

工期管理是贯穿整个施工过程的重要内容之一,管理过程中应注意如下几方面:

1. 建筑市场管理方面

(1) 要从项目招投标(议标)开始,当地政府主管部门、招投标代理机构等各方要加大力度严控建设方为获得更大的投资回报而强行压缩工期的不良行为。

(2) 当地政府主管部门也要制定一定的惩罚制度,杜绝个别挂靠施工队以拖工期作为要挟增加施工结算成本的不良行为。

(3) 由于本省城镇的有形建筑市场的正在进一步完善过程中,应重视当地城镇施工队伍为了瓜分中标单位高利润的分项工程进而违法控制建设项目周边道路交通、材料、劳动力等资源的不良行为,令合法中标单位蒙受损失。

2. 施工过程管理方面

(1) 随着工程进度的不断推进,各单体、各分部、各分项或者各阶段、各工序、各工艺,或因材料原因、劳动力原因、天气原因等等都有可能出现许多突发情况,这就要启动应急预案或者马上调动公司的技术专家到现场分析处理,确保工期的延续性。

(2) 加强对农民工工资发放的管理力度,确保工地平安、正常、有序地按合同要求完工。

(3) 要严格树立"百年大计、质量第一"的管理方针,严禁牺牲质量获取工期进度的违法行为。

8.7.5 附件

工期管理涉及的相关法规和标准:

(1)《中华人民共和国劳动法》;

(2)《安全生产许可证条例》;

(3)《中华人民共和国建筑法》;

(4)《建设工程质量管理条例》;

(5)《建筑工程安全生产管理条例》;

(6)《关于修订建筑安装工程工期定额的通知》(建设部"建标[1998]10号"文件);

(7)《中华人民共和国招标投标法》;

（8）《中华人民共和国合同法》；

（9）《工程建设项目招标范围和规模标准规定》（国家计委令第 3 号）；

（10）《建设工程施工发包与承包价格管理暂行规定》（建标[1999]1 号）；

（11）《关于在公路建设中严格控制工期确保工程质量的通知》（交通部第交公路发[2004]309 号文）；

（12）《建设工程项目管理规范》GB/T 50326—2001；

（13）《职业健康安全管理体系 OHSAS18001》GB/T 28001—2001。

8.7.6 术语

（1）工期：从广义来说应包括从项目的投资立项到设计、施工、监督、验收的全过程。通常理解为某项工程从现场开工到竣工的施工时间。

（2）建设单位：是指建设工程的投资人，也称"业主"，是以合同或协议形式，将其拥有的建设项目交与施工单位承建的人士或机构。

（3）施工单位：是指从事建设工程的新建、扩建、改建活动的施工承包企业。

（4）监理单位：是指受发包方委托，依照国家法律法规、技术标准和发包方要求，在发包方委托的范围内对建设工程进行监督管理的企业。

（5）分包单位：以合同或协议形式向工程施工企业承担部分工程、劳务的单位（包括承担专业工程施工的专业分包方和纯提供劳务的承建队伍的劳务分包方）。

（6）供应商：向工程施工企业提供工程用材料、设备和施工设施的单位或个人（包括供货单位和生产单位）。

（7）项目经理部：是工程施工企业下属单位，负责承建项目实施的机构，也可称为工程项目部。是工程项目管理的实施机构，是在一定的约束条件下，以最优地实现建设工程项目目标为目的，按照其内在的逻辑规律对工程项目的建设进行计划、组织、协调和控制。

（8）横道图、网络图：控制施工生产进度计划的图表，能反映整个施工过程的各工序的前后时间顺序、分项工程的控制的关键点。

（9）流水节拍：指每个施工过程本身在各施工段中的作用时间。

8.8 工程资料（档案）管理

8.8.1 工程资料（档案）管理的意义

工程资料（档案）是生产活动的过程和成果的直接记录和实际反映，是工程建设技术管理、质量管理的重要组成部分，是维护企业合法权益的重要依据，是建筑物（构筑物）运行、维护、改建、扩建的依据，是城市防灾、抗灾、减灾和战争破坏后恢复重建的重要依据，是科学研究的重要资源。国务院《建设工程质量管理条例》和建设部《房屋建筑工程和市政基础设施工程竣工验收暂行规定》明确规定，建设工程竣工验收必须具有完整的工程技术资料。规范工程资料（档案）管理是工程建设的一项重要的基础工作。

8.8.2 工程资料(档案)管理的主要内容及分类

主要内容:包括从工程立项审批开始,到工程竣工验收备案结束,覆盖工程建设全过程的、应当归档保存的文字、图纸、图表、账册、凭证、报表、计算材料以及照片、录像带、光盘与磁盘、缩微片等各种声像材料等不同形式的各种历史记录以及安全生产管理全过程的记录。

工程施工资料(档案)主要包括工程技术管理资料(施工方案、技术交底卡、设计变更通知、工程竣工图)、工程质量保证资料(主要原材料、构配件、设备出厂合格证或试验报告、施工测试检验资料、隐蔽工程验收记录、材料机械进退场记录)、建筑安全生产管理资料、工程预(决)算书、分项工程质量自检、工程竣工验收报告、工程质量验收评定资料以及施工日志等其他说明工程质量状况和安全生产管理状况的资料。

资料主要分类:

1. 工程准备与验收阶段资料:决策立项阶段文件,建设用地、征地、拆迁文件,勘察、测绘、设计文件,招投标文件,开工审批文件,工程质量监督手续,财务文件,工程竣工验收文件,其他文件等。

2. 监理资料。

3. 施工资料:工程管理资料,工程质量控制资料核查记录,工程安全和功能检验资料及主要功能抽查记录。

4. 安全生产资料。

5. 工程资料立项与移交。

8.8.3 管理原则

工程资料(档案)管理原则主要有:

1. 应建立本单位的工程资料(档案)管理规章制度,并设立相应机构或配专人负责工程资料(档案)管理工作,负责集中统一管理有关工程建设的全部资料(档案),实行统一领导、分级保管、分级查阅的原则,确保档案资料的完整、准确、安全和有效利用。

2. 工程资料(档案)管理必须按统一的标准和要求,做到规范化、标准化、制度化,工程资料(档案)工作的进程要与工程建设进程同步。

3. 工程资料(档案)的移交应履行签字手续,并注明已移交的卷(册)数、图纸张数等有关数字。

4. 所有有价值的文件、报表、业务记录等必须备份。

5. 对于不能或暂不能公开的档案,应按有关规定做好保密工作;对已超过保管期限的工程资料(档案),应按有关规定鉴定、销毁。

8.8.4 注意事项

工程资料(档案)管理的注意事项主要有:

1. 必须清晰了解相关国家、地方文件规定及档案馆档案备案的要求,并严格按照相关要求做好工程资料的整理、审核、归档。

2. 工程资料(档案)应齐全、系统、完整、真实、准确,保持其内在联系和成套性。

3. 工程资料(档案)的形成、来源应符合实际,各项签章手续完备,材质(用纸)、幅面、绘图等格式及规格等应符合专业技术要求和规范要求。

4. 工程资料(档案)应做到字迹清楚、图面整洁、装订整齐、签字手续完备,图片、照片等还要附以有关情况说明。

5. 应大力应用以计算机为基础的现代信息技术,加强电子文件的归档管理,以数据库建设为重点,有计划、有步骤推进工程资料(档案)数字化建设和网络化建设。

8.8.5 附件

工程资料(档案)管理涉及的相关法规和标准:

(1)《中华人民共和国建筑法》;

(2)《中华人民共和国档案法》;

(3)《建设工程质量管理条例》;

(4)《科学技术档案工作条例》;

(5)《房屋建筑工程和市政基础设施竣工验收暂行规定》。

(6)《城市建设档案管理规定》(建设部令第61号)。

8.8.6 术语

(1)档案:是人类社会各项实践活动的真实记录,是社会的宝贵财富,是人类重要的历史文化遗产。

(2)施工日志:施工过程中对有关现场情况变化、施工技术、质量管理、施工组织活动及其效果逐日做的连续完整的真实记录,是施工员处理施工问题的备忘录,也是总结施工管理经验的基本素材。

8.9 计算机辅助施工管理

8.9.1 计算机辅助施工管理的含义和意义

计算机辅助施工管理是指将计算机技术与建筑业有机结合,用计算机对传统建筑工程技术手段、施工方式及管理方式进行改造与提升。

应用计算机辅助施工管理可以推动施工流程的优化,促使企业管理理念和手段的革新,是提升建筑施工管理水平重要手段,是施工管理技术发展的重要标志,有利于减少大量的重复性劳动,提高建筑工程信息传输处理的速度和建设管理水平,提高工作效率、保证建筑产品质量、施工进度和施工安全、节省投资,对于提高企业竞争力和综合实力,推进工程施工从落后的经验管理逐步上升到科学化、现代化的管理具有重大意义。

8.9.2 计算机辅助施工管理的主要内容

计算机辅助施工管理的主要内容是:应用计算机技术建立施工企业管理信息系统和施工项目管理信息系统,系统主要内容包括施工企业办公自动化(OA)系统、工程投标报价与合同管理、成本管理、施工图设计与管理、施工组织设计的编制、施工计划与统计、网络计划及进度管理、工程款预结算、财务工作、质量与安全的评定与分析以及文档编制,信息检索,劳动力、材料、机械设备管理等,已涉及到施工企业生产和经营管理及工程项目管理和控制的各个方面。

8.9.3　计算机辅助施工管理的原则

计算机辅助施工管理的原则主要有:

1. 应用计算机辅助施工管理,要根据企业性质、资质等级与管理的实际水平,加强指导与交流,贯彻分类指导、分层次推进的方针。

2. 重点推广应用计算机进行投标报价、施工组织设计、财务报表处理、成本管理和办公信息处理,再进一步往施工网络计划、人力和物资管理、工程量自动计算等方面发展。

3. 有条件的企业应从单机向计算机网络技术发展,逐步实现统计报表、财务管理、物质管理网络化,各工种、各专业之间的数据、文件和图形等信息资源共享使用,网络的选型与配置要考虑实用性与先进性相结合。

8.9.4　计算机辅助施工管理的注意事项

应用计算机辅助施工管理的注意事项:

1. 在利用已有的软件成果时,应选用用户界面友好,操作简明、易学,实用性和可靠性强,性能价格比高、通用性强、兼容性好,并能应用于施工现场的行之有效的成熟软件产品。

2. 推进计算机辅助施工管理应结合各地实际情况,建立推广应用示范企业和示范工程,通过具体企业和工程项目以点带面逐步推广普及。

3. 应加强职工培训,普及计算机应用和现代管理知识,管理人员必须熟练地掌握现代管理基本知识和计算机应用操作技能,并以此作为上岗考核的重要依据,通过提升管理人员整体素质提高计算机辅助施工管理水平。

4. 规范施工企业和工程项目的管理流程,在规范的管理流程中推进计算机辅助施工管理。

8.9.5　术语

管理信息系统(MIS):在管理工作中以数据库为核心的计算机应用,是由计算机技术、网络通讯技术、信息处理技术、管理科学和人组成的一个综合系统,对管理信息进行收集、传递、储存与处理,形成多用户共享系统,直接为基层和各级管理部门服务,以支持一个组织机构的运行、管理和决策功能。

参 考 文 献

［1］吴之乃，王有为，吴慧娟主编．建筑业 10 项新技术及其应用．北京：中国建筑工业出版社，2001

［2］赵资钦，刘联伟，徐天平编著．建筑工程施工实践与研究．北京：中国建筑工业出版社，2005

［3］《建筑施工手册》编写组．《建筑施工手册》(缩印本第二版)．北京：中国建筑工业出版社，1999

［4］《桩基工程手册》编写委员会．桩基工程手册．北京：中国建筑工业出版社，1995

［5］龚晓南主编，高有潮副主编．深基坑工程设计施工手册．北京：中国建筑工业出版社，1998

［6］中国建筑工程总公司主编．建筑施工实例应用手册．北京：中国建筑工业出版社，1999

［7］陈凡，徐天平，陈久照，关立军．基桩质量检测技术．北京：中国建筑工业出版社，2003

［8］徐天平主编．地基与基础工程施工质量问答．北京：中国建筑工业出版社，2004

［9］张季超主编．基础工程处理与检测实录．北京：中国建材工业出版社，2004

［10］许溶烈主编．地基处理新技术．陕西：陕西科学技术出版社，1997

［11］金德钧，顾勇新主编．建筑结构精品工程实施．北京：中国建筑工业出版社，2003

［12］中国建筑工程总公司编．混凝土结构工程施工工艺标准．北京：中国建筑工业出版社；2003

［13］陈家辉，谢尊渊主编．建筑施工实例应用手册(6)．北京：中国建筑工业出版社，2003

［14］韩林海，杨有福著．现代钢管混凝土结构技术．北京：中国建筑工业出版社，2004

［15］聂建国，刘明，叶列平著．钢—混凝土组合结构．北京：中国建筑工业出版社，2005

［16］鲍广鑑主编．钢结构施工及实例．北京：中国建筑工业出版社，2005

［17］舒立茨著．钢结构手册．大连：大连理工大学出版社，2004

［18］渡边邦夫著．钢结构设计与施工．北京：中国建筑工业出版社，2000

［19］刘俭主编．高层建筑设备安装手册．北京：中国建筑工业出版社，1998

［20］潘全祥主编．建筑安装工程施工技术手册．北京：中国建筑工业出版社，2001

［21］李公藩编著．塑料管道施工．北京：中国建材工业出版社，2001

［22］崔碧海主编. 安装技术. 北京:机械工业出版社,2002

［23］本书编写组. 建筑电气设备手册. 北京:中国建筑工业出版社,2000

［24］刘灿生主编. 给水排水工程施工手册. 北京:中国建筑工业出版社,2002

［25］本书编委会编. 通风空调工程施工与质量验收实用手册. 北京:中国建材工业出版社,2003

［26］雍本主编. 装饰工程施工手册. 北京:中国建筑工业出版社,1997

［27］杨南方,尹辉主编. 建筑工程施工技术措施. 北京:中国建筑工业出版社,1999

［28］雷世君主编. 实用工程建设监理手册. 北京:中国建筑工业出版社,2003

［29］朱学敏编著. 土方工程机械. 北京:机械工业出版社,2003

［30］朱学敏编著. 桩工、水工机械. 北京:机械工业出版社,2003

［31］朱学敏编著. 混凝土、钢筋加工机械. 北京:机械工业出版社,2003

［32］王宝齐编. 安全员手册. 北京:中国建筑工业出版社;2000

［33］中国建筑业协会建筑机械设备管理分会编. 简明建筑施工机械实用手册. 北京:中国建筑工业出版社,2002

［34］田奇主编. 建筑机械使用与维护. 北京:中国建材工业出版社,2003

［35］孙在鲁著. 塔式起重机应用技术. 北京:中国建材工业出版社,2003

［36］王福绵主编. 起重机械技术检验. 北京:学苑出版社,2000

［37］邓爱民编著. 商品混凝土机械. 北京:人民交通出版社,1999

［38］钱昆润主编. 建筑施工与管理实用手册. 南京:东南大学出版社,1994

［39］秦春芳主编. 建筑施工安全技术手册. 北京:中国建筑工业出版社,1992

［40］建设部工程质量安全监督与行业发展司组织编写. 建设工程安全生产技术. 北京:中国建筑工业出版社,2004

［41］冯瑞编著. 新编建设工程安全生产法律法规速查手册. 北京:中国建材工业出版社,2005

［42］刘嘉福编著. 建筑施工安全技术. 北京:中国建筑工业出版社,2004

［43］中国建筑业协会筑龙网编. 施工组织设计范例50篇. 北京:中国建筑工业出版社,2004

［44］中国建筑业协会筑龙网编. 施工方案范例50篇. 北京:中国建筑工业出版社,2004

［45］彭圣浩主编. 建筑工程施工组织设计实例应用手册. 北京:中国建筑工业出版社,1999

［46］本书编委会编著. 建筑工程施工技术资料编制指南. 北京:中国建筑工业出版社,2004

［47］王立信主编. 建筑工程技术资料应用指南. 北京:中国建筑工业出版社,2003

［48］张希黔,黄声享著. 建筑施工中的新技术. 北京:中国建筑工业出版社,2005